装备科技译著出版基金

新材料新能源学术专著译丛

石墨烯物理学

Physics of Graphene

[日]青木・秀夫(Hideo Aoki)
[美]米尔德丽德・S. 崔瑟豪斯(Mildred S. Dresselhaus) 主编

耿宏章 译

国防工业出版社

·北京·

著作权合同登记　图字:军-2016-106 号

图书在版编目(CIP)数据

石墨烯物理学/(日)青木・秀夫,(美)米尔德丽德・S. 崔瑟豪斯主编;耿宏章译.—北京:国防工业出版社,2022.6
(新材料新能源学术专著译丛)
书名原文:Physics of Graphene
ISBN 978-7-118-12349-4

Ⅰ.①石…　Ⅱ.①青…②米…③耿…　Ⅲ.①石墨烯—物理学　Ⅳ.①TB383

中国版本图书馆 CIP 数据核字(2022)第 090897 号

Translation from the English language edition:
Physics of Graphene
edited by Hideo Aoki and Mildred S. Dresselhaus
Copyright © Springer International Publishing Switzerland 2014
Springer is part of Springer Science+Business Media.
All Rights Reserved.
本书简体中文版由 Springer 授权国防工业出版社独家出版。
版权所有,侵权必究。

※

国防工业出版社出版发行
(北京市海淀区紫竹院南路 23 号　邮政编码 100048)
北京龙世杰印刷有限公司印刷
新华书店经售
*
开本 710×1000　1/16　印张 21¾　插页 8　字数 401 千字
2022 年 9 月第 1 版第 1 次印刷　印数 1—1000 册　定价 168.00 元

(本书如有印装错误,我社负责调换)

国防书店:(010)88540777　　书店传真:(010)88540776
发行业务:(010)88540717　　发行传真:(010)88540762

序

  石墨烯是目前凝聚态物理、化学和材料科学领域最为活跃的一个研究方向，国内已有不少石墨烯的著作，多从石墨烯的合成、结构、表征及其应用方面给出了定性说明，而有关石墨烯的物理性质等基础知识的书籍尚少。Physics of Graphene 一书以实验观察为基础，从理论上深入剖析了石墨烯的物理性质，为对石墨烯的深入研究提供了理论基础，具有重要的学术价值。纵观全书，论述内容视角独特，深入浅出，实验和理论相辅相成，具有很高的参考价值。

  Physics of Graphene 一书由日本东京大学的 Hideo Aoki 教授和美国麻省理工学院的 Mildred S. Dresselhaus 教授联合撰写。两位作者具有很高的学术造诣，在本领域享有崇高的声望，在石墨烯和碳相关研究领域发表了大量的学术论文和论著。特别是 Dresselhaus 教授，她是碳纳米科学领域公认的先驱，被誉为"碳女王(Queen of Carbon)"，她在该领域从事研究工作 50 余年，是麻省理工学院的"镇院教授"、美国国家科学院等多院院士、美国物理学会前主席和美国科学促进协会前主席。她是世界上最杰出的女科学家之一，其研究成果大大提高了人们对纳米领域物质特性的认知。Dresselhaus 教授的离世是世界纳米界特别是碳科学领域的一大损失，但是她为科学事业奋斗终生的崇高精神一直激励着我们在科学世界里不断探索，本书的翻译出版也是对她的一个很好的怀念。

  译者耿宏章教授在碳纳米领域具有多年的研究经历，取得了一系列科研成果。他在韩国攻读博士学位期间师从世界著名碳纳米管和石墨烯材料专家、韩国科学院院士李永熙(Young Hee Lee)教授，与三星综合技术研究院合作且取得了重要的成果。作为访问教授，在麻省理工学院 Jing Kong 教授的指导下开展了碳纳米材料相关研究工作，在此期间经常得到 Mildred S. Dresselhaus 教授的指导。耿宏章教授的学术水平、专业素养和专业英语水平保证了本书的翻译质量。

相信本书的出版必将给从事石墨烯和其他二维原子晶体等相关材料研究与开发的科研人员提供新思路,对提升我国相关科研领域的研究水平具有重要的意义。

成会明,中国科学院院士,发展中国家科学院院士,中国科学院金属研究所研究员,清华-伯克利深圳学院教授。

译者序

2004年,英国曼彻斯特大学物理学家安德烈·盖姆(Andre Geim)和康斯坦丁·诺沃肖洛夫(Konstantin Novoselov)在实验中成功地将石墨烯从石墨中分离出来。由于石墨烯具有独特的电子、力学等性能,从而得到了世界范围内的广泛关注和研究,两人也因此共同获得2010年诺贝尔物理学奖,更加推动了这一领域的快速发展。

近几年,人们对石墨烯的研究热情不断增长,石墨烯的一些特殊性质,如反常量子效应等被发现,这带动了该领域新工艺、新方法和新技术等的全面发展,并对科学技术和社会发展产生了革命性的影响。

石墨烯物理学已经成为最具吸引力的学科之一,出版一本能够概述石墨烯物理学的书籍是非常有必要的,这也是本书的出版目的。本书涵盖了石墨烯在物理领域的最新研究成果,书中引用的所有高水平文献,从无质量狄拉克粒子到石墨烯的其他独特的性质,对广大读者了解石墨烯的物理性质有非常大的裨益,希望他们在这个领域能有进一步或新的发现。

我国科学家在此领域也开展了许多卓有成效的工作,并取得了令人瞩目的成就。国内很多高校、科研机构投入了大量的人力、物力,吸引了越来越多的研究人员在该领域进行科研、生产和教学。因此,本书的翻译出版对促进石墨烯的理论学习和实验研究具有重要的意义。

本书根据Springer出版社出版的 *Physics of Graphene* 一书翻译而来,从实验和理论两方面全面而系统地介绍了石墨烯的物理性能。本书由日本东京大学的青木·秀夫教授和美国麻省理工学院米尔德丽德·S. 崔瑟豪斯教授所著,综合了作者及其合作者多年来的研究成果。青木·秀夫教授和米尔德丽德·S. 崔瑟豪斯教授均为世界知名的教授,在碳纳米材料领域的研究成果得到了世界公认。特别是崔瑟豪斯教授,因在碳素材料和低维热电材料的卓越贡献而闻名于世,是纳米科学领域公认的先驱。崔瑟豪斯教授在该领域从事研究工作超过50年,她的研究成果提高了人们对纳米领域物质特性的认知。本书深入浅出地阐释了石墨烯物理学的基本知识、特征性能及其应用,不仅具有严谨而清晰的理论推导,还包含详实的实验数据。

全书共十章,主要分为两部分。第一部分为实验部分,共5章,主要介绍了石墨烯中贝里相位的实验表现形式、石墨烯中的狄拉克费米子、电子及声子传输、光学磁光-光谱以及石墨烯的紧束缚。第二部分为理论部分,主要介绍了石墨烯的电子结构,单层或多层石墨烯的轨道抗磁性、输运性质、光学性质等,石墨烯的拓扑性质、手征对称、量子霍尔效应及其对称破裂、弱定位和自旋-轨道耦合等方面的理论体系。本书实验和理论相辅相成,在内容上涵盖了石墨烯物理学研究的重要方向,具有鲜明的特色。

本书由天津工业大学耿宏章教授翻译并统稿,由南开大学黄毅教授进行审校,天津工业大学丁二雄、罗志佳、王婧、王洁、张泽晨等参与了部分章节的翻译工作。在本书的翻译、出版过程中,得到了中国科学院成会明院士、南开大学陈永胜教授、麻省理工学院 Jing Kong 教授、国防工业出版社于航编辑的悉心指导与帮助,在此向他们表示衷心的感谢。

译者在麻省理工学院做访问教授期间,经常参加崔瑟豪斯教授课题组的组会,并就本书的一些内容与她进行过多次交流与沟通,使译者受益匪浅。崔瑟豪斯教授曾与许多来自中国的学者和学生合作过,对我们关爱有加,圈内人都尊称她为老奶奶、碳祖母、碳女王。崔瑟豪斯教授一直工作到86岁高龄,工作期间每天都按时上下班,包括周末都一直坚持工作,每周她还坚持参加组会,与我们一起讨论问题,感受她敏捷的思维和精神。译者见证了崔瑟豪斯教授献身科学的最后时刻,她绝对是思考科研到最后一刻的人!

谨以本书纪念崔瑟豪斯教授!

鉴于译者水平有限,书中难免存在不妥之处,敬请读者批评指正。

译者　耿宏章
于美国马萨诸塞州剑桥麻省理工学院

前言

近些年,人们对石墨烯的研究热情不断地增长,与发展最迅速的凝聚态物理一样,石墨烯物理学已经成为最具吸引力的学科之一。更不用说,2010年安德烈·盖姆(Andre Geim)与康斯坦丁·诺沃肖洛夫(Konstantin Novoselov)因为发现石墨烯而获得诺贝尔物理学奖,更是推动了这一领域的快速发展。在安德烈·盖姆和他的团队提出他们制备石墨烯的方法数年之后,人们发现了石墨烯具有反常量子霍尔效应。然而,这个效应只是石墨烯系统所具有的特殊性能之一。随着实验技术的不断进步,物理领域的概念也在不断发展,使得石墨烯物理学涉及的领域也越来越广阔。因此,当前研究也在不断地把对层状结构的研究重点从传统的导电导热研究扩展到光学和其他特性,而这些层状结构包括多层和单层的石墨烯。

因此,出版一本能够概述石墨烯物理学的书籍是非常有必要的,这也是本书的出版目的。并且在本书中,许多石墨烯领域的杰出、权威人士对石墨烯物理学中一些普遍和基础的内容进行了整理、总结。本书包含五个实验章节和五个理论章节,参见本书章节的框架图。

本书内容及难度水平经过编者合理的调整,在每章中采用一些启发式的教学模式,从而使得初入此领域的学生也可以较好地接受和理解。由于石墨烯领域发展得很快,使得本书很难覆盖所有的石墨烯领域的前沿内容,但是部分章节的研究内容确实达到了该领域的领先水平。例如,本书没有涵盖石墨烯应用,这将需要通过另一本书论述。我们希望在书中介绍关于石墨烯物理学最前沿的内容,从无质量狄拉克粒子到石墨烯的其他独特性能,有益于广大读者了解、学习石墨烯物理学领域的知识,并且能够鼓励他们在这个令人沉醉的领域有进一步或新的发现。

日本东京　Hideo Aoki
美国马萨诸塞州剑桥　Mildred S. Dresselhaus

全书框架

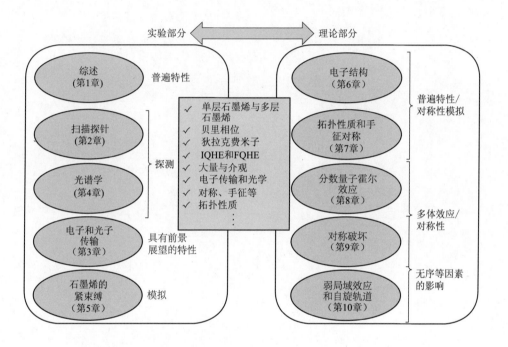

· IX ·

目 录

第一篇 实 验 部 分

第1章 石墨烯中贝里相位的实验表现形式

1.1 引言 ······ 003
1.2 石墨烯中的准自旋手征 ······ 005
1.3 永磁振荡中的贝里相位 ······ 008
1.4 石墨烯中准自旋及克莱因隧穿效应 ······ 016
1.5 本章小结 ······ 022
参考文献 ······ 022

第2章 石墨烯中狄拉克费米子的探索

2.1 扫描隧道显微镜和光谱学 ······ 026
2.2 从无序化石墨烯到理想化石墨烯 ······ 028
  2.2.1 石墨烯的表面形貌 ······ 029
  2.2.2 石墨烯的隧道光谱学 ······ 030
  2.2.3 掺杂和电子-空穴旋涡 ······ 032
  2.2.4 朗道能级 ······ 034
  2.2.5 采用扫描探针测量小尺寸的石墨烯器件 ······ 044
  2.2.6 石墨烯边缘 ······ 045
  2.2.7 应力和电子特性 ······ 047
  2.2.8 双层石墨烯 ······ 047
2.3 扭曲石墨烯层的电子特性 ······ 048
  2.3.1 范霍夫奇异点 ······ 049
  2.3.2 费米速度的重整化 ······ 051
2.4 本章小结 ······ 053
致谢 ······ 054
参考文献 ······ 054

第 3 章　块体内外石墨烯的电子及声子传输

3.1　概述 ·· 062
 3.1.1　石墨烯 ·· 062
 3.1.2　传输 ··· 064
 3.1.3　光的非弹性散射 ·· 065
 3.1.4　常用参考文献及历史背景 ··································· 065
 3.1.5　研究对象 ·· 065
 3.1.6　强调的主题 ·· 066
3.2　电导性 ·· 066
 3.2.1　引言 ··· 066
 3.2.2　电子结构 ·· 068
 3.2.3　载流子密度和散射 ··· 072
 3.2.4　量子效应 ·· 078
 3.2.5　小结 ··· 080
3.3　块体内外石墨烯的热导率 ··· 081
 3.3.1　引言 ··· 081
 3.3.2　简介 ··· 082
 3.3.3　对比块体内外石墨烯的热导率 ····························· 082
 3.3.4　小结 ··· 092
3.4　光的非弹性散射-拉曼散射 ······································· 092
 3.4.1　光的非弹性散射简述 ·· 092
 3.4.2　G 带模式 ··· 094
 3.4.3　G′带(或 2D)模式 ··· 096
 3.4.4　无序化引起的 D 带模式 ····································· 096
 3.4.5　小结 ··· 098
3.5　本章小结 ··· 099
参考文献 ··· 100

第 4 章　基于石墨烯体系的光学磁光-光谱

4.1　引言 ··· 104
4.2　石墨烯的磁光-光谱 ·· 106
 4.2.1　狄拉克费米子的经典回旋共振 ····························· 106
 4.2.2　石墨烯的磁-光响应:量子机制 ···························· 107
 4.2.3　朗道能级扇形图和费米速度 ································ 110
 4.2.4　非简单能带模型 ·· 111

	4.2.5	散射/无序 ···	112
	4.2.6	电子-电子的相互作用 ·····································	112
	4.2.7	电子-声子相互作用的影响 ·································	113
4.3	双层石墨烯的磁-光特性 ··	114
4.4	石墨 ···	116
	4.4.1	能带结构的简化模型 ·····································	116
	4.4.2	完整的斯朗科泽斯基-韦斯-麦克卢尔(Slonczewski-Weiss-McClure)模型 ······	117
	4.4.3	中心点附近的能带结构:接近栗弗席兹转换 ·······	119
	4.4.4	光散射转换效率 ·······································	119
	4.4.5	声子-电子耦合 ··	120
4.5	本章小结 ··	122
致谢 ··	122
参考文献 ···	123

第5章 石墨烯的紧束缚

5.1	引言 ··	131
	5.1.1	石墨烯电子学 ··	131
	5.1.2	石墨烯纳米结构 ··	132
5.2	传统半导体器件中的束缚 ··	132
5.3	石墨烯紧束缚中的电导系数 ··	134
	5.3.1	具有理想边缘的纳米带 ·································	134
	5.3.2	无序边界的延伸 ··	135
5.4	实验观测和显微结构照片 ··	136
	5.4.1	制备器件 ··	136
	5.4.2	传输特性对载流子的依赖性 ·····························	136
	5.4.3	传输特性对施加偏压的依赖性 ···························	138
	5.4.4	显微图像 ··	140
	5.4.5	对几何尺寸的依赖性 ·····································	141
5.5	为了更深入地理解而进行的进一步实验 ································	142
	5.5.1	对温度的依赖性 ··	142
	5.5.2	对磁场的依赖性 ··	145
	5.5.3	侧栅的影响 ···	147
	5.5.4	热循环 ··	149
	5.5.5	在双量子点中的隧道耦合 ·································	150

5.6 研究进展及展望 ·· 152
   5.6.1 自下而上生长的石墨烯纳米带 ······················ 152
   5.6.2 悬浮石墨烯纳米带中的量子化电导 ················ 153
   5.6.3 展望 ·· 154
参考文献 ·· 155

第二篇 理 论 部 分

第6章 单层和多层石墨烯的电子性质

6.1 概述 ·· 161
6.2 石墨烯的电子结构 ·· 162
   6.2.1 有效哈密顿算符 ··· 162
   6.2.2 朗道能级 ·· 165
   6.2.3 石墨烯中的带隙 ··· 167
6.3 轨道的抗磁性 ·· 168
   6.3.1 磁化率的奇异性 ··· 168
   6.3.2 非均匀磁场的响应 ··· 170
6.4 输运性质 ·· 171
   6.4.1 玻尔兹曼电导率 ··· 171
   6.4.2 自洽玻恩近似 ··· 172
6.5 光学性质 ·· 174
6.6 双层石墨烯 ·· 176
   6.6.1 电子结构 ·· 177
   6.6.2 朗道能级 ·· 179
   6.6.3 有带隙的双层石墨烯 ·· 180
   6.6.4 轨道的抗磁性 ··· 182
   6.6.5 输运性质 ·· 182
   6.6.6 光学性质 ·· 184
6.7 多层石墨烯 ·· 187
6.8 本章小结 ·· 191
参考文献 ·· 192

第7章 石墨烯的拓扑性质、手征对称性及其操作

7.1 石墨烯通用的对称性——手征对称性 ····················· 197
7.2 手征对称性、狄拉克锥和费米子加倍 ····················· 200

  7.2.1 晶格系统的手征对称性 ································· 200
  7.2.2 手征对称晶格费米子的费米子加倍 ····················· 202
  7.2.3 狄拉克锥于何时以何种方式出现?——广义手征
     对称性 ·· 205
 7.3 磁场中狄拉克费米子的霍尔电导率 ······························ 207
  7.3.1 狄拉克费米子的朗道能级 ································ 207
  7.3.2 零朗道能级的稳定性 ······································ 208
  7.3.3 无质量狄拉克费米子与大质量狄拉克费米子 ········· 209
  7.3.4 多粒子配置的陈数 ··· 212
  7.3.5 石墨烯中量子霍尔效应 ··································· 214
 7.4 手征对称的狄拉克费米子的本体-边缘一致性 ················· 217
  7.4.1 石墨烯的边界物理 ··· 217
  7.4.2 边界的类型和零能量边缘状态 ·························· 218
  7.4.3 边缘状态和手征对称性 ··································· 219
  7.4.4 石墨烯的量子霍尔边缘状态 ····························· 221
  7.4.5 零朗道能级和零模式 ······································ 223
 7.5 石墨烯的光学霍尔效应 ··· 224
 7.6 拓扑性质的非平衡控制 ··· 226
 7.7 交互作用电子的手征对称性 ·· 229
 7.8 本章小结 ·· 231
致谢 ··· 231
参考文献 ··· 231

第8章 石墨烯中的分数量子霍尔效应

 8.1 分数量子霍尔效应的发展历史 ···································· 235
  8.1.1 一种新颖的多体不可压缩态 ····························· 237
  8.1.2 相互作用电子的赝电势描述 ····························· 237
  8.1.3 复合费米子和费米-陈-西蒙斯(Fermion-Chern-Simons)
     理论 ·· 238
 8.2 石墨烯的出现 ··· 240
  8.2.1 无质量的狄拉克费米子 ··································· 240
  8.2.2 石墨烯中的朗道能级 ······································ 241
  8.2.3 石墨烯中的赝电势 ··· 243
  8.2.4 石墨烯中的不可压缩态的本质 ·························· 245
  8.2.5 不可压缩态的实验观测 ··································· 248

8.3 双层石墨烯 ··· 250
    8.3.1 磁场效应 ·· 251
    8.3.2 有偏压的双层石墨烯 ·· 252
    8.3.3 双层石墨烯中的赝电势 ··· 254
    8.3.4 电子相互作用导致的奇特效应 ··· 255
    8.3.5 旋转双层石墨烯的电子相互作用 ····································· 260
8.4 三层石墨烯中的分数量子霍尔效应 ··· 262
8.5 相互作用的狄拉克费米子的一些独特性质 ····································· 267
    8.5.1 凝聚态中的普法夫 ·· 267
    8.5.2 石墨烯中的普法夫 ·· 269
    8.5.3 拓扑绝缘体表面相互作用的狄拉克费米子 ························ 274
8.6 本章小结 ·· 281
致谢 ·· 282
参考文献 ··· 282

第9章 石墨烯量子霍尔机制中的对称性破裂：交互和无序之间的竞争

9.1 引言 ··· 286
9.2 无质量狄拉克费米子的量子霍尔效应 ·· 288
    9.2.1 朗道能级和量子化的霍尔电导 ··· 288
    9.2.2 零场迁移和带电杂质 ·· 289
    9.2.3 磁场中屏蔽杂质的自洽处理 ·· 291
9.3 自旋对称和谷对称的自发性破坏 ·· 292
    9.3.1 交互作用 ·· 292
    9.3.2 相图：无序与交换 ·· 293
9.4 $\nu=0$ 处的场致绝缘体 ·· 295
    9.4.1 场致耗散态和绝缘态 ·· 295
    9.4.2 $\nu=0$ 处可能的对称性破坏 ·· 296
    9.4.3 场致转变和电阻偏离 ·· 298
9.5 双层石墨烯中的量子霍尔铁磁性 ·· 300
    9.5.1 双层石墨烯 ·· 300
    9.5.2 八重亨德准则 ·· 301
    9.5.3 朗道能级赝自旋的集体模式 ·· 302
    9.5.4 朗道能级赝自旋的失稳、有序和拓扑激子 ························ 303
    9.5.5 双层石墨烯中 $\nu=0$ 的量子霍尔平台 ····························· 304
9.6 分数填充因子处的量子霍尔铁磁性 ··· 305

9.7 本章小结 ·· 306
致谢 ··· 307
参考文献 ·· 307

第10章 单层和双层石墨烯中的弱局域化和自旋-轨道耦合

10.1 引言 ·· 310
10.2 单层石墨烯的低能哈密顿算符 ································ 311
    10.2.1 单层石墨烯的无质量类狄拉克准粒子 ··················· 311
    10.2.2 单层石墨烯中的无序模式 ···························· 313
    10.2.3 单层石墨烯中的自旋-轨道耦合 ······················· 315
10.3 单层石墨烯中的弱局域化与反局域化 ·························· 315
10.4 双层石墨烯的低能哈密顿算符 ································ 319
    10.4.1 双层石墨烯中大量的手征准粒子 ······················ 319
    10.4.2 双层石墨烯中的无序模式 ···························· 321
    10.4.3 双层石墨烯中的自旋轨道耦合 ························ 321
10.5 双层石墨烯中的弱局域化 ···································· 322
10.6 本章小结 ·· 325
致谢 ··· 326
参考文献 ·· 326

第一篇 实验部分

第1章

石墨烯中贝里相位的实验表现形式

Andrea F. Young, Yuanbo Zhang, Philip Kim

摘要 石墨烯的蜂窝状晶格结构需要一种附加自由度——准自旋,来描述蜂窝晶格中位于两种不同的亚晶格间的轨道波函数。在电荷中性点附近的石墨烯低能谱中,线性载流子的色散模仿了准相对色散关系,准自旋取代了在通常的狄拉克费米能级中的真实自旋。在石墨烯中发现的奇异量子运输性质,如反常的半整数量子霍尔效应和克莱因隧道效应,均是由准自旋旋转直接产生的结果。本章将讨论在磁场下在单层石墨烯中准自旋旋转产生的反常贝里相位及其实验结果。

1.1 引 言

在石墨烯中出现的许多有趣的物理现象都是由石墨烯中电荷载流子独特的手征决定的,并取决于由有效的无质量狄拉克方程描述的电荷载流子的准相对准粒子动力学。这个有趣的理论描述可以追溯到 Wallace 早年关于石墨的电子能带结构计算工作,1947 年,他曾使用最简单的紧束缚模型并且正确抓住了石墨烯电子能带的本质和石墨的基本构成[1]。自那时起,石墨烯能带结构的手征已在不同的场合中[2-5]多次被重新发现。除了这些理论工作,实验工作可以追

A. F. Young
美国马萨诸塞州市剑桥麻省理工学院物理系。

Y. Zhang
中国上海市复旦大学物理系。

P. Kim(通信作者)
美国纽约州纽约市哥伦比亚大学物理系,10027。
e-mail:pkim@phys.columbia.edu

溯到 Böhm 等早期的透射电子显微镜工作[6]和在 20 世纪 90 年代发展的在金属表面生长石墨烯的早期化学沉积法[7]。

在过去的十年间,人们通过多种不同的途径和不断的努力来获得原子层厚度的石墨。如今回想起来,这些不同的方法可以分为两类:自下而上法及自上而下法。前者是以碳原子为起始,通过化学法试图自组装石墨烯[8-9],最好的例子是乔治亚理工学院的 W. A. de Heer 课题组的工作。在参考文献[9]中提到,他们论证了通过热降解方法在 6H-SiC 的(0001)面生长出了薄的石墨膜。这种方法开辟了基于石墨烯的纳米电子大规模集成电路的制备方法。在使用不同的化学合成路线合成石墨烯的最新进展中已取得了一些耀眼的成就,包括外延石墨烯生长法[10]、化学气相沉积法[11-12]和溶液法[13]。

另一方面,自上而下法起步于块体石墨,本质上是因为石墨是由石墨烯片层的堆垛形成的,尝试通过机械剥离的方法可以将石墨烯片从块状石墨中剥离出来。片层材料的机械剥离可以追溯至 20 世纪 70 年代。Frindt[14]提到在他的种子试验中,有几层超导 $NbSe_2$ 可以从一个使用环氧树脂固定在绝缘体表面的块状晶体上机械剥离下来。众所周知,几十年来人们在准备用于扫描隧道显微镜(STM)研究及光学相关研究的样品时还是习惯使用透明胶带剥离石墨,Ohashi 是第一个在实验中明确涉及用透明胶带机械剥离石墨的[15]。在这个实验中得到的最薄的石墨膜大约 10nm,约 30 层。

在基底表面直接合成非常薄的石墨片层[16]或者使用化学法[17]或机械法[18-20]剥离出石墨烯片层的实验方法均表明可以制备出厚度从 1~100nm 的石墨样品。但在介观石墨圆盘[21]和厚度接近 20nm 剥离的块体晶体[15]上进行的系统地传输测量表明,在这些长度范围内展现的几乎都是块体石墨的性能。于是 Ruoff 等尝试了更多的可控性操作,他们制定了一个模板法,并将原子力显微镜用于块体石墨,在介观尺度上剥离出薄的石墨晶体。

随着第一次通过简单的机械剥离法证明可以制造出单层和多层石墨烯样品开始[22],关于石墨烯的实验及理论研究突然爆发了。与此同时,其他的几个课题组也在尝试使用不同的途径来制备石墨烯[9,23-24]。Novoselov 等使用的是非常常见的方法,不久之后,被列为可用于其他层状材料的制备方法[25]。这种最简单的提取方法称为机械剥离法。它还有一个昵称,"胶带"法,因为在实验过程中,将薄的介观样品转移到目标基底之前需采用黏性胶带粘住主晶体,其中基底常使用覆盖有薄层氧化物薄膜的硅片。由于法布里-珀罗(Fabry-Perot)干涉,利用增强光学对比效果在破裂和转移的介观石墨样品的碎片中确定单层石墨烯样品的关键是精心调整氧化层的厚度。

自从第一次有了独立的单原子层石墨烯的实验样品的示范后,石墨烯的许多独特的电学、化学和力学性能便被不断地研究着。特别是,一种反常半整数量子霍尔效应(QHE)及非零贝里相位在石墨烯中被发现[27-28],这为狄克拉费米子在石墨烯中的存在以及区分石墨烯与有限载流子质量的传统 2D 电子系统提供了明确的证据。在本章中，我们将关注单层石墨烯中电子动力学的手征特征，其中电子波函数的准自旋起着非常大的作用。我们列举了两个实验例子：石墨烯中的半整数 QHE[27-28] 及克莱因隧道效应[29]。这种石墨烯的准相对量子动力学为这些独特的实验观察结果提供了一个紧凑而精确的描述，并且进一步为在简单实验情况下的量子电动力学（QED）的实施测试提供了基础[30]，并在最近的实验中观察到了电子法布里-珀罗振荡[29]。

1.2 石墨烯中的准自旋手征

石墨烯中的碳原子有序地排列在蜂窝状晶格中。碳原子的这种六边形排列可以分解成由反演对称性相关的两个彼此互穿的三角晶格。以在每个亚晶格上的两个原子轨道为基础，紧束缚哈密顿算符在两个不等价的布里渊区的 K 和 K' 角附近可以近似简化为

$$\hat{H} = \pm \hbar v_F \boldsymbol{\sigma} \cdot (-i\hbar \nabla) \tag{1.1}$$

式中：$\boldsymbol{\sigma} = (\sigma_x, \sigma_y)$ 为泡利矩阵；$v_F \approx 10^6 \text{m/s}$ 为石墨烯中的费米速度；+(-)表示取波矢 k 在 $K(K')$ 点附近的近似（图 1.1）。

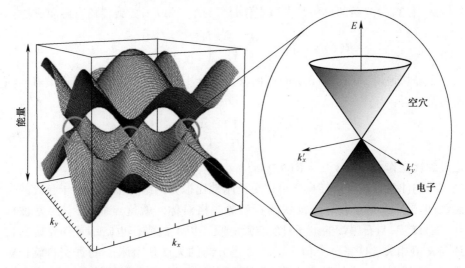

图 1.1 石墨烯的能带结构图。价带（低频带）和导带（高频带）在 6 个点互相接触，即费米能级所在处。在这些点的附近，能量色散关系是线性的[31]

从多种原因来说，这种"狄拉克"方程的结构对于许多研究是有趣的。首先，接近布里渊区角形成的能量分布在动量空间是线性的，$E(\boldsymbol{\kappa}) = \pm \hbar v_F |\boldsymbol{\kappa}|$，其中波函数 $\boldsymbol{\kappa}$ 是与 K（或 K'）相关的量，即 $\boldsymbol{\kappa} = \boldsymbol{k} - \boldsymbol{K}$（或 K'）。结果，接近这两个

狄拉克点的电子总是以一定的速度移动,由费米速度 $v_F \approx c/300$(而不是真实的光速 c)确定。石墨烯中的电子动力学因此为"相对的"有效,其中光速被电子费米速度 v_F 代替。在一个完整的石墨烯晶体中,狄拉克点(K 和 K')与整体电荷中性点(CNP)是一致的,因为在石墨烯晶胞中存在两个碳原子并且每个碳原子贡献一个电子形成双键,最后使得中性石墨烯的费米能级 E_F 精准地位于石墨烯的半满带中。

对于接近 K' 点的布洛赫波函数,式(1.1)中的狄拉克方程可以写为

$$\hat{H} = \pm \hbar v_F \boldsymbol{\sigma} \cdot \boldsymbol{\kappa} \tag{1.2}$$

这种无质量狄拉克费米子哈密顿方程的解可以通过下式求解[5,32-33]:

$$|\boldsymbol{\kappa}\rangle = \frac{1}{\sqrt{2}} e^{i\boldsymbol{\kappa} \cdot \boldsymbol{r}} \begin{pmatrix} -i s e^{-i\theta_\kappa/2} \\ e^{i\theta_\kappa/2} \end{pmatrix} \tag{1.3}$$

式中:θ_κ 为 $\boldsymbol{\kappa} = (\kappa_x, \kappa_y)$ 及 y 轴之间的夹角,$s = +1$ 或 $s = -1$ 由处在 K 点以上或者以下分别确定。这种状态所对应的能量为

$$E_s(\boldsymbol{\kappa}) = s \hbar v_F |\boldsymbol{\kappa}| \tag{1.4}$$

其中,$s = +1/-1$ 分别是正/负能量带的指示。

这种状态矢量的两个分量给定了两个亚晶格上碳原子的电子波函数振幅,因此 θ_κ 可以确定底层原子轨道混合的特性。

式(1.3)中的两部分矢量可以看作是 θ_κ 绕 $\hat{z}$ 轴以 1/2 旋转角自旋而成的:

$$\boldsymbol{R}(\theta) = \exp\left(-i \frac{\theta}{2} \sigma_z\right) = \begin{pmatrix} e^{-i\theta/2} & 0 \\ 0 & e^{+i\theta/2} \end{pmatrix} \tag{1.5}$$

更确切地说,布洛赫(Bloch)态的矢量部分 $|s_p\rangle = e^{-i\boldsymbol{\kappa} \cdot \boldsymbol{r}}|\boldsymbol{\kappa}\rangle$ 可由沿着 y 轴的初态获得:

$$|s_p^0\rangle = \frac{1}{\sqrt{2}} \begin{pmatrix} -is \\ 1 \end{pmatrix} \tag{1.6}$$

通过旋转操作可得,$|s_p\rangle = \boldsymbol{R}(\theta_\kappa) |s_p^0\rangle$。

我们注意到这种旋转操作可以更清晰地比拟为两组分描述的电子自旋的自旋量,但是它来自于底层蜂窝状的石墨烯晶格对称。就这点而言,$|s_p\rangle$ 常被称作"准自旋",与石墨烯的电子真实自旋相反。以上的操作也暗示了伪自旋的轨道与 $\boldsymbol{\kappa}$ 值相关。这完全类似于沿着传播方向的无质量费米子的真实自旋。对于 $s = +1$,如图1.1中处于 K 点上部圆锥相关的部分,准自旋的状态平行于 $\boldsymbol{\kappa}$,因此与右手型狄拉克费米子有一定的关系。当 $s = -1$ 时,如下部圆锥中的反粒子,这种情况相反,形成了左手型狄拉克反费米子。

至今我们的分析都是关注于 K 点,发生在 K' 点的事情也将是很有趣的。在 K' 点采用相似的分析法,唯一的区别是扩展了 K' 点附近的哈密顿函数为 $\boldsymbol{k} = \boldsymbol{\kappa} + \boldsymbol{K'}$。因此从式(1.1)获得了一个关于 K' 的新方程:

$$H = \hbar v_F \boldsymbol{\kappa} \cdot \bar{\boldsymbol{\sigma}} \tag{1.7}$$

式中: $\bar{\boldsymbol{\sigma}}$ 为泡利矩阵 $\boldsymbol{\sigma}$ 的共轭复数。

已知这个哈密顿函数是用来描述左手型的无质量中微子。因此在 K' 处的电子动力学可以用无质量狄拉克费米子再次表征,但是有着相反的螺旋性。

石墨烯中电子的手征对于石墨烯中电子运输有着重要的指引。尤其是反常的贝里相位与 1/2 伪自旋的旋转有关,这对理解石墨烯和纳米管中独特的电荷输送有着重要的意义,就像在 Ando 等[5]的理论工作中首先讨论的那样。例如,考虑到一个由 $\kappa \rightarrow \kappa'$ 的散射过程,由于其电势能 $V(r)$ 的范围比石墨烯中晶格常数要大,所以该散射在 K 和 K' 之间不会引起内部谷底散射。其结果是在这两个状态间的矩阵元素,可以表示为

$$|\langle \kappa' | V(r) | \kappa \rangle|^2 = |V(\kappa - \kappa')|^2 \cos^2(\theta_{\kappa,\kappa'}/2) \tag{1.8}$$

式中: $\theta_{\kappa,\kappa'}$ 为 κ 和 κ' 之间的夹角,其中的余弦项来源于初始和最后的自旋量。

背散射过程对应于 $\kappa = -\kappa'$ 处,在这种情况下, $\theta_{\kappa,\kappa'} = \pi$ 且矩阵元素消失。因此,背向散射完全被抑制。就准自旋而言,这个背散射过程可由旋转符号 $R(\pi)$ 确定的旋转量 $|\kappa\rangle$ 来描述。对于一种原子级平滑的电势,式(1.8)中的矩阵元素可表达为

$$\langle \kappa' | V(r) | \kappa \rangle \approx V(\kappa - \kappa') \langle \kappa | R(\pi) | \kappa \rangle \tag{1.9}$$

应注意,1/2 自旋量的 π 旋转相对于原始量总是产生正交旋量,这使得矩阵元素消失。

实际上 π 的贝里相位的实验重要性由 McEuen 等[33]在通过石墨烯卷曲成管的单壁碳纳米管(SWCNT)中得到了证明。金属型单壁碳纳米管中的背向散射现象得到了抑制,室温时形成了一个显著的微米数量级长的电子自由程[34]。

背散射现象的抑制可以由准自旋引起的贝里相位来理解。特别是,对于完全背向散射现象,式(1.5)变为 $R(2\pi) = e^{i\pi}$,这表明了 κ 值通过 2π 的旋转导致了波函数 $|\kappa\rangle$ 相位有 π 的改变。这个反常的贝里相位可能对石墨烯中的导电性产生反常的量子修正,量子修正可以增强其经典的导电性[35]。这种现象称为"反定域化",与传统二维系统中的量子修正不同,可导致对弱局域中导电性的抑制。这可以简单地通过考虑每个散射过程,其相应的互补时间逆转散射过程来进行说明。在传统二维电子系统(如 GaAs 异质结)中,散射幅度和每个散射过程的相关相位及其互补时间逆转过程是相同的。在传统的二维系统中,这种相长干涉导致了背向散射幅度的提高,从而导致电子态的定域化。这种机制称为弱定域化[36]。然而,在石墨烯中,每个散射过程与其时间反转对之间的伪自旋有 2π 旋转,反常贝里相位使得它们之间的相位差为 π。这导致了时间反转对之间的相消干涉,抑制了整体背向散射的振幅,从而对电导率产生一个正向的量子修正。石墨烯中的这些反弱定域化现象已经在实验中观察到[37]。

石墨烯中的一个反常贝里相位的存在可以间接地从上述提到的实验中推断

出来,它可以在均匀的外部磁场引起的量子振荡中直接观察到[27-28]。在一个半经典画面中,在磁场存在的情况下,电子在 k 空间沿着一个圆圈轨道运动。由波矢的 2π 转动所产生的 π 的贝里相位表现为量子振荡的相移,这将是下一节讨论的重点。

1.3 永磁振荡中的贝里相位

现在转用式(1.1)中的哈密顿算符描述无质量狄拉克费米子。在磁场中,有薛定谔方程:

$$\pm v_F(\boldsymbol{P} + e\boldsymbol{A}) \cdot \boldsymbol{\sigma}\psi(\boldsymbol{r}) = E\psi(\boldsymbol{r}) \quad (1.10)$$

式中: $P = -i\hbar\nabla$; A 为磁矢量势; $\psi(\boldsymbol{r})$ 为二分量矢量,且有

$$\psi(\boldsymbol{r}) = \begin{pmatrix} \psi_1(\boldsymbol{r}) \\ \psi_2(\boldsymbol{r}) \end{pmatrix} \quad (1.11)$$

对于垂直于 x-y 平面的恒定磁场 $\boldsymbol{B}$,使用朗道规范 $\boldsymbol{A}$: $\boldsymbol{A} = -By\hat{x}$。然后,在式(1.10)中仅使用"+"项,则方程与 $\psi_1(\boldsymbol{r})$ 和 $\psi_2(\boldsymbol{r})$ 相关:

$$v_F(P_x - iP_y - eBy)\psi_2(\boldsymbol{r}) = E\psi_1(\boldsymbol{r}) \quad (1.12)$$

$$v_F(P_x + iP_y - eBy)\psi_1(\boldsymbol{r}) = E\psi_2(\boldsymbol{r}) \quad (1.13)$$

将式(1.12)代入式(1.13),得到只含 $\psi_2(\boldsymbol{r})$ 的方程:

$$v_F^2(P^2 - 2eByP_x + e^2B^2y^2 - \hbar eB)\psi_2(\boldsymbol{r}) = E^2\psi_2(\boldsymbol{r}) \quad (1.14)$$

式(1.14)的本征能量可以通过这个方程与一个有质量载流子的朗道系统进行比较而获得:

$$E_n^2 = 2n\hbar eBv_F^2 \quad (1.15)$$

其中, $n = 1, 2, 3, \cdots$,恒量 $-\hbar eB$ 通过相邻朗道能级之间的等间距的一半转移朗道能级,并且也保证在 $E = 0$ 处有一个朗道能级,并像其他朗道能级一样具有相同的简并性。把这些表述放在一起,一般朗道能级的本征能量可写为[4,38]

$$E_n = \text{sgn}(n)\sqrt{2e\hbar v_F^2 |n| B} \quad (1.16)$$

其中, $n > 0$ 对应的是类电子朗道能级,而 $n < 0$ 对应的是类空穴的朗道能级。在 $E = 0$ 处存在单个的朗道能级点,对应于 $n = 0$,这是由手征对称性和粒子-空穴对称性导致的。

如果考虑到相对论电子的 DOS,可以容易理解朗道能级能量与 n 的平方根成正比,即 $E_n \propto \sqrt{n}$。二维无质量的狄拉克费米子的线性能谱意味着由下式给出一个线性的 DOS:

$$N(E) = \frac{F}{2\pi\hbar^2 v_F^2} \quad (1.17)$$

在磁场中,线性 DOS 收缩成朗道能级,它的每一个 DOS 都有统一的状态数

$2eB/h$。随着能量的提高,有了更多的可能状态,因此为了每一个朗道能级都有同样的状态数,需要在朗道能级间有一个更小的间隔。线性 DOS 直接导致了朗道能级的平方根分布,如图 1.2(c)所示。

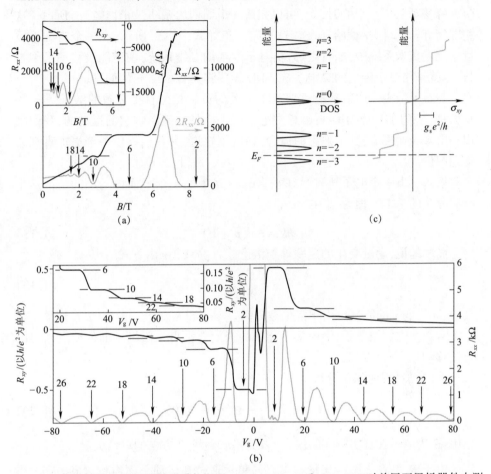

图 1.2 石墨烯器件的量子磁阻及霍尔电阻。(a)$T=30\text{mK}$ 和 $V_g=15\text{V}$ 时单层石墨烯器件中测量到的霍尔电阻(深)及磁阻(浅)。垂直的箭头和其上的数字表明了 B 值及对应的量子霍尔状态的填充因子 v。水平线对应了 h/ve^2 值。电子气中的 QHE 由 R_{xy} 中至少两个量子平台决定,这两个平台对应的磁场区域中的 R_{xx} 消失了。内插图表示在 $V_g=-4\text{V}$ 时,在 1.6K 时测量的空穴气体的 QHE。填充因子 $\nu=2$ 处的量子平台是非常确定的, $\nu=6$ 和 10 处也转化为第二个和第三个平台。(b)为固定磁场在 $B=9\text{T}$ 处在 1.6K 时测量的量子电阻(深)及磁阻(浅)随栅极电压的变化函数。此处与(a)中使用同样的约束条件。上面的内插图表示在 30mK 处测量的一个 R_{xy} 的高填充因子平台。(c)为朗道能级状态密度(DOS)及对应的量子霍尔电导(σ_{xy})与能量的关系图。注意到在量子霍尔状态下,$\sigma_{xy}=-R_{xy}^{-1}$。朗道能级指数 n 显示在 DOS 峰旁。在试验中,费米能级 E_F 可以由栅极电压调控,当 E_F 穿过一个朗道能级时,R_{xy}^{-1} 的变化量为多个 $g_s e^2/h$ [28]

可以通过测量二维电子系统在磁场的存在下的反应来获得大量的信息。其中一个测量是通过使电流穿过该系统和测量其纵向电阻 ρ_{xx} 完成的。随着磁场的变化，朗道能级的能量也会改变。尤其是随着费米能级从一个朗道能级的 DOS 峰移动到下一个峰时，ρ_{xx} 可以完成一个周期的振动，如图 1.2(c) 所示。这些即为舒勃尼科夫-德哈斯（SDH）振荡。正如式（1.15）所示，在一个二维无质量狄拉克费米系统中，如石墨烯，相对于常规的二维系统，朗道能级移动了半整数，也就是相对于传统的二维系统，SDH 振荡将具有相位 π 的偏移。

与石墨烯中无质量狄拉克费米子有关的贝里相位直接导致的结果是 π 的相位移。为了进一步阐明石墨烯中电子的手征是如何影响它的运动的，我们采用一个半经典模型，其中熟悉的概念，如电子轨道，为我们提供一个更加直观的物理图像。

思考一下一个电子轨迹是在垂直磁场 $\boldsymbol{B}$ 中的一个平面内运动的情况。半经典方法的基本方程为

$$\hbar \dot{\boldsymbol{k}} = -e(\boldsymbol{v} \times \boldsymbol{B}) \tag{1.18}$$

简单地说，动量变化的速率等于洛伦兹力。速度 $\boldsymbol{v}$ 由下式给出：

$$\boldsymbol{v} = \frac{1}{\hbar} \nabla_k \varepsilon \tag{1.19}$$

其中，ε 为电子的能量。由于洛伦兹力垂直于 $\boldsymbol{v}$，没有对电子做功，ε 在运动中是一个常数。它紧跟电子，沿由恒定能量的表面与垂直于磁场平面的交点给出的轨道移动。

式（1.18）对时间积分得

$$\boldsymbol{k}(t) - \boldsymbol{k}(0) = \frac{-eB}{\hbar} [\boldsymbol{R}(t) - \boldsymbol{R}(0)] \times \hat{\boldsymbol{B}} \tag{1.20}$$

式中：$\boldsymbol{R}$ 为电子在真实空间的位置；$\hat{\boldsymbol{B}}$ 为沿着磁场 $\boldsymbol{B}$ 方向的单位矢量。

由于 $\boldsymbol{R}$ 和 $\hat{\boldsymbol{B}}$ 之间的矢量积可以简单地通过在运动平面内将 $\boldsymbol{R}$ 旋转 90° 得到，式（1.20）意味着，在真实空间中的电子轨迹只是它的 k 空间轨道，是通过磁场旋转 90° 及缩放 $\hbar/eB$ 实现的。

下式可进一步表明，电子绕着等能面的交叉处移动的角频率为

$$\omega_c = \frac{2\pi eB}{\hbar^2} \left(\frac{\partial a_k}{\partial \varepsilon}\right)^{-1} \tag{1.21}$$

式中：a_k 为 k 空间交集的面积。

对于有着有效质量 m^* 的电子，存在 $\varepsilon = \hbar^2 k^2/2m^*$ 及由 $\pi k^2 = 2\pi m^* \varepsilon/\hbar^2$ 得出的 a_k，从而式（1.21）可简化为 $\omega_c = eB/m^*$。将此式与式（1.21）对比，发现：

$$m^* = \frac{\hbar^2}{2\pi} \frac{\partial a_k}{\partial \varepsilon} \tag{1.22}$$

这实际上是一个任意轨道的有效质量的定义。

电子运动的量子化将限制其可能状态,并会产生量子振荡,如 SdH 振荡。对于周期运动的玻尔-索末菲(Bohr-Sommerfeld)量子化规则为

$$\oint \boldsymbol{p} \cdot \mathrm{d}\boldsymbol{q} = (n + \gamma)2\pi\hbar \tag{1.23}$$

其中,p 和 q 为典型的共轭变量,n 为整数,式(1.23)中的积分用于完整的轨道;数量 γ 将在下面讨论。

对于在磁场中的一个电子:

$$\boldsymbol{p} = \hbar\boldsymbol{k} - e\boldsymbol{A}, \boldsymbol{q} = \boldsymbol{R} \tag{1.24}$$

因此式(1.23)变为

$$\oint (\hbar\boldsymbol{k} - e\boldsymbol{A}) \cdot \mathrm{d}\boldsymbol{R} = (n + \gamma)2\pi\hbar \tag{1.25}$$

将式(1.25)代入式(1.20)并使用斯托克斯(Stokes)定理,发现:

$$\boldsymbol{B} \cdot \oint \boldsymbol{R} \times \mathrm{d}\boldsymbol{R} - \int_S \boldsymbol{B} \cdot \mathrm{d}\boldsymbol{S} = (n + \gamma)\Phi_0 \tag{1.26}$$

式中:$\Phi_0 = 2\pi\hbar/e$ 为磁通量量子;S 为在具有电子轨道平面上的投影的真实空间中的任何表面。

因此,式(1.26)左边第二项正是穿过电子轨道的磁通量 Φ。对式(1.26)的左边第一项的深入研究发现,它是 2Φ [39]。把它们放在一起,式(1.26)简化为

$$\Phi = (n + \gamma)\Phi_0 \tag{1.27}$$

它只是意味着,量子化规则决定了通过电子轨道的磁通也需要被量子化。

请记住,在实际空间中的电子轨迹是其在 k 空间中的旋转轨迹,并按式(1.20)中 $\hbar/eB$ 的比例得到。$a_k(\varepsilon)$ 为 k 空间中电子轨道在恒定能量 ε 时的电子轨道面积,之后式(1.20)变为

$$a_k(\varepsilon_n) = (n + \gamma)2\pi eB/\hbar \tag{1.28}$$

这就是著名的昂萨格(Onsager)关系式。此关系式隐含地指定了可允许的能级 ε_n(朗道能级),一般来说,取决于该能带结构的色散关系 $\varepsilon(k)$。

无量纲参数 $0 \leq \gamma < 1$ 是由能带结构的形状决定的。对于抛物线状能带,$\varepsilon = \hbar^2 k^2 / 2m^*$,第 n 个朗道能级具有的能量为 $\varepsilon_n = (n + 1/2)\hbar\omega_c$。垂直于磁场 B 平面的各向同性 m^* 的每个朗道能级轨道为在 k 空间中的半径为 $k_n = \sqrt{2eB(n+1/2)/\hbar}$ 的圆。因此,在 k 空间中第 n 个朗道能级轨道对应的面积为

$$a_k(\varepsilon_n) = \pi k_n^2 = \left(n + \frac{1}{2}\right)2\pi eB/\hbar \tag{1.29}$$

式(1.29)与式(1.28)进行比较,得

$$\gamma = \frac{1}{2} \tag{1.30}$$

对于石墨烯中遵循线形色散关系 $\varepsilon = \hbar v_F k$ 的无质量狄拉克费米子,第 n 个朗道能级对应着半径为 $k_n = \varepsilon_n/\hbar v_F = \sqrt{2e|n|B/\hbar}$ 的圆轨道,相对应的面积为

$$a_k(\varepsilon_n) = \pi k_n^2 = = |n|2\pi eB/\hbar \tag{1.31}$$

对于一个半经典舒勃尼科夫-德哈斯(SdH)相位,有

$$\gamma = 0 \tag{1.32}$$

这区别于传统的无质量费米子 γ 的 $1/2$[40]。

γ 中 $1/2$ 的差别是由石墨烯中无质量狄拉克费米子的手征引起的。石墨烯中的一个电子总是有与其波矢 k 相联系的准自旋 $|s_p\rangle$。电子沿着轨道经历一个循环,同样依附于电子的 k 和准自旋也经历一个循环。它们同时经历一个 2π 的旋转。就像一个物理自旋转,一个 2π 的半绝热旋转的准自旋产生了一个 π 的贝里相位。这正是 γ 为 $1/2$ 差别的缘由。

上面的分析可以应用于任意能带结构系统。Roth[41]和 Mikitik[42]的工作揭示了量子化 γ 确实是电子能带结构的拓扑性质。一般来说,对于电子轨道,γ 可以由贝里相位 ϕ_B 来表达:

$$\gamma - \frac{1}{2} = -\frac{1}{2\pi}\phi_B \tag{1.33}$$

对于环绕着一个非连续的电子能带的任何电子轨道,就像是在抛物线形能带的情况下,这个相位是零,得到式(1.30)。如果轨道环绕着一个能带间的接触以及能带的能量对 k 是线性地分布在接触带附近时,会导致一个 π 的反常贝里相位。在单层石墨烯中,这些要求得到满足,因为价带和导带都在 K 及 K' 处连接,并且,围绕这些点的能量色散是线性分布的。这个特殊的情况再次导致了石墨烯中 $\gamma = 0$(事实上,$\gamma = 0$ 和 $\gamma = \pm 1$ 是等效的)。注意,这反常的 γ 仅适用于单层石墨烯,对于双层石墨烯,其电荷中性点处能带的接触点处有一个二次色散关系,会得到传统的 $\gamma = 1/2$[43]。

在磁场中通过测量二维系统的量子振荡可以探测 γ 值,这里 γ 被确定为这种振荡的相位。当明确地将 γ 写成量子振荡的振荡部分时,也就是作为电阻 $\Delta\rho_{xx}$ 的 SdH 振荡时,很明显得到[28,44-45]:

$$\Delta\rho_{xx} = R(B,T)\cos\left[2\pi\left(\frac{B_F}{B} - \gamma\right)\right] \tag{1.34}$$

此处只考虑一次谐波,其中 $R(B,T)$ 为 SdH 振荡的振幅,B_F 是以 $1/B$ 为单位的频率,它与表面载流子密度 n_s 的关系为

$$B_F = \frac{n_s h}{g_s e} \tag{1.35}$$

其中,对于朗道能级的自旋简并和谷简并,$g_s = 4$。相关系数 $\gamma = 1/2$(用于抛物面

能带)及 $\gamma = 0$(对石墨烯)在两种类型的二维系统的 SdH 振荡之间产生了 π 的相位差。在极端的量子极限,SdH 振荡演变成量子霍尔效应,一种由精确量子化霍尔电阻和纵向磁电阻为 0 的显著的宏观量子现象而描述的。额外的 π 的贝里相位表现为在量子化条件的半整数移位,并导致一个非常规的量子霍尔效应。在量子霍尔状态下,石墨烯表现出所谓的"半整数"偏移量子霍尔效应,其中对于整数 n,其填充分数由 $v = g_s(n + 1/2)$ 给出。因此,在此填充分数下,$\rho_{xx} = 0$,而霍尔电阻率在此条件下显示出量子化平台:

$$\rho_{xy}^{-1} = \frac{e^2}{h} g_s \left(n + \frac{1}{2} \right) \tag{1.36}$$

Novoselov[27]和 Zhang 等[28]首次报道了石墨烯中量子霍尔效应和贝里相位的实验观察。图 1.2(a)显示了在固定栅极电压 $V_g > V_{Dirac}$ 下单层石墨烯样品的 R_{xy} 和 R_{xx} 随磁场 B 的变化关系。整体为正值的 R_{xy} 表明了对 R_{xy} 的贡献主要来自电子。在高磁场下,$R_{xy}(B)$ 具有平台,而 R_{xx} 正在消失,这正是 QHE 的标志。在地磁场条件下,在 QHE 特点被转化为 SdE 振荡前,至少可以观察到两个完好的平台,其值为 $(2e^2/h)^{-1}$ 和 $(6e^2/h)^{-1}$,紧跟着一个发展的平台 $(10e^2/h)^{-1}$。前两个平台的 R_{xy} 的量子化好于 $1/10^4$,在仪器的不确定精度之内。在最近的实验中[46],现在这个极限达到了 10^{-9} 的精确水平。对于空穴($V_g < V_{Dirac}$)的等效 QHE 特点,观察到 R_{xy} 存在负值(图 1.2(a)插图)。同样地,可以通过固定磁场和在 Dirac 点变化 V_g 探测电子和空穴的 QHE。在这种情况下,随着 V_g 的增加,首先是空穴($V_g < V_{Dirac}$),然后是电子($V_g > V_{Dirac}$)会填充系列的朗道能级,从而表现出 QHE。这会使图 1.2(b)中的 $R_{xy}(R_{xx})$ 产生非对称(对称)图形,R_{xy} 的量子化表现为

$$R_{xy}^{-1} = \pm g_s \left(n + \frac{1}{2} \right) e^2/h \tag{1.37}$$

式中:n 为非负的整数;$\pm$ 分别代表了电子和空穴。

这个量子化状态可以用通常的 QHE 语言翻译为量子化填充分数 ν。在有石墨烯存在的情况下,$g_s = 4$,两个来源于自旋简并,另两个来自于次晶格简并,等同于在磁场下的 K 及 K' 点的谷简并。

石墨烯中观察到的 QHE 与"常规"QHE 明显不同,这是由于在量子条件下,式(1.37)中附加有半整数的存在。这种不寻常的量子化条件是由石墨烯的拓扑特殊电子结构造成的[44-45]。这种量子霍尔平台的半整数倍序列是由石墨烯粒-孔对称相关的包含有"相对论"朗道能级组合的几个理论预测而得的[47-49]。这很容易由图 1.2(c)所示的计算朗道能级光谱(式(1.16))而理解。图中绘制了 g_s 简并(旋转和次晶格)朗道能级的态密度(DOS)曲线及在量子霍尔区域作为能量函数的对应的霍尔电导(当 $R_{xx} \to 0$ 时,$\sigma_{xy} = -R_{xy}^{-1}$)。此处,当 E_F(由 V_g

调控)落在朗道能级之间时,σ_{xy}显示出 QHE 平台以及当 E_F 穿过一个朗道能级时会带来量值为 $g_s e^2/h$ 的跳跃。时间反演不变性保证粒-孔的对称,因此在能量穿过狄拉克点处的 σ_{xy} 是一个偶函数[4]。然而,在石墨烯中,$n=0$ 时朗道能级是明显的,也就是说不管磁场如何,$E_0=0$ 是由次晶格对称性决定的[4]。因此电子($n=1$)和空穴($n=-1$)的第一个 R_{xy}^{-1} 平台准确地位于 $g_s e^2/2h$ 处。随着 E_F 穿过下一个电子(空穴)朗道能级,R_{xy}^{-1} 会有一个 $g_s e^2/h$ 的提高(下降),这便产生了如式(1.37)所示的量子化条件。

时间反演对称性与最新狄拉克点结构的组合结果可以从带简并点所产生的贝里相位的角度来看待[42,50]。石墨烯中贝里相位的直接含义是在旋转-1/2 的准自旋量来描述子晶格对称性的量子相位的背景下讨论的[5,44]。这个相位已经隐含在 QHE 的半整数转移量子化规则中。它可以进一步在一个半经典磁振荡描述的磁场条件下被探测[45,51]。重复式(1.34),SdH 振荡的第一谐波可以写为

$$\Delta \rho_{xx} = R(B,T) \cos\left[2\pi\left(\frac{B_F}{B} + \frac{1}{2} + \beta\right)\right] \quad (1.38)$$

式中:$R(B,T)$ 为 SdH 振荡的振幅;B_F 为以 $1/B$ 为单位的 SdH 振荡的频率;$\beta = \frac{1}{2} - \gamma$ 为 $-1/2 < \beta \leq 1/2$ 的相关贝里相位(由 2π 划分),极小的情况下有 $\beta = 0$。β 值的偏差显示了有趣的新物理现象,在 $\beta = 1/2$(或 $\beta = -1/2$)处暗含了狄拉克粒子的存在[42]。

实验中,半经典区域的相位移可以从 SdH 扇形图的分析中得到。图 1.3 为 SdH 的一个扇形图实例。首先在 $1/B$ 坐标中定位了 SdH 振荡的峰和谷,然后绘

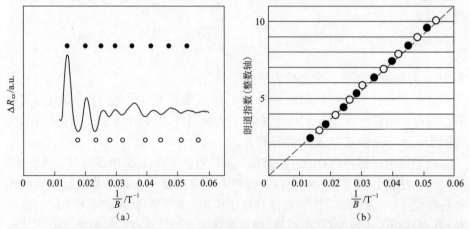

图 1.3 寡层石墨 SdH 扇形图:(a)纵向电阻 ΔR_{xx} 的振荡部分与 $1/B$ 的函数关系图,峰和谷分别由实心圆圈和空心圆圈表示;(b)每个振荡的朗道指数 n 随(a)中 $1/B$ 位置处的变化关系,线性拟合曲线(虚线)的斜率表示振荡的频率 B_F,y 轴截距为以 π 为单位的贝里相位 β。图(b)中数据的线性拟合结果 $\beta = 0$ 表明了寡层石墨样品有反常贝里相位[52]

制出对应的朗道指数 n。对于给定数据点的线性拟合的斜率是 SdH 振荡的频率 B_F,这与表面载流子密度 n_s(式(1.35))有关。线性拟合与朗道指数轴的截距得出贝里相位 β,以 π 为单位,取模为整数。

图 1.4 表示在不同栅极电压 V_g 情况下石墨烯的 SdH 扇形图。很明显,对于所有的门电压最终的 β 是非常接近 0.5 的(图 1.4 上面的内插),这进一步提供了石墨烯中非零贝里相位及狄拉克粒子存在的证据。虽然早期在对块状石墨的测量中就有相位转移线索的要求[45],但这样一个非零贝里相位并没有在早期的层状石墨样品中发现[22,51-52]。石墨烯的实验数据对固态系统中这样的效应提供了无可争辩的证据。

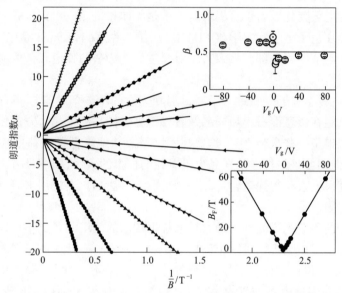

图 1.4　石墨烯中贝里相位的测量,图中给出了不同栅极电压的 SdH 谐振的朗道扇形图。此图是对于第 n 个由 $B=B_F$ 计算的 R_{xx} 最小值处的 $1/B$ 与 n 的关系图。这些线均符合线性拟合,其中斜率(下面的插图)表示 B_F 值,n 轴截距(即 β,上面的插图)提供了石墨烯磁振荡中贝里相位的直接探测方法[28]

线性能量色散关系也导致在电中性点(CNP)附近 $E=0$ 时的一个线性消失的二维状态密度 $\rho_{2D} \propto |\varepsilon_F|$。这与常规的抛物线二维系统不同,在常规的抛物线二维系统中的态密度,至少在单粒子图像中,是恒定的,从而导致了电荷中性的石墨烯对电场屏蔽能力的下降。最后,亚晶格的对称性赋予了准粒子保守的量子数和手征,对应于运动方向上准自旋的投影[30]。没有散射时,电子混杂在石墨烯谷,准自旋的守恒禁止了石墨烯中的背向散射[5],动量反转等效于准自旋守恒违背。与半导体纳米管相比,这种背向散射的缺失已作为实验观察到的金属纳米管中载流子的异常长平均自由程的解释[33]。

1.4 石墨烯中准自旋及克莱因隧穿效应

对于电荷中性、基底支撑石墨烯的电子和空穴旋涡的观察[53]证实了这样的理论预期[54],即电荷中性区的输运是由杂质引起的不均匀性决定的[55-57]。在狄拉克点处的输送画面是由网状 p-n 结分离的导电旋涡导致的。了解石墨烯 p-n 结性能对最小导电率定律的理解是非常重要的,这个问题已经让实验家和理论家都产生了好奇[27,54,57-62]。描述 CNP 中不均匀电位线的输运需要引入额外的空间变化的电势到前一部分的式(1.1)中;跨越 p-n 结的输运相当于在零电位处的电势变化。由于石墨烯载流子是无质量的,石墨烯的 p-n 结提供了一个类似于在量子电子动力学(QED)中所谓的"克莱因(Klein)隧穿"问题的凝聚态模型。本节的第一部分将致力于对穿过如此势垒的弹道和扩散输运行为的理论认识。

近几年,科学家们一直致力于通过消除无意的不均匀性来提高石墨烯样品的质量。已经在由悬浮石墨烯样品及转移石墨烯样品到单晶六方氮化硼基板这个方向上取得了一些进步[65]。这些技术已经成功地降低了电荷中性区的残留电荷密度,但即使是最纯净的样品也没有在与样本的大小(通常不小于 1μm)相媲美的长度尺度上获得弹道输运。一个可取的方法是尝试将用来研究局部栅门的区域进行限制。

石墨烯的无缝光谱允许了通过局部静电栅门的使用制备出正负掺杂的毗邻区域。这样的异质结提供了一个简单的平台来研究石墨烯无质量费米电荷载流子的独特性质,包括手征[30,66]及自然发生的洛伦兹不变性[67-69]。技术上讲石墨烯 p-n 结与多种电子装置是相关的,包括在常规模拟和数字电路方面的应用,同时还有基于电子透镜的新颖电子装置[72-75]。在本节的后半部分,将讨论目前对于栅门设计的量子相干石墨烯设备的实验过程。

在前几个部分描述的方法仅需要一小部分的改变就可得到通过石墨烯异质结时载流子的输运特性。同时已经由 Katsnelson 等完成了对于石墨烯的直接计算[30],考虑到载流子手征性质的一种相似的方法已经在二十几年前,在金属型碳纳米管中的电学结构部分进行了讨论[5]。在低维数石墨系统中,由式(1.1)描述的自由粒子状态是手性的,意味着他们的准自旋对于电子(空穴)的运动是平行(非平行)的。这引起了在缺失准自旋-翻转非保守过程中背散射的压制,导致了金属型碳纳米管有比半导体型碳纳米管更高的电导率[33]。为了理解石墨烯中此效应和克莱因隧穿间的相互作用,我们在狄拉克哈密顿算符中引入了外势场 $A(r)$ 和 $U(r)$:

$$\hat{H} = v_F \sigma \cdot [-i\hbar \nabla - eA(r)] + U(r) \tag{1.39}$$

第1章 石墨烯中贝里相位的实验表现形式

在一维(1D)势垒的情况下,$U(r) = U(x)$,在零磁场时,平行于势垒的动量部分 p_y 是不变的。结果是,由于电势的对称性,垂直入射到 p-n 结的电子是不能斜散射的,而手征禁止它们直接向后散射,其结果是像空穴一样的完美传输[30],这就是所谓的石墨烯中的克莱因隧穿效应(图1.5(a))。剩下的部分是与石墨烯中由栅门引起的 p-n 结有关的内容,然而,石墨烯 p-n 结传输的本质对于理解石墨烯中最小导电性[62]和超临界的库仑杂质[76-79]问题,同时在致力于限制石墨烯量子粒子中扮演重要角色[80-81]。此外,p-n 结出现在一般的接触过程[82-86]和局部栅极的石墨烯中[70,87],在电子应用中这两者都是不可或缺的。

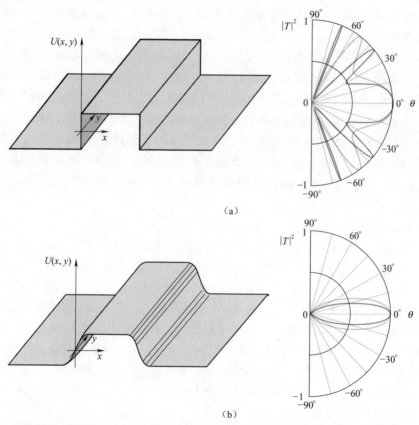

图 1.5 通过石墨烯中(a)一个原子级尖端的 p-n-p 势垒和(b)静电产生的光滑 p-n-p 势垒的与准粒子散射相关的电压分布范围和角度,以及与它们各自的角度相关的传输概率 $|T|^2$ (浅线与深线代表局部栅极区域中不同的密度)

即使是在石墨烯中,在真实的样品中也不能制造出一种原子锐电势。通常,到局部栅极的距离,是通过一个薄的介电层来区分的,这决定了电势变化的幅度范围。石墨烯通过一个类索泰(Sauter)电势步幅导致的传输问题由 Cheianov 及 Fal'ko 解决了[66]。将费米能级用电势能差 $\varepsilon - U(x) = \hbar v_f k_f(x)$ 代替及考虑到平行于势垒的动量组分 $p_y = \hbar k_F \sin\theta$ 的守恒,他们获得了一个适用范围为 $\theta \ll \pi/2$ 的,基本等同于 Sauter 的结果[88]:

$$k_F(x) = \begin{cases} -k_F/2, & x < 0 \\ Fx, & 0 \leq x \leq L, \\ k_F/2, & x > L \end{cases} \quad |T|^2 \approx e^{-2\pi^2 \frac{h v_F}{F \lambda_F^2} \sin^2\theta} \quad (1.40)$$

如在一维的大规模相对论问题中,传输是通过瞬时运输在经典禁止区域确定的,其中 $k_x(x)^2 = k_F(x)^2 - p_y^2 < 0$(图 1.5)。石墨烯与一维材料的唯一区别是,相对论方面由石墨烯的费米速度来取代光速,由费米波长取代康普顿波长,并且由入射角的正弦取代传播中质量的缩放。考虑到二维石墨烯的势垒问题中不同的传播角度,在 $T \approx 1$ 和 $T \ll 1$ 范围内克莱因和索泰机制皆适用。

在石墨烯目前的实验技术中还不允许具有确切的 p_y 的电子注入[29,90-95]。相反,由于扩散在石墨烯引线中的散射,电子撞击在 p-n 结时具有随机分布的入射角。式(1.40)表明在真实的尖锐 p-n 结中,这些随机入射的电子作为准直光束从 p-n 结出现,以最偏离正常入射的载流子散射,通过多个 p-n 结的传输导致进一步的准直[96]。重要的是,甚至在干净的石墨烯中,考虑势垒的有限斜率会对输运产生性质不同的结果:正如在起始的克莱因问题中,尖锐的电位步幅[30,97-102]会引入异常状态,如石墨烯中 $\theta \neq 0$ 时的高传输,也会在更真实的处理中消失[66,96,103]。

跨越单个 p-n 结传输的测量,或在其中传输是不连贯的 p-n-p 结,充其量可以通过 p-n 结测量电阻的比较提供唯一的克莱因隧穿的间接证据。然而,因为这样的实验仅能探测平均输运的入射角,它们无法通过实验探测到 $T(\theta)$ 的结构。因此,虽然文献[83]和文献[94]表明,近弹道 p-n 结的电阻是与弹道理论值一致的,为了表明角准直可发生,或者是在垂直入射时有完美的传输,需要不同的实验。特别是,没有办法从所有角度的大的传输中区分 $\theta = 0$ 时的完美传输,探求的问题是"克莱因隧穿效应"能否在一个角分辨测量的背景之外观察到任何结果,或者是其对整体性质,例如最小导电性的贡献。事实上,已如 Shytov 等所指出的[104],这一现象的实验特征应表现为在有限的磁场中在弹道的、相位相干的、石墨烯 p-n-p 设备中的传输共振的突然相移。

尽管石墨烯的 p-n 结与它在全带隙材料(或背向散射存在的无带隙材料中,如双层石墨)中相比是透射性的,石墨烯 p-n 结具有充分的反射性,特别是对于倾斜入射的载流子,会因法布里-珀罗干涉引起传输共振。然而,与光学典型的例子相比或与一维电子类似物相比[105],在弹道的、相位相干的 p-n-p(或 n-p-n 型)石墨烯异质结的相干路径的相对相位可通过施加磁场来调节。对于其中的结宽度之比在局部栅极区域(LGR)小的情况下,L 小于或约等于 l_{LGR},对于导电曲线振荡部分的朗道式可从图 1.6(d)的光线跟踪示意图得出:

第 1 章 石墨烯中贝里相位的实验表现形式

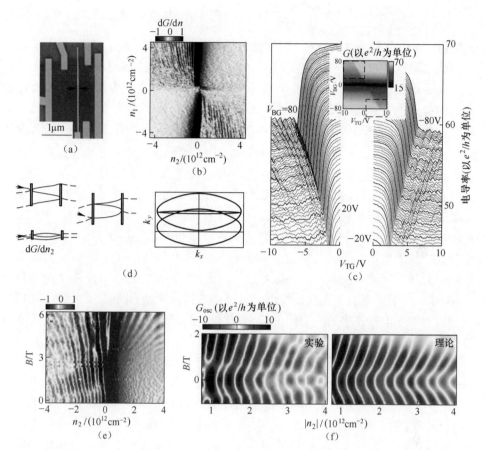

图 1.6 （a）一个典型的石墨烯异质结器件的扫描电子显微镜图像。电极、石墨烯及顶部栅极分别是由黄色、紫色和蓝绿色表示。（b）装置的差分跨导图和密度 n_2 及 n_1 的函数关系，分别与局部栅极区域（LGR）及 LGR 外部相关，即石墨烯引线（GL）区域。在 p-n 结存在的条件下出现的干涉条纹，表示了法布里-珀罗腔；（c）插图：该装置中的背栅和顶栅电压（V_{BG}-V_{TG}）面的电导图，主图显示了插图中虚线所示的区域中彩图的切割区域，展示了在 V_{BG} 一定时 V_{TG} 与电导的关系。这些轨迹由 V_{BG} 每隔 1V 分开，从 80V 开始每到 5V 的整数倍时采用黑色的线条表示。（d）在真实及动量空间中量子振荡导致的轨迹示意图。随着 B 的增大，在低磁场下（蓝色）占主导的模式变为负反射振幅的相转移模式，这是由于含有 $k_y=0$ 附近的不重要的贝里相位（橘色）。起始的有限 k_y 模式在临界磁场 B_c 处并没有相转移，在高于 B_c 时会出现非平凡的贝里相位位移 π（绿色）。但是由于准直，这些有限的 k_y 模式不再对振荡导电有贡献。（e）磁场及密度依赖于跨导 dG/dn_2 在 $n_1>0$ 关系是确定的。注意，FP 振荡的低场振荡特性仅仅发生在 $n_2<0$ 时，此处 p-n-p 结已形成。（f）低磁场下在 $V_{BG}=50V$ 时电导的振荡部分。G_{osc} 是由在密度与性能匹配的磁场（左）的一个大范围内的实验数据导出来的，这个磁场与包括了克莱因隧穿效应（右）的相转移理论预测的行为相匹配[29]

$$G_{osc} = e^{-2L/l_{LGR}} \frac{4e^2}{h} \sum_{k_y} 2|T_+|^2 |T_-|^2 R_+ R_- \cos(\theta_{WKB}) \qquad (1.41)$$

式中：$T_\pm$ 和 $R_\pm$ 分别为在 $x=\pm L/2$ 时的透射振幅及反射振幅；θ_{WKB} 为通过干涉轨迹的结之间积累的半经典相位差；l_{LGR} 为控制振荡振幅的拟合参数。

在零磁场处，粒子在同一个角度入射到两个结上，其朗道求和是由式(1.41)中不可忽略的散射和反射模型来决定的，这既不是由垂直的也不是由高度倾斜的模式决定的。相反，这种求和是由带有有限的 k_y 模式决定的，由 $k_y = \pm\sqrt{F/(\ln(3/2)\pi\hbar v_F)}$ 确定其峰值，其中 F 为在 p-n 结区域的电场力。随着电场的增强，回旋加速的弯曲倾向于 $k_y=0$ 的模式，也就是以具有大小相同但符号相反的角度入射在 p-n 结处（图 1.6(c)）。如果在零度存在完美透射，那么散射幅度的分析要求反射幅度随着入射角符号的变化而改变其符号[104]，因此在反射相产生了一个 π 角度的变化。这种效应也可以用贝里相位来描述：这种模式的封闭动量空间轨迹决定了在低磁场时的求和和在高 k_y 时不能封闭曲线，然而，在中间磁场及 $k_y \approx 0$ 处却可以。因此，当轨迹包围的拓扑奇点位于原点时，导致透射反馈的量子化条件由于贝里相位的包含是不同的，并导致了在可以观察到的导电振荡中的一个相位移，而此相位移包含了由式(1.41)决定的朗道求和的轨迹。

Young 和 Kim 报告了在石墨烯异质结中 pnp（以及 npn）相干电子传输的实验研究[29]。这个实验关键的创新是使用了极窄（小于或约等于 20nm 宽）的顶栅，在 p-n 结之间产生了比平均自由程还要小的法布里-珀罗腔，在所研究的样品中的值约为 100nm。图 1.6(a) 表明了由两个顶栅电压 (V_{TG}) 和背栅电压 (V_{BG}) 控制的石墨烯异质结器件的布局。电导图在 p-n 结存在时显示出了明显的周期性特征，这些特征表现为振荡的特点，图 1.6(b) 给出了在传导中出现的这些振荡性能作为在 V_{BG} 固定时 V_{TG} 的函数关系图。对于展示的这个器件中的器件静电学来说，由于上述讨论的在临界磁场时的贝里相位，π 相转变的磁场期望发生在 $B^* = 2\hbar k_y/eL$ 的约 250~500mT 范围内，这与在几百 mT 磁场中的振荡显示的突然相变的实验数据相一致（图 1.6(f)）。实验可以定性地与式(1.41)对适当的势垒轮廓的理论计算相匹配，并确定了石墨烯中的克莱因隧穿现象。随着磁场的进一步增加，弹道学理论预测，当回旋半径缩减到 p-n 结间的距离时，即 $R_c \leq L$ 或 $B \approx 2T$ 时，对器件而言（图 1.6(f)），法布里-珀罗电导振荡会消失。

从低磁场法布里-珀罗(FP)谐振到高磁场舒勃尼科夫-德哈斯(SdH)谐振有一个明显的延续性。一般地，在高磁场时随着回旋加速轨道变得小于 p-n 结尺寸时，FP 谐振往往是被抑制的。另一方面，无序介导的 SdH 谐振在高磁场时由于朗道能级大的分离而变得越来越强。在两个谐振之间明显平滑的延续性并不是偶然发生的。FP 谐振在高磁场处有更高的相位移，这是由 $k_y=0$ 时的轨迹而定的;与其相似的是 SdH 谐振,预想可以作为在相同杂质回旋加速轨道的起始及结束,这也是由 $k_y = 0$ 时的轨迹而定的[106]。这是一个从 FP 到 SdH 的无缝隙跨界。这大部分依赖于无序的浓度。对于零无序,SdH 谐振并不发生,而对于很强的无序 SdH 谐振只在高磁场发生,FP 谐振由于 p-n 结间的散射而并不发生。对于无序较低时,SdH 谐振发生在磁场比相位移磁场 Bc 小得多时,这两种不同的相关谐振可能在本质上以不同的相共存。FP-SdH 交叉中无序的作用仅在实验[29]和理论中[68]提及。

其他几个团队在部分相位一致的石墨烯异质结中有着相似的实验结果[93-94],尽管他们并没能观察到克莱因隧穿信号的相位移。Rossi 等进一步论述了在无序状态下通过 p-n-p 结的量子传输的理论[107],他计算出在弱无序时的电阻及法诺(Fano)因子,所有的电阻及法诺因子由于准束缚态的存在都呈现了一个宽广的共振峰。正如在式(1.41)中所观察到的模型,这些特征当平均自由程变成两个 p-n 结界面距离的数量级时渐渐不那么明显了。

扩大 p-n 结边界的数目可以简单地通过安装在石墨烯上的顶栅阵列,制造一个超晶格的静电势来实现。虽然由于样品质量的约束,这还没有得到实验证实,但已存在了石墨烯 p-n 结阵列的多个理论研究[96-99,102,108-113]。在一维周期狄拉克 δ 函数势垒的简单情况下,与维数无关的势垒强度 P 可由式 $V(x,y) = \hbar v_F P\delta(x)$ 给出[112]。Barbier 等[112]展示了一个超晶格克罗尼格-彭尼(Kronig-Penney,KP)模型的色散关系是 P 的周期函数,并且引起了 $P = 2\pi n$ 时一个入射电子束的准直,其中 n 为整数。对于一个在势垒高度有交替迹象的 KP 超晶格,$P = \pi(n + 1/2)$ 处二维散射的狄拉克点变成了狄拉克线。石墨烯光谱的修正仍然是试验中一个有趣的研究。

超晶格也可以对弹道学的传播载流子及建立一个几乎没有空间扩展或衍射的电子束产生"超准直"影响。垂直入射载流子的单位传输意味着,在一个最小散射的样品中,可以不经波导或外部磁场建立一个高度准值的电子束[96]。如此完美的准直源于手征准一维金属态的产生,这种金属态源于超晶格势中载流子的固有螺旋性的坍塌。

然而,在真实的石墨烯器件中,无序占重要比重,并且任何试验的超晶格将需要在分析时考虑到这一点。对与短程结构相关的无序的石墨烯超晶格的电导进行了理论研究[109,111]。忽略谷间散射,这些研究表明,即使在无序存在时这种结构均有着输运和光谱性质强烈的各向异性。在垂直势垒的方向,在一个无序的样品中对所有能量本征态是非定域的,并提供强大的最小非零电导率。然而,伴随着状态的延长,存在的角度和能量以指数局域化的本征函数的离散集,制造了无序引起的共振。特别有趣的是,这种无序不仅抑制了跨越势垒的载流子的传播,而且与直觉相反,还能加强传播。

1.5 本章小结

本章讨论了石墨烯中电子输运中准自旋的重要性。我们证明了一个非常重要的新现象,它来自于石墨烯电子动力学的有效相对性,其中准自旋与二维动量是一致的。本章主要关注两个方面:①对量子霍尔效应(QHE)的非传统的、半整数偏移填充因子和特有的磁振荡,可以直接探测一个非平凡贝里相位的存在;②石墨烯横向异质结中的手征狄拉克费米子的克莱因隧道效应。

以单层石墨烯 QHE 中反常填充因子为例,阐明了石墨烯中观察到的量子化条件可通过半整数而非整数值描述,并表明了非平凡贝里相位的贡献。半整数量子化以及磁振荡中测量的相位移均可归因于石墨烯能带结构的特殊拓扑学,它有着线性色散系数和在狄拉克点附近质量消失的特性,在图 1.1 中被描绘为有效的"相对论的"载流子。电子在这种新发现的(2+1)维量子电动力学系统中的独特行为,不仅开辟了在电子系统中有非零贝里相位介观传输的许多有趣的问题,而且也可以为新型碳基电子器件的应用提供依据。

同时也对石墨烯异质结结构中电子输运的发展和当前进展做了综述。在这些横向异质结装置中,利用局部静电栅极探测得出了独特的线性能量色散关系和随之而来的伪自旋对称性。模仿相对论量子粒子动力学,在具有不同的载流子密度的石墨烯的两个区域之间传递电子波会在界面上发生强烈的折射,产生一个对相对论量子力学的百年之久的克莱因隧道问题的一个实验解决方案。许多理论和实验的讨论在这里被陈述,包括漫射和弹道机制的特有的石墨烯的 p-n 和 p-n-p 结传导。因为电子是带电的,可以将其与磁场耦合并研究其与磁场的作用。特别地,在一个连贯的系统中,电子波还可干扰,通过电场和磁场的同时应用进行控制,在电导中制造量子振荡。在磁导中一个明显标志的 π 角度的相移再次清楚地表明了在克莱因隧穿过程中的伪自旋的旋转与非平凡的贝里相位的存在有关。

参 考 文 献[①]

[1] P. R. Wallace, Phys. Rev. **71**, 622 (1947).

[2] D. P. DiVincenzo, E. J. Mele, Phys. Rev. B**29**, 1685 (1984).

[3] G. W. Semenoff, Phys. Rev. Lett. **53**, 2449 (1984).

[4] F. D. M. Haldane, Phys. Rev. Lett. **61**, 2015 (1988).

[5] T. Ando, T. Nakanishi, R. Saito, J. Phys. Soc. Jpn. **67**, 2857 (1998).

[6] H. P. Boehm, A. Clauss, G. O. Fischer, U. Hofmann, Z. Anorg. Allg. Chem. **316**, 119 (1962).

---

① 本书参考文献与原著保持一致。

[7] T. A. Land, T. Michely, R. J. Behm, J. C. Hemminger, G. Comsa, Surf. Sci. **264**, 261-270 (1992).

[8] A. Krishnan, E. Dujardin, M. M. J. Treacy, J. Hugdahl, S. Lynum, T. W. Ebbesen, Nature**388**, 451 (1997).

[9] C. Berger, Z. M. Song, T. B. Li, X. B. Li, A. Y. Ogbazghi, R. Feng, Z. T. Dai, A. N. Marchenkov, E. H. Conrad, P. N. First, W. A. de Heer, J. Phys. Chem. B **108**, 19912 (2004).

[10] W. A. de Heer, C. Berger, M. Ruan, M. Sprinkle, X. Li, Y. Hu, B. Zhang, J. Hankinson, E. H. Conrad, Proc. Natl. Acad. Sci. USA **108**(41), 16900 (2011).

[11] S. Bae et al., Nat. Nanotechnol. **5**, 574 (2010).

[12] M. Yamamoto, S. Obata, K. Saiki, Surf. Interface Anal. **42**, 1637 (2010).

[13] L. Zhang et al., Nano Lett. **12**, 1806 (2012).

[14] R. F. Frindt, Phys. Rev. Lett. **28**, 299 (1972).

[15] Y. Ohashi, T. Hironaka, T. Kubo, K. Shiiki, Tanso**1997**, 235 (1997).

[16] H. Itoh, T. Ichinose, C. Oshima, T. Ichinokawa, Surf. Sci. Lett. **254**, L437 (1991).

[17] L. M. Viculis, J. J. Jack, R. B. Kaner, Science**299**, 1361 (2003).

[18] W. Ebbensen, H. Hiura, Adv. Mater. **7**, 582 (1995).

[19] X. Lu, H. Huang, N. Nemchuk, R. Ruoff, Appl. Phys. Lett. **75**, 193 (1999).

[20] X. Lu, M. Yu, H. Huang, R. Ruoff, Nanotechnology **10**, 269 (1999).

[21] E. Dujardin, T. Thio, H. Lezec, T. W. Ebbesen, Appl. Phys. Lett. **79**, 2474 (2001).

[22] K. S. Novoselov, A. K. Geim, S. V. Morozov, D. Jiang, Y. Zhang, S. V. Dubonos, I. V. Grigorieva, A. A. Firsov, Science **306**, 666 (2004).

[23] Y. Zhang, J. P. Small, W. V. Pontius, P. Kim, Appl. Phys. Lett. **86**, 073104 (2005).

[24] J. S. Bunch, Y. Yaish, M. Brink, K. Bolotin, P. L. McEuen, Nano Lett. **5**, 287 (2005).

[25] K. S. Novoselov, D. Jiang, F. Schedin, T. J. Booth, V. V. Khotkevich, S. V. Morozov, A. K. Geim, Proc. Natl. Acad. Sci. USA **102**, 10451 (2005).

[26] P. Blake, E. W. Hill, A. H. Castro Neto, K. S. Novoselov, D. Jiang, R. Yang, T. J. Booth, A. K. Geim, Appl. Phys. Lett. **91**, 063124 (2007).

[27] K. S. Novoselov, A. K. Geim, S. V. Morozov, D. Jiang, M. I. Katsnelson, I. V. Grigorieva, S. V. Dubonos, A. A. Firsov, Nature **438**, 197 (2005).

[28] Y. Zhang, Y.-W. Tan, H. L. Stormer, P. Kim, Nature **438**, 201 (2005).

[29] A. F. Young, P. Kim, Nat. Phys. **5**, 222 (2009).

[30] M. I. Katsnelson, K. S. Novoselov, A. K. Geim, Nat. Phys. **2**, 620 (2006).

[31] M. Wilson, Phys. Today **1**, 21 (2006).

[32] J. C. Slonczewski, P. R. Weiss, Phys. Rev. **109**, 272 (1958).

[33] P. L. McEuen, M. Bockrath, D. H. Cobden, Y.-G. Yoon, S. G. Louie, Phys. Rev. Lett. **83**, 5098 (1999).

[34] M. S. Purewal, B. H. Hong, A. Ravi, B. Chandra, J. Hone, P. Kim, Phys. Rev. Lett. **98**, 196808 (2006).

[35] H. Suzuura, T. Ando, Phys. Rev. Lett. **89**, 266603 (2002).

[36] B. L. Altshuler, D. Khmel'nitzkii, A. I. Larkin, P. A. Lee, Phys. Rev. B **22**, 5142 (1980).

[37] F. V. Tikhonenko, D. W. Horsell, R. V. Gorbachev, A. K. Savchenko, Phys. Rev. Lett. **100**, 056802 (2008).

[38] J. W. McClure, Phys. Rev. **104**, 666 (1956).

[39] N. W. Ashcroft, N. D. Mermin, *Solid State Physics* (Holt, Rinehart and Winston, New York, 1976).

ISBN 0-03-083993-9.

[40] R. Rammal, J. Phys. (Fr.) **46**, 1345 (1985).

[41] L. M. Roth, Phys. Rev. **145**, 434 (1966).

[42] G. P. Mikitik, Y. V. Sharlai, Phys. Rev. Lett. **82**, 2147 (1999).

[43] E. McCann, V. I. Fal'ko, Phys. Rev. Lett. **96**, 086805 (2006).

[44] S. G. Sharapov, V. P. Gusynin, H. Beck, Phys. Rev. B **69**, 075104 (2004).

[45] I. A. Luk'yanchuk, Y. Kopelevich, Phys. Rev. Lett. **93**, 166402 (2004).

[46] A. Tzalenchuk, S. Lara-Avila, A. Kalaboukhov, S. Paolillo, M. Syvajarvi, R. Yakimova, O. Kazakova, T. J. B. M. Janssen, V. Fal'ko, S. Kubatkin, Nat. Nanotechnol. **5**, 186 (2010).

[47] Y. S. Zheng, T. Ando, Phys. Rev. B **65**, 245420 (2002).

[48] V. P. Gusynin, S. G. Sharapov, Phys. Rev. Lett. **95**, 146801 (2005).

[49] N. M. R. Peres, F. Guinea, A. H. C. Neto, Phys. Rev. B **73**, 125411 (2006).

[50] Z. Fang, N. Nagaosa, K. S. Takahashi, A. Asamitsu, R. Mathieu, T. Ogasawara, H. Yamada, M. Kawasaki, Y. Tokura, K. Terakura, Science **302**, 92 (2003).

[51] S. V. Morozov, K. S. Novoselov, F. Schedin, D. Jiang, A. A. Firsov, A. K. Geim, Phys. Rev. B **72**, 201401(R) (2005).

[52] Y. Zhang, J. P. Small, M. E. S. Amori, P. Kim, Phys. Rev. Lett. **94**, 176803 (2005).

[53] J. Martin, N. Akerman, G. Ulbricht, T. Lohmann, K. von Klitzing, J. H. Smet, A. Yacoby, Nat. Phys. **4**, 144 (2008).

[54] E. H. Hwang, S. Adam, S. Das Sarma, Phys. Rev. Lett. **98**, 186806 (2007).

[55] Y. Zhang, V. W. Brar, C. Girit, A. Zettl, M. F. Crommie, Nat. Phys. **5**, 722 (2009).

[56] J.-H. Chen, C. Jang, S. Adam, M. S. Fuhrer, E. D. Williams, M. Ishigami, Nat. Phys. **4**, 377 (2008).

[57] S. Adam, E. H. Hwang, V. Galitski, S. D. Sarma, Proc. Natl. Acad. Sci. USA **104**, 18392 (2007).

[58] E. Fradkin, Phys. Rev. B **33**, 3257 (1986).

[59] A. W. W. Ludwig, M. P. A. Fisher, R. Shankar, G. Grinstein, Phys. Rev. B **50**, 7526 (1994).

[60] K. Ziegler, Phys. Rev. B **75**, 233407 (2007).

[61] Y. W. Tan, Y. Zhang, K. Bolotin, Y. Zhao, S. Adam, E. H. Hwang, S. Das Sarma, H. L. Stormer, P. Kim, Phys. Rev. Lett. **99**, 246803 (2007).

[62] V. V. Cheianov, V. I. Falko, B. L. Altshuler, I. L. Aleiner, Phys. Rev. Lett. **99**, 176801 (2007).

[63] K. I. Bolotin, K. J. Sikes, Z. Jiang, G. Fundenberg, J. Hone, P. Kim, H. L. Stormer, Solid State Commun. **146**, 351 (2008).

[64] X. Du, I. Skachko, A. Barker, E. Y. Andrei, Nat. Nanotechnol. **3**, 491 (2008).

[65] C. R. Dean, A. F. Young, I. Meric, C. Lee, L. Wang, S. Sorgenfrei, K. Watanabe, T. Taniguchi, P. Kim, K. L. Shepard, J. Hone, Nat. Nanotechnol. **5**, 722 (2010).

[66] V. V. Cheianov, V. I. Fal'ko, Phys. Rev. B **74**, 041403 (2006).

[67] V. Lukose, R. Shankar, G. Baskaran, Phys. Rev. Lett. **98**, 116802 (2007).

[68] N. G. M. K. A. Shytov, M. Rudner, L. Levitov, Solid State Commun. **149**, 1087 (2008).

[69] N. Gu, M. Rudner, A. Young, P. Kim, L. Levitov, Phys. Rev. Lett. **106**, 066601 (2011).

[70] I. Meric, M. Y. Han, A. F. Young, B. Oezyilmaz, P. Kim, K. Shepard, Nat. Nanotechnol. **3**, 654 (2008).

[71] F. Schwierz, Nat. Nanotechnol. **5**, 487 (2010).

[72] V. G. Veselago, Sov. Phys. Usp. **10**, 509 (1968).

[73] V. V. Cheianov, V. Fal'ko, B. L. Altshuler, Science **315**, 1252 (2007).

[74] J. Cserti, A. Palyi, C. Peterfalvi, Phys. Rev. Lett. **99**, 246801 (2007).

[75] C. Peterfalvi, A. Palyi, J. Cserti, Phys. Rev. B **80**, 075416 (2009).

[76] A. V. Shytov, M. I. Katsnelson, L. S. Levitov, Phys. Rev. Lett. **99**, 246802 (2007).

[77] V. M. Pereira, I. Nilsson, A. H. Castro Neto, Phys. Rev. Lett. **99**, 166802 (2007).

[78] V. M. Pereira, V. N. Kotov, A. H. Castro Neto, Phys. Rev. B **78**, 085101 (2008).

[79] P. A. Maksym, H. Aoki, arXiv:1211.5552.

[80] P. G. Silvestrov, K. B. Efetov, Phys. Rev. B **77**, 155436 (2008).

[81] G. Giavaras, P. A. Maksym, M. Roy, J. Phys. Condens. Matter **21**, 102201 (2009).

[82] S. Barraza-Lopez, M. Vanevi, M. Kindermann, M. Y. Chou, Phys. Rev. Lett. **104**, 076807 (2010).

[83] B. Huard, N. Stander, J. A. Sulpizio, D. Goldhaber-Gordon, Phys. Rev. B **78**, 121402 (2008).

[84] J. Cayssol, Phys. Rev. Lett. **100**, 147001 (2008).

[85] J. Cayssol, B. Huard, D. Goldhaber-Gordon, Phys. Rev. B **79**, 075428 (2009).

[86] T. Mueller, F. Xia, M. Freitag, J. Tsang, Ph. Avouris, Phys. Rev. B **79**, 245430 (2009).

[87] Y.-M. Lin, C. Dimitrakopoulos, K. A. Jenkins, D. B. Farmer, H.-Y. Chiu, A. Grill, Ph. Avouris, Science **327**, 662 (2010).

[88] F. Sauter, Z. Phys. A, Hadrons Nucl. **69**, 742 (1931).

[89] A. F. Young, P. Kim, Annu. Rev. Condens. Matter Phys. **2**, 101 (2011).

[90] B. Huard, J. A. Sulpizio, N. Stander, K. Todd, B. Yang, D. Goldhaber-Gordon, Phys. Rev. Lett. **98**, 236803 (2007).

[91] J. R. Williams, L. DiCarlo, C. M. Marcus, Science **317**, 638 (2007).

[92] B. Özyilmaz, P. Jarillo-Herrero, D. Efetov, D. Abanin, L. S. Levitov, P. Kim, Phys. Rev. Lett. **99**, 166804 (2007).

[93] G. Liu, J. Jairo Velasco, W. Bao, C. N. Lau, Appl. Phys. Lett. **92**, 203103 (2008).

[94] R. V. Gorbachev, A. S. Mayorov, A. K. Savchenko, D. W. Horsell, F. Guinea, Nano Lett. **8**, 1995 (2008).

[95] N. Stander, B. Huard, D. Goldhaber-Gordon, Phys. Rev. Lett. **102**, 026807 (2009).

[96] C.-H. Park, Y.-W. Son, L. Yang, M. L. Cohen, S. G. Louie, Nano Lett. **8**, 2920 (2008).

[97] J. Milton Pereira, V. Mlinar, F. M. Peeters, P. Vasilopoulos, Phys. Rev. B **74**, 045424 (2006).

[98] C. Bai, X. Zhang, Phys. Rev. B **76**, 075430 (2007).

[99] J. Milton Pereira Jr., P. Vasilopoulos, F. M. Peeters, Appl. Phys. Lett. **90**, 132122 (2007).

[100] C. Bai, Y. Yang, X. Zhang, Phys. Rev. B **80**, 235423 (2009).

[101] C. Bai, Y. Yang, X. Zhang, Physica E **42**, 1431 (2010).

[102] J. Milton Pereira, F. M. Peeters, A. Chaves, G. A. Farias, Semicond. Sci. Technol. **25**, 033002 (2010).

[103] E. B. Sonin, Phys. Rev. B **79**, 195438 (2009).

[104] A. V. Shytov, M. S. Rudner, L. S. Levitov, Phys. Rev. Lett. **101**, 156804 (2008).

[105] W. Liang, M. Bockrath, D. Bozovic, J. H. Hafner, M. Tinkham, H. Park, Nature **411**, 665 (2001).

[106] M. G. Vavilov, I. L. Aleiner, Phys. Rev. B **69**, 035303 (2004).

[107] E. Rossi, J. H. Bardarson, P. W. Brouwer, S. Das Sarma, Phys. Rev. B **81**, 121408 (2010).

[108] C.-H. Park, L. Yang, Y.-W. Son, M. L. Cohen, S. G. Louie, Nat. Phys. **4**, 213 (2008).

[109] Y. P. Bliokh, V. Freilikher, S. Savelev, F. Nori, Phys. Rev. B **79**, 075123 (2009).

[110] C.-H. Park, Y.-W. Son, L. Yang, M. L. Cohen, S. G. Louie, Phys. Rev. Lett. **103**, 046808 (2009).

[111] N. Abedpour, A. Esmailpour, R. Asgari, M. R. R. Tabar, Phys. Rev. B **79**, 165412 (2009).

[112] M. Barbier, F. M. Peeters, P. Vasilopoulos, J. M. Pereira, Phys. Rev. B **77**, 115446 (2008).

[113] J. J. Milton Pereira, P. Vasilopoulos, F. M. Peeters, Appl. Phys. Lett. **90**, 132122 (2007).

第2章

石墨烯中狄拉克费米子的探索

Adina Luican-Mayer, Eva Y. Andrei

摘要 石墨烯是二维材料体系,因此可以用表面探针技术进行研究,例如扫描隧道显微镜和光谱学。利用这两种技术,人们可以像研究石墨烯的电子特性一样研究它的表面形貌。在这一章中,我们简要地介绍通过研究在基底上的并且带有一定无序度的石墨烯得到的实验结果。第一部分集中讨论了单层石墨烯分别在无磁场环境和垂直磁场中的电子特性。第二部分集中讨论了扭曲石墨烯的堆叠以及偏离平衡态的伯纳尔(Bernal)堆叠对电子性能的影响。

2.1 扫描隧道显微镜和光谱学

扫描隧道显微镜(STM)是一种用来研究材料的表面形貌的强有力的技术手段,同时也可以用来研究了解这些材料的电子特性。扫描隧道显微镜操作的想法在概念上是很简单的,格德·比尼格(Gerd Binnig)和海因里希·罗勒(Heinrich Rohrer)因此获得了1986年的诺贝尔奖[1]。通过将一根很尖的原子级金属探针(≈1nm)很近地放置在导体样品表面,这样就会在针尖和样品表面产生一个隧道势垒,当施加一个偏压时会在两者之间产生隧道电流。这种隧道势垒如图2.1所示。在这种状态下,样品中低于费米能级的电子会隧穿进入探针,因此可以探测填满的电子状态。在相反的情况下,当探针的费米能级高于样品的费米能级时,探针中的电子将会流出探针进入样品中,从而探测样品的空缺态。这种在样品和探针间形成的电流 I_t 可以用费米黄金法则进行计算,假设

A. Luican-Mayer, E. Y. Andrei(通信作者)

美国新泽西州皮斯卡塔韦市罗格斯大学物理和天文学系,08854。

e-mail:eandrei@physics.rutgers.edu.

在低温条件下,该法则可以简化如下[2-3]:

$$I \propto \frac{4\pi e}{\hbar} \int_0^{eV_{Bias}} \rho_{sample}(\varepsilon)\rho_{tip}(eV_{Bias} - \varepsilon) |M|^2 d\varepsilon \tag{2.1}$$

假设矩阵元素相对于集成的能量间隔是一个常数,$|M|^2 \propto e^{\frac{-2d}{\hbar}\sqrt{2m\Phi}}$,得到

$$I \propto e^{\frac{-2d}{\hbar}\sqrt{2m\Phi}} \int_0^{eV_{Bias}} \rho_{sample}(\varepsilon)\rho_{tip}(eV_{Bias} - \varepsilon) d\varepsilon \tag{2.2}$$

式中:ρ_{sample} 和 ρ_{tip} 为样品和探针中电子态的密度;d 为探针和样品间的距离;m、e 为电子的质量和电荷;Φ 为势垒高度。

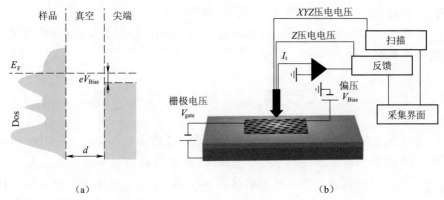

图2.1 (a)在STM实验中,探针和样品间形成隧穿结示意图。给出的重要量:探针-样品间距 d,费米能级 E_F,偏压 V_{Bias}。样品显示的DOS是任意形态,而探针的DOS假定为常数。(b)石墨烯片放置在Si/SiO₂基底上的STM装置图。STM实验的重要部分:扫描探针、反馈系统、数据采集界面、偏压和隧道电流。另外,在石墨烯和偏压电极(典型的是Si)之间施加一个偏压

形貌学 利用STM测量样品的形貌就是利用了 I_t 对于探针和样品间的距离非常敏感:

$$I \propto e^{\frac{-2d}{\hbar}\sqrt{2m\Phi}} \tag{2.3}$$

一种常用的STM测量模式是恒流模式,在这种模式下,探针会扫过样品,并根据反馈回路控制探针升高或降低,以保证隧穿电流是常数。通过探针得到的等高线绘图就会得到这个样品形貌的信息。

能谱学 如果我们假定在能量选择范围内探针的态密度(DOS)是不变的,再做 I_t 对于 V_{Bias} 的导数,我们可以得到

$$\frac{dI_t}{dV_{Bias}} \propto \rho_{sample}(eV) \tag{2.4}$$

因此,在扫描隧道能谱模式下,STM可以用来研究样品的态密度。对此,首先设置隧道势垒,然后关闭反馈回路,当改变偏压时,产生的隧穿电流就会被记录下

来。典型地,这种微分的电导率通过对偏压提供一个小的交流调制,并利用一种锁定技术来进行测量。通过对一个选定区域内的网格点重复这种测试,就可以得到 dI_t/dV_{Bias} 分布图,也就是一个反应局部态密度对于空间坐标的函数。

实际情况下,在分辨率达到最佳时不出现热扩散: $E \approx kT$,测试温度被限定在一个更低的范围内。当测试温度在 4K 时,最小的分辨率可以达到约 0.35meV。同时交流偏压调制应该和这个值相近以达到最佳的分辨率。此外,通常用作探针的材料,如 Pt/Ir、W、Au,可以满足一个平面 DOS 所需要的足够小的电压。一次可信的扫描隧道谱(STS)需要在真空环境下进行,并且隧穿电流与探针-样品间距成指数关系[4]。这种可靠的能谱是时间的函数,并且被测试是可重复的,并不依赖于探针-样品间距离。

在接下来的部分,我们将会讨论通过利用扫描隧道显微镜和能谱仪来研究石墨烯得到的结果。

2.2 从无序化石墨烯到理想化石墨烯

在 SiO_2 上的石墨烯 通过机械剥离石墨(高度定向热解石墨(HOPG)或天然石墨),得到孤立存在的单层石墨烯,并将之转移在带有 SiO_2 氧化层的硅片上[5]。为了能够将这些薄片组装成器件,使用标准电子束光刻技术在上面加上金属电极。这种样品结构可以允许使用高度掺杂的硅作为背栅,以便在石墨烯片和背栅之间施加一个电压,来调节石墨烯中载流子密度。大部分实验工作特别是传输实验都采用这样的样品结构,但是它们和理想结构还相差甚远。

首先,纳米制造工艺会在石墨烯和 SiO_2 之间或石墨烯表面造成破坏而导致结构上的无序。其次,石墨烯会完全贴附在 SiO_2 表面,而这将会导致石墨烯形成波浪形的形貌。这种状态如图 2.2 所示。这种无序的结果就是中性石墨烯的费米能级将不会和狄拉克点保持一致,即石墨烯被掺杂了[6-7]。并且在石墨烯的表面形成不同的掺杂从而产生了不同载流子密度(电子-空穴对)的混乱[6-7]。

石墨烯中的电子-空穴对的主要来源之一就是由于基底引入的随机电势。对于通常用于石墨烯器件的标准 SiO_2 基底,由于捕获的电子和悬键的存在,这是不可避免的问题[8]。最近的实验证实通过使用干氯化的 SiO_2 基底可以对随机电势达到明显的减小。这些基底的使用也使得可以进一步研究石墨烯的本征特性,观察朗道能级,这将在后面部分详细介绍[9](见 2.2.4 节)。

在六方氮化硼(BN)、云母等上的石墨烯 最近,一些实验方法被用来研究其他具有层状结构的二维材料,如 BN[5,10]。为了使由于下方基底导致的无序程度最小同时仍能保留背栅的可能,因此将石墨烯放置在 BN 薄片上,而 BN 薄片之前是在 Si/SiO$_2$ 上剥离得到的。使用 BN 作为基底使石墨烯的特性有了明显提高,器件的迁移率高达 100000cm^2/(V·s),比在 SiO$_2$ 上的那种典型器件高出了一个数量级[10]。并且在非常高的磁场中,这类样品器件中可以观测到分数量子霍尔效应[11]。另外云母被证实可以作为另外一种用来获取平的石墨烯的基底[12]。

在石墨上的石墨烯片 解理后的石墨晶体,人们经常在其表面发现石墨烯片,并且这些石墨烯片和下面的石墨是非耦合的。这些薄片可以为进一步研究石墨烯固有的电子特性提供最良好的条件,这些细节将在后面的部分详细介绍[13-15]。

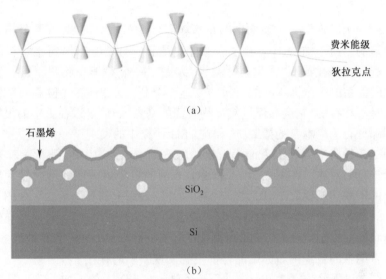

图 2.2 (a)由于基底的随机电势而导致石墨烯样品内不同载流子浓度的示意图。深线和浅线分别表示费米能级和狄拉克点。(b)如何导致放置在 SiO$_2$ 基底上的石墨烯(黑色粗线)具有和基底类似粗糙度的示意图。浅灰色圆点表示被捕获的电荷

外延生长的石墨烯、化学气相沉积(CVD)制备的石墨烯等 其他生产石墨烯的途径有 SiC 晶体上外延生长[16-18]和化学气相沉积[19-21]。在外延生长中,石墨烯从 SiC 晶体开始生长,终于 Si 或者 C,并且要在温度高达 1500℃ 下进行热处理,从而在表面形成石墨烯。通常这些石墨烯片彼此是不定向的,因此会形成摩尔纹。对于 CVD 生长法,作为催化剂的金属基底被放置在一个热的加热炉中并通入气态的碳源。结果是碳原子在高温下被吸收进金属表面并且在降至室温时从金属中析出形成石墨烯[22]。其他用来生长石墨烯的金属基底包括钌[23-24]、铱[25-26]和铂[27]。

2.2.1 石墨烯的表面形貌

对石墨烯的表面形貌的讨论是非常重要的,因为一种二维膜状材料在三维

环境中的稳定性和它趋于扭曲或者褶皱具有非常紧密的联系[28-29]。褶皱的程度也会影响石墨烯的电子特性[30]。石墨烯的表面形貌对基底的类型(或没有基底)有很强的依赖性。

对置于透镜微栅上的石墨烯进行透射电子显微镜(TEM)实验,显示出悬浮石墨烯薄膜具有一种固有的褶皱,变形程度达到 1nm[31]。然而,当将石墨烯置于一个平的基底上时,如云母[12]、BN[32-33] 或 HOPG[34],起皱的高度将会减小至 20~30pm。在 SiO_2 表面上范德瓦尔斯力会使石墨烯完全贴在其粗糙的表面,并且由之前的报道得知,其典型的起皱高度为 0.5nm,横向维度上为几个纳米[7,9,13,35-36]。

在第一次对置于 SiO_2 表面上的石墨烯进行 STM 测试时显示,其晶格是几乎没有缺陷的六边形结构[37]。此外,他们还展示了为了能够得到原始石墨烯的表面形貌,样品的洁净非常重要[38]。有人做了一个关于基底和原始石墨烯粗糙度之间关系的更全面深入的分析[13],这个分析显示,石墨烯覆盖的区域和氧化表面是不相符的,它会漂浮过氧化物表面的高点,因此可以在更小的尺度范围内看到那种石墨烯本身的褶皱,这和在 TEM 研究中的发现是一样的[31]。

图 2.3 是典型的 SiO_2 表面上石墨烯的 STM 数据与 HOPG 表面上非耦合的石墨烯进行的对比。在图 2.3(a) 中 SiO_2 表面的石墨烯区域的形貌显示出一种波浪形的形貌。相比之下,图 2.3(b) 中 HOPG 表面上的石墨烯的形貌图显得更加平整。相应的原子分辨率数据显示,即使石墨烯表面存在起皱,但是在峰和谷处蜂巢状的晶格结构还是连续的(图 2.3(c)、(d))。引人注目的是,这两种情况在上百纳米的范围内石墨烯晶格都没有发现缺陷的存在。

如图 2.4 所示,放置在 BN 上的石墨烯要比在 SiO_2 上的更加平整。图 2.4(a) 和(b) 对比了在 SiO_2 和 BN 上石墨烯的表面形貌。图 2.4(c) 所示为在两个样品上任意画两条线来表征表面形貌在 z 方向上的变化,图中显示放置在 BN 上石墨烯的平整度比放置在 SiO_2 上的光滑度好一个数量级。在这种样品的 STM/STS 实验中得到的莫尔条纹是由于石墨烯和 BN 的晶格不匹配和旋转所致[32-33]。此外,通过 STS 测试得到的随机势能波动比在 SiO_2 上的石墨烯样品小得多[32-33]。

2.2.2 石墨烯的隧道光谱学

石墨烯受到如此多关注的原因之一就是它具有独特的电子能带结构。在低能量范围,载流子遵循狄拉克-威尔-哈密顿(Dirac Weyl Hamiltonian)函数,并且有一个锥形的色散关系。对于第一级近似,在低能量下可以得到一个近似的态密度分析式[39]:

$$\rho(E) = \frac{2A_c}{\pi} \frac{|E|}{v_F^2} \quad (2.5)$$

式中:A_c 为石墨烯晶格的晶胞面积。

第 2 章 石墨烯中狄拉克费米子的探索

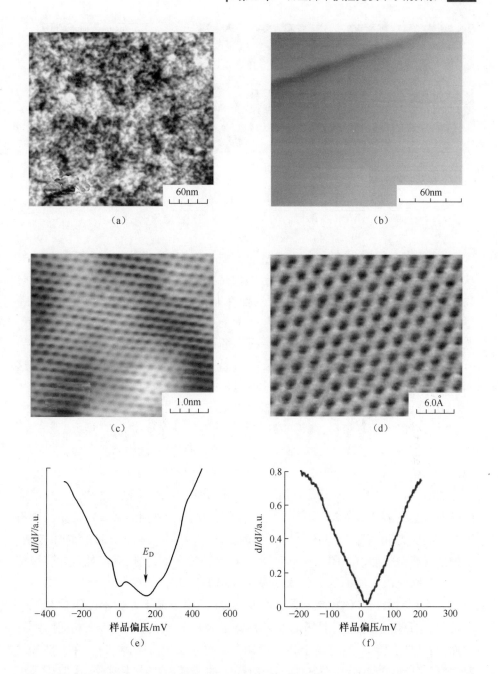

图 2.3 （a）在 SiO_2 表面上 300nm×300nm 范围内石墨烯的扫描隧道显微镜（STM）图像（$V_{bias}=300mV, I_t=20pA$）；（b）在石墨表面上 300nm×300nm 范围内石墨烯的 STM 照片（$V_{bias}=300mV, I_t=20pA$）；（c）、（d）分别为在图（a）、（b）的更小的尺寸区域内石墨烯的原子分辨率图像；（e）、（f）分别为图（c）、（d）中石墨烯样品的扫描隧道光谱（STS）的数据[9,34]

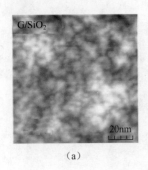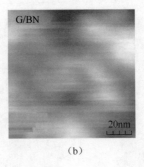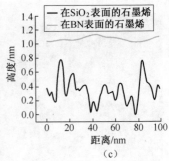

图 2.4 在(a)SiO$_2$ 表面和在(b)BN 表面上石墨烯形貌
(100nm×100nm)的对比;(c)表面粗糙度的比较

石墨烯中的态密度(DOS)在质量上不同于在非相对二维电子系统的 DOS,从而得出了一系列重要的实验结果。石墨烯中的 DOS 与能量、电子-空穴对是线性关系,在狄拉克点(DP)处消失了,而在非相对情况下不是一个常数。这使得很容易通过在外部施加一个栅电压来对石墨烯进行掺杂。在零掺杂情况下,低能带被完全填充到了狄拉克点。给石墨烯提供一个相对于栅电极的电压(当石墨烯放置在 Si/SiO$_2$ 上,则高度掺杂的 Si 就是背栅)将引入一个非零电荷。这和注入掺杂是相同的,根据电压信号的正负,电子在狄拉克锥上半部分或下半部分。由于电子-空穴对的存在,因此栅极是双极性的[40]。

对于石墨上的石墨烯,测得的态密度是线性的并在狄拉克点处消失,和理论预期的一致(图 2.3(f))。图 2.3(f)中的数据显示,费米能级从狄拉克点有一个轻微的偏移(≈16meV),这相对于表面密度是 $n=2\times10^{10}cm^{-2}$ 的空穴掺杂。

然而,对于置于 SiO$_2$ 上的石墨烯,当其无序性引入一个随机势能时,缺陷能谱的形状会偏离理想的 V 形[35-36,41-43]。能谱中测试得到的某些特征是由于石墨烯中的应力和褶皱引起的[43],其他的是由于样品不纯净引起的局部掺杂。这种情况典型的能谱如图 2.3(e)所示。在这种情况下,狄拉克点处费米能级偏移了约 200meV,对应的载流子浓度为 $n=2\times10^{12}cm^{-2}$。

一些对剥离在 SiO$_2$ 上的石墨烯做的 STM 实验报道了在费米能级处存在一个带隙,这是由于进入石墨烯的非弹性隧道效应导致的(通过声子散射)[42]。然而,在其他实验中,只有高于某一隧穿电流时才会出现带隙[41]。在大部分情况中,费米能级的下降会在 SiO$_2$ 上的石墨烯的隧道能谱中观察到,这应该是由于零偏压异常导致的。

2.2.3 掺杂和电子-空穴旋涡

理论上,在中性的石墨烯中,费米能级应该和狄拉克点相一致。然而,在实验中会观察到石墨烯经常是被掺杂的,从而在狄拉克点能级(E_D)和费米能级(E_F)间存在一个能级差。为了获得掺杂浓度,载流子密度可以通过下式计算:

$$n = \frac{N}{A} = 4\frac{\pi k_F^2}{(2\pi)^2} = \frac{k_F^2}{\pi} = \frac{1}{\pi}\frac{E_F^2}{\hbar^2 v_F^2} \tag{2.6}$$

式中:费米速度 $v_F = 10^6 \text{m/s}$,取 $E_F = 1\text{meV}$,得到 $n \approx 10^8/\text{cm}^2$。

这种掺杂的起源目前尚不清楚。然而,最有可能的原因就是由被束缚的电荷和吸附在边缘/缺陷处的其他元素造成的。最近用掺杂了氮(N)的石墨烯膜做 STM 实验测试,在原子尺度表征了对掺入单独掺杂剂后的电子结构变化[44]。实验发现,掺杂的 N 原子可以在晶格内和碳原子成键,进而会促进石墨烯中移动载流子的总数,从而导致狄拉克点的偏移。此外还发现,石墨烯的电子特性的改变仅仅在单个 N 掺杂周边的几个原子间距的尺度内[44]。

在单电子晶体管的研究中,人们在 100nm 的空间分辨率下首次提出了电子-空穴旋涡的存在[6]。通过使用 STM 可以在更高分辨率下研究载流子在空间分布的波动情况,研究显示了载流子在纳米尺度更精细的密度波动[7]。放置在 SiO_2 上的石墨烯典型的狄拉克点变化量为 30~50meV,对应的载流子密度为 $2\times10^{11} \sim 4\times10^{11} \text{cm}^{-2}$ [6-7,9]。

在衍射中心存在时,在样品固定偏压下,通过测量 dI/dV 的空间依赖性可以观测到电子波函数可以干涉而形成驻波模式。通过使用这些干涉模式,当电子波长比较小时,仍可以在能量远离狄拉克点处得到的 dI_t/dV_{Bias} 的分布图中辨别各个散射中心。研究发现,褶皱和散射中心之间没有任何联系,这说明后者在散射过程中起到了更重要的作用。当样品的偏压接近狄拉克点时,电子波长变得很大以至于覆盖了很多的散射中心。因此,dI_t/dV_{Bias} 分布图显示出由电子-空穴旋涡引起的粗糙结构。傅里叶变换干涉图样提供了准粒子散射的能量和动量分布的信息,并可以用来推断出能带结构的信息[45]。对于未受到扰动的单层石墨烯,干涉图样预计是没有或非常微弱。然而,由于强烈的散射中心,放置在 SiO_2 上的石墨烯可以观察到明显的干涉图案[7],其中的主要干涉中心被认为是由捕获电荷导致的。

和置于 SiO_2 上的石墨烯形成对比,石墨上石墨烯的狄拉克点在上百个纳米范围内只有很小的变动($\approx 5\text{meV}$)[14,34](图 2.5(b))。图 2.5(a)描述的就是随狄拉克点和费米能级之间距离变化的空间分布图。狄拉克点的值是通过拟合朗道能级序列得出的,这将在下面介绍。置于石墨上石墨烯片的均匀性可通过费米速度进一步表征,发现整个区域费米速度的变化都小于 5%,如图 2.5(c)、(d)所示。从图 2.5(d)的直方图可以看出,速度的平均值是 $v_F = 0.78\times10^6 \text{m/s}$。类似地,最近发现在 h-BN 上的石墨烯中的局部电荷密度的波动比在 SiO_2 上的还要小很多。

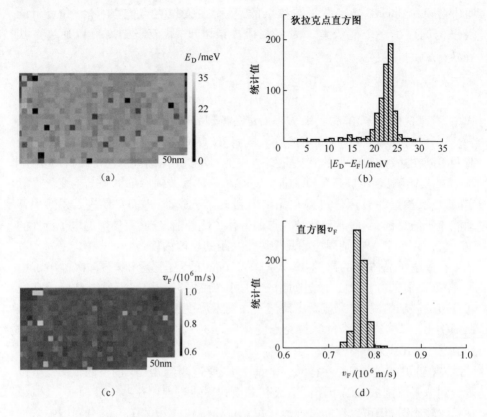

图 2.5 (a)石墨上石墨烯的狄拉克点的分布图[14];(b)图(a)中狄拉克点值的直方图;
(c)石墨基底上石墨烯的费米速度分布图[14];(d)图(c)中速度分布的直方图

2.2.4 朗道能级

垂直于石墨烯平面加一个磁场 B,二维电子系统能谱就会分成一系列不连续的朗道能级(LL)。例如,在氦原子的二维电子系统或半导体异质结构中实现的非相对论情况[48],朗道能级序列由一系列同间隔的能级组成,类似于谐振子:$E = \hbar\omega_c(N + 1/2)$,其回旋频率 $\omega_c = eB/m^*$,有限能量分支为 $1/2\hbar\omega_c$,有效质量为 m^*。在石墨烯中,由于线性色散和 π 的贝里相位的结果,朗道能级谱和其他存在不同:

$$E_n = \pm \hbar\omega_G\sqrt{|N|}, \quad \omega_G = \frac{\sqrt{2}v_F}{l_B} \tag{2.7}$$

式中:$N = \cdots, -2, -1, 0, +1, +2, \cdots$ 为朗道能级的指数;ω_G 为对于石墨烯来说的回旋加速器能量;$l_B = \sqrt{\hbar/eB}$ 为磁场的长度。

相比能量水平不再是等距的非相对论情况,场依赖性不再是线性的,并且朗

道能级序列在 $N=0$ 处的初始能量处有一个能级,这也是石墨烯中贝里相位的一个直接特征[50-52]。我们注意到朗道能级是高度简并的,每单位面积的简并量等于 $4B/\phi_0$,其中,B/ϕ_0 是在通量量子 $\phi_0=h/e$ 下的轨道简并,$4=g_s \cdot g_v$($g_s=g_v=2$),g_s 和 g_v 分别表示自旋和谷简并。

图 2.6 给出了量子化朗道能级的示意图。在无磁场时,石墨烯的圆锥分布会被转换成一系列的朗道能级,分别对应于狄拉克点(DP)上面的电子载流子和下面的空穴。左侧所示的态密度中,一个朗道能级对应 DOS 中的一个峰。朗道能级的对应关系为 $N<0$ 是空穴,$N>0$ 是电子。假设费米能级正好在狄拉克点(中性石墨烯的情形),那么图 2.6 中的上部灰色区域就代表被填充满的电子态。

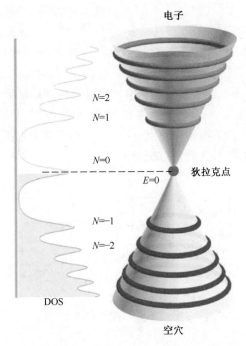

图 2.6 在石墨烯中的量子化能级及其在态密度中特征的图示。右侧:在磁场中的狄拉克锥不再具有连续的能级,而是分立的能级,浅色圆环代表电子,深色圆环代表空穴。左侧:垂直的坐标轴代表能量;水平坐标轴代表态密度。对于每一个朗道能级,在态密度中都对应有一个峰并且在理想系统中被电子间的相互作用宽化了。由于无序的存在,朗道能级进一步变宽。朗道能级的对应关系:$N=0$ 对应狄拉克点, $N=1,2,3,\cdots$ 对应电子一侧,而 $N=-1,-2,-3,\cdots$ 对应空穴一侧

实验中,一种用来直接研究量子化朗道能级的途径就是通过扫描隧道能谱,而这种方法也是最早用来研究 HOPG 的[53-54] 通过在 n-InSb(110) 表面沉积铯(Cs)原子形成的吸附诱导的二维电子气(2DEG)来进行[55]。

2.2.4.1 接近理想情况的石墨烯中的朗道能级

Li 等[34]通过扫描隧道显微镜来研究置于磁场中的石墨基底上的石墨烯片,给出了直接研究朗道能级序列及其随磁场发生演化的途径。图 2.7 给出了所得到的主要结论。图 2.7(a)所示为在 4T 的磁场下的高分辨能谱中的隧道电导率 dI_t/dV_{Bias} 显示了尖锐的朗道能级峰。图 2.7(b)给出了扫描隧道能谱对磁场的依赖性图谱,并且图谱显示出了一系列不均匀间隔的序列峰,序列峰呈现在电子和空穴的两侧是对称的,而在狄拉克点有一个峰。除了在狄拉克点($N=0$)处的其他所有峰,随着磁场强度的增加,都趋向于向更高的能级波动。峰的高度随着磁场强度的增加而增加,并且和增加朗道能级的简并保持一致。为了证实这一系列峰值确实与无质量费米子有关,测量了磁场强度和能级指数对一系列峰值能量的依赖性。然后将图 2.7(c)中相对于费米能级(STS 协定)的测试值和式(2.7)中费米能级预期值进行比较。这种定标过程使所有的数据能在同一直线上进行处理。和式(2.7)进行对比,线的斜率可以直接给出费米速度的测试值 $v_F = 0.79 \times 10^6 m/s$。这个值比从单粒子计算得到的预期值低了 20%,并在后面的讨论中会提到,这个值的降低可能是由于电子-声子的相互作用。无质量狄拉克费米子的标志是在狄拉克点处存在一个 $N=0$ 的场无关态,以朗道能级序列的形式对场和能级指数的平方根依赖。

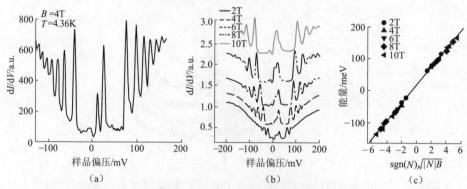

图 2.7 (a)石墨基底上的石墨烯的扫描隧道光谱显示出了朗道能级的存在;(b)朗道能级随着磁场的演变;(c)朗道能级与简化参数 $sgn(N)\sqrt{|N|B}$ 的关系,其中 sgn 对应 N 的正负

上面描述的朗道能级能谱这种技术,也能用来测量狄拉克费米子的费米速度、准粒子寿命、电子-声子耦合以及与衬底的耦合度[14,56]。朗道能级能谱提供了进一步研究当狄拉克费米子决定表面电子特性时的电子性能的途径。这种技术被成功应用于研究其他系统的无质量狄拉克费米子,包括 SiO_2 基底上的石墨烯、SiC[57]外延生长的石墨烯、Pt[58]基底上的石墨烯以及拓扑绝缘体[59-60]。

一种可供选择的但是非直接的方法可以用来进一步探测朗道能级,就是通过采用回旋共振测试来探测朗道能级间所允许的光跃迁。这种方法在 SiO_2 基底上的剥离石墨烯[61-62]、外延石墨烯[63]和石墨[15]上进行过测试。其他的间接方法包括扫描电子晶体管或者类似的电容技术[64-65]。

电子–声子间相互作用和速率重整化　石墨烯的基本物理学是在一个紧束缚模型中得到的。然而会有许多不可避免的体效应存在。从头计算密度泛函表明,电子–声子(e-ph)间相互作用将为电子的自身能量引入一些新的特性,导致费米能量处的重整化速率[66]。在速率重整化的因素中,除了费米能量外,在能量为 $E \pm \hbar\omega_{ph}$ 时,还有 $(v_F - v_{F0})/v_F$,其中 ω_{ph} 是声子能量的特征值。在涉及声子的能量时,这两点可以用来支持通过 STS 测试测得的零场态密度。

图 2.8(a)绘出了石墨基底上的非耦合石墨烯片的隧道能谱测试结果。在费米能量的两侧的 150meV 左右可以观察到有两个肩峰特征峰。由于隧道势垒电阻在 $3.8 \sim 50 G\Omega$ 范围内,因此这种特征峰不依赖于尖端–样品间的距离。图 2.8(b)中对应的两个重整速度跌落点很明显。这说明带有能量 $E \approx 150meV$ 的光学呼吸声子 A_1' 在石墨烯的速度重整中发挥着重要作用[66]。双层石墨烯中的 A_1' 声子的线宽急剧下降,而石墨下降的更多[67-68]。因此通过 A_1' 声子进行的电子–声子耦合被层间耦合所抑制,并且所引入的速度重整仅仅在与基底不耦合的单层石墨烯中观察到。

朗道能级线宽和电子–电子间相互作用　对于石墨基底上的石墨烯这种情况来说,朗道能级线型是属于洛伦兹型而不是高斯型的[34],说明线宽能够反映出固有寿命而不是缺陷扩展。并且,在图 2.8(c)中对朗道能级的线宽放大观察,可以发现线宽随着能量的增加而呈现线性增长。这种依赖性和理论预测的结果是一致的,即石墨烯显示了一种临界费米流体行为 $\tau \propto E^{-1} \approx 9ps$[69]。

另一个令人关注的特征是在 $B = 0T$ 的能谱中存在一个 $E_{gap} \approx 10meV$ 的能隙,如图 2.8(d)所示,可能与在定域 $N = 0$ 处的分裂的能级有相同的原因。导致这种能隙出现的一种可能的解释是,石墨烯层相对于石墨基底的伯纳尔堆叠破坏了 AB 堆叠的对称性,但是需要做更多的工作去进一步解释产生这种现象的原因。

在在高精度悬浮石墨烯器件中进行的量子霍尔效应测试中[70-71],以及 SiC 基底上的外延石墨烯的 STM 实验中[72],都观察到了朗道能级简并度的提升现象。

2.2.4.2　层间耦合效应

石墨基底上的石墨烯片也能在局部显示出层间耦合效应,在这些地方石墨烯片与基底有着微弱的耦合作用。并且发现,与石墨基底有微弱的耦合的石墨烯的朗道能级能谱强烈依赖于耦合的程度。

图 2.9(a)中的 STM 形貌照片显示出了两种区域:G 区域,上面的一层与基底是没有耦合作用的,显示出了单层石墨烯的显著特征,而这个区域的下面是不

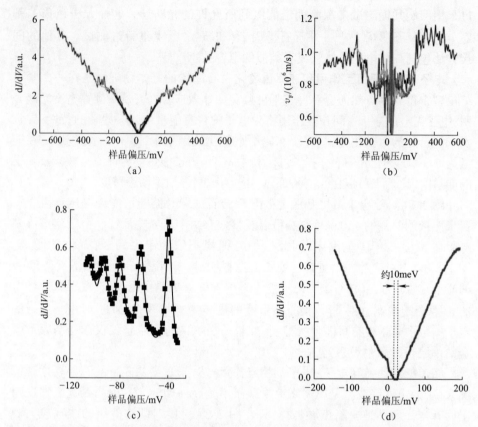

图2.8 (a) HOPG 基底上石墨烯的 STS 数据,显示了费米速度在低于一定能量(约 150meV)下是如何重整的;(b) 与图(a)中的样品偏压对应计算的费米速度的重整化数值;(c) 对洛伦兹型朗道能级线型进行拟合;(d) 高分辨率的隧道能谱显示出了在狄拉克点处有一个 10meV 的能隙[34]

同的区域,W 区域是指与下面的石墨基底有微弱的耦合作用。在微弱耦合的情况下,由于升高的能级简并使能级分裂,而朗道能级变成了复杂的能谱。图 2.9(b)中的朗道能级的空间依赖性说明了这一点,其中穿过了 G 区域和 W 区域之间边界处的朗道能谱发生了变化[14]。根据文献[56]描述的理论模型来对 W 区域的朗道能谱进行拟合,发现在耦合区域的朗道能级是正常伯纳尔(Bernal)堆叠双层的十分之一[14]。

2.2.4.3 无序石墨烯中的朗道能级

对于需要具有偏压和载流子输运测试能力的石墨烯器件应用,就必须要用绝缘基底。因此,即使石墨基底上的石墨烯的质量要远高于绝缘体基底上的石墨烯,但石墨基底仍不能用于实际应用。

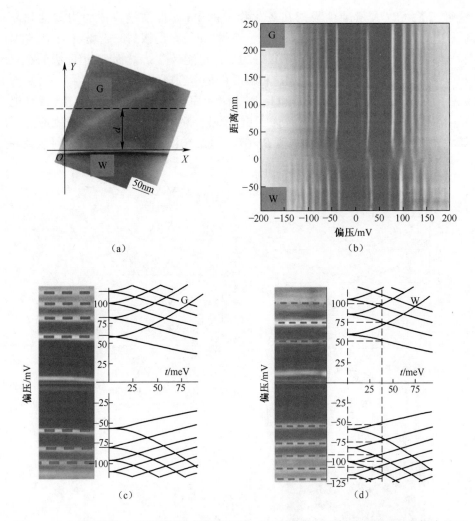

图 2.9 (a) STM 图像中显示出两个不同的区域:G 区域代表石墨烯片与石墨是非耦合的区域,W 区域代表石墨烯与石墨基底有微弱耦合作用的区域;(b) 从 G 区域到 W 区域朗道能级的转变,竖轴代表图(a)中测量能谱的位置 d,横轴代表样品的偏压;(c),(d) 图(b)中的朗道能级对理论模型的拟合[56],其中 t 是层间耦合参数((c)无耦合,(d)微弱耦合)[14]

最初,由于在 SiO_2 基底上发现石墨烯的无序度太大,即使在最高强度的磁场中,也不能使用 STS 来观察朗道能级[41],因此需要进一步改善基底。一种已被证明的可以极大地提升样品质量的工艺是去掉石墨烯下面的 SiO_2,让样品处于悬浮状态[70-71,73-74]。然而,这种样品又脆又小,因此对它进行研究就太具有挑战性了。

因此,人们更愿意开发出能够改善基底的方法。在半导体产业中,大家都知道 SiO_2 基底的质量在有氯存在的条件下使用干氧化法可以得到极大的改善。

这种工艺可以大量减少吸附在氧化物上的电荷,提高绝缘体的均匀性和品质[75-78]。将这种用氯处理的基底用于石墨烯时,在足够高的磁场中,采用 STM 和 STS 测试就可以显示出分辨率很好的量子化能级[9]。然而,朗道能级的宽化和 V 形零场态密度的偏离,说明这种样品也是不理想的。

在零磁场强度下的 STS 可以用来估测无序区域的平均长度范围,得到电子-空穴对的尺寸 $d \approx 20 \text{nm}$[9]。为了更好地观察清晰的能级,磁场长度应达到最大 $d/2 \approx 10 \text{nm}$,对应的磁场强度 $B = 6\text{T}$。图 2.10(a)中的 STS 数据是对氯处理

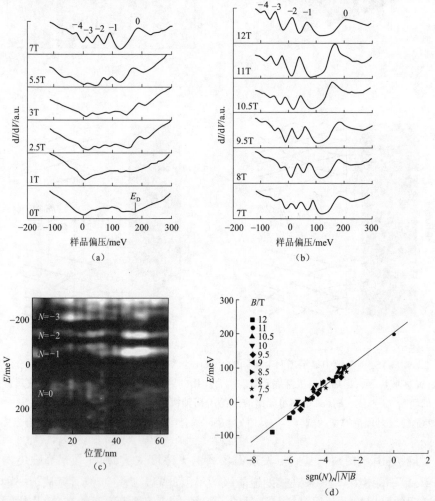

图 2.10 (a) SiO_2 基底上的石墨烯在 7T 以下磁场的 STS 测试数据;(b) SiO_2 基底上的石墨烯在 7~12T 磁场下的 STS 测试数据;(c) $B = 10\text{T}$ 磁场中 SiO_2 基底上的石墨烯沿着 60nm 线上朗道能级典型的演化;(d)从图(a)和(b)中朗道能级序列中得到费米速度[9]。朗道能级发生偏移从而使所有磁场下的狄拉克点相同,由于不同磁场的能谱未能在样品完全相同的位置上采集,所以不同磁场下朗道能级的扩散反映了费米速度的轻微变化

在用过的 SiO_2 基底上的石墨烯测试得到的,该数据显示出在小磁场强度下,当磁场强度低于 6T 时能级确实不能清晰分辨,但高于 6T 时能级将能够清晰地分辨出来,如图 2.10(a)、(b)所示。

在这些样品中,出现了预期中由于无序导致的能级变宽的现象[79-81]。测得的代表性的能级宽度为 $\gamma \approx 20 \sim 30 meV$,要比在 HOPG 上的大很多,对应的载流子寿命 $\tau \approx 22 \sim 32 fs$,与其他用不同技术得到的值保持一致。

使用朗道能级能谱得到的费米速度 $v_F = (1.07 \pm 0.02) \times 10^6 m/s$(如图 2.10(d)),并随着在样品上的位置的不同在 5%~10% 内变化。图 2.10(c)给出了随着穿过样品的一条 60nm 长的直线能级序列的变化,进一步证明了石墨烯无序度对朗道能级的影响。亮度的变化表明,由于无序的存在使得朗道能级的宽度和高度对空间产生了依赖。

2.2.4.4 朗道能级的栅压依赖性

由于石墨烯能带结构的原因,特别是电子-空穴对称性,石墨烯表现出了一种双极化电场效应。在绝缘体基底上的具有可调栅压的石墨烯的 STS 测试可以用来研究当费米能量通过朗道能级时的电子波函数和态密度的变化。STS 可以同时探测电子和空穴状态的能力使其成为特别强大的检测技术。在 STS 实验中,E_F 一般位于零栅压处,因此,可以方便地定义 E_F 作为能量轴的原点,进而测量相对于它的狄拉克点能量。

图 2.11(a)给出了一组在 $B = 12T$ 时得到的数据,图中记录了不同栅压下的能谱。每一个垂直的线就是一个在特定的栅压(V_G)下得到的能谱。图的密度就代表了 dI/dV 的值,浅颜色的部分对应能谱中的峰值。纵坐标轴代表样品的偏压,横坐标轴对应栅压。栅压(V_G)的变化范围是 $-15 \sim 43V$,对应的载流子密度 n_c 为 $-0.5 \times 10^{12} \sim 3 \times 10^{12} cm^{-2}$。在栅压 V_G 为 $-15V$ 时得到的能谱中在约 240meV 的位置可以看到一个非常微弱的 $N = 0$ 的能级。因为样品已经在中立栅压下进行了空穴掺杂,在我们探测的能量范围内,只测到了对应空穴态的朗道能级:$N = -1, -2, -3, \cdots$。在更高的栅压 $V_G > 40V$ 时,得到了电子态的朗道能级:$N = +1, +2, +3, \cdots$。

定性地,可以这样理解图 2.11 中这种整体阶梯状特征(曲线坡度的急剧变化):朗道能级含有对应高 DOS 的峰,并被低的 DOS 分开(图 2.11(a))。填满这些更高的 DOS 区域而在电荷载流子密度中产生了巨大的变化,因此出现了高峰,此时费米能级固定在特定的填满的朗道能级。另一方面,填充朗道能级间低的 DOS 区域并不会太大改变载流子密度,因此曲线斜率出现了巨大的改变。对于宽的朗道能级在这些峰中间的 DOS 更大,从而出现了这种台阶形的图案。

考虑到朗道能级的宽化,并采用 $v_F = (1.16 \pm 0.02) \times 10^6 m/s$ 进行了模拟,结果如图 2.11(b),显示出与图 2.11(a)测得的数据有很好的一致性。

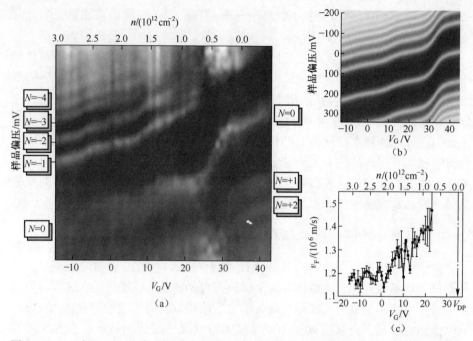

图 2.11 （a）在 $B=12$ T 时，SiO_2 基底上石墨烯的朗道能级分布图对载流子密度的依赖性。纵坐标是样品的偏压，底部的横坐标是栅极电压，顶部的横坐标是对应的载流子密度。朗道能级序列记为 $N=\cdots\pm3,\pm2,\pm1,0$。（b）图（a）中朗道能级能谱演变的模拟。（c）费米速度对栅极电压的依赖，标出的是在 $V_G=35$V 时的狄拉克点

Jung 等[36]报道了对于在 SiO_2 上剥离的石墨烯有类似的实验，他们对样品上不同无序的区域进行了探测。

在具有非常高迁移率的 GaAs 样品的二维电子系统（2DES）中，这种费米能级固定在朗道能级的现象通过时域电容光谱学观察到了[82]。

和通常用于测量费米面附近能级的电子传导测量相对比，STS 可以接近满态和空态。因此，在一个磁场中，通过朗道能级能谱可以在能量范围内测得狄拉克锥的整个形状。通过测量作为掺杂函数的朗道序列得到的费米速度，把狄拉克锥的形状当作载流子密度的函数进行研究。在研究的载流子密度范围内（$-5\times10^{11}cm^{-2}<n_e<3\times10^{12}cm^{-2}$），发现当靠近狄拉克点时，速度增加了大约 25%，如图 2.11（c）所示。

在低载流子密度下，电子间相互作用和在准粒子能谱上减小的屏蔽作用被认为会变得重要。在费米速度中观察得到的增长和在狄拉克锥中由于电子间作用而接近中性点时的归一化是一致的[69,83]。如果这种随机势垒进一步降低以至于在小的磁场中也能观察到朗道能级，那么能级间的空间会更小而更可能用

更高的准确度对椎体进行矫形。

Elias 等通过对悬浮石墨烯样品进行了 SdH 振动测试得到了相似的结果[84]。

2.2.4.5 无序效应:扩展态和定域态

杂质和造成的随机势垒强烈地影响了石墨烯中的电子波函数。通过在一个垂直磁场中进行 STS 测量,可以将对应着朗道能级的波函数在一个真实空间中形象化。

为了这个目的,就需要让 STS 能谱能在一个选定区域内具有一个精确的栅极点。当 z 坐标为一个特定能量下的 $dI/dV(\propto DOS)$ 值时,在该能量下,人们可以画出一个具有 x,y 坐标轴的强度图。这个图将说明态密度在真实空间中的变化。

图 2.12 给出了这样一个方法。图 2.12(a) 描述了在 $B=12$ T 的磁场下穿过 STM 图插图中区域的样品平均能谱。在这个磁场强度下,朗道能级被分解为 $N=0,1,2,\cdots$。图 2.12(b) 和 (c) 分别为在能量为 E 和 L (图 (a) 中所标) 时的 dI_t/dV_{bias} 分布图,其中 I_t 是隧穿电流, V_{bias} 是偏压。$E\approx 0$ eV 时对应的是 $N=0$ 的朗道能级的峰,图 2.12(b) 显示了高 DOS 的较亮区域形成了一个扩展渗透态。在 $N=0$ 和 $N=1$ 中间的 $E\approx 55$ meV 下,图 2.12(c) 显示了在杂质周围的互补定域态[85]。

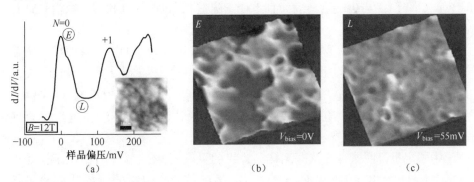

图 2.12 (a)插图所示区域的平均隧道能谱,显示出了对应为 $N=0,+1,\cdots$ 的朗道能级。字母 E 和 L 表示图(b)和图(c)中的 STS 分布图所采用的能量。插图中的标尺为 16nm。(b)图(a)插图在 $V_{bias}=0$V 下的 STS 分布图。(c)图(a)插图在 $V_{bias}=55$mV 下的 STS 分布图

在朗道能级谱的峰值和谷值处存在的扩展和定域态可以用来定性的理解整数量子霍尔效应(IQHE)。用在典型的霍尔测量装置中进行 IQHE 测试来测量霍尔横向电阻率(ρ_{xy})和纵向电阻率(ρ_{xx}),可以通过改变填充因子 $\nu=(n_s h)/(eB)$ 来改变参数,其中 n_s 为载流子密度,B 为磁场强度,h 为普朗克

常数，e 为电荷常数。

当填充量在两个费米能级之间时,电子被限定在杂质周围的定域态中导致这些电子在传导时起不到任何作用。在这个点上,$\rho_{xx}=0$,且 ρ_{xy} 是被量子化了。当费米能级在一个朗道能级的峰值上时,电子会占据整个样品的扩展态,因此 ρ_{xx} 是有限的,而 ρ_{xy} 不断增长才有量子平台之间的转变。

已有相关采用 STM/STS 测试技术来测量在 n-InSb(110)[55] 和 SiC 基底上外延石墨烯吸附引诱的二维电子气的扩展和定域量子霍尔态的相关报道[87]。

2.2.5 采用扫描探针测量小尺寸的石墨烯器件

石墨烯的发现打开了采用表面探针研究二维材料的新机遇。然而,事实上由于存在很大的技术挑战,采用剥离得到的最干净的样品仅仅只有几微米大小。一些包括光学显微镜的室温实验设备也能克服这个难题。即使配有长程光学显微镜或者扫描电子显微镜等低温实验设备能观察到小的样品,但是大部分的低温和磁场设备缺乏这种工具。由于这个原因,有人提出了一种用来引导 STM 探针来探测微米级尺寸样品的电容法,详见参考文献[88]。

为了测量 STS,经常为样品的偏压 $\tilde{V}_s$ 提供一个很小的交流调制,从而有一个交流电流 $\tilde{I}$ 流经 STM 尖端:$\tilde{I}=G_t \cdot \tilde{V}_s + i\omega C \tilde{V}_s$,其中 G_t 是隧穿电导率,C 是尖端-样品间的电容。对交流电流的贡献来自于隧穿效应(第一部分)和电容拾取效应(第二部分)。当尖端远离表面且不处于隧道状态时,可以利用拾取信号进行小型结构的分辨。

图 2.13(a)给出了这种方法的原理图。从锁定放大器的参考隧道输出的输出电压分成具有 180° 的相转变的两部分。信号中带"+"的直接作为样品电压 $\tilde{V}_s$,带"-"的作为栅极电压 V_{gate},并通过一个可调电阻器来调整振幅。$\tilde{I}$ 是测量尖端得到的电容传感器电流。这个工艺的关键是调整加到背极上的电压从而使背景拾取电流,细节请参考文献[88]。

为了定量说明这种方法探测样品边缘的灵敏度,图 2.13(b)给出了样品周围的电场线,当 $V_s=1V$ 和 $V_G=-1V$ 时,存在于样品边缘的阶梯状电势更加显著。

另一种创新的结构是用金属引线连接到样品的设计。这种引线由连接的衬带组成,这种衬带的尺寸变得更小,更接近样品的大小,如图 2.13(c)的典型设计图。这种触板结构可以让微米尺寸的样品在大尺寸(毫米级别)上仅仅使用 STM 探针进行定位,而不用复杂的光学设备进行辅助。

图 2.13(d)给出了穿过其中一条衬带所测得的接触电流。左边的纵坐标是测量电流,横坐标是在衬带上的位置。当尖端在衬带上方时会出现较高的信号,而当从衬带上方离开时出现了较小的信号,这些信号都是叠加在整个背景信号

上的。在电流对位置的导数中,在图2.13(d)中能分辨出衬带的边缘位置,对应右边的纵坐标轴。

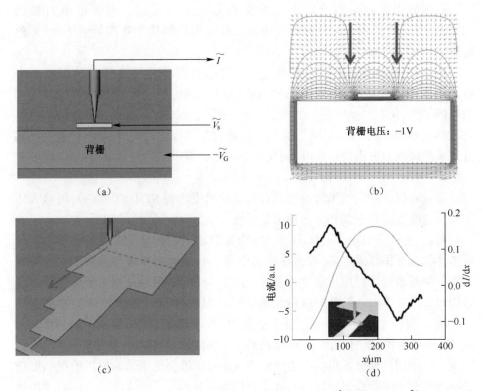

图2.13 (a)用SiO_2层将样品与背栅极分开的一般结构图,其中$\tilde{I}$为接触电流,$\tilde{V}_s$为加在样品上的交流电压;$\tilde{V}_G$为栅极电压;(b)不考虑尖端影响的样品上的电场分布,样品电压为1V,背栅电压为-1V,箭头所指的是样品的边缘;(c)金属引线连接样品的简图,尖端会跨越样品的最大距离即图中的虚线,然后再沿着箭头所指方向变为较小的距离;(d)尖端跨越其中一条路径时典型的测量电流及其导数与位置的关系曲线

这种信号依赖于尖端和衬带间的距离,因此一个大衬带的边缘被确认之后,将尖端接近 STM 模式中的导电表面并缩回一个很小的距离,这样就可以分辨下一个小一点衬带的边缘。事实上,当在大的衬带上移动时,尖端是远离表面的,以防它被碰撞。

重复这个步骤直至最小的衬带和样品被发现,像 Luican 等[89]描述的那样,这种方法的灵敏度足以检测几个微米大小的样品。

2.2.6 石墨烯边缘

图2.14(a)给出了在石墨烯中存在的两个高对称晶向:锯齿形和扶手椅形。

一个石墨烯片可以以其中一种结束或包含两种边缘的随机边缘。边缘类型对石墨烯的电子特性有着重大影响[90-91]。

石墨烯边缘的最高分辨率成像实验方法之一是采用透射电子显微镜(TEM)[92]。然而为了同时表征石墨烯边缘的原子结构和探测其电子特性,就需要采用 STM/STS 技术了。

理论上,预计锯齿形边缘具有定域态[93],也就是费米能级的 DOS 有一个峰。通过 STM 实验在 HOPG 上观察到了这种现象[94]。为了使用 STM 来确定边缘的结构,用在样品中测得的石墨晶格来比较边缘的方向。一旦边缘的类型通过形貌推测得到,Niimi 等[94]发现当在锯齿形边缘进行能谱测试时,就会在靠近费米能级的地方出现一个峰,而在扶手椅形边缘没有这种现象,和理论计算的一样。

通过对打开的碳纳米管得到的石墨烯纳米带进行 STM/STS 实验,可以大体上发现边缘态的存在及相关的纳米带手性[95]。

然而,为了将石墨烯边缘的原子结构和能显示整数量子效应的磁传输实验或多体物理证据联系起来,那么在磁场中研究石墨烯边缘就很重要了。在石墨基底上的石墨烯可以用来做这种研究。图 2.14(b)的形貌图给出了锯齿形边缘结构以及图 2.14(c)图谱所取的位置。插图是在非耦合片上测得的蜂窝状晶格。图 2.14(c)是在 $B=4T$ 的垂直磁场中得到的能谱,距边缘的距离为 $0.5l_B$(顶部曲线)至材料内部(底部曲线)。锯齿形边缘有一种独特的特征,当更高一级的朗道能级变得接近边缘时,$N=0$ 的能级会更明显。朗道能级强度随着与边缘距离的降低而衰减是与理论预测相一致的[96-98],如图 2.14(d)中的插图所示。

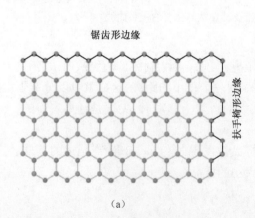
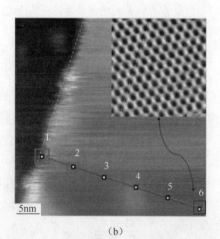

(a)　　　　　　　　　　　　(b)

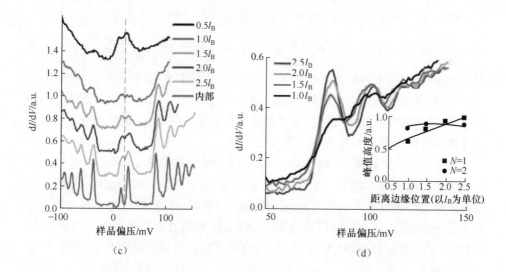

图 2.14 （a）石墨烯中锯齿形和扶手椅形两种晶向的简图；（b）在石墨基底上的非耦合石墨烯片的形貌图，在其边缘和标示位置处进行了隧道能谱测量，插图是图示区域的原子级分辨率的图像；（c）从图（b）中距离边缘不同位置处得到的 STS 以及内部的 STS；（d）不断靠近边缘时的朗道能级强度的变化，插图中的各数据点是对于 $N=1,2$ 的峰值高度，曲线是理论拟合得到的[89]

2.2.7 应力和电子特性

控制石墨烯的应变有望成为一种新的调控石墨烯电子性能的方法[99-100]。有趣的是，作为石墨烯晶格中的应变，会使石墨烯中的电子表现得就像是在外部被施加了一个磁场一样。产生这种伪磁场的原因是应变在哈密顿函数中引入一个高能场，而这将会模拟出一个磁场。然而，为了创造一个均匀的磁场，就需要在一个特定的结构中施加应力，例如沿着三个共面对称晶向拉伸石墨烯。

应变对石墨烯能谱的影响通过 STM/STS 对长在铂（111）面上的石墨烯纳米气泡在实验中进行了说明。据参考文献[58]的报道，在这种样品上，隧道能谱上的峰被解释为源于伪磁场而产生的朗道能级。

2.2.8 双层石墨烯

石墨烯以所谓伯纳尔堆叠顺序层叠起来形成石墨。如果我们将石墨烯晶格中两个非等价的原子位命名为 A 和 B，那么上层石墨烯中 B 原子在下层石墨烯中 A 原子的上面，而上层石墨烯中 A 原子位于下层石墨烯六边形晶格中心的上方。双层石墨烯，就是含有两层石墨烯并以伯纳尔堆叠形成的双层系统，并通过对其大量手性费米子的双曲线能量分布进行表征。

在磁场中,具有理想伯纳尔堆叠的石墨烯样品的朗道能级序列可以表示为 $E_n = \frac{e\hbar B}{m^*}\sqrt{N(N-1)}$,其中 m^* 是载流子的有效质量,B 是磁场强度,e 是电子电荷,$\hbar$ 是普朗克常数除以 2π,$N=0,1,2,3,\cdots$。对于 $N=0$ 和 $N=1$ 时出现的八重简并,可以通过施加一个电场或者通过电子间相互作用而被打破[101-103]。在实验中,对高质量的悬浮双层石墨烯样品进行磁输运测试,也显示出由于相互作用导致的对称态破坏的存在[104-106]。

为了可以直接探测双层石墨烯中存在的大量手性费米子,对在绝缘的 SiO_2 基底上的机械剥离石墨烯进行了 STM/STS 测试[107-108]。结果表明,所测得的朗道能级光谱主要是受衬底引起的无序电位的影响。这种随机电势在两层之间产生了一个电场,从而导致局部的朗道能级衰减和朗道能谱的部分不均匀[108]。因此,为了研究双层石墨烯的本质特性,有必要对样品进行改进后再进行 STM/STS 测试。

2.3 扭曲石墨烯层的电子特性

石墨烯层从伯纳尔堆叠旋转很小的角度将会完全改变石墨烯双层系统的电子特性,这也说明了可能有一个新的方法来调控石墨烯的电子特性。

这些旋转堆叠导致的错误是很普通的,并且这在早期对石墨表面的 STM 研究中就发现了[109-112]。还没有发现石墨烯之前就已开始其对电子特性的影响从理论和实验上进行了研究。随着采用气相沉积的新方法来制备石墨烯,由于生长机制更倾向于形成扭曲石墨烯层,因此关于旋转层特性的问题变得越来越重要[21]。

将两个理想周期排列的晶格相对地进行重叠和旋转将会形成莫尔斑。就石墨烯的六方晶格而言,图2.15(a)给出了当旋转任意角度时形成的莫尔斑。通过数学的方法,可以得到一系列离散的角度,这些角度可以得到同样的莫尔斑[113-118]。其中一组角度为 $\cos\theta_i = (3i^2+3i+1/2)/(3i^2+3i+1)$,其中 $i=0,1,2,\cdots$。超晶格的周期 L 和旋转角度 θ 之间的关系为

$$L = \frac{a}{2\sin\frac{\theta}{2}} \tag{2.8}$$

式中:$a=0.246nm$ 为石墨烯的晶格常数。

STM 可以显示出由于石墨烯层扭曲导致的莫尔斑的面积,如图2.15(b)所示。在这种情况下,上面的石墨烯层相对于下层石墨烯是错排的,只有边缘处有一个莫尔斑。如式(2.8)所表示的那样,不同的角度会形成不同的图案。通过

实验途径,STM 图像显示出具有不同扭曲角度的样品中会显示不同的周期图斑。例如,在旋转角度 $\theta = 1.79°$ 时的超晶格周期 $L = 7.7$nm。图 2.15(c)、(d)、(e)、(f)这四幅形貌图具有大约相同的形貌,对应的旋转角度为 1.16°、1.79°、3.5°和 21°。图 2.15(d)($\theta = 1.79°$)中插图强调了石墨烯层的原子晶格周期要比莫尔斑小,并且在它上面还可以观察到这些原子晶格。基本上在形貌图中观察到的莫尔斑的高度为 0.1~0.3nm。

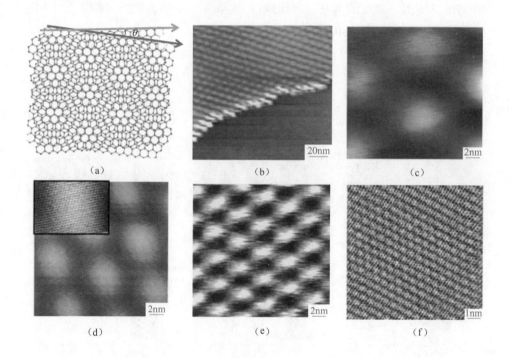

图 2.15 (a)从旋转双层石墨烯中出现莫尔斑的示意图;(b)STM 形貌图显示出了莫尔斑以及在 HOPG 中的边界;(c)~(f)对应角度分别为 1.16°、1.79°、3.5°和 21°时的莫尔斑的 STM 图像[53,119],图(c)~(e)中的标尺为 2nm,图(f)中的标尺为 1nm

2.3.1 范霍夫奇异点

在动量空间中,石墨烯的层间旋转的结果会导致对应狄拉克锥的相对旋转,如图 2.16(a)所示。狄拉克锥之间的距离可以表示为

$$\Delta K = \frac{4\pi}{3a} \times 2\sin\frac{\theta}{2} \tag{2.9}$$

在两个狄拉克锥的接触位置,它们的能带会杂化,从而导致能带结构的主要特征——在两边的电子和空穴中的两个鞍点[53,113]。图 2.16(b)给出了旋转角度 $\theta = 1.79°$ 时理论计算的能量分布。

在二维空间中,电子带结构中的鞍点会导致态密度的分化,也就是大家熟知的范霍夫(Van Hove)奇点(VHS)[120]。必须说明的是,在没有层间耦合的情况下,VHS 是不会出现的。对应图 2.16(b)中的能量分布的鞍点,其在 DOS 中的 VHS 如图 2.16(c)所示。两个狄拉克锥之间,或简单地说,鞍点之间的距离是由旋转角度控制的,而在能量分布中 VHS 之间的距离是单调依赖于角度 θ。对于小角度($2°<\theta<5°$)能量分离为 $\Delta E = \hbar v_F \Delta K - 2t^\theta$,其中 t^θ 是层间耦合。旋转导致的 VHS 并不限于双层的情况。定性地讲,如果在一个堆叠中,一层相对于下面的多层旋转的话,VHS 是仍然存在的。

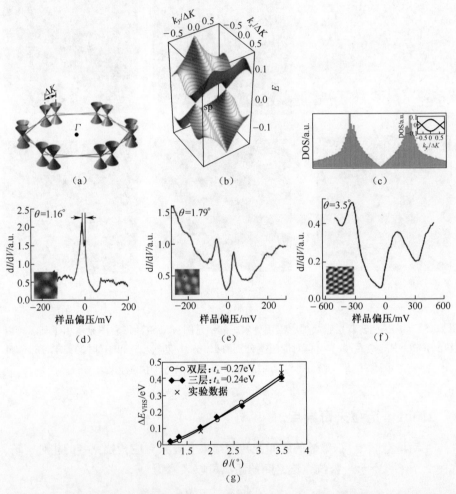

图 2.16 (a)在动量空间中对应两个旋转石墨烯层的狄拉克锥的相对旋转;(b)两石墨烯层相对旋转角度 $\theta=1.79°$ 时计算得到的能量分布;(c)对应图(b)的 DOS,插图代表了沿着含有这两个狄拉克点的直线剖面;(d),(e),(f)对应不同角度 $1.16°$、$1.79°$、$3.5°$ 形成莫尔斑的 STS,插图为对应的真实空间的超晶格;(g)VHS 分离能量的理论曲线和实验数据随旋转角度的变化函数[53,119]

为了探索角度对 VHS 的影响，Li 等[53]研究了气相沉积法[21]制备的石墨烯层以及在石墨上旋转的石墨烯层，发现两者是一样的。图 2.16(d)、(e)、(f) 列出了在不同角度(1.16°,1.79°,3.5°)时从 STS 中得到的实验数据，插图中分别为对应的莫尔斑。在每一种情况下，得到的能谱都显示出有两个峰，这是 VHS 独有的特征。图 2.16(g) 给出了测得的 VHS 间的能量分离和理论曲线，显示出随着角度的增长而单调增长。

在有限的小角度内，出现了一个有趣的情况[53]。图 2.17(a) 给出了在 $\theta=1.16°$ 时形成莫尔斑的形貌图。而图 2.17(c) 列出了这种情况下的能谱，显示出这两个 VHS 被一个很小的能量($\Delta E \approx 12\mathrm{meV}$)分开。大家都知道，当费米能量接近范霍夫奇点时，微弱的相互作用会被加强的态密度放大加强，而这也会导致系统不稳定，从而能引起新情况出现[121-123]。这与图 2.17(b) 中的在奇异点能量下观察到的 STS 分布图一致，这表明了一个有序态的形成，如电荷密度波。这种被莫尔斑导致的定域化在理论计算中也预测到了[114]。

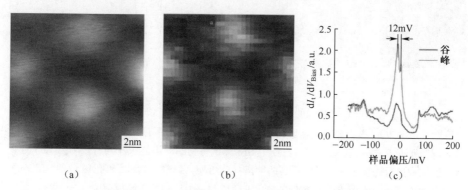

图 2.17 (a) 小旋转角度 $\theta=1.16°$ 时的莫尔斑的形貌图，标尺为 2nm；(b) 图(a)区域中在能量 $E=1\mathrm{meV}$ 下的 dI_t/dV_{Bias} 分布图，标尺为 2nm；(c) 图(a)中莫尔斑的峰处和谷处的 STS 曲线[53]

2.3.2 费米速度的重整化

对于足够分离的狄拉克椎体，低能电子带仍然可以描述狄拉克费米子，VHS 会影响狄拉克锥的斜率，导致费米速度的重整化。

理论上，描述速度重整化的方程可以导出为

$$\frac{v_F(\theta)}{v_F^0} = 1 - 9\left(\frac{t_\perp^\theta}{\hbar v_F^0 \Delta K}\right)^2 \tag{2.10}$$

式中：v_F^0 为原速度；$v_F(\theta)$ 为角 θ 处的重整化速度；层间耦合为 $t_\perp^\theta \approx 0.4 t_\perp$，$t_\perp$ 为堆叠双层的层间耦合系数。

图 2.18(a) 绘出了对应这个联系的曲线。对于大角度 $\theta>15°$，重整化效应

比较小,但是对于小角度速度就会被强烈抑制。

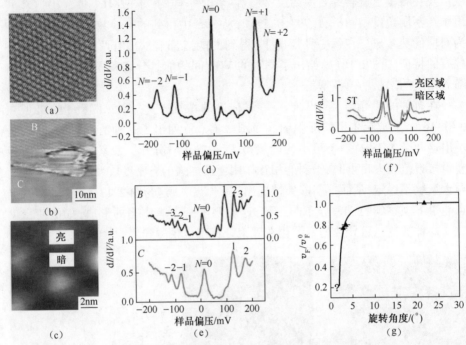

图2.18 (a)旋转角度$\theta=21°$时的莫尔斑;(b)两个明显不同区域的STM图像:B区域含有对应旋转角度为$\theta=3.5°$的莫尔斑,而C区域没有;(c)旋转角度为$\theta=1.16°$时莫尔斑的STM图像;(d)在图(a)区域中进行磁场中STS测试得到的朗道能级序列;(e)在图(b)的B和C区域中进行磁场中STS测试得到的能谱;(f)图(c)区域中暗区域和亮区域的STS;(g)理论预测的费米速度能谱曲线和从不同莫尔斑中得到的实验数据曲线[53,119]

为了探测v_F,Luican等[119]在磁场中对量子化的朗道能级进行了测试,并且从他们的能场和指数依赖性中导出了费米速度。对于图2.18(a)中大角度所测得的朗道能级能谱如图2.18(d)所示。在这种大角度的情况下,低能量电子特性和单层的相比没有明显区别,并且测得的速度$v_F=(1.10\pm0.01)\times10^6$ m/s。

图2.18(b)中的形貌图显示出B和C两个相邻的区域。在B区域中可以分辨出周期为4.0nm的莫尔斑,然而在C区域中却不能分辨出来,这说明C区域为未旋转层(或在这个实验分辨率下没有分辨出来的一个非常小的周期)。在两个区域中进行磁场中的STS测试(图2.18(e)),显示针对无质量狄拉克费米子朗道序列分别具有不同的费米速度:0.87×10^6 m/s(B区域)和1.10×10^6 m/s(C区域)。

在$\theta<2°$的非常小的角度下,例如图2.18(c)中的区域,VHS变得如此显著而使无质量狄拉克费米子不能再描述电子态(图2.18(f))。这个状态在图2.18(g)中用"?"标示出来了。

需要重要说明的一点就是,由于 VHS 的存在,费米速度的重整化不同于在前面讨论过的石墨基底上石墨烯的情况。在扭曲的石墨烯层中,重整化是对错位角度很敏感的函数。与此相反,在石墨基底上的石墨烯中观察到的速度重整化是由于电子-声子耦合作用导致的[34]。

在用 CVD 法制备的石墨烯和石墨基底上,石墨烯的莫尔斑得到的结果和通过在 SiC 上外延生长的石墨烯得到的结果是不同的,外延生长得到的石墨烯不论是否发生扭曲都产生和单层石墨烯相同的能谱[57,124]。能够理解这些结果的一个原因是发现在外延生长石墨烯的情况中,在穿过整个莫尔斑过程中都存在不同寻常的连续原子蜂窝状结构。这个和由两个旋转层产生的莫尔斑相比,发现莫尔斑的产生和原子结构是相关的,这种结构从三角形变为蜂窝状,或者是介于两者之间,这个变化取决于在图斑中的局部堆叠[53,112]。

如果在扭曲的双层的面增加一层的话,莫尔斑就会存在于第一层的下面(第二层相对于第三层旋转),可以预想到的是,将会出现一个含有几个莫尔斑的复杂的超级结构。这种情况在一些 SiC 基底上外延生长的石墨烯中观察到过[125]。而在 CVD 石墨烯样品或石墨基底样品中并没有观察到这种多重莫尔斑的现象。因此,之前所讨论的那些特性(范霍夫奇点,费米速度的衰减)都仅仅是最上层相对于下层石墨烯扭曲或伯纳尔堆叠多层石墨烯产生的结果。

2.4 本章小结

在这一章节中,我们简单回顾了通过扫描隧道显微镜和能谱对带有不同无序度的石墨烯系统进行实验研究的结果。

当电荷载流子被基底中的势波动影响最小时,例如石墨表面的石墨烯片,就可以对石墨烯中无质量的狄拉克费米子的本质特性进行研究了。STS 测试显示,在这种石墨烯片中的电荷载流子可以展现无质量狄拉克费米子的特性:态密度是 V 形的并在狄拉克点消失,并且在磁场中朗道能级序列含有一个在零能量时的能级,预计与磁场及能级序列是平方根的关系。这种样品的质量可以允许研究除了单个粒子的物理特性外,也研究了电子-声子间和电子间相互作用的特性。

需要将石墨烯放置在绝缘基底(如 SiO_2)上才能来调整石墨烯中的电荷载流子的浓度。在这种情况下,石墨烯会和氧化物的粗糙表面保持一致,并且基底引入的随机势能会影响石墨烯中的电子。对于这个系统,在有磁场存在的情况下,朗道能级被无序度宽化了。电荷载流子密度对朗道能谱依赖性显示,费米能级固定在每个被填充满的朗道能级上。在这种测试中可以调整载流子浓度来探测狄拉克椎体的形状,观察到费米速度随着接近狄拉克点而不断增长,这说明了许多个体之间的相互作用的缘故。

偏离均衡伯纳尔堆叠的扭曲石墨烯层会导致异常的电子特性。在形貌图中可以发现扭曲石墨烯层会随着旋转角度的变化而出现莫尔斑。这种扭曲会出现两个范霍夫奇点,它们位于狄拉克点的电子和空穴两侧,位于随着旋转角度的增长而增长的一个能量中心。当旋转角度接近30°时,在这种扭曲层中的电荷载流子的费米速度和单层石墨烯中的没有明显区别,但是在很小的旋转角度时 v_F 会出现明显的降低。

致谢

感谢 G. Li、I. Skachko 和 A. M. B. Goncalves 在数据和插图方面的帮助。资金由 NSF-DMR-090671、DOE DE-FG02-99ER45742 和阿尔卡特朗讯(Alcatel-Lucent)基金会提供。

参 考 文 献

[1] G. Binnig, H. Rohrer, C. Gerber, E. Weibel, Surface studies by scanning tunneling microscopy. Phys. Rev. Lett. **49**(1), 57–61 (1982).

[2] J. Tersoff, D. R. Hamann, Theory of the scanning tunneling microscope. Phys. Rev. B **31**(2), 805–813 (1985).

[3] J. Bardeen, Tunnelling from a many-particle point of view. Phys. Rev. Lett. **6**(2), 57–59 (1961).

[4] G. Li, A. Luican, E. Y. Andrei, Electronic states on the surface of graphite. Physica B, Condens. Matter **404**(18), 2673–2677 (2009).

[5] K. S. Novoselov, D. Jiang, F. Schedin, T. J. Booth, V. V. Khotkevich, S. V. Morozov, A. K. Geim, Two-dimensional atomic crystals. Proc. Natl. Acad. Sci. USA **102**(30), 10451 (2005).

[6] J. Martin, N. Akerman, G. Ulbricht, T. Lohmann, J. H. Smet, K. Von Klitzing, A. Yacoby, Observation of electron-hole puddles in graphene using a scanning single-electron transistor. Nat. Phys. **4**(2), 144–148 (2007).

[7] Y. Zhang, V. W. Brar, C. Girit, A. Zettl, M. F. Crommie, Origin of spatial charge inhomogeneity in graphene. Nat. Phys. **5**(10), 722–726 (2009).

[8] J. H. Chen, C. Jang, S. Adam, M. S. Fuhrer, E. D. Williams, M. Ishigami, Charged impurity scattering in graphene. Nat. Phys. **4**(5), 377–381 (2008).

[9] A. Luican, G. Li, E. Y. Andrei, Quantized Landau level spectrum and its density dependence in graphene. Phys. Rev. B **83**, 041405 (2011).

[10] C. R. Dean, A. F. Young, I. Meric, C. Lee, L. Wang, S. Sorgenfrei, K. Watanabe, T. Taniguchi, P. Kim, K. L. Shepard, J. Hone, Boron nitride substrates for high-quality graphene electronics. Nat. Nanotechnol. **5**(10), 722–726 (2010).

[11] C. R. Dean, A. F. Young, P. Cadden-Zimansky, L. Wang, H. Ren, K. Watanabe, T. Taniguchi, P. Kim, J. Hone, K. L. Shepard, Multicomponent fractional quantum Hall effect in graphene. Nat. Phys. **7**(9), 693–696 (2011).

[12] C. H. Lui, L. Liu, K. F. Mak, G. W. Flynn, T. F. Heinz, Ultraflat graphene. Nature **462**(7271), 339–

341 (2009).

[13] V. Geringer, M. Liebmann, T. Echtermeyer, S. Runte, M. Schmidt, R. Rückamp, M. C. Lemme, M. Morgenstern, Intrinsic and extrinsic corrugation of monolayer graphene deposited on SiO_2. Phys. Rev. Lett. **102**(7), 076102 (2009).

[14] A. Luican, G. Li, E. Y. Andrei, Scanning tunneling microscopy and spectroscopy of graphene layers on graphite. Solid State Commun. **149**(27-28), 1151-1156 (2009).

[15] P. Neugebauer, M. Orlita, C. Faugeras, A. L. Barra, M. Potemski, How perfect can graphene be? Phys. Rev. Lett. **103**(13), 136403 (2009).

[16] C. Berger, Z. Song, T. Li, X. Li, A. Y. Ogbazghi, R. Feng, Z. Dai, A. N. Marchenkov, E. H. Conrad, N. Phillip, et al., Ultrathin epitaxial graphite: 2D electron gas properties and a route toward graphene-based nanoelectronics. J. Phys. Chem. B **108**(52), 19912-19916 (2004).

[17] A. J. Van Bommel, J. E. Crombeen, A. Van Tooren, LEED and Auger electron observations of the SiC (0001) surface. Surf. Sci. **48**(2), 463-472 (1975).

[18] I. Forbeaux, J.-M. Themlin, J.-M. Debever, Heteroepitaxial graphite on 6h-SiC(0001): interface formation through conduction-band electronic structure. Phys. Rev. B **58**, 16396-16406 (1998).

[19] K. S. Kim, Y. Zhao, H. Jang, S. Y. Lee, J. M. Kim, K. S. Kim, J. H. Ahn, P. Kim, J. Y. Choi, B. H. Hong, Large-scale pattern growth of graphene films for stretchable transparent electrodes. Nature **457**(7230), 706-710 (2009).

[20] X. Li, W. Cai, J. An, S. Kim, J. Nah, D. Yang, R. Piner, A. Velamakanni, I. Jung, E. Tutuc, S. K. Banerjee, L. Colombo, R. S. Ruoff, Large-area synthesis of high-quality and uniform graphene films on copper foils. Science **324**(5932), 1312-1314 (2009).

[21] A. Reina, X. Jia, J. Ho, D. Nezich, H. Son, V. Bulovic, M. S. Dresselhaus, J. Kong, Large area, few-layer graphene films on arbitrary substrates by chemical vapor deposition. Nano Lett. **9**(1), 30-35 (2008).

[22] Q. Yu, L. A. Jauregui, W. Wu, R. Colby, J. Tian, Z. Su, H. Cao, Z. Liu, D. Pandey, D. Wei, et al., Control and characterization of individual grains and grain boundaries in graphene grown by chemical vapour deposition. Nat. Mater. **10**(6), 443-449 (2011).

[23] S. Marchini, S. Günther, J. Wintterlin, Scanning tunneling microscopy of graphene on Ru(0001). Phys. Rev. B **76**, 075429 (2007).

[24] P. W. Sutter, J. I. Flege, E. A. Sutter, Epitaxial graphene on ruthenium. Nat. Mater. **7**(5), 406-411 (2008).

[25] A. T. N'Diaye, S. Bleikamp, P. J. Feibelman, T. Michely, Two-dimensional Ir cluster lattice on a graphene Moiré on Ir(111). Phys. Rev. Lett. **97**, 215501 (2006).

[26] E. Loginova, S. Nie, K. Thürmer, N. C. Bartelt, K. F. McCarty, Defects of graphene on Ir(111): rotational domains and ridges. Phys. Rev. B **80**, 085430 (2009).

[27] P. Sutter, J. T. Sadowski, E. Sutter, Graphene on Pt(111): growth and substrate interaction. Phys. Rev. B **80**, 245411 (2009).

[28] A. Fasolino, J. H. Los, M. I. Katsnelson, Intrinsic ripples in graphene. Nat. Mater. **6**(11), 858-861 (2007).

[29] N. D. Mermin, H. Wagner, Absence of ferromagnetism or antiferromagnetism in one- or two-dimensional isotropic Heisenberg models. Phys. Rev. Lett. **17**(22), 1133-1136 (1966).

[30] M. I. Katsnelson, A. K. Geim, Electron scattering on microscopic corrugations in graphene. Philos. Trans. R. Soc. A, Math. Phys. Eng. Sci. **366**(1863), 195 (2008).

[31] J. C. Meyer, A. K. Geim, M. I. Katsnelson, K. S. Novoselov, T. J. Booth, S. Roth, The structure of suspended graphene sheets. Nature **446**(7131), 60-63 (2007).

[32] J. Xue, J. Sanchez-Yamagishi, D. Bulmash, P. Jacquod, A. Deshpande, K. Watanabe, T. Taniguchi, P. Jarillo-Herrero, B. J. LeRoy, Scanning tunnelling microscopy and spectroscopy of ultra-flat graphene on hexagonal boron nitride. Nat. Mater. **10**(4), 282-285 (2011).

[33] R. Decker, Y. Wang, V. W. Brar, W. Regan, H. Z. Tsai, Q. Wu, W. Gannett, A. Zettl, M. F. Crommie, Local electronic properties of graphene on a bn substrate via scanning tunneling microscopy. Nano Lett. **11**(6), 2291-2295 (2011).

[34] G. Li, A. Luican, E. Y. Andrei, Scanning tunneling spectroscopy of graphene on graphite. Phys. Rev. Lett. **102**(17), 176804 (2009).

[35] A. Deshpande, W. Bao, F. Miao, C. N. Lau, B. J. LeRoy, Spatially resolved spectroscopy of monolayer graphene on SiO_2. Phys. Rev. B **79**(20), 205411 (2009).

[36] S. Jung, G. M. Rutter, N. N. Klimov, D. B. Newell, I. Calizo, A. R. Hight-Walker, N. B. Zhitenev, J. A. Stroscio, Evolution of microscopic localization in graphene in a magnetic field from scattering resonances to quantum dots. Nat. Phys. **7**(3), 245-251(2011).

[37] E. Stolyarova, K. T. Rim, S. Ryu, J. Maultzsch, P. Kim, L. E. Brus, T. F. Heinz, M. S. Hybertsen, G. W. Flynn, High-resolution scanning tunneling microscopy imaging of mesoscopic graphene sheets on an insulating surface. Proc. Natl. Acad. Sci. USA **104**(22), 9209 (2007).

[38] M. Ishigami, J. H. Chen, W. G. Cullen, M. S. Fuhrer, E. D. Williams, Atomic structure of graphene on SiO2. Nano Lett. **7**(6), 1643-1648 (2007).

[39] A. H. Castro Neto, F. Guinea, N. M. R. Peres, K. S. Novoselov, A. K. Geim, The electronic properties of graphene. Rev. Mod. Phys. **81**(1), 109-162 (2009).

[40] K. S. Novoselov, A. K. Geim, S. V. Morozov, D. Jiang, Y. Zhang, S. V. Dubonos, I. V. Grigorieva, A. A. Firsov, Electric field effect in atomically thin carbon films. Science **306**(5696), 666-669 (2004).

[41] V. Geringer, D. Subramaniam, A. K. Michel, B. Szafranek, D. Schall, A. Georgi, T. Mashoff, D. Neumaier, M. Liebmann, M. Morgenstern, Electrical transport and low-temperature scanning tunneling microscopy of microsoldered graphene. Appl. Phys. Lett. **96**, 082114 (2010).

[42] Y. Zhang, V. W. Brar, F. Wang, C. Girit, Y. Yayon, M. Panlasigui, A. Zettl, M. F. Crommie, Giant phonon-induced conductance in scanning tunnelling spectroscopy of gate-tunable graphene. Nat. Phys. **4**(8), 627-630 (2008).

[43] M. L. Teague, A. P. Lai, J. Velasco, C. R. Hughes, A. D. Beyer, M. W. Bockrath, C. N. Lau, N. C. Yeh, Evidence for strain-induced local conductance modulations in single-layer graphene on SiO_2. Nano Lett. **9**(7), 2542-2546 (2009).

[44] L. Zhao, R. He, K. T. Rim, T. Schiros, K. S. Kim, H. Zhou, C. Gutiérrez, S. P. Chockalingam, C. J. Arguello, L. Palova, D. Nordlund, M. S. Hybertsen, D. R. Reichman, T. F. Heinz, P. Kim, A. Pinczuk, G. W. Flynn, A. N. Pasupathy, Visualizing individual nitrogen dopants in monolayer graphene. Science **333**(6045), 999-1003 (2011).

[45] G. M. Rutter, J. N. Crain, N. P. Guisinger, T. Li, P. N. First, J. A. Stroscio, Scattering and interference in epitaxial graphene. Science **317**(5835), 219-222 (2007).

[46] I. Brihuega, P. Mallet, C. Bena, S. Bose, C. Michaelis, L. Vitali, F. Varchon, L. Magaud, K. Kern, J. Y. Veuillen, Quasiparticle chirality in epitaxial graphene probed at the nanometer scale. Phys. Rev. Lett. **101**(20), 206802 (2008).

[47] E. Y. Andrei, *Two-Dimensional Electron Systems on Helium and Other Cryogenic Substrates*, vol. 19

(Kluwer Academic, Dordrecht, 1997).

[48] J. H. Davies, *The Physics of Low-Dimensional Semiconductors: An Introduction* (Cambridge Univ. Press, Cambridge, 1998).

[49] J. C. Slonczewski, P. R. Weiss, Band structure of graphite. Phys. Rev. **109**, 272-279 (1958).

[50] G. W. Semenoff, Condensed-matter simulation of a three-dimensional anomaly. Phys. Rev. Lett. **53**(26), 2449-2452 (1984).

[51] R. Rammal, Landau level spectrum of Bloch electrons in a honeycomb lattice. J. Phys. **46**(8), 1345-1354 (1985).

[52] I. Rabi, Das freie Elektron im homogenen Magnetfeld nach der Diracschen Theorie. Z. Phys. A, Hadrons Nucl. **49**(7), 507-511 (1928).

[53] G. Li, E. Y. Andrei, Observation of Landau levels of Dirac fermions in graphite. Nat. Phys. **3**(9), 623-627 (2007).

[54] T. Matsui, H. Kambara, Y. Niimi, K. Tagami, M. Tsukada, H. Fukuyama, STS observations of Landau levels at graphite surfaces. Phys. Rev. Lett. **94**, 226403 (2005).

[55] K. Hashimoto, C. Sohrmann, J. Wiebe, T. Inaoka, F. Meier, Y. Hirayama, R. A. Römer, R. Wiesendanger, M. Morgenstern, Quantum Hall transition in real space: from localized to extended states. Phys. Rev. Lett. **101**, 256802 (2008).

[56] J. M. Pereira Jr, F. M. Peeters, P. Vasilopoulos, Landau levels and oscillator strength in a biased bilayer of graphene. Phys. Rev. B **76**(11), 115419 (2007).

[57] D. L. Miller, K. D. Kubista, G. M. Rutter, M. Ruan, W. A. De Heer, et al., Observing the quantization of zero mass carriers in graphene. Science **324**(5929), 924 (2009).

[58] N. Levy, S. A. Burke, K. L. Meaker, M. Panlasigui, A. Zettl, F. Guinea, A. H. C. Neto, M. F. Crommie, Strain-induced pseudomagnetic fields greater than 300 tesla in graphene nanobubbles. Science **329**(5991), 544-547 (2010).

[59] P. Cheng, C. Song, T. Zhang, Y. Zhang, Y. Wang, J. F. Jia, J. Wang, Y. Wang, B. F. Zhu, X. Chen, et al., Landau quantization of topological surface states in Bi_2Se_3. Phys. Rev. Lett. **105**(7), 76801 (2010).

[60] T. Hanaguri, K. Igarashi, M. Kawamura, H. Takagi, T. Sasagawa, Momentum-resolved Landau-level spectroscopy of Dirac surface state in Bi_2Se_3. Phys. Rev. B **82**, 081305 (2010).

[61] Z. Jiang, E. A. Henriksen, L. C. Tung, Y. J. Wang, M. E. Schwartz, M. Y. Han, P. Kim, H. L. Stormer, Infrared spectroscopy of Landau levels of graphene. Phys. Rev. Lett. **98**(19), 197403 (2007).

[62] R. S. Deacon, K.-C. Chuang, R. J. Nicholas, K. S. Novoselov, A. K. Geim, Cyclotron resonance study of the electron and hole velocity in graphene monolayers. Phys. Rev. B **76**, 081406 (2007).

[63] M. Sadowski, G. Martinez, M. Potemski, C. Berger, W. De Heer, Landau level spectroscopy of ultrathin graphite layers. Phys. Rev. Lett. **97**(26), 266405 (2006).

[64] J. Martin, N. Akerman, G. Ulbricht, T. Lohmann, K. Von Klitzing, J. Smet, A. Yacoby, The nature of localization in graphene under quantum Hall conditions. Nat. Phys. **5**(9), 669-674 (2009).

[65] L. A. Ponomarenko, R. Yang, R. V. Gorbachev, P. Blake, A. S. Mayorov, K. S. Novoselov, M. I. Katsnelson, A. K. Geim, Density of states and zero Landau level probed through capacitance of graphene. Phys. Rev. Lett. **105**(13), 136801 (2010).

[66] C.-H. Park, F. Giustino, M. L. Cohen, S. G. Louie, Velocity renormalization and carrier lifetime in graphene from the electron-phonon interaction. Phys. Rev. Lett. **99**, 086804 (2007).

[67] C. H. Park, F. Giustino, M. L. Cohen, S. G. Louie, Electron-phonon interactions in graphene, bilayer

graphene, and graphite. Nano Lett. **8**(12), 4229-4233 (2008).

[68] J.-A. Yan, W. Y. Ruan, M. Y. Chou, Electron-phonon interactions for optical-phonon modes in few-layer graphene: first-principles calculations. Phys. Rev. B **79**, 115443 (2009).

[69] J. Gonzalez, F. Guinea, M. Vozmediano, Marginal-Fermi-liquid behavior from two-dimensional Coulomb interaction. Phys. Rev. B **59**(4), 2474-2477 (1999).

[70] X. Du, I. Skachko, F. Duerr, A. Luican, E. Y. Andrei, Fractional quantum Hall effect and insulating phase of Dirac electrons in graphene. Nature **462**(7270), 192-195 (2009).

[71] K. I. Bolotin, F. Ghahari, M. D. Shulman, H. L. Stormer, P. Kim, Observation of the fractional quantum Hall effect in graphene. Nature **462**(7270), 196-199 (2009).

[72] Y. J. Song, A. F. Otte, Y. Kuk, Y. Hu, D. B. Torrance, et al., High-resolution tunnelling spectroscopy of a graphene quartet. Nature **467**(7312), 185-189 (2010).

[73] X. Du, I. Skachko, A. Barker, E. Y. Andrei, Approaching ballistic transport in suspended graphene. Nat. Nanotechnol. 3(8), 491-495 (2008).

[74] K. I. Bolotin, K. J. Sikes, Z. Jiang, M. Klima, G. Fudenberg, J. Hone, P. Kim, H. L. Stormer, Ultrahigh electron mobility in suspended graphene. Solid State Commun. **146**(9-10), 351-355 (2008).

[75] P. Balk, The Si-SiO$_2$ system, in *Materials Science Monographs*, vol. 32 (1988).

[76] Y. B. Park, S. W. Rhee, Microstructure and interfacial states of silicon dioxide film grown by low temperature remote plasma enhanced chemical vapor deposition. J. Appl. Phys. **86**, 1346 (1999).

[77] Y. B. Park, S. W. Rhee, Effects of chlorine addition on the silicon dioxide properties deposited with remote plasma enhanced chemical vapor deposition at low temperatures. Appl. Phys. Lett. **66**, 3477 (1995).

[78] J. C. Alonso, A. Ortiz, C. Falcony, Low temperature SiO$_2$ films deposited by plasma enhanced techniques. Vacuum **43**(8), 843-847 (1992).

[79] T. Ando, Y. Uemura, Theory of quantum transport in a two-dimensional electron system under magnetic fields. I. Characteristics of level broadening and transport under strong fields. J. Phys. Soc. Jpn. **36**, 959 (1974).

[80] N. M. R. Peres, F. Guinea, A. H. Castro Neto, Electronic properties of disordered two-dimensional carbon. Phys. Rev. B **73**, 125411 (2006).

[81] W. Zhu, Q. W. Shi, X. R. Wang, J. Chen, J. L. Yang, J. G. Hou, Shape of disorder-broadened Landau subbands in graphene. Phys. Rev. Lett. **102**, 056803 (2009).

[82] O. E. Dial, R. C. Ashoori, L. N. Pfeiffer, K. W. West, High-resolution spectroscopy of two-dimensional electron systems. Nature **448**(7150), 176-179 (2007).

[83] M. Polini, R. Asgari, Y. Barlas, T. Pereg-Barnea, A. H. MacDonald, Graphene: a pseudochiral Fermi liquid. Solid State Commun. **143**(1-2), 58-62 (2007).

[84] D. C. Elias, R. V. Gorbachev, A. S. Mayorov, S. V. Morozov, A. A. Zukov, P. Blake, L. A. Ponomarenko, I. V. Grigorieva, K. S. Novolselov, A. K. Geim, F. Guinea, Dirac cones reshaped by interaction effects in suspended graphene. Nat. Phys. **7**, 701-704 (2011).

[85] A. Luican, G. Li, E. Y. Andrei et al., Visualizing the effect of isolated Coulomb impurities in the quantum Hall regime in graphene. arXiv:1311.0064.

[86] K. von Klitzing, G. Dorda, M. Pepper, New method for high-accuracy determination of the fine-structure constant based on quantized Hall resistance. Phys. Rev. Lett. **45**, 494-497 (1980).

[87] D. L. Miller, K. D. Kubista, G. M. Rutter, M. Ruan, W. A. de Heer, M. Kindermann et al., Real-space mapping of magnetically quantized graphene states. Nat. Phys. **6**(10), 811-817 (2010).

[88] G. Li, A. Luican, E. Y. Andrei, Self-navigation of a scanning tunneling microscope tip toward a micron-sized graphene sample. Rev. Sci. Instrum. **82**, 073701 (2011).

[89] G. Li, A. Luican-Mayer, D. Abanin, L. Levitov, E. Y. Andrei, Evolution of Landau levels into edge states in graphene. Nat. Commun. **4**(2013).

[90] L. Yang, C.-H. Park, Y.-W. Son, M. L. Cohen, S. G. Louie, Quasiparticle energies and band gaps in graphene nanoribbons. Phys. Rev. Lett. **99**, 186801 (2007).

[91] Y. W. Son, M. L. Cohen, S. G. Louie, Energy gaps in graphene nanoribbons. Phys. Rev. Lett. **97**(21), 216803 (2006).

[92] Ç. Ö. Girit, J. C. Meyer, R. Erni, M. D. Rossell, C. Kisielowski, L. Yang, C. H. Park, M. F. Crommie, M. L. Cohen, S. G. Louie et al., Graphene at the edge: stability and dynamics. Science **323** (5922), 1705 (2009).

[93] M. Fujita, K. Wakabayashi, K. Nakada, K. Kusakabe, Peculiar localized state at zigzag graphite edge. J. Phys. Soc. Jpn. **65**(7), 1920-1923 (1996).

[94] Y. Niimi, T. Matsui, H. Kambara, K. Tagami, M. Tsukada, H. Fukuyama, Scanning tunneling microscopy and spectroscopy of the electronic local density of states of graphite surfaces near monoatomic step edges. Phys. Rev. B **73**(8), 085421 (2006).

[95] C. Tao, L. Jiao, O. V. Yazyev, Y. C. Chen, J. Feng, X. Zhang, R. B. Capaz, J. M. Tour, A. Zettl, S. G. Louie et al., Spatially resolving edge states of chiral graphene nanoribbons. Nat. Phys. **7**, 616-620 (2011).

[96] D. A. Abanin, P. A. Lee, L. S. Levitov, Charge and spin transport at the quantum Hall edge of graphene. Solid State Commun. **143**(1-2), 77-85 (2007).

[97] D. A. Abanin, P. A. Lee, L. S. Levitov, Spin-filtered edge states and quantum Hall effect in graphene. Phys. Rev. Lett. **96**(17), 176803 (2006).

[98] M. Arikawa, Y. Hatsugai, H. Aoki, Edge states in graphene in magnetic fields: a specialty of the edge mode embedded in the $n=0$ Landau band. Phys. Rev. B **78**, 205401 (2008).

[99] V. M. Pereira, A. H. Castro Neto, Strain engineering of graphene electronic structure. Phys. Rev. Lett. **103**(4), 46801 (2009).

[100] F. Guinea, M. I. Katsnelson, A. K. Geim, Energy gaps and a zero-field quantum Hall effect in graphene by strain engineering. Nat. Phys. **6**(1), 30-33 (2009).

[101] E. McCann, Asymmetry gap in the electronic band structure of bilayer graphene. Phys. Rev. B **74**, 161403 (2006).

[102] F. Guinea, A. H. Castro Neto, N. M. R. Peres, Electronic states and Landau levels in grapheme stacks. Phys. Rev. B **73**, 245426 (2006).

[103] Y. Zhang, T. T. Tang, C. Girit, Z. Hao, M. C. Martin, A. Zettl, M. F. Crommie, Y. R. Shen, F. Wang, Direct observation of a widely tunable bandgap in bilayer graphene. Nature **459**(7248), 820-823 (2009).

[104] R. T. Weitz, M. T. Allen, B. E. Feldman, J. Martin, A. Yacoby, Broken-symmetry states in doubly gated suspended bilayer graphene. Science **330**(6005), 812-816 (2010).

[105] A. S. Mayorov, D. C. Elias, M. Mucha-Kruczynski, R. V. Gorbachev, T. Tudorovskiy, A. Zhukov, S. V. Morozov, M. I. Katsnelson, V. I. Falko, A. K. Geim, K. S. Novoselov, Interaction-driven spectrum reconstruction in bilayer graphene. Science **333**(6044), 860-863 (2011).

[106] B. E. Feldman, J. Martin, A. Yacoby, Broken-symmetry states and divergent resistance in suspended bilayer graphene. Nat. Phys. **5**(12), 889-893 (2009).

[107] A. Deshpande, W. Bao, Z. Zhao, C. N. Lau, B. LeRoy, Mapping the Dirac point in gated bilayer graphene. Appl. Phys. Lett. **95**, 243502 (2009).

[108] G. M. Rutter, S. Jung, N. N. Klimov, D. B. Newell, N. B. Zhitenev, J. A. Stroscio, Microscopic polarization in bilayer graphene. Nat. Phys. **7**, 649-655 (2011).

[109] Z. Y. Rong, P. Kuiper, Electronic effects in scanning tunneling microscopy: Moiré pattern on a graphite surface. Phys. Rev. B **48**, 17427-17431 (1993).

[110] J. Xhie, K. Sattler, M. Ge, N. Venkateswaran, Giant and supergiant lattices on graphite. Phys. Rev. B **47**, 15835-15841 (1993).

[111] K. Kobayashi, Moiré pattern in scanning tunneling microscopy of monolayer graphite. Phys. Rev. B **50**, 4749-4755 (1994).

[112] W. T. Pong, C. Durkan, A review and outlook for an anomaly of scanning tunnelling microscopy (STM): superlattices on graphite. J. Phys. D, Appl. Phys. **38**, R329 (2005).

[113] J. M. B. Lopes dos Santos, N. M. R. Peres, A. H. Castro Neto, Graphene bilayer with a twist: electronic structure. Phys. Rev. Lett. **99**, 256802 (2007).

[114] G. Trambly de Laissardière, D. Mayou, L. Magaud, Localization of Dirac electrons in rotated graphene bilayers. Nano Lett. **10**(3), 804-808 (2010).

[115] E. J. Mele, Commensuration and interlayer coherence in twisted bilayer graphene. Phys. Rev. B **81**, 161405 (2010).

[116] R. Bistritzer, A. H. MacDonald, Moiré bands in twisted double-layer graphene. Proc. Natl. Acad. Sci. USA **108**(30), 12233-12237 (2011).

[117] S. Shallcross, S. Sharma, E. Kandelaki, O. A. Pankratov, Electronic structure of turbostratic graphene. Phys. Rev. B **81**, 165105 (2010).

[118] S. Shallcross, S. Sharma, O. A. Pankratov, Quantum interference at the twist boundary in graphene. Phys. Rev. Lett. **101**, 056803 (2008).

[119] A. Luican, G. Li, A. Reina, J. Kong, R. R. Nair, K. S. Novoselov, A. K. Geim, E. Y. Andrei, Single-layer behavior and its breakdown in twisted graphene layers. Phys. Rev. Lett. **106**, 126802 (2011).

[120] L. Van Hove, The occurrence of singularities in the elastic frequency distribution of a crystal. Phys. Rev. **89**(6), 1189 (1953).

[121] M. Fleck, A. M. Oleś, L. Hedin, Magnetic phases near the Van Hove singularity in s- and d-band Hubbard models. Phys. Rev. B 56, 3159-3166 (1997).

[122] J. González, Kohn-Luttinger superconductivity in graphene. Phys. Rev. B **78**, 205431 (2008).

[123] T. M. Rice, G. K. Scott, New mechanism for a charge-density-wave instability. Phys. Rev. Lett. **35**, 120-123 (1975).

[124] J. Hicks, M. Sprinkle, K. Shepperd, F. Wang, A. Tejeda, A. Taleb-Ibrahimi, F. Bertran, P. Le Fèvre, W. A. de Heer, C. Berger, E. H. Conrad, Symmetry breaking in commensurate graphene rotational stacking: comparison of theory and experiment. Phys. Rev. B **83**, 205403 (2011).

[125] D. L. Miller, K. D. Kubista, G. M. Rutter, M. Ruan, W. A. de Heer, P. N. First, J. A. Stroscio, Structural analysis of multilayer graphene via atomic Moiré interferometry. Phys. Rev. B **81**, 125427 (2010).

第3章

块体内外石墨烯的电子及声子传输

Jean-Paul Issi, Paulo T. Araujo, Mildred S. Dresselhaus

摘要 碳原子具有通过用不同的方法在微米及纳米尺度来彼此连接形成多种结构的独特能力,它们中的一些是独一无二的。自富勒烯发现以来,在随后的32年里多次见证了一些与碳原子有关的新发现,多种具有优异性能的纳米碳逐一被发现。至于块体碳,32年前富勒烯的发现为随后寻找一些显现新的物理性能的纳米主体铺垫了一条道路。在此,我们关注的主要是半经典的,尤其是二维电子输送量子方面的内容以及低维材料的声子性能。我们讨论的这些是与多种纳米碳基材料有关的电子及热传导性有关的效应。本章也反映了有支撑的或悬浮的单层石墨烯(SLG),或寡层石墨烯(FLG),以及在这些层间由其他化学物质形成的平面夹层结构中的单层(阶数为1)或多层(阶数为n,其中$n=2,3,\cdots$)碳层传输中表现出的明显的相似性及差别,以及与宏观石墨插层化合物(GIC),特别是准二维受体化合物(GAC),或者甚至是在某些情况下的高纯定向热解石墨(HOPG)的相似性及差别。

J. -P. Issi
比利时新鲁汶市鲁汶天主教大学,CERMIN,1348。
e-mail: jean-paul.issi@uclouvain.be

P. T. Araujo, M. S. Dresselhaus
美国马萨诸塞州剑桥市麻省理工学院电气工程与计算机科学系,02139-4307。

P. T. Araujo
美国亚拉巴马州塔斯卡卢萨市阿拉巴马大学物理与天文学系,35487-0324。
e-mail: paulo.t.araujo@ua.edu

M. S. Dresselhaus(通信作者)
美国马萨诸塞州剑桥市麻省理工学院电物理系,02139-4307。
e-mail: millie@mgm.mit.edu

3.1 概 述

如果要合成块体石墨,应该从堆叠石墨烯片层开始,然后有无限的耐性,最终才能得到所需要的石墨材料。这种由下而上的方式如今可以设想成石墨烯片层已经成功地分离为要么是单层石墨烯(SLG),要么是寡层石墨烯(FLG)[1]。我们知道一个相关的合成的 sp^2 碳材料已经以块体形式存在①,并且可以看作是高度定向的热解石墨(HOPG),我们已经在这种形式的碳中观察到单层石墨烯片层的一些性能,并且这些性能可以在石墨插层化合物中更显著地出现。综上所述,我们将称这些无论是有支撑的或是悬浮的独立片层称为块体外的石墨烯,它们可能根据片层数目展现为 SLG 或 FLG,这是为了区分它们与一些存在于块体材料中的石墨烯片层的传统形态,也就是我们认定的块体内石墨烯②[2],包括高定向热解石墨或石墨插层化合物。

3.1.1 石墨烯

石墨烯是由 sp^2 杂化碳原子构成的排列成六角晶格的无限二维片层。片层上每个碳原子与其他三个碳原子相连组成了键角120°、键长1.42Å的结构。

石墨是一种由堆叠的石墨烯片层组成的高度各向异性的三维晶体材料。这些晶体取决于石墨烯片层的堆叠情况,可以呈六边形(ABABAB…)或菱形(ABCABC…)堆叠。石墨晶体既可在自然环境中被发现,也可在高温高压下通过人工合成为高定向热解石墨(HOPG)的形态[3]。

石墨插层化合物(GIC)来源于一种石墨主体材料片层之间的不同化学物质插层,包括原子或分子层的插入。就主体石墨而言,这些插层化合物是一种高度各向异性的三维层状结构材料,层间键能均高于层间的范德瓦耳斯力。石墨插层化合物由阶数 n 确定,指示着在相互连接的插层之间石墨烯片层的数目。在1970年至1985年间所讨论的经典著作与最近出版的著作之间的差别是目前我们关注的兴趣点主要在于少层石墨烯的插层而并不是块体石墨,块体与非块体石墨烯的性能之间的区别主要有两点:

(1) 原始石墨不能被认为是二维材料,但是可以作为高度各向异性的三维系统,尽管在很多情况下他们可能粗略地认为在半定量的分析中是接近二维的,这与在给定温度范围内给定的性能相关。除此之外,到现在为止,现有最高质量

---

① 注意,HOPG 不是单晶,而可以被认为是当在3000℃以上热处理时具有约 $10\mu m$ 的微晶尺寸的二维多晶材料。

② 应该注意的是,术语"石墨烯"已经在1987年由 Mouras 等用来描述单一石墨片(参考文献[2]),其与插层物质一起构成石墨插层化合物(GIC)。

的 HOPG 样品存在有限的层内相干长度,少于 15μm(图 3.1),且包括一个显著的点缺陷密度。

(2) 石墨受体化合物(GAC)是一阶 GIC 的无质量狄拉克费米子准二维系统[4],多年来研究人员沿着这些路线来合理地解释电子输运测量的结果[5]。然而,在 GIC 中存在大尺度缺陷,这是在插层过程中固有的、所谓的多马斯-赫罗尔德(Daumas-Hérold)区域模型[6],同时也作为添加的点缺陷,无法进行现象的观察,比如弹道传输这种现象可以在 SLG 及 FLG 中观察到[7-8],而在 GIC 中不行。

为了说明在研究块体原始石墨传输性能遇到的限制,图 3.1 展示了不同结构完整程度的石墨化碳纤维的室温电阻与面内相干长度 L_a 的关系,L_a 可由 X 射线衍射确定[9]。可以看出,随着结构化完善程度的增加,电阻有降低的趋势。因为 L_a 与二维晶体尺度有关,我们观察到,低于 1μm 的样品室温下石墨烯片层的电阻是与尺寸相关的变量。

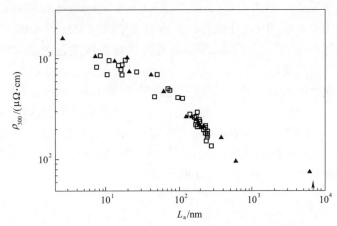

图 3.1 碳纤维的室温电阻与面内相干长度 L_a 的关系。两个较低的电阻值(较高 L_a 处)与经过 3000℃ 以上热处理的气相生长的碳纤维数据有关,而其他的数据属于不同温度石墨化的沥青基的碳纤维。可以看出,电阻会随着 L_a 及结构完整度的增大而减小。可以注意到,气相生长的碳纤维中这两种较低的值接近于 3000℃ 以上高温热处理后的 HOPG($35μΩ·cm$)中观察到的值[9]

的确如此,块体碳的传输性能极大地取决于面内相干长度,这主要依赖于热处理或热退火温度。图 3.1 的数据也证实了热导率的测量结果[10],其中对于边界散射的声子平均自由程几乎等于面内相干长度 L_a,正如 X 射线衍射所确定的那样。如图 3.1 所示,我们对通过不同的碳的前驱体(HOPG,气相生长碳纤维,中间相碳……)获得的结果进行了对比和调整,因为这些结果涉及本体中识别和完美表征的石墨烯平面。

这些观察也清楚地表达了在电子(和声子)的平均自由程的研究中 SLG 和 FLG 优于块体石墨烯的优势。这些对于最高质量的 HOPG 限制于约 $10\mu m$ 左右。这些观察同时也解释了为什么碳材料在未经过充分高温(约 2000℃)处理时,也具备温度不敏感的迁移率。在那种情况下,电阻的温度依赖性应该归因于载流子的密度。

当考虑到块体碳时应注意到,除了金刚石,很少涉及三维电子的碳系统。然而对于块体材料,比如 HOPG 及其插层化合物,已有三维方面(如它们占有了三维空间),面内键能高于面外键能几个数量级,因此它们的物理性能是有着非常强的各向异性或准二维特性。它们中的一些,如 GIC,根据插层物的阶数被定义为二维(阶数为 1)或准二维(阶数高于 1)空穴气体,在这个范围的另一端,一个供体化合物,比如第一阶钾插层化合物 KC_8,就渗透了载流子密度大于 HOPG 几个数量级的三维各向异性电子气体。这种二维石墨烯层呈现出一个接近费米能级的线性色散关系的电子结构[11]。由 Wallace[11] 于 1947 年提出的二维结构和线性电子色散 $E(k)$,后来在 20 世纪 70 年代末由 Blinowski 和 Rigaux[4] 开始接受并将其应用于 GAC 中,此外他们及其他科学家成功论述了 GAC 中的一些电子及光学性能[12]。很明显,在二维极限近似中这些线性色散会导致有效质量为零及费米速度与能量无关。

尽管在这个领域研究者使用线性表达式来解释 GAC 中的电子现象,一些重要的物理结论在近期对单层石墨烯片层的合成和研究后才能揭示出来[1]。一方面,在近十年中发现了双层及寡层石墨烯同时展示出与 SLG 不一致的性能,另一个方面,对于石墨而言也存在不一致的性能。多阶 GAC 与一阶 GAC 相比,一个相似的变化在 20 多年前已被发现[5]。

3.1.2 传输

在一般固体材料的传输中,我们所关注的是准颗粒电子系统中的内部运动,它于 k 空间中存在最初为各向同性的动量分布,但在外部作用力及磁场作用下向着更优的取向产生了转向。电荷载流子可能既是电子也是空穴或者二者兼有,这些准粒子可能既携带电流(电导),也负载着热能(电子热导率)[13]。与晶格振动相关的准粒子、声子是晶格热导的起因。在所有情况下,碰撞往往会将每一个粒子系统带回到平衡态,弛豫时间或者平均自由程通常是用来描述玻尔兹曼近似中散射过程的基本变量。

直至 20 世纪 80 年代末,块体碳才在半经典现象传输理论中有所描述。在那段时间里,非相对论量子效应已在"块体"石墨及 GAC 的电阻中观察到[5]。的确如此,弱定域化(WL)效应已被报道,并且始终从二维空穴气体理论角度进行解释[5]。

纳米管的出现证明了可用非相对量子机制(NRQM)及玻尔兹曼公式来描述

纳米管的电子及振动性能,同时石墨烯的新纪元又引进一个包含相对量子机制(RQM)或量子电动力学(QED)的凝聚态物理的新概念。纳米管和石墨烯的许多性能可由所知的块体石墨外推而得。但是最近在纳米结构材料中发现的新的令人欣喜的特征已然出现并已经带给我们新的物理概念。

对面内热导性,纯 HOPG 及金刚石是已知的室温最佳热导体[14]。插层一般使热导率降低,然而人们发现碳纳米管及石墨烯可以证实他们所预测的格外高的热导率(见图 3.13 及表 3.1、表 3.2 的更多细节)。

3.1.3 光的非弹性散射

如上所述,为了合理解释碳基材料系统中观察到的许多性能,声子是必须考虑在内的。也就是说,电子-声子以及声子-声子散射机制是理解控制电子及热性能的松弛机制的基本要求。

在这个背景下,光的非弹性散射(众所周知的拉曼散射)是一种用于理解碳及纳米碳的电子及振动性能特殊的有效技术,这主要归因于碳结构中所观察到的载流子的线性电子散射。也就是说,共振拉曼散射(RRS)是一种快速的、非弹性及无破坏性的技术,凭借第一及第二级散射过程,可允许我们去研究很多现象,如碳系统中的掺杂、无序、热导、声子色散及声子自能重整化。

3.1.4 常用参考文献及历史背景

以下部分我们讨论了块体原始的及插层的纳米形态碳材料,主要是石墨烯的一些最重要的特征。在这个领域中,对于开拓者的早期工作的更多细节及历史性的展望,主要参考的是 Ubbelohde 团队[3,15]、Mrozowski 团队[16-17]、Pacault 团队[18]、Kelly 团队[14]及 Spain 团队[19]的关于块体碳的综述文章,以及 Delhaes 和 Marchand 的研究论文[20-21]。最近,Delhaes 还出版了一本关于这个主题的书(共三卷)[22]。

关于插层化合物的工作的第一次综述是在 1981 年[21]。值得注意的是,M. S. Dresselhaus 和 G. Dresselhaus 在 2002 年发表的综述是石墨烯研究者的主要参考著作,可以追溯到 1981 年。这是因为 2002 版是将第一版(1981 年)的著作未加改动而重新印刷,它反映了第一版出版时的研究前沿。值得强调的是,大部分研究 GIC 中传输问题的文章都是在这之后进行的[5]。

在 Novoselov 及其同事开创性的工作后,许多关于石墨烯的综述性文章得以出版[24-29]。值得注意的是,尽管在 2004 年之前有关石墨烯细节更深入的研究进展缓慢,但 Boehm 早在 1962 年就制备了单层石墨烯[30]。

3.1.5 研究对象

目前章节的研究内容:①描述在 20 世纪 70 年代及 80 年代如何研究块体

碳,这些研究为在纳米碳,尤其是在石墨烯中观察到一些物理性能奠定了基础;②强调 SLG 与 FLG 中观察到的相似性与差异性,以及在单层或多层石墨烯间插入电绝缘层,正如 GAC 中的相似性与差异性;③提到了一个对于无质量费米的能带结构的二维模型已在 20 世纪 80 年代成功地解释了 GAC 的性能;④表现出了尽管在一阶 GAC 和石墨烯的色散关系中存在相似性,有些性能可能在 GAC 中未能全部观察到,并且对于 SLG 或 FLG 主体材料而言,这些细节研究是必需的;⑤提到了一些至今在石墨烯中报告的非常高的迁移率并不是唯一的,且在其他半金属和半导体超晶格的二阶电子气体中已观察到并报道过更高的值;⑥主要强调输运的半经典和量子(非相对论)方面,因为它主要在早期的工作中使用,而纳米碳领域近期的新成员常常忽视此问题;⑦简略地讨论了 sp^2 碳基材料中光的非弹性散射(拉曼散射)的重点部分,包括石墨烯及纳米管。

3.1.6 强调的主题

在 20 世纪 80 年代,在块体 GIC 中观察到的性能主要是与在原始 HOPG 或气相生长石墨纤维(VGCF)所获取的相比。在目前的概述中,我们应该主要关注在 GIC 中关于石墨烯层的可变信息的提取及这种信息与目前在 SLG 和 FLG 中所得到的信息对比。从块体碳的一些性能了解到,人们在更早的时间就预测到石墨烯的一些性能。同样地,近期在石墨烯中观察到的现象可以帮助我们理解块体碳性能,它们中的一些性能被发现具有重要的商业用途。

在以下部分,我们将首先讨论电子的传输。在简要地介绍了电子能带结构之后,我们主要对比块体内外石墨烯的散射机制和无序的影响。随后也会对比热导性。这种对比主要是关于块体原始的、插层的(GAC)及纳米结构的碳材料,主要是石墨烯。考虑到块体,我们主要将兴趣确立在 GAC 上,因为在供体插层化合物中,各向同性是更不明显的,并且它并不适合将电子气体考虑为准二维材料。最后,我们讨论了几种碳基材料关于电子及振动性能的差异与相似点,作为它们在拉曼散射实验中的证明方式。

3.2 电 导 性

3.2.1 引言

30 年前大肆宣传的关于室温下可与铜的电导率相比的 AsF_5 插层化合物[31]的电导率的公告是 20 世纪 80 年代对 GIC 进行深入研究的起点。这个实验结果[31]既不能在 AsF_5 上重新复现,也不能在其他任何化合物上观察到[32-33]①,

---

① 同时参看参考文献[5]。

而之后的结果表明,以我们目前的知识状态,在300K下受体GIC中绝不可能获得在$5×10^{-6}\mu\Omega\cdot cm$以下的电阻,到目前为止,这个值代表了对于在此温度下电子-声子相互作用的电阻(理想电阻)的本征值(图3.2)。然而,这个错误的公告却产生了有益的效果,因为它强烈地促进了一个新的令人兴奋的研究领域,虽然夹层碳纤维在电力传输中还没有替代铜,但是在锂电池的发展中,却是具有商业价值的,使得以往的供体插层化合物的基本工作都受益良多。

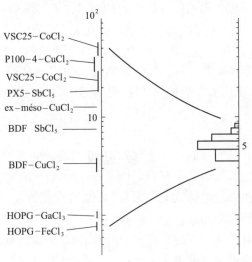

图3.2　多种主体石墨基上的受体GIC的残余室温电阻(左边范围)与理想的室温电阻(右边范围)。电阻值的单位是$10^{-6}\Omega\cdot cm$[33]

在金属和类金属中,电荷载流子的分布是通过他们的费米面描述的。在室温附近或以上,电子及空穴主要是通过声子进行非弹性散射,然而在低温时是点缺陷和晶体界面确定的范围内的弹性散射。同时,在低温和超低温下,特殊效应会出现,揭示了宏观尺度的量子效应。这些就是在准弹道区域中的弱定域化效应[34-35]、库仑相互作用及普适电导涨落,这些都可以在碳纳米管中观察到[36]。

块体原始碳中的电子传导的物理现象包括:①归咎于低密度的存在的带电的颗粒、电子和空穴的半金属行为,这在能带结构和散射机制(参见3.2.3节)中有极大的影响;②在结构和性能中存在高度各向异性效应;③无序对,位导的量子化方面的影响相对较弱;④相互作用及其他影响的可能性。对于插层化合物,应该考虑到:①它们的金属性;②维数降低效应;③由插层行为本身引起的附加紊乱。

维数减少效应可以与SLG和FLG进行比较,然而由于插层引起的附加的紊乱将会限制电荷载流子的散射长度,并掩饰最近在SLG和FLG中观察到的某些效应。插层化合物的另一方面是使GAC中的二维弱定域化效应得以观察到,这在石墨烯中并没有详尽的描述。在20世纪50年代早期,一种已经在V族半金属中得到确认的散射机制中的小费米面效应[37],我们稍后会讨论石墨的例子。考虑到量子方面,在20世纪80年代,这些现象就已在碳和石墨中观察到[34-35];20世纪90年代,这些现象也在碳纳米管中观察到[36]。

在包含碳纤维在内的块体石墨中,我们应该仅仅关注在石墨烯平面内的传导。块体HOPG存在电阻的各向异性,因为电阻可在面内或c轴方向进行测试,同时碳纤维提供了可进行高分辨率电阻测量的优点。确实,可提供多种几何形状的碳材料也是sp^2碳材料的一个显著的特点:块状、纤维、颗粒、纳米管。

石墨插层化合物的电导性的两个重要特征是它们的高面内电导和面内到c轴电导的各向异性。在阶数1的受体化合物的这种各向异性在10~60的范围内变化,无论处于哪一阶数,各向异性在300K都可以达到10^6[23]。这些实验观察现象证实了在3.2.2节中描述的从能带结构计算中可以推算出的内容。

3.2.2 电子结构

为了讨论输运性能,我们首先应该知道:①考虑到准粒子系统的电子分布。在石墨中,这个意味着我们必须有费米面及声子光谱的模型;②一些特征长度,包括平均自由程,而对于电荷载流子而言,其他的特征长度,尤其在低温时的一些特征长度,应该被考虑到。

因此,在讨论电子输运之前,将简要地描述电荷载流子在能量及动量中的分布情况,即这些载流子的色散关系。

3.2.2.1 原始石墨

Wallace的工作始于1947年[11],理论家们遵循自下而上的方法了解石墨烯,而实验者不得不遵循现有的材料和技术,只能退而求其次采用自上而下的方法。根据物理基础,在FLG和块体原始石墨中的石墨烯片的共同特点是层内共价键的强相互作用,并且层间石墨烯-石墨烯的范德瓦尔斯键合相对较弱。这是确定这些材料物理性能的主要依据。

石墨晶体结构的强烈各向异性,被建议作为二维电子结构使用的第一个近似[11]。然而,一种二维模型对石墨来说产生了一个零带隙半导体,这与实验事实相反。尽管这种层间的相互作用比层间耦合力弱,但对于一些物理性能,主要考虑到电荷载流子的位置,有显著的影响,因为层间相互作用会在价带和导带之间产生微弱的能带重叠。这个能带重叠正是导致石墨半金属性的原因,这决定了它的低温电子性能。然而,由于能带的重叠是k_BT的量级,这种差异不会对室温传输性能有明显的影响。

因此,考虑到石墨烯层的AB伯纳尔堆叠的一个更逼真的三阶模型,斯朗科泽斯基(Slonczewski)和韦斯(Weiss)[39]及麦克卢尔(McClure)[40-41]提出,每单位元胞产生4个碳原子。这个模型称为斯朗科泽斯基-韦斯-麦克卢尔

(SWMcC)能带模型(图3.3),它可以用来解释大多数观察到依赖于费米能级附近的电子结构的物理性质,包括输运、量子振荡行为、光学和磁-光性质①。

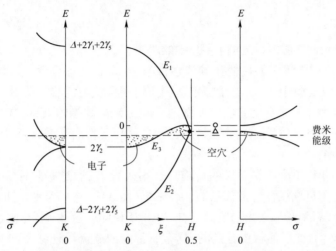

图3.3 利用SWMcC能带模型获得的三维石墨中在HK轴附近的电子能带[39-41]

3.2.2.2 准二维石墨烯

正如原始石墨和FLG,在GAC中电子结构的主要特征是在石墨烯的层内较强的结合和层间较弱的结合。然而,对于GAC的情况,强相互作用也适用于在平面内的插层,而在层间化合物中石墨烯插层物质的相互作用比插层更能够影响石墨烯层性能的改变。

石墨层间化合物的电子结构与石墨主体材料具有一定的相似性。在稀释极限(较高阶段),我们可以期待一个与原始石墨密切相关的电子结构[11]。这就解释了为什么在20世纪80年代,对于GIC的能带结构的第一个模型是由对稀插层化合物的发展而来的[42]。

综上所述,为3.5 SLG和FLG进行比较,我们在此将考虑了最低阶化合物,即阶数为第1和第2级,并集中讨论受体化合物的情况下,在此情况下石墨烯表现得最像一个准二维电子系统。与三维石墨相反,在这两个系统中的电荷载流子是被严格限制在石墨烯平面的,可以认为是沿着这些平面的准自由载流子运动。此外,对于SLG和一阶GAC都可以理想地认为是典型的无质量二维电子(空穴)气体。

沿着SWMcC模型的路线,Blinowski等[4]发展了一种适应于阶数为1和2的石墨插层化合物的电子能带结构的模型,这可以解释它们的光学性质。对于

---

① 参见文献[12]、[19]和[23]。

阶数为 1 的插层化合物,SWMcC 模型的二维版本可以使用。这种模型通常可以忽略所有的其他相互作用,而只考虑最近邻的层内重叠能量 γ_0:

$$-\varepsilon_v(k) = \varepsilon_c(k) = \frac{3}{2}\gamma_0 ak \tag{3.1}$$

式中:a = 1.42Å 是层内最近的 C—C 键的距离。

式(3.1)中依赖于能量变化的线性波矢量,是石墨烯接近于区域边缘的能带的典型二维模型,图 3.4(a)给出了适用于这些系统的色散关系图。图 3.4(b)所示为阶数为 2 的化合物的色散关系图。除了光学性能的测量,这些模型也可由量子振荡测量来确定[23]。同时,当色散关系用于解释传输测量时,可以得出彼此一致的结论[5]。

在成功获得单个石墨烯层的传输特性不久后[1],通过实验证实,在 SLG 中的电荷载流子呈现线性色散关系的二维系统(图 3.5(a)),类似于 1 阶的 GAC。同样地,双层石墨烯显示出与阶数为 2 的 GAC 相同的色散关系(比较图 3.4 和图 3.5)。然而,如后面将要看到的,具有非常高的载流子迁移率的几乎无缺陷的悬浮石墨烯层的合成才让我们观察到了在块体石墨烯中无法观察到的效果。

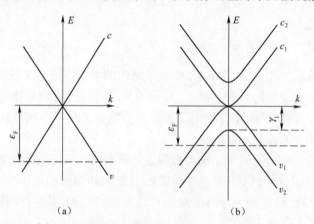

图 3.4 Blinowski 等[4]发展的模型,用来描述阶数为(a)n=1 和(b)n=2 石墨受体化合物的 $E(k)$ 关系式。对于阶数为 1 的受体,传输性能遵循线性色散关系,这是对于原始石墨在空间边缘附近的能量能带的一个典型的二维模型,如图 3.3 所示。值得注意的是,在一阶和二阶 GAC 的电子结构分别与单层和双层石墨烯之间电子结构的相似性如图 3.5 所示

注意图 3.4 中的 GAC 和图 3.5 中的石墨烯之间呈现的色散关系的相似性。由于单层石墨烯的线性能量–动量关系,在石墨烯狄拉克点上的电子和空穴具有零有效质量,被称为无质量狄拉克费米子。而对应与能量呈线性关系的态密度在导带和价带接触的狄拉克点处应该消失。

以 GAC 为例,在石墨烯和 FLG 中的被限制在层面上的电子和空穴分别表现为一个二维或准二维电子(空穴)的气体。在石墨烯和 FLG 上已经进行了输

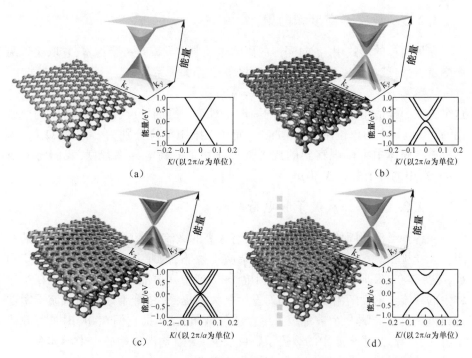

图 3.5 （a）单层石墨烯；（b）双层石墨烯；（c）寡层石墨烯和（d）石墨的电子结构模型[27]

运的研究，电荷载流子的有效质量的特性和数值也已被确定。GAC 被发现是表现为与电子和空穴共存的半金属系统。相比于与其同等的块体材料，FLG 系统的巨大优势之一在于其载流子浓度可以容易并可逆地通过施加横向电场（栅极电压）而改变。人们可以通过改变费米能级（或栅极电压，它可以确定费米能级）实现从电子传输切换到空穴传输。此外，在最近的工作中，其他几个参数已经被添加到斯朗科泽斯基-韦斯图中[43-45]。

图 3.6 是对块体内外石墨烯的能带结构发展模型的一个总结。

年代	作者	碳的类型	维度
1947	Wallace(1)	理想石墨烯	二维
1957,1960	SWMC(2)	HOPG	三维
1980	Blinowski–Rigaux(3)	GAC	二维
2004 —		单层石墨烯	二维

图 3.6　块体内外的石墨烯能带结构发展小结（在此涉及文献 Wallace[11]、SWMC[39-41] 和 Blinowski–Rigaux[4]，对于石墨烯请参考文献[24-29]）

3.2.3 载流子密度和散射

在最简单的形式中,各向同性的固体半经典电导率是一个标量,它取决于两个变量参数:载流子密度 N,载流子迁移率 μ,相关关系为

$$\sigma = qN\mu \tag{3.2}$$

这个关系同样适用于三维和二维的固体。对于三维的情况,载流子密度的单位用 cm^{-3},电导率的单位用 $\Omega^{-1} \cdot cm^{-1}$,而在二维中单位分别为 cm^{-2} 和 Ω^{-1}。为了分析在固体中可以观察到的或者是可能达到的高电导率程度,我们将分析式(3.2)中的两个参数 N 和 μ。

3.2.3.1 本征载流子和电荷转移

在各种类型的固体中,三维金属具有最高的载流子密度,具有原子密度的量级,即 $10^{23}\,cm^{-3}$。这种密度对温度和杂质不敏感,因此其 0K 值无法修改。相反,半导体在 0K 时无自由载流子,但电子和/或空穴可能被热激发,并且在半导体中的载流子密度随温度的升高而发生极大的提高,尽管半导体的载流子密度是典型的低于金属几个数量级。半金属与金属共享时,它们在 0K 时具有载流子,作为半导体,半金属中的载流子数目很少①并且对温度敏感。半导体和半金属都能够通过掺杂来调整其本征载流子的密度。

掺杂②包括在三维固体中引入少量异质的原子,无论是通过置换或插入,插入可以将外来物种层状材料全层引进,全层可以给予电子和空穴载流子。插层和掺杂之间的共同特点是,这两个过程都是改变主体材料的本征载流子密度。

而原始的 HOPG 是具有一个接近 0.040eV(参照图 3.3)微小能带重叠的半金属,这导致了在 0K 时一个小而相等数目的电子和空穴的存在,在 4.2K 和 300K 时分别约为 $2.3 \times 10^{-18}\,cm^{-3}$ 和 $13.5 \times 10^{-18}\,cm^{-3}$。与此相反,一个石墨烯层是一个零带隙半导体或零带隙重叠半金属。在 GIC 中,通过电荷转移,电子或空穴的密度明显增加,并且对于更低阶数的插层化合物,其电荷密度可以与金属导体中的电荷密度一样大,且有一个电子伏特量级的费米能量。一旦插层过程得以实现,阶数和载流子密度就被确定了,并且如通过施加横向电场也不能修改。此外,这种电场感应电荷密度几乎是温度非敏感的,如三阶金属。尽管 GAC 的面外电阻率较大,原则上有限横向电场可以在 GAC 中得以保持,但因为

---

① 实际上,在 0K 下载流子的密度从一个半金属到另一个半金属是变化的。如果我们考虑 V 族半金属,0K 时的密度在铋中非常小,并且与原始石墨相当,在锑中较大,在砷中更大,其中电子气在室温下仍然是简并的。

② 术语"掺杂"通常归因于插层,因为它是用于导电聚合物的,在本书中是不正确的。固体物理学家最初引入这个概念来定义引入少量外来原子,这增加了电荷载流子密度,而不改变根据刚性能带模型考虑的能带结构。但在 GIC 或电活性聚合物中并非如此。

电荷载流子的总密度过大,故在宏观上无法沿着平面检测到横向电场的影响。

在未掺杂的石墨烯中,0K 时不存在电荷载流子,但它可由一个横向电场来激发[1]。另外,当温度升高时,电荷载流子被激发,就如同半金属和半导体一样。

3.2.3.2 散射

对于扩散运动,弛豫时间 τ 是常用来表征玻尔兹曼方程近似的碰撞过程的参数。但是迁移率①μ 被定义为电荷载流子在单位电场 E 中的漂移速度 v_d:

$$\mu = v_d/E \tag{3.3}$$

可以看成是载流子在晶格中移动的难易程度。参数 μ 通常用于样品表征,因为它可以从所测量的传输系数中分析而得。迁移率 μ 和弛豫时间 τ 之间的直接关系如下:

$$\mu = q\tau/m^* \tag{3.4}$$

式中:m^* 为载流子的有效质量。

弛豫时间 τ 是两次碰撞之间所经历的时间,它的倒数 $1/\tau$ 反映了一个载流子经历一个散射事件的概率。平均自由程(mfp)ζ 是两个散射中心间的平均距离,可表达为

$$\zeta = v_F\tau \tag{3.5}$$

式中:v_F 为费米速率。

电导率可变为

$$\sigma = \frac{q^2 N\tau}{m^*} \tag{3.6}$$

或

$$\sigma = \frac{q^2 N\zeta}{m^* v_F} \tag{3.7}$$

这些表达式是由单一类型的电荷载流子推导出的。如果有多于一种类型的载流子,如在原始石墨或石墨烯中的电子和空穴,或者在阶数高于 1 的 GAC 中有多个频带的电子或空穴,每一种类型的载流子的贡献都应该考虑。在这种情况下,总的电导率由电荷载流子的每一组 j 的分项电导率 σ_j 的总和给出:

$$\sigma = \sum \sigma_j \tag{3.8}$$

当电荷载流子经历不止一种,即 S 种散射机制时,用 τ_s 来描述这些散射事件的弛豫时间,当 τ_s 的大小具有相同的数量级时,那么总的弛豫时间 τ 是这些参数 τ_s 的组合,通常由马修森(Mathiessen)规则给出,这种情况下可以表示为

$$\frac{1}{\tau} = \sum_s \frac{1}{\tau_s} \tag{3.9}$$

---

① 迁移率的概念适用于扩散性制度。

从而可以有效得出在每个散射过程中的总散射概率。为了使此规则适用,各种类型的散射被认为必须是彼此独立的且弛豫时间必须是各向同性的。这些假设在许多物理系统包括 sp^2 碳体系中仅仅是部分正确的。

因此,对导体的电阻率 ρ 的主要贡献,包含了一个本征的温度敏感理想项 ρ_i,这主要是由电子-声子的相互作用引起的,以及一个非本征的温度无关的残余电阻项 ρ_r,这是由静态晶格缺陷引起的:

$$\rho = \rho_r + \rho_i \tag{3.10}$$

在石墨中,残留电阻率是由石墨层的缺陷结构决定的,它可根据热处理温度广泛地变化,而对碳的类型和前驱体的质量有较小程度上的变化。图3.7中,所示为原始及插层苯衍生物的石墨纤维(BDF)的电阻率与温度的依赖性关系,作为一个典型的例子来说明马修森规则对石墨插层化合物的有效性[46]。这些结果表示了迄今为止在原始的和空气中稳定的插层石墨纤维中取得的最低的电阻率值和最高残余电阻比(10^{-5} 数量级)。

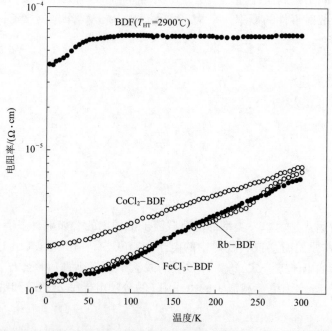

图3.7 原始纤维(经过2900℃热处理后的苯环衍生石墨纤维(BDF))(顶部曲线)、$CoCl_2$、Rb 及 $FeCl_3$ 插层的纤维(曲线分别标有 $CoCl_2$-BDF、Rb-BDF 和 $FeCl_3$-BDF)的电阻率与温度的关系

式(3.8)表明来自不同载流子组的电导率的贡献增加,而式(3.9)和式(3.10)表明它是由于各种散射机制添加的电阻率。马修森规则式(3.9)应独立地应用于每种类型的载流子中。

通过电荷转移,石墨烯层之间化学物质的插层导致了电荷载流子密度的增加,对于供体来说是电子的增加,对于受体来说是空穴的增加,同时伴随着电子迁移率的降低。一般而言,插层的最终结果是面内的导电性的增加,如图3.7所示。

它通常表示流动性的降低是由于插入过程中产生的缺陷。这是事实,但缺陷并不是造成流动性损失的唯一机制。还有另一个额外的效果,这就是由于载流子密度的增加,换言之费米能量大小的增加,因此电荷载流子的弛豫时间 τ 依赖于能量 ε,并且这种依赖性通常写为

$$\tau = \tau_0 \varepsilon^p \tag{3.11}$$

其中,p 为散射参数,当电子-声子散射对于二维 GAC 是显性时,其取值为 -1[47]。这意味着在这种情况下弛豫时间以及导电率会因此随着费米能量的增加而减小。这通过以下论点在物理上是合理的:由于能量和动量守恒的要求,随着能量的增加,电子与更多的高能量声子相互作用。然而,通常观察到,由于电荷转移,相对于原始材料的载流子密度的增加大大补偿了迁移率的损失,并且净效应是电导率的增加。这也意味着即使在理想情况下可以避免在插入过程中产生缺陷,由于增加的固有散射,迁移率在任何情况下仍将保持低于原始的 HOPG。

奇怪的是,这表明对于阶数为1的受体化合物,由于线性色散关系,本征导电率也不会随额外的电荷转移而增加。这是由于因费米能级的提高导致的弛豫时间的减少恰好补偿了载流子密度的增加[5]。

在室温下由于电子-声子的相互作用,迁移率的本征部分通常占主导地位。在金属中以及在层间化合物中室温迁移率相对较低,通常低于 $100 cm^2/(V \cdot s)$(铜为 $32 cm^2/(V \cdot s)$),而在半金属中会发生高迁移率,其中包括石墨。因此,我们期望在面内尺寸大的无缺陷悬浮 SLG 中的迁移率是最高的。

在图3.8中,我们示意说明在二维 GAC 中的最近的层间石墨烯层可以被认为是平行作用的导体。这使我们能够计算出从对块体的测量结果中得到的 GAC 中石墨烯层的电导率。

3.2.3.3 实验观察

对于原始 HOPG,300K 时层内迁移率为 $12000 cm^2/(V \cdot s)$ 的事实早已被报道[18-19],这个值在某些 FLG 中所获取的第一个值有可比性。的确,在他们的第一篇报道中,Novoselov 等[1]报道了不依赖于温度的迁移率,在 300K 时 FLG 的迁移率大于 $10000 cm^2/(V \cdot s)$,在 4K 时的迁移率为 $60000 cm^2/(V \cdot s)$。随后,Du 等[48]报道了悬浮石墨烯在不同温度下的迁移率。他们声称对于载流子密度低于 $5 \times 10^9 cm^{-2}$ 时,其低温迁移率高达 $200000 cm^2/(V \cdot s)$。这个结果并不令人惊讶,并且,从其他系统(图3.9)的测试中及考虑到二阶半金属系统中独特的电子-声子相互作用,对于大的、无缺陷的样品可能还会获得更高的值。

箭头指出的石墨烯层充当了平行结构中的二维电阻:
$R_1, R_2, \cdots, R_i$

$$\frac{1}{R_{tot}} = \sum_i \frac{1}{R_i}$$

或

$$C_{tot} = \sum C_i$$

R代表电阻,C代表电导

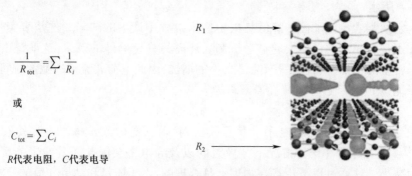

图 3.8 石墨烯的导电层(小黑球)及插入电绝缘层(大绿球)的示意图。石墨烯层被认为是平行导电层,正如其二维电阻计算值所示(左)

材料	备注	载流子迁移率/(cm²·(V·s))		
		约4.2K	约77K	300K
铜	—	—	约200	32
硅(块体)	电子(空穴=450)	—	—	1450
砷化镓	异质结构-2DEG	36×10^6	3×10^5	5×10^3
铋	单晶,大尺寸,高纯度	43×10^6	6.4×10^5	3.2×10^4
高定向热解HOPG	3000℃以上热处理	—	6.7×10^4	1.2×10^4
石墨烯	声称的最高值	$2 \times 10^5 \sim 2 \times 10^6$	—	5×10^4

图 3.9 与块体外的 HOPG 和石墨烯相比,多种导电物在 3 种温度下的迁移率数值。对于石墨烯,所获得的不同的结果在扩散区域并不具有可比性,根据使用的实验测试方法不同而有不同迁移率的定义。此外,这种非常高的所谓的迁移率可能是在弹道条件下测量的。在这种情况下提及迁移率是没有意义的,因为迁移率的概念仅仅可以应用在扩散区域(参见3.2.3.2 节)

在低温下,半导体中电荷载流子冻结,因此,在没有外部刺激时,没有观察到载流子的迁移。而在半金属中,电子和空穴即使在 0K 时也自然共存。在其他的高度各向异性半金属,如铋中,电子的色散关系明显偏离了对抛物线能量波矢的依赖,电子的有效质量组成在某些波矢方向会低至 $0.001 m_0$ [49-50]。

Zitter[51] 和 Hartmann[52] 测量高纯铋单晶在 4.2K 时的电磁特性并推断出载流子迁移率。此半金属迁移率张量的其中一个分量(在三角平面上的 μ_1,也即在垂直于三角轴线的平面中)高达 $4.3×10^7 cm^2/(V·s)$。在较高温度下测定相同迁移率张量的组分[53]并发现其仍然表现出非常高的值,对于载流子密度为 $4.5×10^{17} cm^{-3}$ 在 77K 时其值为 $6.4×10^5 cm^2/(V·s)$,对于载流子密度为 $24.5×10^{17} cm^{-3}$ 在300K时其值为 $3.2×10^4 cm^2/(V·s)$ 如图 3.9 所示。

在铋中观察到的高迁移率值部分可以归因于较小的有效质量,但在半金属中对于无效的电子-声子相互作用会更加明显。的确,正如 Sondheimer 之前所指出的[37],因为能量和动量守恒的要求,在半金属中小费米波矢量的电荷载流子只能与低能声子相互作用,即使在电荷载流子比热载流子少很多的高温下,仍占主导地位。这种情形同样适用于原始的 HOPG[38],但在 GAC 中需要进行不同的分析[5],因为费米波矢量比原始材料大得多。在二维石墨烯中,这种影响并不那么显著,这是因为对低能声子中声子光谱的限制,这归因于样品的有限尺寸;并且由于选择规则施加的限制,对于三维材料则更加严格。碳纳米管也表现出很高的迁移率,但一般归因于一维材料中散射的抑制[54]。

注意,图 3.9 比较了不同的电导体在三种温度中的迁移率值,我们在考虑石墨烯的面外情况时必须保持谨慎。对于石墨烯,文献中报道的不同结果没有直接的可比性。第一,在扩散区,文献中根据用来衡量迁移率的实验方法的不同,对迁移率有不同的定义。第二,所谓最高的迁移率可能是在弹道条件下测量的,在弹道输运的情况下谈论迁移率是没有意义的,这是由于迁移率的概念只适用于扩散区域(参见 3.2.3.2 节)。在图 3.10 中我们比较了电导体、金属、半金属和半导体的电子-声子相互作用的迁移率的情况。

材料	高温	低温
金属 (高载流子密度)	有大量的高能交互声子的大角度散射 低迁移率	有少量的低能交互声子的小角度散射 高迁移率
半金属 (较小的电荷载流子密度)	有少量的低能交互声子的大角度散射 高迁移率	有少量的低能交互声子的大角度或小角度散射 非常高的迁移率
半导体 (较小的电荷载流子密度)	有少量的低能交互声子的大角度散射 高迁移率	有少量的低能交互声子的大角度或小角度散射 非常高的迁移率

图 3.10 在电导体(金属和半金属)及半导体中电子-声子相互作用的本征迁移率的定量对比

3.2.4 量子效应

无序总是出现在块体石墨及其插层化合物中,由于量子干涉效应和/或由于库仑相互作用的影响导致的弱定域化[55-56],在剩余电阻率中应考虑量子修正(图3.11)。尽管这些量子效应一般不显著影响电阻率的大小,但对于低温输运影响的理解会引入新的特征[55-56]。所以,除了经典的理想碳以及上述讨论的剩余电阻率,必须考虑弱定域化和多体相互作用的贡献。在无序限制中,例如,当 $k_F\zeta \gg 1$,其中 k_F 为费米波矢量,ζ 为载体的平均自由程①,一个校正项 $\delta\sigma_{2D}$ 应该再加到经典(玻尔兹曼)电导率 $\sigma_{2D,Boltz}$ 中:

$$\sigma_{2D} = \sigma_{2D,Boltz} + \delta\sigma_{2D} \qquad (3.12)$$

其中

$$\delta\sigma_{2D} = -\frac{q^2}{2\pi^2\hbar}\ln\frac{\tau_{in}}{\tau_r} \qquad (3.13)$$

式中:$\delta\sigma_{2D}$ 为与弱定域化效应有关的导电性;τ_{in} 为由于非弹性碰撞,主要是声子散射导致的弛豫时间;τ_r 为因结构缺陷的弹性碰撞导致的弛豫时间。

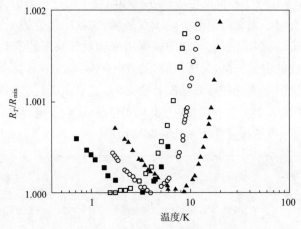

图3.11 对于低阶纤维受体GIC,低温下电阻率与多种受体及插入层无关,表现出随着温度的降低电阻呈对数递增,呈现了定域化特征及电子-电子相互作用效应。所有的数据均归一化为电子和温度的最小值,绘制在一个对数坐标中[34,60]

这些定域化效应[34-35,57]在受体GIC[34-35]和湍层碳[57]中被发现并得以证实。以同样的方式,在碳纳米管中,在微观尺度上进行的实验显示出电导量子振荡作为磁场的一个函数,即所谓的电导涨落[36]。

两种不同的机制可能会引起对低温经典导电性的量子修正,这表现为电阻

---

① 注意,$k_F\zeta \gg 1$ 也是在玻尔兹曼近似中传输的条件。

率呈对数递增。由于在弹性背散射部分载波之间出现了溅射性的量子干涉,从而导致了单载波的弱定域化效应。

对于宏观样品,在足够高的温度下,非弹性碰撞是占主导地位的,主要通过电子-声子的相互作用,其中电子的相位记忆及其动量一同消失。在足够高的温度下,如上所述的扩散运动情况(3.2节),以及在这种区域的电荷输运是欧姆特性,当温度降低时,非弹性平均自由程增大,最终变得比弹性平均自由程大得多,通过弹性碰撞,电子失去动量而不是相位记忆。干扰可能会出现在产生弱定域化影响的电子系统中。

在较低的温度下和在一个尺寸非常小的金属样品中,相位相干长度可能会大于样品的尺寸。在这种情况下,对于一个完美的晶体,电子将从样品的一端弹道传输到样品的边界。在此之后进入一个弹道区域中,上面讨论的电导率定律(3.2节)不再适用。一个电子的传播是与贯穿在样品中的全局电位的透射的量子概率直接相关的。在一个真正的晶体中,静态缺陷会弹性地散射电子,使得电子不会丧失包含在其波函数和在这一体制中的相位的记忆,所述电子通过一种一致的方式在样品中传播。这种情况可能发生在无缺陷的石墨烯中。第二个效应是电荷载流子的多体库仑相互作用,这是由其他电荷载流子的筛选引起的[58-59]。这两种效应都在弱无序中得到增强,即由静态缺陷散射引起。弱外加磁场抑制了背向散射波的相位相干性,但不影响库仑相互作用的现象,因而磁阻测量允许两个效应的分离。

弱电子定域化和电子-声子库仑相互作用在低温时都可以在 GAC 中观察到(图3.11)[5]。这种异常的电阻率行为伴随着一个负磁电阻。随着施加磁场导致电阻降低的物理起源不同于经典的(正的)磁阻,将其归因于电荷载流子从它们的原始纵向路径穿过样品时由于洛伦兹力而产生的偏差。

GAC 以及拥有一个圆形费米面的独特的一阶化合物是天然二维电子系统,这是因为其固有的二维特性的电子能带结构源于石墨烯平面电荷载流子的限制,以及这些载流子准自由化的二维性能。平行于平面的运动是弱定域的,这与金属薄膜来自表面电子的各向异性散射导致的准二维性能是相反的。事实上,在金属薄膜中,定域化效应首次被观察到,二维特征与平均自由程的各向异性有关,后者在垂直于薄膜方向变得非常小,从而限制了薄膜平面的载流子运动。受体 GIC 的二维电子结构和其他准二维电子系统之间的差异是由于态密度能量依赖性的不同,这在一阶受体 GIC 中是线性的(3.2节、2.2节)。

另外,在 GIC 中,在很宽的范围内,主体材料的缺陷结构的可能性引起弱定域化效应的广泛研究。人们通过前驱体及控制热处理温度和其他工艺条件来选择和控制微结构从而改变宿主材料。此外,在较小程度上,可以通过改变不同的插入物的性质以及化合物的阶段来调整费米能级。因此,受体 GIC 是用来研究二维定域化和相互作用影响的最佳材料。因此在这种情况下,有可能在宽的范围内控制无序,在较小的范围内来控制德布罗意(de Broglie)波长。

值得注意的是,关于费米能级的控制,石墨烯中的大部分(SLG 和 FLG)可以在一定范围内随意使用横向电场改变载流子密度,进而可以研究作为一个单变量函数的弱定域化效应。此外,还可以从空穴到电子发生偏移。然而,为了实现定域化效应显示的条件,需要一定量的静态缺陷样品,例如可以弹性地散射载流子的点缺陷。

特别感兴趣的是,在具有不同氟含量的氟插入化合物中观察到了由弱变强的定域化效应[60-61]。同时,我们发现,通过改变氟含量,对于一个给定的压力和温度,可以将半金属转变为金属、不良导体,最后变为绝缘体(图 3.12)。无序的程度也随着氟含量的增加而增加。在这种几何结构、电子结构以及随之而来的散射的深刻伴随变化中,定域化程度也由弱变强。这个组合是固体物理中的一个独特的情况。近期在块体外石墨烯中进行的测量也表明,在氟化样品中也发生了深层次结构的调整和电子的调整[62-65]。

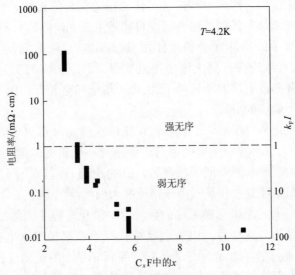

图 3.12 在 4.2K 时,多种氟化 GIC 的电阻率表示出通过改变插入复合物中的氟含量而导致的从弱无序到强无序的过渡效应。值得注意的是,k_F 为费米波数,l 为平均自由程。乘积 $k_F l$ 设置了从弱到强无序状态的极限。当其大于 1 时,处于弱无序状态[33]

3.2.5 小结

在 3.2 节中对比了块体内外石墨烯的电子传导特性。例如 GAC,在 SLG 和 FLG 中的电子(空穴)只局限于石墨烯平面内并分别显示出二维或准二维电子气的行为。相同的色散关系分别适用于 SLG 和一阶的 GAC 以及双层石墨烯(BLG)和二阶 GAC。一阶的 GAC 和 SLG 都是无质量的狄拉克费米子系统。

在固态半金属中可以观察到很高的本征迁移率,这部分地归因于电荷载流子较小的有效质量,更重要的是由于其小的费米面而导致电子-声子相互作用的无效性。然而,在原始 HOPG 中,迁移率被微晶(边界)的散射所限制,并且这种影响在 GAC 中更显著,插层后平面内的相干长度会减小。插层引起的额外无序限制了电荷载流子的散射长度,掩盖了某些在 SLG 和 FLG 中观察到的影响。然而,这种无序可以在 GAC 的二阶弱定域化效应中得以观察,在很宽的范围内它是可以控制的,而且在较小程度上,德布罗意波长或费米能级也是可以控制的。相较之下,在非块体石墨烯(SLG 和 FLG)中,横向电场允许用来控制费米能级,从而允许作为一个单变量函数来研究弱定域化效应。从这个意义上讲,GAC 以及 SLG 和 FLG 的结合为低阶系统中的某些与输运有关的物理现象的解释提供了一个辅助工具。

在 3.2 节中,也证明存在着与报道的 SLG 和 FLG 的迁移率具有可比性的其他材料。然而,在非块体石墨烯中,弹道条件若能实现,在石墨烯层间仍有提高载流子传输的空间。

3.3 块体内外石墨烯的热导率

3.3.1 引言

正如概述所描述的,将关注原始的及 HOPG 的插层块体形式中石墨烯片层的性能,并且在此部分主要对比支撑的或悬浮的 SLG 或少 FLG 样品的热导性。在此先提出三点一般性的备注:

(1) 固体热导率室温值的知识是重要的,特别是在设想热管理应用程序时。然而,正如其他传输性能的例子,在很宽的温度范围内对温度的依赖性进行分析去获得物理内涵和基本材料性质,特别是关于声子传输时的热导率是重要的。

(2) 当块状材料的尺寸减小时,由于边界散射减小会使低温下热导率降低。因此,纳米粉末和纳米晶体材料的热导率显著比块状单晶材料的热导率低,这是由于声子在所有方向上的边界散射,它们的平均自由程也因此降低了。但是这不会发生在碳纳米管或石墨烯中。由于减少了维数,对于没有其他缺陷的样品,决定声子边界散射的就只有长度。因此,长的碳纳米管或石墨烯样品的热导率会保持并且经常超过块状碳的热导率。

(3) 热导率通常是最容易预测和分析的传输特性,特别是在块状碳中,并且是精确测量的最准确的属性之一。在纳米级系统的情况下尤其如此。这主要是由于热流动是难以控制的,并且确保在测量系统中的热损失是不可比的,或者甚至比纳米样品的热导率测量的更大。因此,在文献中检索数据时必须是非常挑剔的,读者必须质疑在实验测量中使用的技术。作为推论,只要有可能,应该对相同的材料采取不同的测量技术进行测量,再对获得的实验数据进行分析,并比较由此获得的结果。这也有利于检查热导率的大小是否与它的所谓的电介质最大值的位置相一致(参见 3.3.3.3 节)。

3.3.2 简介

最近关于悬浮 SLG 和 FLG 石墨烯[66]的室温热导率实验数据已被证实,在认真研究单层石墨烯之前,由 Klemens[67-68]预测的单一的石墨烯层具有非常高的热导率。在 Klemens 的开创性工作中,计算表明块状材料中分离的石墨烯片的热导率应比三维石墨体状材料的面内热导率高得多。

近来,Nika 及其同事[69]沿着由 Klemens 开发的路线对石墨的晶格热导率提出了一种模型。最近,Ghosh 等已经测量了悬浮石墨烯层的室温热导率[66],发现当石墨烯片从 2 片增至 4 片时,热导率从约 $2800W \cdot m^{-1} \cdot K^{-1}$ 降低至约 $1300W \cdot m^{-1} \cdot K^{-1}$。

考虑到这些结论,我们重新审视了之前的结果,原始 HOPG 和 GAC 的 κ 值[70],并检查了相对于在块体石墨烯片的数据与那些在单层和寡层石墨烯(SLG 和 FLG)上获得的数据是何种程度的相关性。观察显示,有支撑的石墨烯的热导率相对较高,其值是铜的两倍①,如果考虑几十年前在块体石墨和它们的层间化合物中得到的数据,这个结论是不足为奇的[5]。人们可能会从之前的结论中推测 κ 确实有这么高的值,甚至更大的值。

在一个简短的有关调控固体热传导机制的介绍后,将在 3.3.3.4 节中讨论过去在块状石墨及其插层复合物中获取的主要结论,并且在 3.3.3.5 节中与 SLG 和 FLG 最近的测量值进行了比较。我们也将在 3.3.3.7 节简要讨论碳纳米管的热导率。

3.3.3 对比块体内外石墨烯的热导率

3.3.3.1 电子和晶格的热导率

本质上,在固体中的热量传输主要有两个因素[13,71]:电子热导率 κ_E,归因于电荷载流子;晶格热导率 κ_L,来自于声子。在电绝缘体中,热量完全由声子携

---

① 铜作为共同的参照物,当谈论实际应用时是合理的,而当考虑物理学时是无意义的:将具有最高电子热导率(铜)的材料与具有低载流子密度的碳材料族(钻石,HOPG,VDF,……)进行比较。固体物理学家知道,纯共价材料具有最高的晶格电导率,其通常高于最高的电子电导率。金刚石和平面的 HOPG 是已知最好的体热导体。这种高导热性可以通过一个质朴的力学概念来定性地理解:强共价键和轻原子有利于晶格振动的传输。

带,而在纯金属中主要携带热量的是电荷载流子。图 3.13 所示为在室温下某些选定的材料的热导率的值。

在一些重掺杂的半导体中,如金属合金和Ⅴ族半金属中,GIC 的晶格热导率可以比得上在一定温度范围内 GIC 的电子热导率的贡献。在一般情况下,总的热导率可以写为电子热导率和晶格热导率的贡献的总和(κ_L和κ_E):

$$\kappa = \kappa_E + \kappa_L \tag{3.14}$$

原则上,在使 κ_E 降低的强磁场中,相对于 κ_L 值,κ_E 降低的值微不足道,因此这两个变量的贡献允许区分。

导热系数/(W·m^{-1}·K^{-1})	碳的类型	热处理温度
>3000	石墨烯	—
>3000	碳纳米管	—
2000~2500	金刚石	—
约2000	平面的 HOPG	>3000℃
	气相沉积纤维	>3000℃
100~1000	沥青基碳纤维	>3000℃
450	纯铜	—
10	PAN 基碳纤维	—
<10	无定形碳	—
0.1	各向同性的聚合物材料	—

图 3.13 室温下多种碳材料的室温热导率与铜和非定向聚合物材料的比较(所有的材料均为原始材料(未掺杂))

3.3.3.2 电子热导率

电子热导率是通过威德曼-弗朗兹(Wiedemann-Franz)定律与电导率 σ 直接相关的参数[13,71]:

$$\kappa_E = LT\sigma \tag{3.15}$$

在一定温度范围内,κ_E 和 κ_L 是与同一弛豫时间相关的参数,洛伦兹比率 L 代表洛伦兹数的值($L=L_0=2.44\times10^{-8}$V^2·K^{-2})。这适用于经历过杂质和其他弹性碰撞的简并的自由电子系统,且在高于德拜温度时,大角度的谷间电子-声子相互作用是占主导地位的。在这些情况下,方程(3.15)允许从电阻率的测量中估算 κ_E 的值。

κ_E 直接正比于电子比热容 C_E,在三维系统中会与随着载流子密度的增大而增大的费米速率 v_F 以及与电子载流子的平均自由程 λ_E 成比例:

$$\kappa_E = C_E v_F \lambda_E \tag{3.16}$$

在低温下,金属电阻率在残差范围内恒定,而纯金属的电子热导率 κ_E 随着温度的升高而呈线性增加,如图 3.14 所示达到最大值,并且在具有更少杂质和缺陷的样品中呈现出最大的、更显著的特点。对于纯金属的样品,κ_E 值随温度升高而降低,且在更高的温度下平稳不变,其中由于大角度的电子-声子的相互作用,电阻率随温度线性变化。然而,对于具有高浓度的杂质或晶格缺陷的样品,热导率可以紧跟在一个没有中间热导率峰值的温度不敏感的 κ_E 后而线性增加[13,71],如图 3.14 所示。

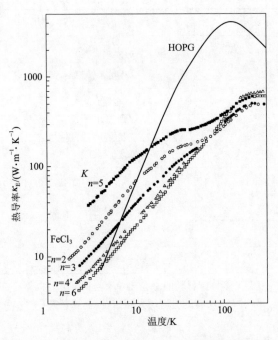

图 3.14　与原始 HOPG(实线)相比,GIC 的面内热导率随温度的变化。有四个阶段:2(○)、3(●)和6(□),以及一个混合的 4* 阶段(△)$FeCl_3$ 受体 GIC。阶段 5 为钾供体插层复合物(■)[70]

3.3.3.3　晶格热导率

在室温下的金刚石和 HOPG 面内(图 3.14 和图 3.15),可以观察到由晶格产生的异常大的热导率。简单地说,可以认为将如此大的 κ 值归结到小质量的碳原子和强原子间的共价力,这允许了振动的有效传输并且因此导致了相对高的晶格热导率,晶体中碳原子的规则排布的任何振动,如缺陷或原子振动,将使散射过程增加从而降低了热导率。

对于三阶固体,晶格热导率 κ_L 可以由下式给出[13,71]:

$$\kappa_L = \frac{1}{3}\sum_s \int_{\omega_0}^{\omega} c_s(\omega) v_s(\omega) \lambda_s(\omega) d\omega \tag{3.17}$$

式中：$c_s(\omega)d\omega$ 为极化声子和频率在 $\omega+d\omega$ 范围内对比热容的贡献；$v_s(\omega)$ 为声子速率；$\lambda_s(\omega)$ 为声子平均自由程。

式(3.17)中的积分范围取最低频率 ω_0 到德拜(Debye)截止频率 ω_D，声子平均自由程与声子弛豫时间 τ 通过公式 $\lambda = v\tau$ 而直接关联。

则可得式(3.17)的极简形式，即德拜关系为[13,71]

$$\kappa_L = \frac{1}{3} C v \lambda \tag{3.18}$$

式(3.18)可被用来讨论热导率的半定量实验结果。在主流的声子模型的相近理论中，通常使用平均声子频率，它与绝对温度成比例（$\omega \propto k_B T$），并且式(3.18)中的 C 值为单位体积晶格比热容，v 为平均声子速率，由声速估算而得。

3.3.3.4 块体中的石墨烯

在一定温度下，碳和石墨的热导率根据它们晶格的完善程度可以有 2 个数量级的变化[10]。其中 HOPG 和在高温下热处理的气相沉积碳纤维(VDF)是在室温附近最好的热导体[72]，其值超过 $2000 \text{W} \cdot \text{m}^{-1} \cdot \text{K}^{-1}$（图 3.13）。液氦温度之上的热导率是完全由声子决定的。在最低的温度范围内，晶格热导率主要受限于声子边界散射，并且导电性也是如此(参见 3.2 节)，低温热导率与面内的相干长度 L_a 直接相关。因为 L_a 会随着前驱体的不同而变化，更重要的是对热处理温度(HTT)高度敏感，HTT 越高，面内的相干长度越大[10]。此外，有人发现，声子的平均自由程几乎等于平面内的相干长度 L_a[10]。事实上，热传导与微晶尺寸或在面内的相干长度有函数关系，类似于图 3.1 所示的导电性和 3.1 节中讨论的内容。

当边界散射为主导时，声子平均自由程与温度无关。因为声速对温度几乎是不敏感的，热导率对温度的依赖性随比热容变化。因此，在给定温度下，L_a 较大时，κ 就较高[9-10]。对于高于图 3.14 中对应于 GIC 的最大 κ 值的最高温度，声子散射主要归因于本征声子-声子倒逆流程，且对于不同的良好有序的石墨的热导率应是相同的。

在最大的热导率附近，由点缺陷(小尺寸缺陷)造成的声子散射就变得很重要。热导率最大值的位置和幅度将取决于各种散射过程(边界、点缺陷、声子)之间的竞争。在相同的材料不同的样品中，由于声子-声子的相互作用被假定是相同的，因此热导率最大值的位置和大小取决于其在 L_a 上特定的点缺陷浓度[9-10]。

插层大幅改变了原始石墨的热导率[5,70]（图 3.14 和图 3.15）。在 GIC 中，电子传导在高于液氦的温度范围内可能有助于很好地热传输,这归因于 GIC 中电荷载流子的浓度由于电荷的转移而有了较大的增加,特别是在低温下,原始材料的晶格热导率随着温度的升高几乎呈平方地减小。此外,插层还引入了晶格缺陷,导致晶格热导率在最大值附近的降低。相较于原始材料,总的效果是高温时总热导率的降低和低温时总热导率的增加[5,70]。图 3.15 所示为插层对原始石墨的热导率的影响的示意图。

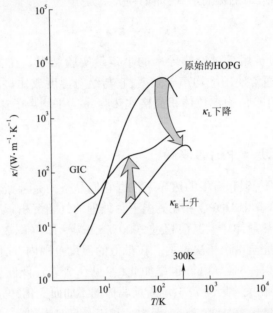

图 3.15 插层对原始石墨热导率的影响的示意图。插层降低了晶格热导率 κ_L,增加了电子热导率 κ_E。对于原始材料来说,总的效果是热导率在高温时降低,在低温时增高[5]

现在考虑在块状石墨烯受体插层化合物(GAC)中的石墨烯层的性能。首先,如果考虑在高温下热处理的原始 HOPG,尽管石墨烯平面插入于块体及其相邻平面之间,其面内室温热导率约 2000 W·m^{-1}·K^{-1}(图 3.13 和图 3.14)。在 GAC 中,石墨烯平面与插入阶数为 1 的插层面相互作用,也与更高阶的插层平面和其他石墨烯平面相互作用。其次,GAC 材料可以最好地与有支撑的石墨烯相比较,这是因为其石墨烯平面是在由不同化学成分组成的两个插层面之间的三明治结构(图 3.8)。在 GAC 中,所有温度下的热量主要是通过石墨烯层来转移的,插入层的热导率除了在低温下的有限区域外,是可以小到忽略的[73]。原则上,相比于电传导而言,GAC 的热传导不能被认为是一个准二维系统。相反,GAC 是高度各向异性的热导体,其各向异性比值 κ_{in}/κ_{out} 比电导率低几个量级。相较于其高导电性,σ_{in}/σ_{out} 为 10^6,GAC 在室温下的热导率的各向异性比约为 500。然而,当使用简化的假设时,即各层的贡献可以单独考虑,并作为导体并联加入,以得到总体积电导率,对于电导率而言,获得了一致的结果(如下讨论所述)。这种假设是通过 Klemens 对于原始石墨的理论依据而验证的[74]。

因此,块状石墨的插层相对于该原始材料降低了高温下的总热导率,增加了低温下的 κ 值。尽管由于限定的温度范围内的声子插入而产生了额外的贡献,热主要还是通过石墨烯层传导的[73]。

在 GAS 中,高导电性石墨烯层夹在两层导电绝缘层和不良导热层之间。如果以 2 阶 $FeCl_3$-HOPG 层间化合物为例,观察到的大部分块体室温下的热导率约 $500 W \cdot m^{-1} \cdot K^{-1}$ [70](图 3.14)。这意味着在该化合物中石墨烯层的热导率高得多。事实上,正如对电导率那样(图 3.8),如果各层被作为平行导体,可以将所测量的热导率 κ 用 GIC 中一个 n 阶石墨烯的热导率 κ_c 以及插入层的热导率 κ_i 来表示,即

$$\kappa = \frac{d_i \kappa_i + n c_0 \kappa_c}{I_c} \quad (3.19)$$

其中

$$I_c = d_i + n c_0 \quad (3.20)$$

为 c 轴的重复距离①;d_i 为 $FeCl_3$ 插入层的厚度(0.606×10^{-9} m);c_0 为碳碳层的间距(0.335nm)。

忽略关于石墨烯的插入层的热导率,可以写为

$$\kappa = \frac{n c_0 \kappa_c}{I_c} \quad (3.21)$$

这给了石墨烯插层复合物中石墨烯片层的热导率 κ_c 一个值,约为 $900 W \cdot m^{-1} \cdot K^{-1}$。在典型的 GAC 中,石墨烯片层的热导率几乎是在固态原始 HOPG 中热导率的一半,这归因于大尺寸缺陷的声子散射长度,这就是所谓的边界散射长度 λ_B。在之前的研究[70]中已经指出 GAC 的长度 λ_B 约为 0.6μm,然而在块体原始 HOPG 主体材料中其值约为 1~15μm。正如之前所述,这些缺陷并不能消除,因为它们是在插层过程中自有的。悬浮石墨烯(SLG)的主要优点是,它并不会插入在其他层之间,并且可以获得无缺陷的样品,因此可以提供关于石墨烯本征性能的最直接的证据。从文献[70]的数据中可以得到表 3.1 所列的关于 3 阶和 6 阶复合物及其结构的数据。表 3.1 也包括了 SLG、FLG-2 和 FLG-4 得出的数据并进行了对比[66]。正如悬浮石墨烯片层的情况[66],在 GAC 中,一个石墨烯片的热导率随着阶数的增大而降低,也就是说,热导率随着石墨烯平面在插层之间的数量

---

① 注意:I_c 随化合物阶段的不同而轻微变化,但是太小,在本章中未考虑。

的增加而减少。

表3.1 块状石墨烯内外的石墨烯层的热导率 κ 的变化与层数的比较

参数	GAC 阶数2	GAC 阶数3	GCA 阶数6	HOPG	SLG	FLG-2	FLG-4
κ^*	470	480	560	2000	—	—	—
κ_{lattice}	340	400	480	2000	—	—	—
n	2	3	6	—	1	2	4
$I_c = d_i + nc_0$	1.28	1.61	2.62	—	—	—	—
κ_c	895	769	729	2000	5000	2800	1200
λ_B	580	620	770	—	—	—	—

注:1. κ^* 为块状材料的总热导率[70];n 为 GIC 的阶数或 FLG 中石墨烯的层数;I_c 为插层复合物中 c 轴的层间距;κ_c 为 GIC 中石墨烯层的热导率;λ_B 为声子-界面散射的平均自由程,其值等于面内相干长度 L_a;热率单位为 $W \cdot m^{-1} \cdot K^{-1}$,且 I_c 和 λ_B 的单位为 $10^{-9}m$。

2. 固态材料的数据来自 Issi、Heremans 和 Dresselhaus[70],悬浮石墨烯相关数据来自 Ghosh 等[66]。

在给定温度的相同材料、不同缺陷结构的样品之间进行比较时应该谨慎。对于室温下的HOPG,关于热传导性是在高的温度范围内开始的,例如,在超过电介质最大值的温度时,声子-声子的倒逆流程开始控制热传导性行为。对于 $FeCl_3$ 层间化合物,介电最大值出现在大约330K,在该区域的热导率是由不同的散射过程决定的,此处给出了按重要性递减的顺序确定的综合影响因素:杂质、边界和倒逆散射过程。注意到,最大 κ 值的温度主要取决于边界散射,而 κ 的幅度主要由点缺陷散射来确定(图3.15)。

3.3.3.5 块体外的石墨烯(SLG 和 FLG)

类似于块体石墨和碳纳米管,石墨烯的热导率是由晶格贡献 κ_L 占主导地位的。显微拉曼光谱技术和微电阻测温已被用于获得石墨烯的导热性,发现对于悬浮单层石墨烯(SLG)其范围为 $1500 \sim 5800 W \cdot m^{-1} \cdot K^{-1}$(图3.16)。而由 SiO_2 为衬底的支撑 SLG 在室温时约为 $600 W \cdot m^{-1} \cdot K^{-1}$。

在图3.16中,报道了利用光热技术[75]得到的石墨烯的热导率的某些值与所报道的HOPG的最高值(图3.16中 de Combarieu[76])的比较。值得一提的是,在 Faugeras 等[77]和 Chen 等[78]制备样品的过程中,SLG 与聚合物抗蚀剂的残余物接触,这些残留物是难以除去的,并且在悬浮的双层石墨烯(BLG)中显示出了强烈的散射声子。相比较而言,由 Balandin 等[79]和 Lee 等[80]测定的石墨烯样品是直接剥离到测量装置上的[75],因此预计比较干净。然而,因为实验的不确定性很大,因此在比较数据时必须有一个关键的方法与所用实验装置和报道的大范围 κ 相关。

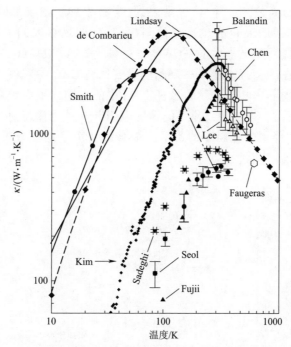

图 3.16 剥离于 HOPG 的实验测量热导率(κ)以及由 Balandin 等[79]报道的悬浮在 2~5μm 沟道上的 SLG;Faugeras 等[77]报道了从天然石墨(NG)剥离的并悬浮于直径超过 44μm 的空洞之上的 SLG;Chen 等[78]报道了 CVD 生长并在直径超过 9.7μm 的空洞悬浮的 SLG;Lee 等[80]报道了从 NG 剥离得到的并沿着直径为 6.6μm 的空洞悬浮的 SLG;Seol 等[88]报道了剥离于 NG 的长 9.5μm、宽 2.4μm 以及支撑在 SiO_2 上的 SLG;Sadeghi 和 Shi[64]报道了剥离于 NG 的长 12.4μm、宽 2.9μm 的支撑在 SiO_2 上的 8 层石墨烯;Smith[89]报道了 NG 平面热导率的对比;de Combarieu[76]报道了与热解石墨相关的内容(其中点划线和虚线是为了便于观察);Kim 等[81]报道了用激光烧蚀法合成的一种外径约 14nm、长 2.5μm 的悬浮 MWCNT;Fujii 等[86]报道了由电弧放电法合成的外径 16.1nm、长 1.89μm 的 MWCNT 实验热导率(κ);Lindsay 为 Seol 等[88]通过对长 10μm 的悬浮 SLG 计算得到的 κ 值(实线)。对于石墨烯的拉曼测试数据,温度是由拉曼激光测量的热面温度,而不是用于实验和理论结果的样品的平均温度(M. M. Sadeghi 等[75])

3.3.3.6 块体内外的石墨烯比较

比较块体内外石墨烯的热导率是件很有趣的事情。在表 3.1 中,列出了 κ_C 的阶数依赖性,给出了石墨-$FeCl_3$ 层间化合物中室温下石墨烯层的面内晶格热导率[70]。可以看出,在块体 GAC 中石墨烯层的热导率随着所述插层之间的石墨烯平面的数量的增加而减少。在图 3.17 中,所测的热导率表现为 FLG 中原子平面的数目的函数[66]。同样可观察到,当石墨烯层数增加时,热导率也会降低。这些观察与Klemens的理论预测相一致,即足够大的单层石墨烯片的热导率应比块体石墨的基底面的热导率更高[67-68]。在FLG中,在石墨烯片中晶格缺陷存在的情况下所观察到的热导率比在GAC中观察到的大得多,这归因于存在小的面内相干长度以及在GAC中的石墨烯平面中存在晶格缺陷。另外,如上所述,在GAC中石墨烯的情况应当与支撑石墨烯进行比较。Ghosh及其同事[66]解释了低能声子的跨平面耦合以及声子逆流散射随层数增加的从二维到块体的演变过程。

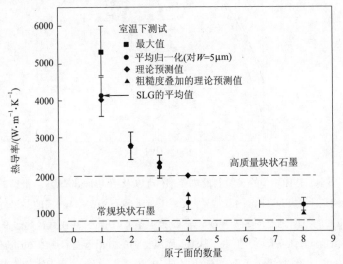

图3.17 测量的热导率作为FLG中原子面数量的函数。---表示块状石墨热导率的范围。◆是从FLG中基于实际声子色散的第一原理热传导理论获得的,并且考虑了所有允许的三声子Umklapp散射通道。▲表示Callaway-Klemens模型计算,包括较厚膜的外在效应特性[71]

3.3.3.7 碳纳米管

对于单壁碳纳米管和双壁碳纳米管,报道的大多数单根悬浮碳纳米管(CNT)的室温热导率值为600~3000 W·m^{-1}·K^{-1},对于多壁碳纳米管其值约为40~3000 W·m^{-1}·K^{-1}。这种大的变化通常归因于实验的不确定性(如热损失和热接触电阻)、碳纳米管直径的不确定性,以及不同的合成方法所产生的缺陷浓度的差异(表3.2和文献[81-86])。对于多壁碳纳米管(MWCNT),用高温电弧放电和激光烧蚀的方法得到具有最高κ值的样品。在表3.2中,列出了一些已发表文献中的CNT热导率的值,而在图3.18中展示了碳纳米管的热导率对温度有明显的依赖性[81]。需要注意的是,块体石墨和石墨烯中的一般趋势是相同的(图3.14和图3.16)。

表 3.2 碳纳米管的室温热导率的实验数据

样　品	$\kappa/(\mathrm{W\cdot m^{-1}\cdot K^{-1}})$	备　注	文献
多壁纳米管	>3000	单根,悬浮的	Kim 等[81]
单壁纳米管	3400	单根,悬浮的	Pop 等[82]
单壁纳米管	>1750	束状的	Hone 等[83]
单壁纳米管	>3000	单根,悬浮的	Yu 等[84]
多壁纳米管	300	—	Choi 等[85]
	1500~2900	单根	Fujii 等[86]

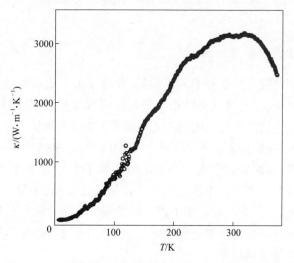

图 3.18　纳米管所测得的典型的热导率与温度的关系[81]

据观察,CNT 的室温热导率随其直径的减小而增大[86]。图 3.19 所示为不同直径的单根多壁碳纳米管的室温热导率[86]。测得的直径依赖性的热导率归因于影响热导率的多壁层之间的声子的相互作用,热导率随着多壁管层数的减少而增加,则单壁碳纳米管会具有最高的热导率,这是由于不存在管间声子散射效应。

另外,如同电导率,纳米管的热导率随着长度的增加而增加[81,87]。对于热导率可以归因于声子模式的增加,由此带来测量的比热容的增强,并增加了声子的平均自由程。这两种效应都会导致热导率式(3.18)的增加。从理论方面讲,在目前的情况下,对 MWCNT 的分析是相当复杂的。

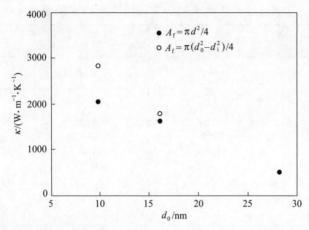

图 3.19 单根多壁碳纳米管的室温热导率与直径的关系。可以注意到,A_f 表示碳纳米管的横截面,d_0 和 d_i 分别表示多壁管结构的管外径和最内层直径[86]

3.3.4 小结

在简要介绍调控固体热导率的机制后,获得了关于块状石墨和它们的层间化合物的主要结果,并且将这些结果与最近的那些单层石墨烯(SLG)和寡层石墨烯(FLG)的理论结果进行了比较。文中表明了大部分块体内外的石墨烯平面的定性行为是相同的,即随着相邻平面数目的增大,晶格热导率降低。然而,在块体 GAC 中的石墨烯的晶格热导率比在 SLG 和 FLG 中的低得多,这归因于不同大小的晶格缺陷对声子自由程的限制。该研究还显示,尽管石墨是已知的最好的块体热导体,但是在块体石墨中进一步发展热导体的机会不大,这是因为其中大规模的缺陷所造成的限制。相比之下,大面积无缺陷的 SLG 和 FLG 仍然有很大的进一步增加 κ 的前景。

3.4 光的非弹性散射-拉曼散射

3.4.1 光的非弹性散射简述

正如前文所述,主要是由于在碳结构中观察到线性电子色散关系,光的非弹性散射(称为拉曼散射)已证明对理解碳和纳米碳中电子的振动特性提供了一个特别灵敏的工具,即共振拉曼散射(RRS),它是一种快速、非侵入性和非破坏性的试验技术,通过第一阶和第二阶散射过程的手段,使我们能够研究像掺杂、无序、热传导、声子自能重整化和碳纳米系统的声子色散关系。事实上,为了更好地解释碳基系统的许多性能,必须将声子考虑在其中[90-91]。

第3章 块体内外石墨烯的电子及声子传输

更具体地说,电子-声子和声子-声子散射机制是理解松弛过程控制电子和热性能的基础[90-91]。简要地,RRS 的过程可以理解为:在一个散射中,①一个电子吸收光子的能量从价带激发到导带;②激发的电子被发射(或吸收)的声子所散射;③电子通过发射一个光子跃迁回价带。通常观察到的散射光子(光)的拉曼光谱,其能量比入射光子的声子能量要小(称为斯托克斯过程)(注:如果观察到的散射光子的能量比声子的能量大,则将其称为反斯托克斯的过程)。通过测量斯托克斯散射光的强度作为散射光的频率下移(能量损失)的函数,就绘制出典型的拉曼光谱,得到了材料声子频率的精准测量方法[90-91]。需要注意的是,每次入射(散射)的光能量连接了两个真正的电子态,在声子光谱中观察到的信号由于发生在一个外部振荡场作用下的共振现象而变得非常强大。

如图 3.20 所示,拉曼散射过程的顺序将由包含声子(和结构缺陷)的数目决定。例如,如果散射过程只涉及一个声子,拉曼过程是一阶的。如果涉及两个声子(或者一个声子和一个结构化缺陷的结合),拉曼过程为二阶的。第一阶及第二阶对于碳材料的研究是极其重要的。除此之外,进一步将散射过程分类为一个谷内(AV)或一个谷间(EV)的过程。以碳材料为例,一个 AV 散射过程发生在布里渊区相同的高对称 K 点,而在 EV 散射过程,包含两个不等价的高对称性的 K 和 K' 的问题(图 3.20)。

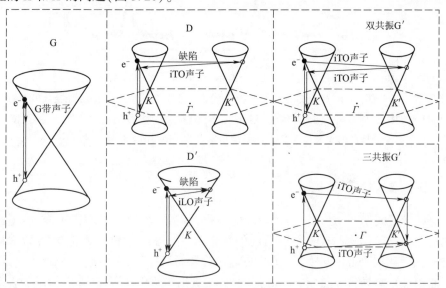

图 3.20 (左)第一阶的 G 带过程;(中)D 带(谷间过程)(顶部)和 D'带(谷内过程)(底部)的一个声子的第二阶缺陷共振(DR)过程;(右)双共振 G'过程中两个声子的第二阶共振拉曼光谱过程(上部)及(下部)对于单层石墨烯的三共振 G'带过程(TR)。对于一个声子的第二阶跃迁,两个散射的其中之一是弹性散射。图中空心圆圈所示为接近 K 点(左)和 K' 点(右)的共振点[91]

考虑到这个简短的引言,现在知道该如何解释和从碳基材料的声子谱中提取信息。主要有两个特点,几乎在所有的碳基材料中是可以观察到的:G 带($1583cm^{-1}$)是第一阶过程(图 3.20 和图 3.21);G′带(或 2D 带,$2670cm^{-1}$)是第二阶过程(图 3.20 和图 3.21)。当缺陷和杂质存在时,第三个由缺陷引起的带,称为 D 带,也会出现。正如 G′带,D 带也是一个第二阶过程,但 G′带具有对称性,而 D 带的强度需要对称破缺现象。从现在开始,将集中讨论这些光谱特征。一般来说,这些特征都是对掺杂、应力、缺陷和杂质稍微敏感。然而,它们中的每一个都被专门用于指纹识别不同的现象,这将在后面进一步讨论。

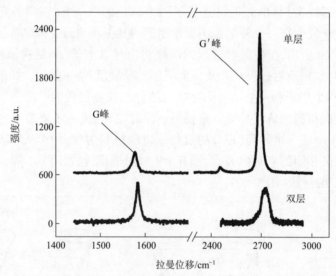

图 3.21 (上部)G 和 G′(或 2D)带的拉曼光谱。正如实验中所观察到的,G 峰处于 $1583cm^{-1}$附近,而 G′峰处于 $2670cm^{-1}$附近。(下部)双层石墨烯的 G 及 G′峰的拉曼光谱。图谱是在激光波长为 532nm 及能量密度为 $1mW/\mu m^2$时测量的[91,98]

3.4.2 G 带模式

G 带模式[90-91]是第一阶拉曼散射过程,包括两步简并光学声子模式:平面内的横向光学模式(iTO)和平面内的纵向光学模式(iLO)。峰值观察频率从 $1582cm^{-1}$到 $1585cm^{-1}$(对于 SLG、BLG、MLG 和石墨适用)。以碳纳米管为例,由于曲率的影响导致了 iTO/iLO 退化[91]。在碳纳米管中,G 带已被广泛用于获得关于纳米管的金属性信息(金属或半导体)以及获得碳纳米管直径的信息,这是由于碳纳米管的直径与 iTO 带频率是成反比的(读者应该回忆起 iTO 模式是沿着管圆周振动,因此,若周长减小,则会增加管的曲率,降低 iTO 频率)。

然而,随着 SLG 体系的上升,拉曼 G 带成为提供证据的主要影响因素,这些证据表明,无法在所谓的绝热近似中描述石墨烯体系[92-97],以及了解这些事实如何

在声子中导致自能修正[92-97],这对于石墨烯中电子和空穴密度是敏感的。也就是说,这些声子无论在哪个已占据(未占据)的最初(最后)的电子状态,任何时间都会发生重整,在某种意义上,可以通过声子吸收(发射)来创造(毁灭)电子-空穴对[92-97],并且仍可以根据对称性选择规则保存能量及动量。这些重整化对于电子和空穴密度是非常敏感的,同时也对系统的费米能级 E_F 很敏感。用外来原子(分子)掺杂石墨烯或通过栅极调制实验应用静电场等策略得到了广泛应用[92-97]。图 3.22 所示为栅极调制拉曼的实验结果[97]。在图 3.22 中可以观察到,无论是电子还是空穴,G 带频率均增加,而谱线宽度会随着 $|E_F|$ 的增加而变窄[97]。

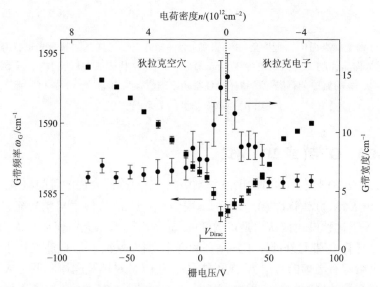

图 3.22 G 带频率(■)和 G 带宽度(●)均是从栅压调控拉曼实验中提取的。垂直的虚线是电中性拉曼点的大致位置,这是从数据的对称性中估算而得的[97]

有趣的是,正如 Panchakarla 等的报道,当硼原子(p 型杂质)和氮原子(n 型杂质)掺杂到石墨烯时,图 3.22 中可以看到与图 3.23 相同的结果[99]。在这种情况下,石墨烯在生长过程中会自然地引入杂质,因此,杂质主要是取代性的。基本上这些研究者[99]报道了 G 带特征的非对称声子归一化,其中 n 型和 p 型杂质引起的缺陷导致频率蓝移(值得注意的是,杂质浓度的变化是唯一的影响重归一化因子的因素)。再者,G 带硬化的原因是石墨烯中非绝热形式的声子自由能,它的扩大是由于声子衰减通道的缺失或堵塞形成电子-空穴对[99]。然而,如图 3.23(b)所示,在 n 型掺杂的单层石墨烯样品中观察到的蓝移率比 p 型掺杂的单层石墨烯样品中观察到的大。

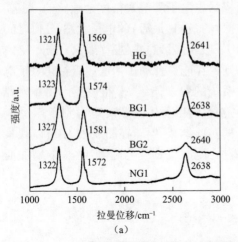 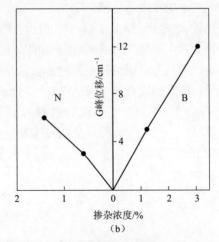

图 3.23 （a）无掺杂（HG）、硼掺杂（BG）及氮掺杂（NG）石墨烯样品的拉曼光谱，HG 代表无掺杂石墨烯样品，BG1 代表 12%的硼掺杂石墨烯样品，BG2 代表 3.1%的硼掺杂石墨烯样品，NG1 代表 0.6%的氮掺杂石墨烯样品；(b)G 峰频率的位移与由电子(N)掺杂(用吡啶)和空穴(B)硼掺杂浓度的关系图[99]

3.4.3 G′带(或 2D)模式

G′带(或 2D 带,为 D 带的谐波)模式是一个对称性允许的谷间(EV)二阶拉曼过程,由 $K(K')$ 点附近两个 iTO 声子模组成。G′带的频率与激光能量(E_L)相关,以至于这种模式被认为是色散性的,显示出随着激光激发能量 E_L 而变化的频率。尽管 G′带对外部原子掺杂剂和静电调控敏感,但是 G′带光谱主要用于区分一个给定石墨烯的片层数,这可能是因为 G′带对堆叠顺序和两个或更多的石墨烯层系统的层间相互作用尤其敏感[98]。如图 3.24 所示,拉曼散射的确为迅速区分多层石墨烯系统中不同的数层提供了一个非常简单的方法[90,99]。值得注意的是,最近已证明 G′带也是一种确定一个三层石墨烯是 ABA 堆叠(伯纳尔堆叠)还是 ABC 堆叠(菱形堆叠)的有效方式[100],这可以通过观察拉曼 G′带频率的差异和线型来确定。

3.4.4 无序化引起的 D 带模式

碳基材料表现出高度特征化的拉曼特性,称为 D 峰（D 表示由紊乱引起的）,这是一个对称分裂的拉曼峰,缺陷不存在时没有峰强。每一次特定杂质会破坏碳材料晶格的平移对称性,D 峰强度将出现在拉曼光谱中,并且其拉曼散射截面与缺陷浓度呈比例（图 3.23(a)）。值得注意的是,不仅 D 特征峰可以用来了解碳材料的缺陷,而且还允许由拉曼谱带的 G 峰和 G′(2D)峰的对称性提供关于缺陷的有价值的信息,尤其是当杂质通过改变主体碳原子的原子种类掺杂

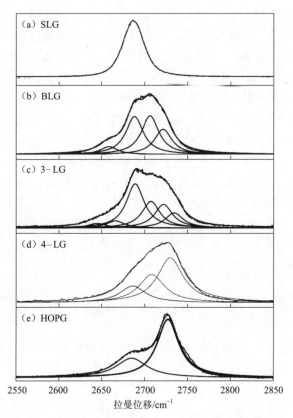

图3.24 在2.41eV激光能量下测试的G'(或2D)峰：(a)单层石墨烯(SLG)；(b)双层石墨烯(BLG)；(c)三层石墨烯(3-LG)；(d)四层石墨烯(4-LG)；(e)HOPG。可见G峰从单层到三层石墨烯的裂分，然后从4-LG到HOPG的闭合[91,100]

到材料中时[98]。

追溯到20世纪70年代，Koenig和Tuinstra[101]的研究表明，D峰和G峰拉曼强度之间的比(I_D/I_G)与三维石墨晶粒尺寸直接相关。在此期间，他们只对唯一一个激发激光能量值(E_L)，即514nm(2.41eV)进行了解释。30多年后，在2006年，Cancado等[102]成功地将Koenig和Tuinstra的发现扩展到多个E_L值，目前I_D/I_G比值可以更充分地由方程描述：

$$\frac{I_D}{I_G} = L_a \frac{E_L^4}{560} \quad (3.22)$$

式中：L_a的单位为nm；E_L的单位为eV；常数560的单位为$eV^4 \cdot nm$。

虽然在这种情况下出现了一个通用方程，但是仍然存在一个基本问题：晶粒尺寸L_a是否为石墨中一个非常特殊的表征参数，对称性破缺特征的其他类型也遵循类似的方程吗？答案为不完全是。

2010年，Lucchese 等[103]用拉曼散射研究了由低能(90eV) Ar^+ 轰击导致石墨烯呈现的无序状态。通过改变离子剂量，这些作者研究了由离子轰击引起的缺陷的不同密度，从而理解了离子剂量对 I_D/I_G 比值的演化过程(图3.25)。在这个实验中，作者使用 HOPG (高定向热解石墨)进行校准，提供了一个基于拉曼光谱来定量石墨烯中缺陷的密度的方法。在图3.25 中，通过 L_D 来探测不同离子剂量的缺陷密度，见式(3.23)，L_D 表示缺陷之间的平均距离。该研究[103]通过现象学模型相拟合而得出 I_D/I_G 与 L_D 的关系，发现了关于缺陷演化的重要信息。该模型认为，石墨片上单个离子的影响导致在两个长度尺度的修改，由 r_A 和 r_S ($r_A > r_S$) 表示，此处表示从入射离子碰撞点测量的两个圆形区域的半径（下标A表示"激活"，而下标S表示"结构缺陷"）。定性地说，只有拉曼散射过程发生距离小于 $|r_A - r_S|$ 时，相应的"破坏"区域才对 D 峰特征值显现出强烈的贡献。考虑到这些与统计参数相结合的假设，I_D/I_G 与 L_D 的关系是由下式[103]给定：

$$\frac{I_D}{I_G} = C_A \frac{r_A^2 - r_S^2}{r_A^2 - 2r_S^2} \left[e^{\frac{-\pi r_S^2}{L_D^2}} - e^{\frac{-\pi(r_A^2 - r_S^2)}{L_D^2}} \right] + C_S \left[1 - e^{\frac{-\pi r_S^2}{L_D^2}} \right] \quad (3.23)$$

式中：C_A, C_S, r_A 和 r_S 为由实验确定的可调整性参数。

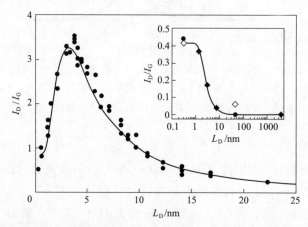

图3.25　3种不同的单层石墨烯样品的 I_D/I_G 值与离子轰击引起的缺陷点间的平均距离 L_D 的关系图。内插图表示两种石墨样品的拉曼强度 I_D/I_G 与半对数 L_D 的关系：①3个单层石墨烯样品之一附近的一个约50层的石墨样品(圆点)；②用于校准的块体 HOPG 样品(菱形)。在内插图中，块体 HOPG 的值为 $3.5 I_D/I_G$。实线由式(3.23)获取的，其中 $C_A = 4.2±0.1, C_S = 0.87±0.05, r_A = (3.00±0.03) nm, r_S = (1.00±0.04) nm$ [103]

此模型与已经确定石墨材料的无定形化轨道在概念上是一致的[104]。此外，该结果表明，Tuinstra 和 Koenig 广泛使用的 I_D/I_G 和 L_a 的关系式应限于测定三维微晶尺寸。2011年,Cancado等[105]对所提出的现象学模型进行了扩展以适用于数个激光线的情况。

3.4.5 小结

在3.4节中,通过特别强调碳纳米材料、石墨烯及碳纳米管,提供了一个用于表征碳材料关于光的非弹性散射(即拉曼散射)的准确而进行的指导性的讨论。在引入拉曼散射现象背后的基本概念后,对拉曼G峰、G′峰(或2D峰)和D峰进行了一般性的讨论,其中对于每一个特征峰,都非常集中地给出了利用这些声子模式对碳材料中的电子和声子的表征进行的相关讨论。也就是说,G峰主要是用来获取依赖于费米能级能量的声子频率和线宽的信息。所述G′峰主要用来区分多层石墨烯系统中不同的层数和堆叠状态[98]。最后,D峰是用来获取纳米碳材料中杂质和缺陷所产生的影响的信息。

3.5 本章小结

在本章主要介绍了过去几十年中有关块状碳的著作如何为后来发现在石墨烯中显示出来的某些物理性能铺垫了道路。主要涉及半经典的,更具体地说,涉及了二维(2D)电子运输中量子方面的内容和低维共价键结合的层状材料中声子的行为。特别强调的是,在SLG和FLG以及1阶或更高阶的GAC的传输特性中观察到的明显的相似性和差异性。关于电子传输,表明对于SLG和1阶GAC以及双层的石墨烯(DLG)和2阶的GAC具有相同的色散关系,并且自20世纪80年代初,1阶GAC中的载流子,正如SLG中的那样,就被视为无质量狄拉克费米子。

原始HOPG中迁移率主要被大规模缺陷散射限制,并且这种影响在GAC中更为明显。通过插层引入的附加无序限制了电荷载流子的散射长度,并掩盖了最近在SLG和FLG中所观察到的一些效应。然而,这种无序可以观察到GAC中的二维弱定域化效应。我们在石墨烯中也观察到了非常高的迁移率,这绝不是唯一的,在其他半金属、半导体超晶格的二维电子气体中也观察到并报道了类似的值。

关于声子传输,结果证明,块状或非块状石墨烯平面具有同样的定性行为,即随着相邻平面的数目的增加,晶格热导率降低。然而,块体GAC中石墨烯的晶格热导率比SLG和FLG低得多,这是由于小尺寸和大尺寸的晶格缺陷带来的声子自由程的局限。这些观察还明确表明了对于块体石墨,SLG和FLG的优势在于其电子和声子平均自由程。对于最高质量HOPG,这些局限表现在$10\mu m$左右。

最后,简要讨论了共振拉曼散射(RRS)作为一种表征工具的应用,它是目前公认的一种快速、无创、无损表征技术,它借由第一阶和第二阶散射过程来研究,如掺杂、无序、声子自能重整化以及声子在碳系统中的色散等现象。在 20 世纪 70 年代和 80 年代,这样的解释是不合理的,因为 RRS 的使用有更多的局限性。了解固态材料中的声子(如碳基的)是非常重要的,这是因为要正确解释纳米碳和其他层状系统中观察到的许多特性必须考虑声子因素。也就是说,了解电子–声子和声子–声子散射机制是调控纳米碳及其他相关系统的电性能和热性能的松弛过程的重要基础。

参 考 文 献

[1] K. S. Novoselov et al., Science **306**, 666 (2004).

[2] S. Mouras et al., Rev. Chim. Minér. **24**, 572 (1987).

[3] A. W. Moore, A. R. Ubbelohde, D. A. Young, Proc. R. Soc. **280**, 153 (1964).

[4] J. Blinowski, H. H. Nguyen, C. Rigaux, J. P. Vieren, R. LeToullec, G. Furdin, A. Hérold, J. Mélin, J. Phys. **41**, 47 (1980).

[5] J. -P. Issi, in *Graphite Intercalation Compounds*, ed. by H. Zabel, S. A. Solin. Springer Series in Materials Science, vol. II (Springer, Berlin, 1992).

[6] N. Daumas, A. Hérold, C. R. Séance Hebd, Acad. Sci. Paris C **268**, 373 (1969).

[7] A. H. Castro Neto et al., Rev. Mod. Phys. **81**, 109 (2009).

[8] A. K. Geim, Science **324**, 1530–1534 (2009).

[9] J. -P. Issi, B. Nysten, Electrical and thermal transport properties in carbon fibers, in *Carbon Fibers*, ed. by J. -B. Donnet, S. Rebouillat, T. K. Wang, J. C. M. Peng (Marcel Dekker, New York, 1998).

[10] B. Nysten, J. -P. Issi, R. Barton Jr., D. R. Boyington, J. G. Lavin, Phys. Rev. B **44**, 2142 (1991).

[11] P. R. Wallace, Phys. Rev. **71**, 622 (1947).

[12] H. Zabel, S. A. Solin, *Graphite Intercalation Compounds II*. Springer Series in Materials Science, vol. 18 (Springer, Berlin, 1992).

[13] J. M. Ziman, *Electrons and Phonons* (Clarendon Press, Oxford, 1960).

[14] B. T. Kelly, *Physics of Graphite* (Applied Science Publishers, London, 1981).

[15] A. R. Ubbelohde, F. A. Lewis, *Graphite and Its Crystal Compounds* (Oxford University Press, Oxford, 1960).

[16] S. Mrozowski, A. Chaberski, Phys. Rev. **104**, 74 (1956).

[17] S. Mrozowski, Carbon **9**, 97 (1971).

[18] A. Pacault, Carbon **12**, 1 (1974).

[19] I. L. Spain, Electronic transport properties of graphite, carbons, and related materials, in *Chemistry and Physics of Carbon*, vol. 13, ed. by P. L. Walker Jr., P. A. Thrower (Marcel Dekker, New York, 1981), p. 119.

[20] P. Delhaes, A. Marchand, Carbon **3**, 115 (1965).

[21] P. Delhaes, A. Marchand, Carbon **3**, 125 (1965).

[22] P. Delhaes, *Carbon-Based Solids and Materials* (Wiley, Hoboken, 2011).

[23] M. S. Dresselhaus, G. Dresselhaus, Adv. Phys. **30**, 139 (1981). Reprinted in 2002.

[24] A. K. Geim, K. S. Novoselov, Nat. Mater. **6**, 183–191 (2007).

[25] N. M. R. Peres, J. Phys. Condens. Matter **21**, 323201 (2009).

[26] D. R. Dreyer, R. S. Ruoff, C. W. Bielawski, Angew. Chem., Int. Ed. Engl. **49**, 9336 (2010).

[27] M. Terrones et al., Nano Today **5**, 351 (2010).

[28] A. A. Balandin, Nat. Mater. **10**, 569 (2011).

[29] A. F. Young, P. Kim, Annu. Rev. Condens. Matter Phys. **2**, 101–120 (2011).

[30] H. P. Boehm, Z. Naturforsch. **17b**, 150 (1962).

[31] F. L. Vogel, G. M. T. Foley, C. Zeller, E. R. Falardeau, J. Gan, Mater. Sci. Eng. **31**, 261 (1977).

[32] L. Piraux, J.-P. Issi, L. Salamanca-Riba, M. S. Dresselhaus, Synth. Met. **16**, 93 (1986).

[33] J.-P. Issi, Transport in acceptor GICs: have our efforts been rewarded? Mater. Sci. Forum **91–93**, 471 (1992).

[34] L. Piraux, J.-P. Issi, J.-P. Michenaud, E. McRae, J.-F. Marêché, Solid State Commun. **56**, 567 (1985).

[35] J. L. Piraux, Mater. Res. **5**, 1285 (1990).

[36] L. Langer, V. Bayot, E. Grivei, J.-P. Issi, J. P. Heremans, C. H. Olk, L. Stockman, C. Van Haesendonck, Y. Bruynseraede, Phys. Rev. Lett. **76**, 479 (1996).

[37] E. H. Sondheimer, Proc. R. Soc. Lond. A **65**, 561 (1952).

[38] J.-P. Issi, Electronic conduction, in *World of Carbon*, ed. by P. Delhaes (Gordon and Breach, London, 2001).

[39] J. C. Slonczewski, P. R. Weiss, Phys. Rev. **109**, 272 (1958).

[40] J. W. McClure, Phys. Rev. **108**, 612 (1957).

[41] J. W. McClure, Phys. Rev. **119**, 606 (1960).

[42] J. Blinowski, C. H. H. Rigaux, J. Phys. **41**, 667 (1980).

[43] L. M. Malard et al., Phys. Rev. B **76**, 201401(R) (2007).

[44] Z. Q. Li et al., Phys. Rev. Lett. **102**, 037403 (2009).

[45] A. B. Kuzmenko et al., Phys. Rev. B **79**, 115441 (2009).

[46] T. C. Chieu, M. S. Dresselhaus, M. Endo, Phys. Rev. B **26**, 5867 (1982).

[47] L. Pietronero, S. Strassler, Synth. Met. **3**, 209 (1981).

[48] X. Du, I. Skachko, A. Barker, E. Y. Andrei, Nat. Nanotechnol. **3**, 491 (2008).

[49] M. S. Dresselhaus, J. Phys. Chem. Solids **32**, 3 (1971).

[50] J.-P. Issi, Aust. J. Phys. **32**, 585 (1979).

[51] R. N. Zitter, Phys. Rev. **127**, 1471 (1962).

[52] R. Hartman, Phys. Rev. **181**, 1070 (1969).

[53] J.-P. Michenaud, J.-P. Issi, J. Phys. C **5**, 3061 (1972).

[54] S. Ilani, P. L. McEuen, Annu. Rev. Condens. Matter Phys. **1**, 1 (2010).

[55] P. A. Lee, T. V. Ramakrishnan, Rev. Mod. Phys. **57**, 287 (1985).

[56] G. Bergmann, Phys. Rep. **107**, 1 (1984).

[57] V. Bayot, L. Piraux, J.-P. Michenaud, J.-P. Issi, Phys. Rev. B **40**, 3514 (1989).

[58] B. L. Altshuler, A. G. Aronov, P. A. Lee, Phys. Rev. Lett. **44**, 1288 (1980).

[59] H. Fukuyama, J. Phys. Soc. Jpn. **48**, 2169 (1980).

[60] L. Piraux, V. Bayot, J.-P. Issi, M. S. Dresselhaus, M. Endo, T. Nakajima, Phys. Rev. B **41**, 4961 (1990).

[61] M. S. Dresselhaus, M. Endo, J.-P. Issi, in *Chemistry, Physics and Applications of Fluorine-Carbon and Fluoride-Carbon Compounds*, ed. by T. Nakajima (Marcel Dekker, New York, 1995), p. 95.

[62] F. Withers, M. Dubois, A. K. Savchenko, Phys. Rev. B **82**, 073403 (2010).

[63] X. Hong, S. Cheng, C. Herding, J. Zhu, Phys. Rev. B **83**, 085410 (2011).

[64] S.-H. Cheng et al., Phys. Rev. B **81**, 205435 (2010).

[65] K. Zou, J. Zhu, Phys. Rev. B **82**, 081407(R) (2010).

[66] S. Ghosh et al., Nat. Mater. **9**, 555 (2010).

[67] P. G. Klemens, J. Wide Bandgap Mater. **7**, 332 (2000).

[68] P. G. Klemens, Graphite, graphene and carbon nanotubes, in *Proceedings of the 26th International Thermal Conductivity Conference and the 14th International Thermal Expansion Symposium*, ed. by R. Dinwiddie (2004). ISBN13: 978-1-932078-36-7.

[69] D. L. Nika, E. P. Pokatilov, A. S. Askerov, A. A. Balandin, Phys. Rev. B **79**, 155413 (2009).

[70] J.-P. Issi, J. Heremans, M. S. Dresselhaus, Phys. Rev. B **27**, 1333 (1983).

[71] R. Berman, *Thermal Conduction in Solids* (Clarendon Press, Oxford, 1976).

[72] L. Piraux, B. Nysten, A. Haquenne, J.-P. Issi, M. S. Dresselhaus, M. Endo, Solid State Commun. **50**, 697 (1984).

[73] B. Nysten, L. Piraux, J.-P. Issi, Synth. Met. **12**, 505 (1985).

[74] P. G. Klemens, D. F. Pedraza, Carbon **32**, 735 (1994).

[75] M. M. Sadeghi, M. T. Pettes, L. Shi, Thermal transport in graphene. Solid State Commun. **152**, 1321 (2012).

[76] A. de Combarieu, Bull. Inst. Int. Froid. Annexe **2**, 63 (1965).

[77] C. Faugeras, B. Faugeras, M. Orlita, M. Potemski, R. R. Nair, A. K. Geim, ACS Nano **4**, 1889 (2010).

[78] S. S. Chen, A. L. Moore, W. Cai, J. W. Suk, J. An, C. Mishra, C. Amos, C. W. Magnuson, J. Kang, L. Shi, R. F. Ruoff, ACS Nano **5**, 321 (2011).

[79] A. A. Balandin, S. Ghosh, W. Bao, I. Calizo, D. Teweldebrhan, F. Miao, C. N. Lau, Nano Lett. **8**, 902 (2008).

[80] J. U. Lee, D. Yoon, H. Kim, S. W. Lee, H. Cheong, Phys. Rev. B **83**, 081419(R) (2011).

[81] P. Kim, L. Shi, A. Majumdar, P. L. McEuen, Phys. Rev. Lett. **87**, 215502 (2001).

[82] E. Pop, D. Mann, Q. Wang, K. Goodson, H. Dai, Nano Lett. **6**, 96 (2006).

[83] J. Hone, M. Whitney, C. Piskoti, A. Zettl, Phys. Rev. B **59**, 2514(R) (1999).

[84] C. H. Yu, L. Shi, Z. Yao, D. Y. Li, A. Majumdar, Nano Lett. **5**, 1842 (2005).

[85] T.-Y. Choi, D. Poulikakos, J. Tharian, U. Sennhauser, Nano Lett. **6**, 1583 (2006).

[86] M. Fujii, X. Zhang, H. Xie, H. Ago, K. Takahashi, T. Ikuta, H. Abe, T. Shimizu, Phys. Rev. Lett. **95**, 065502 (2005).

[87] Z. L. Wang, D. W. Tang, X. B. Li, X. H. Zheng, W. G. Zhang, L. X. Zheng, Y. T. Zhu, A. Z. Jin, H. F. Yang, C. Z. Gu, Appl. Phys. Lett. **91**, 123119 (2007).

[88] J. H. Seol, I. Jo, A. L. Moore, L. Lindsay, Z. H. Aitken, M. T. Pettes, X. S. Li, Z. Yao, R. Huang, D. Broido, N. Mingo, R. S. Ruoff, L. Shi, Science **328**, 213 (2010).

[89] A. W. Smith, Phys. Rev. **95**, 1095 (1954).

[90] M. S. Dresselhaus, G. Dresselhaus, R. Saito, A. Jorio, Phys. Rep. **409**, 45 (2005).

[91] L. M. Malard, M. A. Pimenta, G. Dresselhaus, M. S. Dresselhaus, Phys. Rep. **473**, 51 (2009).

[92] P. T. Araujo, D. L. Mafra, K. Sato, R. Saito, J. Kong, M. S. Dresselhaus, Phys. Rev. Lett. **109**, 046801 (2012).

[93] D. L. Mafra, J. Kong, K. Sato, R. Saito, M. S. Dresselhau, P. T. Araujo, Phys. Rev. B **86**, 195434 (2012).

[94] P. T. Araujo, D. L. Mafra, K. Sato, R. Saito, J. Kong, M. S. Dresselhaus, Sci. Rep. **2**, 1017 (2012).

[95] M. Lazzeri, F. Mauri, Phys. Rev. Lett. **97**, 266407 (2006).

[96] L. M. Malard, D. C. Elias, E. S. Alves, M. A. Pimenta, Phys. Rev. Lett. **101**, 257401 (2008).

[97] J. Yan, E. A. Henriksen, P. Kim, A. Pinczuk, Phys. Rev. Lett. **101**, 136804 (2008).

[98] A. C. Ferrari, J. C. Meyer, V. Scardaci, C. Casiraghi, M. Lazzeri, F. Mauri, S. Piscanec, D. Jiang, K. S. Novoselov, S. Roth, A. K. Geim, Phys. Rev. Lett. **97**, 187401 (2006).

[99] L. S. Panchakarla, K. S. Subrahmanyam, S. K. Saha, A. Govindara, H. R. Krishnamurthy, U. V. Waghmare, C. N. R. Rao, Adv. Mater. **21**, 4726 (2009).

[100] C. H. Lui, Z. Li, Z. Chen, P. V. Klimov, L. E. Brus, T. F. Heinz, Nano Lett. **11**, 164 (2011).

[101] F. Tuinstra, J. L. Koenig, J. Phys. Chem. **53**, 1126 (1970).

[102] L. G. Cancado, K. Takai, T. Enoki, M. Endo, Y. A. Kim, H. Mizusaki, A. Jorio, L. N. Coelho, R. Magalhaes-Paniago, M. Pimenta, Appl. Phys. Lett. **88**, 163106 (2006).

[103] M. M. Lucchese, F. Stavale, E. H. Martins Ferreira, C. Vilani, M. V. O. Moutinho, R. B. Capaz, C. A. Achete, A. Jorio, Carbon **48**, 1592 (2010).

[104] P. T. Araujo, M. Terrones, M. S. Dresselhaus, Mater. Today **15**, 98 (2012).

[105] L. G. Cancado, A. Jorio, E. H. Martins Ferreira, F. Stavale, C. A. Achete, R. B. Capaz, M. V. O. Moutinho, A. Lombardo, T. S. Kulmala, A. C. Ferrari, Nano Lett. **11**, 3190 (2011).

第4章

基于石墨烯体系的光学磁光-光谱

C. Faugeras, M. Orlita, M. Potemski

摘要 本章综述了不同石墨烯基体系的磁吸收和拉曼散射研究的最新结果。主要参考了两个典型的 sp^2 杂化的碳的同素异形体：石墨烯和石墨的研究成果，讨论了这些技术在获取能带结构、散射效率和相互作用的影响方面的潜在应用。

4.1 引 言

石墨烯和包括石墨在内的层状结构通常被归类为零带隙半导体和/或半金属[1-2]，自然而然，其性质通过电导率的测量进行探讨[3]。事实上，对石墨最初的认识是它是一个强各向异性（三维）的导体[4]，而量子霍尔状态（半整数量子霍尔效应）特有序列是通过石墨烯特征（二维）电子态的指纹图谱观察的[5-6]。光谱学已经发挥并将继续在石墨烯基体系的研究中发挥重要作用[7-8]。而且石墨层大量预先考虑到的应用也是由其光学特性决定的，例如，它们可作为饱和吸收器[9-10]、透明电极[11-12]或等离子装置[13]。值得注意的是，石墨烯的光学性能是光学显微镜可以"观察"到沉积在硅/二氧化硅基底上单层碳原子的一个关键因素[14-18]——这是石墨烯定向研究发展中毋庸置疑的里程碑之一。如今石墨烯基体系的光谱学已经发展成不同方向的多面研究。声子的拉曼散射是石墨烯材料的主要表征工具之一[19-21]，并且提供了这些材料中电子-声子相互作用的相关信息[22-24]。光学吸收是在远红外区到紫外区的一个宽光谱范围内进行研究的。通过实验可以推断出特征掺杂（在低频下限定的德鲁德（Drude）状自由

C. Faugeras, M. Orlita, M. Potemski（通信作者）

法国烈士大道 CNRS-UJF-UPS-INSA 国家高磁场实验室，38042。

e-mail: marek. potemski@ grenoble. cnrs. fr

载流子吸收)并研究该系统特定的能带结构(在红外光谱范围内能带间的跃迁)[25]。也许更具挑战性的是:石墨烯在宽光谱范围的与频率无关的光学吸收(只与常数有关)[26-28],在高能量的激子效应(与范霍夫奇异点相关)[29-31]和电子-电子间相互作用(增强/抑制德鲁德峰、等离子元)改变低频吸收响应的可能性[32-35]。大量的光学实验都致力于石墨烯中光激发载流子的动力学研究[36-45],这与石墨烯在光学器件中可能的应用密切相关。随着最近对石墨烯结构的光导响应的研究,其有趣的物理性质及其潜在的应用也得到了研究。

  光学光谱与磁场应用的结合可以作为研究电子性质的特别有力的实验手段。首先,这是因为磁场的应用能显著改变电荷载流子(回旋运动)运动的特点和/或引起相当大的电子态密度的调制,包括二维系统下离散(和高度简并)朗道能级的出现。施加一个磁场(B),共振中的光学响应随磁场强度的增加而显著增加,粗略地讲,朗道能级的能量 $E_n(B)$(与回旋共振和/或朗道能级间激发能量之和)与电子态的色散关系 $E(k)$ 的关系近似认为是:$E_n(B) \propto E(k_n) = E(\sqrt{n}/l_B)$,其中 n 为整数,$l_B = \sqrt{\hbar/eB}$ 表示(特征)磁长度。例如,$B \cdot n$ 表示抛物型的朗道能级间距,直线型的则表示为 $\sqrt{B \cdot n}$。因此,朗道能级光谱学一方面提供了研究体系的能带结构信息;另一方面,磁共振的展宽的分析通常是载流子散射效率信息的相关来源。观察到的回旋共振(在频率 ω_c 和磁场 B_0 下)的简单事实已经表明载流子散射时间(τ)和/或迁移率(μ)的某些估计关系:$\omega_c \cdot \tau = \mu \cdot B_0 > 0$。磁光光谱也是研究物理学中相互作用的有用工具。由于可以方便地改变电子激发(伴随磁场)跨越特征声子能量的可能性,所以必然涉及电子-声子的相互作用。此外,电子体系的磁-光响应(特别是二维体系)也可能隐含电子-电子相互作用的影响。不过必须承认后一种效果通常很难在实验中观察到。这种现象在探测抛物型色散关系的电子态时(光学活性,零动量激发对电子-电子相互作用不敏感)可以了解到,但在线形能带的二维体系下的情况仍然令人惊讶。

  作为一种典型的磁吸收,光学磁光光谱的光谱范围一般在远红外区和微波光谱区,它是用于研究石墨烯基材料的最常用的技术。在半个世纪以前,磁吸收测量的先驱者已经提供了一些相关的数据,以便了解石墨的电子性质[46-47]。在本章中,这些测量近期已被应用到许多其他的石墨烯基结构的研究中,提供了其能带结构和散射效率的有用信息,同时提供了在这些体系中相互作用的物理学数据。将光学磁光光谱法与其他方法互补,例如,电输送技术广泛应用于石墨烯基材料的研究中。当结构不能接触/控制,或当它们由不同成分(可以被光谱分辨)的多层材料组成时,很明显光学对其研究是有利的。到目前为止,红外磁光谱的研究大多局限于简单的吸收形式测量[7]。更多的信息(尤其是量子霍尔效应物理学)可以通过石墨烯用法拉第旋转实验的共振来推导出来[48],但至今只有最初朝着这个方向进行的实验报道了出来[49-50]。磁光光谱在长波长时有一个明显的缺点,不太适用于小石墨烯鳞片,并且偏振分辨光在此光谱范围内也不容易处理。而在可见光范围内,拉曼散射的方法变得有利。值得注意的是,只有最新的磁-拉曼散射实验[51-52]显示出具有可以跟踪石墨烯基结构中电子响应(朗道能级间激发)的可能性[53-54]。在此大量讨论了这些比较新的相关实验结果。高质量的电子体系在跟踪磁-拉曼散射实验中的电子响应时似乎至关重要,不过我们相信,未来在许多不同的石墨烯体系中,这将变得可能。

通过本章我们可以从石墨烯基材料的光学磁光光谱的研究中学习到什么,这是本章论述的目的。主要焦点是两种材料体系:石墨烯(和/或石墨烯状结构)和块状石墨以及它们的实验结果:体系在长波长处的磁吸收(远红外线和微波范围)和磁-拉曼散射。4.2 节主要研究石墨烯的后续部分,着重于能带结构、载流子散射和相互作用影响(本质是电子-声子)三个方面。4.4 节主要研究具有类似结构的石墨。由于到目前为止这些体系的磁光研究只有很少部分被报道,所以本书只是简单讨论了双层石墨烯(4.3 节)。

4.2 石墨烯的磁光-光谱

4.2.1 狄拉克费米子的经典回旋共振

电荷载流子的回旋运动和相关的旋转共振(在回旋频率为 ω_c 的光的吸收)是磁光光谱研究最主要的也可能是最具代表性的结果。重要的是,回旋运动不仅只能表征质量为 m、施加频率为 $\omega_c = eB/m$ 的常规带电粒子(e),而且也能表征无质量的狄拉克费米子。能量 ε 线性依赖于动量 $P(\varepsilon = v_F p)$ 的带电粒子的经典运动方程的解决,也会导致具有一定频率 $\omega_c = eB/(|\varepsilon|/v_F^2)$ 的回旋运动,其中能很容易地根据质量 $m = |\varepsilon|/v_F^2$ 求出能量。后一个表达式,相当于质量和能量的爱因斯坦关系式,使在石墨烯的电子态中产生了相对论性的特点。也许令人惊讶,石墨烯回旋共振的经典理论在最近才被证明[55]。此经典理论在低磁场中与磁场 B 成线性的回旋共振(CR)吸收的特性与最近在硅终止的碳化硅表面高度 p 型掺杂的准独立外延石墨烯上得到的结果示于图 4.1 中。(高度掺杂)石墨烯的二维平移对称会由于特定缺陷或人工缺陷的存在以及典型的等离子体刻蚀效果而受到破坏,从而导致光响应-回旋共振(CR)被磁-等离子体共振所代替[56-57]。

值得注意的是,典型的回旋共振吸收伴随着法拉第旋转作用,已由 Crassee 等证明[49],在更高的磁场中,接近回旋共振量子理论[35],并且得到回旋共振与 $\sqrt{B}$ 有关的特点,见图 4.1。相关的法拉第旋转被认为能以精细结构常数单位被量子化[48],并确定与最近的实验得到的结果一样[50],这样的石墨烯磁-光响应的量子理论将在后续进行说明。

第4章 基于石墨烯体系的光学磁光-光谱

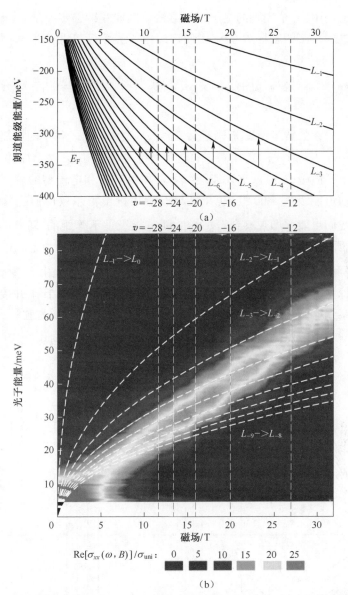

图4.1 (a)量子体系的回旋共振跃迁的朗道能级扇形图示意图。(b)实验测得的纵向光学电导率 $\sigma_{xx}(\omega,B)$ 实部的彩色图。虚线表示石墨烯中相邻(空穴)朗道能级之间的跃迁 $L_{-m} \to L_{-m+1}$。(a)、(b)为费米速度 $v_F = 0.99 \times 10^6 \mathrm{m/s}$ 时绘出的理论曲线(引自文献[35])

4.2.2 石墨烯的磁-光响应:量子机制

石墨烯特殊的电子结构,即在狄拉克点附近消失的回旋质量,意味着朗道能级间有一个相当大的间距。如果我们处理的是微掺杂的石墨烯样品,即使在相对较低的磁场中,一个完整的量子力学方法也因此变得必要。在量子力学图中,垂直于石墨烯片层的磁场 B 的应用使连续电子光谱转变为离散和高度简并的朗道能级(LL)[58]:

$$E_n = \text{sign}(n)v_F\sqrt{2|e|\hbar B|n|} = \text{sign}(n)E_1\sqrt{|n|} \quad (n = 0, \pm 1, \pm 2, \cdots)$$

(4.1)

可通过单一的参数费米速度 v_F 来定义 $E_1 = v_F\sqrt{2\hbar|e|B}$。每个朗道能级的简并度为 $\zeta(B) = g_v g_s |eB|/h$,其中考虑自旋简并 g_s 和谷简并 g_v 两个简并度,朗道能级光谱由电子能级($n>0$)、空穴能级($n<0$)和由空穴和电子型的载流子共同作用的零阶朗道能级($n=0$)组成,并且与石墨烯量子霍尔效应的特殊序列相对应[5-6]。我们也能立即观察到石墨烯的朗道能级是不等距的,随着 $\sqrt{B}$ 变化,如图 4.2(a)所示,同时与间距和磁场有依赖关系,这可以理解为是能带的极端非抛物型(实际是线性)结果。朗道能级不寻常的 $\sqrt{B}$ 依赖性是由石墨烯电子态对磁场令人惊讶的灵敏度导致的。通过实验可知,在体系降至 1mT 并接近液氮的温度时观察到非常清晰的朗道能级[59]。由于其凝聚态体系是独一无二的,所以在纯石墨烯中朗道能级的量子化也可以在地球的磁场($B_{\text{Earth}} \approx 10^{-5}\text{T}$)中观察到。

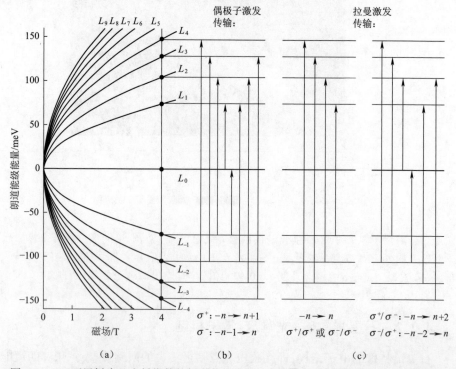

图 4.2 (a)石墨烯中几个低指数的朗道能级表现为与 $\sqrt{B}$ 相关的特征;未掺杂石墨烯中偶极允许和拉曼激活(斯托克斯(Stokes)分支)的朗道能级间跃迁分别示于图(b)和(c)中

近些年来,在量子化的磁场中,光与石墨烯的相互作用在理论和实验方面已被广泛探讨[53,59-73]。石墨烯表现出一个相对丰富(多模型)的磁光响应,其中单个共振能量与单个朗道能级间的跃迁能量一致,具有 $\sqrt{B}$ 的大小。朗道能级光谱这独一无二的性质能在磁光响应中观察到。

石墨烯中偶极允许的朗道能级间跃迁都遵循选择规则 $|n| \to |n|+1$ 和 $|n| \to |n|-1$,分别活跃在 σ^+ 和 σ^- 的入射偏振光中[67,69]。这些活跃的偶极跃迁分为三个阶段($j \geq 1$):能量为 $E_1(\sqrt{j+1}+\sqrt{j})$ 的能带间共振 $L_{-j} \to L_{j+1}$ 和 $L_{-j-1} \to L_j$,能量为 $E_1(\sqrt{j+1}-\sqrt{j})$ 的能带内共振 $L_j \to L_{j+1}$ 和 $L_{-j-1} \to L_{-j}$ 以及能量为 E_1、$n=0$ 的朗道能级的混合 $L_{-1(0)} \to L_{0(1)}$ 共振。从多层外延石墨烯的准中性层得到的典型磁转变数据如图 4.3 所示,这个特殊情况下的光谱是由混合 $L_{-1(0)} \to L_{0(1)}$ 这个特定共振模型主导得到的,而且一些带间朗道能级间共振也能在该光谱中分辨出来。通过实验,已在一个相邻层的特定旋转叠加的多层外延石墨烯[62,66-67,70-71]与剥离的石墨烯标本上观察到了这种行为[64,68]。

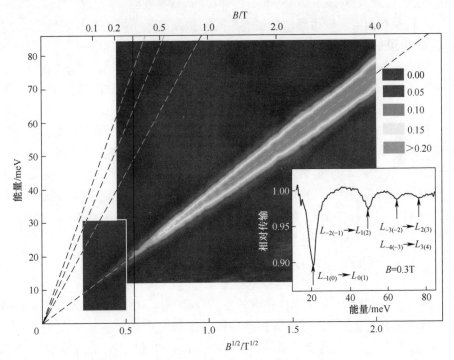

图 4.3　在 $T=2.0K$ 时,远红外线透射率 $\mathcal{T}$(绘制为 $-\ln\mathcal{T}$)作为磁场的函数。虚线代表 $v_F=1.02\times10^6$ m/s 时的理论跃迁,插图为 $B=0.3T$ 时的透射光谱(美国物理学会版权所有(2008))

在低能量时出现能带内跃迁,而在较高能量时产生能带内跃迁的同时还产生能带间共振。然而与常规的基于间接带隙半导体的二维体系相比,这两种跃迁类型在能量上没有明显的差距,但在一定程度上与窄间隙Ⅱ/Ⅳ化合物结构的情况相类似[74-77]。虽然如此,在石墨烯中,只处理一种原子轨道类型的情况,因此能带内和能带间这两种跃迁都遵循类似的选择规则:朗道能级指数模量的变化为1,这是相对于常规的二维体系而言,以 GaAs 为例,其中能带间跃迁由朗道能级指数决定,而偶极矩则分别由导带和价带不同的 s 轨道和 p 轨道决定。由于石墨烯能带结构的电子-空穴对称性,两种不同的能带间共振,如 $L_{-2} \to L_3$ 和 $L_{-3} \to L_2$,如图4.2(b)所示,在同一能量时可能会出现。然而,这样的能量简并跃迁也活跃于反向圆偏振光中。在低温条件下可以最多预期两个不同能带内跃迁,但是同时会出现一系列能带间跃迁。当费米分布的热扩散超过朗道能级的间隔时,这种情况在较高温度时更复杂。能带内吸收(回旋共振)也可能由于一些非等距朗道能级曲线部分重叠描述了 $L_0 \to L_1$ 的热活化,从而揭示了一个多模型的特点。这样的多模型能带内吸收光谱,对应于在本节开始时讨论的典型回旋共振,最近被 Neugebaure 等在石墨烯(块状石墨表面)中发现[59]。

在拉曼散射实验中得到的朗道能级间的激发遵循不同的选择规则[53]。为了表示不同的偏振装置,采用符号 $\sigma_{Exicitation}/\sigma_{Collection}$ 表示,其中 $\sigma_{Exicitation}$ 是激发光子的圆偏振,$\sigma_{Collection}$ 是采集光子的圆偏振。拉曼散射光谱的斯托克斯分量的主要贡献是通过 $n > 0$ 时 $-n \to n$ 相对于 $n=0$ 朗道能级对称跃迁得到的,如图4.2所示,在所谓的共圆装置中可以观察到,其中外来和导出的光子保持相同的圆偏振(σ^-/σ^- 或 σ^+/σ^+)。这些激发态已经在块状石墨表面类似石墨烯位置上的拉曼散射光谱中检测到,并可能代表拉曼散射光谱中石墨烯的第一个纯电子跃迁(图4.4)。值得注意的是,一个纯电子拉曼散射信号在金属型碳纳米管中也已被发现[78]。其他的(相对较弱)的贡献,认为是活跃在交叉圆偏振[53](σ^+/σ^- 和 σ^+/σ^-)中且分别遵循选择规则 $-n \to n+2$ 和 $-n-2 \to n$,如图4.2(c)所示,但还没有在实验中观察到。

4.2.3 朗道能级扇形图和费米速度

实际上,和对载流子的线性色散关系的观察一样,用 $\sqrt{|Bn|}$ 表示朗道能级来准确说明其特点,这是石墨烯体系的朗道能级光谱的第一个重要壮举[62]。Sadowski 等[62]在多层外延石墨烯(MEG)结构中发现了一个近乎完美的以 $\sqrt{|Bn|}$ 表示的朗道能级扇形图,并得出了唯一的标度参数——费米速度 $v_F = 1.03 \times 10^6 m/s$。Jiang 等[64]和随后的 Deacon 等[68]在 Si/SiO_2 上的有栅极的(剥离)石墨烯鳞片上发现了一个更高的 $v_F \approx 1.1 \times 10^6 m/s$ 的值[64]。我们注意到,在多层外延石墨烯结构以及悬浮在石墨表面的石墨烯鳞片上的朗道能级已在磁场中通过隧道光谱被发现[80-81]。在后来的 STS 实验中得到的费米速度与

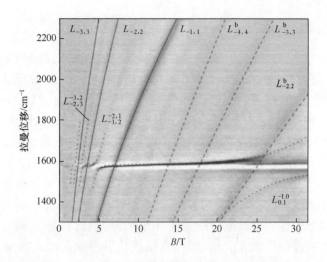

图4.4 在天然石墨样本上测得的非偏振光散射强度作为磁场函数的灰度图。每个谱图都已减去 $B=0$ 的谱图。可观察到三种不同类型的激发态：实线和点线对应石墨上的解耦石墨烯鳞片带间朗道能级间的激发态。能级间的激发态与 E_{2g} 声子线耦合导致特征免交叉行为的产生。虚线对应块状石墨在 K 点的带间朗道能级间的激发态[51,79]（美国物理学会版权所有(2011)）

在 MEG 结构情况下的磁传输数据相吻合。在石墨表面的石墨烯鳞片上所做的 STS 实验中[80]得到了一个令人惊讶的低费米速度 $v_F = 0.79 \times 10^6$ m/s，与这些体系在微波吸收测试时得到的值 1.00×10^6 m/s 相比有很大的差距[59]。这种矛盾可能是由于这两个实验的探针对 v_F 具有不同的重整度，或者可能是由于 STM 针尖的一个局部（和扩散）的特点导致的。

4.2.4 非简单能带模型

电子能带的线性关系与理想的线性关系相比具有相对较小但明显的偏差，与狄拉克点最大相差±0.5eV 距离，偏差为几个百分点，已在多层外延石墨烯上由远红外和近红外结合的磁光实验中被发现[70]。随着探测光光子能量的增加，导致观察到了与简单的 $\sqrt{B}$ 相关的激发的背离，从而产生了这些偏差，在这些实验中没有发现电子-空穴对称性的信号。另一方面，在 Si/SiO_2 基底上剥离石墨烯的电子-空穴对称痕迹已被 Deacon 等[68]报道出来，其估计的电子和空穴费米速度的差距约为百分之几。磁传输实验中如果使用中性的石墨烯样品，也许能得到在狄拉克点可能出现间隙的相关信息。在低磁场的限制下，Orlita 等已估计出在准中性的 MEG 结构[71]上存在一个小于 1meV 的间隙，且在石墨基底的石墨烯鳞片上其最大值可能为零点几毫电子伏特[59]。

4.2.5 散射/无序

石墨烯的回旋共振测试,特别是在低磁场(和低频)的限制下,可以有效估计载流子的散射时间和/或迁移率。例如,Orlita 等[71](在磁场低于 10mT 范围下)已表明了在低温下的多层外延石墨烯载流子的迁移率能超过 250000cm^2/(V·s)(这是其他所有已知材料中的最高记录)的可能性(图4.3),然而,载流子迁移率对能量的依赖性(即与狄克拉点的距离)还没有测定。最近,相同试样的带间朗道能级间的共振线形分析,使得研究者们去深入研究作为能量函数的态的变宽。在调查的石墨烯体系中,其结果表明迁移率是一个与能量(或载流子密度)密切相关的参数[73]。这与剥离石墨烯样本的典型行为形成对比,并指向准中性外延石墨烯中明显不同类型的散射机制,最有可能是由于短程散射[82]。同样使用磁光光谱法,已测得块状石墨表面的高质量石墨烯鳞片在高于液氮温度下的电荷载流子的迁移率超过 $10^7 cm^2$/(V·s)[59]。即使到现在,这个结果对于人造结构的迁移率仍是一个高得惊人的界限。对于这个特殊的、天然的石墨烯体系,迁移率与散射时间或相关的能量关系仍未被阐明。

4.2.6 电子-电子的相互作用

自从石墨烯发现以来,其中的电子-电子相互作用的影响成为一个令人特别感兴趣的课题。然而,由不同的石墨烯体系得到的大量的实验结果可通过单电子模型得到很好地理解,这也包括了大量的磁传输研究[59,62,70-71]。特征上,其表现出一个有规律的、由单个参数 v_F 定义的一系列的跃迁,因此很容易被分配在单粒子的朗道能级之间。但是,高度简并的朗道能级之间的激发被看作是涉及电子-电子相互作用影响的非凡过程,相应的电子-空穴激发用波矢量(与电子-空穴间距成正比)来表征。朗道能级间和朗道能级内激发态色散关系的特定形状分别是整数[5,6,83]和分数[84-86]量子霍尔效应多体物理学的重心。从该物理学中得知,当考虑一个普通的二维电子气的单个抛物型能带(具有等距朗道能级)时,光学活性 $k=0$ 的朗道能级内激发的能量与单个粒子激发的能量一致,这可以被看作科恩(或拉莫尔)定理的结果,也可以看作是库仑结合力和对 $k=0$ 的电子-空穴激发的交换排斥力的完美抵消。这种推理不支持狄拉克电子的二维电子气,因为其交换的排斥力大大超过了库仑结合力,并且对于不同对的朗道能级其结果也不同。科恩定理在石墨烯中表现出明显近似的正确性是一个令人惊讶的结果,在我们看来需要对理论背景做进一步说明,解决这一问题的第一个理论著作已经被发表[87-89]。但是我们注意到,这与从朗道能级间激发的完美单粒子存在很小(线宽度内)但明显的偏离,这已在剥离石墨烯结构的实验中报告了[64]。最近,Henriksen 等[72]报道了当改变 $n=-1$ 和 $n=1$ 朗道能级之间的费米能量时,$L_{-1(0)} \to L_{0(1)}$ 跃迁的能量的变化在高磁场中尤其明显。所有的这些发现[64,72]都是从电子-电子相互作用的角度进行讨论的,但可能也包含一些无序的影响[90]。值得注意的是,磁光光谱法可以对高磁场中的准中性石墨烯(在零填充系数的朗道能级可能出现间隙)的性质进行测试,这成为很多理论探讨和实验工作的课题,例如参考文献[91,92]。近期,费米速度快速提高的可视化[93],已通过磁传输技术(另一种红外磁谱)在独立中性石墨烯的狄拉克点附近观察到,这是红外磁光光谱的另一个任务。在具有类似质量和载流子密度的石墨烯样品(石墨上退耦的石墨烯鳞片)上进行的磁光实验没有显示这种行为[59],可能是因为基底诱导的强屏蔽效应导致的结果。

4.2.7 电子-声子相互作用的影响

当研究以光学声子(E_{2g})的声子响应作为施加在石墨烯层中磁场的函数时,石墨烯中的光学声子与电子激发态的有效耦合产生了一个特别显著的(共振的磁-声子)效果[94-95]。E_{2g}声子期望能与所选择的$L_{n\to m}$朗道能级间激发态杂化。声子响应(在无序体系中)[79]中充分的磁振荡和/或一系列可避免的交叉事件(在有序体系中)[51,96]可通过拉曼散射实验观察得到。到目前为止,越来越多的石墨烯基体系如准中性石墨烯状体系:是一个与圆偏振光声子和一个非零的费米能量相关的圆二色性的外延石墨烯[79]和掺杂剥离石墨烯[97]的结合体系以及四层的石墨烯[98],块状石墨[52]和石墨表面上的石墨烯[51,96,99],都表现出了明显的磁-声子共振效应。这个效应的振幅取决于电子-声子的耦合常数以及朗道能级激发的振荡强度,其中包括矩阵元、初态和终态朗道能级的占用因子,当然还有被调查的电子体系的质量。至今最明显的磁-声子效应发现于石墨表面的高质量石墨烯上。如图4.5所示,为最近在石墨表面的石墨烯上

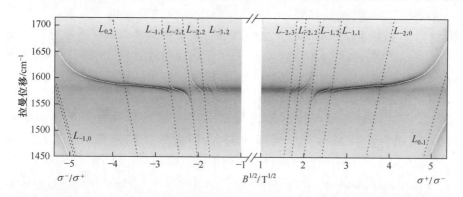

图4.5 磁-拉曼散射响应:无彩色强度图,其中黑(白)对应于高(低)强度。黑色虚线表示与区域中心的E_{2g}声子相互作用的朗道能级间激发态的能量。白线是通过右侧给出的参数计算出的混合电子-声子模型所得到的能量,包括类光学激发态、对称激发态和$L_{0,2}$激发态[99](美国物理学会版权所有(2012))

的偏振分辨的磁-拉曼散射研究结果。理论[94-95]认为,在激发/散射光的 σ^+/σ^-(或 σ^-/σ^+)装置中观察得到的 E_{2g} 声子,将与特定的 $|n|-|m|=\pm1$ 的非对称 $L_{n,m}$ 激发态混合。在调查的体系中,由混合模型的近似分析得到了电子-声子耦合的特征值 $\lambda = 4.4 \times 10^{-3}$。然而令人惊讶的是,实验表明石墨表面的石墨 E_{2g} 声子不仅与不对称激发态发生耦合而且还与其他的朗道能级间激发态($L_{-n,n}$ 和 $L_{0,2}$)发生耦合。这些理论上意想不到的结果仍有待阐明,由于不能在多层外延石墨烯上观察到这些结果[79],所以可能与石墨表面类似石墨烯的特定结构有关。最近在 MEG 结构中的电子-声子相互作用的另一个表现形式已在回旋共振实验中发现,其中 CR 线与 K 点声子的明确耦合已被证明[100]。

4.3 双层石墨烯的磁-光特性

伯纳尔(AB)堆叠的双层石墨烯,在电荷中性点附近具有近抛物型能带,与石墨烯相比可能会为我们提供一个更普通的磁-光响应。无论如何,具有零间隙能带结构和大量狄拉克费米载流子的手性特征的双层石墨烯,仍表现出与其他半导体材料明显不同的行为。

考虑到抛物型双能带,朗道能级最简单的量子力学方法最初用于解释双层石墨烯的磁控传输数据[101]。它表明在磁场 B 中的朗道能级光谱是线性的[102],如图 4.6(a)所示。

$$E_n = \pm \hbar\omega_c \sqrt{n(n-1)} \quad (n = 0,1,2,\cdots) \tag{4.2}$$

其中,在高 n 的限定下(一般 n>2),朗道能级光谱的 $E_n \approx \pm \hbar\omega_c(n+1/2)$,具有普通大量微粒的典型特征。n=0 和 n=1 能级发生简并,并且因此形成了八重简并度的零能量能级,这还导致了具有 2π 贝里相位的特征量子霍尔效应的出现[101-102]。适用于这个最简单方法的双层石墨烯中的偶极跃迁遵循选择规则 $|n|\rightarrow|n|\pm1$ [69],如图 4.6(b)所示。拉曼激活模型遵循不同的选择规则,与入射和发射的圆偏振光有关[54],如图 4.6(c)所示。

两个单独的测试方法已被运用至今,在剥离双层石墨烯鳞片[103]以及双层石墨烯上,它以相邻层的普通旋转堆叠多层外延石墨烯内夹杂物的形式存在[104]。第一个研究重点是能带内响应,即大量狄拉克费米子的回旋共振(图4.7(a)),第二个研究重点是带间朗道能级间的跃迁(图4.7(b))。在这两种情况中,已经报道了在线性磁场 B 中光响应的一个明显偏离行为,因此上述理论模型只能提供一个定性的解释。如果朗道能级光谱用四带模型计算,则可以得到一个合理的定量解释。对有栅极的剥离石墨烯鳞片的情况[72],必须适当地考虑由背栅诱导引起的层间电位[105-106]。

由于实验数据的缺失,在双层石墨烯上许多磁光响应的理论假设仍有待证

第4章 基于石墨烯体系的光学磁光-光谱

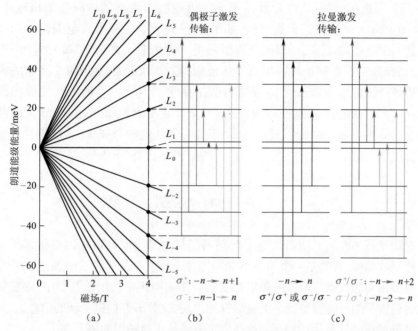

图4.6 （a）双层石墨烯的朗道能级在低磁场时与 B 近似呈线性关系，但在较高磁场或能量时呈次线性关系；(b)和(c)在双层石墨烯中偶极允许和拉曼激活的朗道能级间激发态示意图

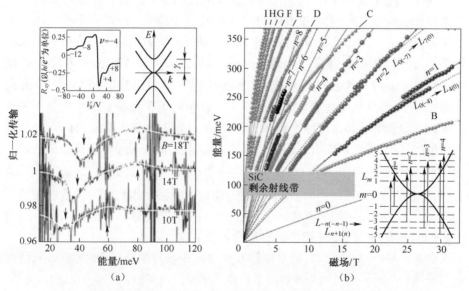

图4.7 （a）剥离双层石墨烯的回旋共振吸收图[103]（美国物理学会版权所有(2008)）；(b)多层外延石墨烯跃迁扇形图，插图中的指数 n 表示 AB 堆叠的双层石墨烯中夹杂物的跃迁[104]（美国物理学会版权所有(2011)）

明[107-109]。例如,这些假设涉及零能量朗道能级内光学活性跃迁的出现[109],与 $n=0$ 和 $n=1$ 能级的分裂一致,如图 4.6(a)所示。在微波范围内的低磁场实验是一个灵敏的工具,可以研究双层石墨烯的栗弗席兹(Lifshitz)跃迁。这是三角形的弯曲,在低能量区双层石墨烯近似抛物型能带转变为四个分离的狄拉克锥形体并因此显著改变了能带结构的拓扑学[69,102,110]。预计在拉曼实验中会出现一系列新的朗道能级间激发态[54]。可能令人惊讶,这些部分假设可以用其他的体系证明,如块状石墨。正如下面讨论的这种材料,即在能带结构的 K 点,与双层石墨烯一样,适用于单个粒子的哈密顿算符[111-112]。

4.4 石　　墨

对块状石墨性质的重新研究是当前石墨烯物理学研究爆发的直接结果。作为一种三维晶体,石墨是一个与石墨烯相比性质更复杂的体系;不过,这两种材料拥有很多相同的性质。不论在单层和双层石墨烯中还是在块状石墨中,跟踪相对论性的载流子的可能性导致了大量研究的出现,这些研究提供了新的信息,并对旧数据进行了新的解释,但很不幸,这些信息经常是先验知识的再发现[113]。

4.4.1 能带结构的简化模型

如在上述几节中讨论的,光谱结合高磁场能提供一个独特的洞察石墨烯基体系能带结构的方法,伯纳尔堆叠的块状石墨、石墨烯层,通过一个在三维六边形布里渊区定义的三维能带结构为来表征。块状石墨及其衍生物在磁场中的能带结构是由七个紧密绑定的参数 $\gamma_0, \cdots, \gamma_5$ 以及 Δ 的 SWM 模型来简单描述的[114-116]。这个模型已被用来描述磁传递[4,117-119]、红外磁反射[47,120-122]和磁传输[112,123-124]实验中得到的大部分数据。其预测了在抛物型平面内分布的 K 点附近的大量电子和在线性平面内分布的 H 点附近的无质量空穴的存在。在施加的磁场作用下,形成沿 k_z 连续分布的朗道能级,波矢量是以层间空间的倒矢为单位来测量的,即由从 K 点($k_z=0$)等间距的和与 B 成线性的朗道能级到 H 点($k_z=\pi/2$)非等间距的和与 $\sqrt{B}$ 相关的朗道能级测量得出[116]。虽然在不同的实验中测试的是不同能量区域,以及缺少偏振分辨测量,且仍没有得到 SWM 参数的精确值,但是 SWM 模型的有效性一般是被认可的。

相对于整个 SWM 模型,通常使用有效的两个参数模型(所谓的有效双层模型)就足够了[111,125],这两个参数模型描述了平面内曲率沿 k_z 变化的抛物型分布。这种模型是在只考虑 SWM 模型前两个参数 γ_0 和 γ_1 时得到的,分别为层间和层内最近跳跃积分;得到的结果是依据两个低能量能带与 k_z 相关的 4×4 哈密顿算符,在每一个 k_z 值的哈密顿算符可以通过由有效参数 γ_0 和 $\gamma_1^* = 2\gamma_1 \cos k_z$ 决定的双层石墨烯确定,对于$k_z=0$(对应于K点)时的结果,在描述石墨烯时γ_1^*增长为γ_1的两倍。具有朗道能级指数的朗道能级扇形图,连同偶极子的激发和拉曼散射选择规则,如图4.6所示。石墨中K点载流子的电子特性与双层石墨烯非常相似。

已经证明有效的双参数抛物型模型能正确描述磁吸收实验[112,124]。可通过参考文献[124]确定:①通过导入描述正负能态的两个不同有效质量来再生不对称电子-空穴;②导入最低朗道能级的分裂从而再生双层石墨烯和块状石墨的低能量朗道能级结构。图4.8(a)表明了块状石墨上的磁吸收测试的分析结果(文献[124])。观察到H点无质量空穴随$\sqrt{B}$变化的激发态(图4.8(a)中的A线)以及K点大量电子随B线性变化的不同激发态。有效的双参数抛物型模型可以描述大部分在低磁场和低能量区域观察到的行为。图4.8(b)表明这种模型在更高的磁场和能量区域也是有效的。双参数抛物型模型也可以用于描述由不同k_z和γ_1^*值的重叠石墨烯双层电子分布组成的能带结构的寡层石墨烯样本[111]。

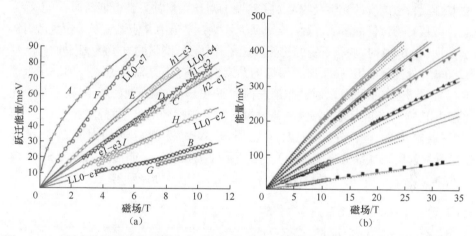

图4.8 (a)最小传输能量值(符号)作为磁场的函数,实线是通过参考文献[124]中的有效双参数模型得到的结果;(b)在高能量/磁场范围下及参考文献[112]中得到的结果,实线与(a)中一样[124](美国物理学会版权所有(2009))

4.4.2 完整的斯朗科泽斯基-韦斯-麦克卢尔(Slonczewski-Weiss-McClure)模型

实现在能量的红外区域的偏振分辨测试比较困难,这个问题可以通过能量可见区域的拉曼散射技术克服。最近这样的实验在块状石墨上也得到了实现[52]。根据相应的圆偏振激发光和散射光,可以选择不同类型的电子激发态:①在共圆偏振构型中的$\Delta|n|=0$激发态(σ^-/σ^-和σ^+/σ^+);②在交叉圆偏振构型中的$\Delta|n|=\pm2$和$\Delta|n|=\pm1$激发态(σ^-/σ^+和σ^+/σ^-)。严格来说,一般认为只有$\Delta|n|=\pm2$的激发态在拉曼中是可观察到的,但是$\Delta|n|=\pm1$激发

态由于三角弯曲,故也可以在这个偏振构型中观察到。例如在类光学激发态的实验中,通过这些实验,选择能级为 n^- 到 $(n+1)^+$ 或 $(n+1)^-$ 到 n^+ 的激发态,可以得出电子-空穴非对称性的一个直接估计值。图 4.9(a)表明在两个交叉圆偏振构型中,作为磁场函数散射光的最大值的变化与完整 SWM 模型(实线和虚线)的理论假设一致。石墨烯在交叉圆偏振构型中的主要可见激发态是 $\Delta|n|=\pm 1$ 激发态,而与石墨烯的情况相反,块状石墨的电子拉曼散射光谱的主要贡献是 $\Delta|n|=\pm 2$ 电子激发态。

上述实验也可以让我们探讨拉曼散射特征的线形状沿 k_z 的分布,特别是在两个圆偏振构型上观察到的结果。如图 4.9(b)所示,观察到的线形状是非常不对称的,并在特征的高能量一侧有一个长尾巴。理论计算[126-127]表明,在一个固定的磁场中,散射强度与态密度直接成比例,并可以预测抛物型分布的双层石墨烯具有能量自主响应而线型分布的单层石墨烯具有相对线性的能量响应。这与单层石墨烯能量自主响应的光学吸收形成了鲜明的对比[26],并且在低能量时,可表示为一个双层石墨试样能量的倒数[128]。研究块状石墨烯中 K 点载流子的拉曼散射实验表明,在 $B=0$ 时,块状石墨的拉曼散射光谱中有低能量的电子激发态的存在,到 1200cm^{-1} 处变得平坦,和双层石墨烯的预期值一样,但是需要通过外加磁场来证明。能量自主响应也可以通过非偏振构型证明[129]。在外加磁场下,朗道量子化的作用使响应转变为离散特性。通过拉曼散射观察到的电子特性的线形状主要由 K 点附近的电子分布决定,并能通过 SWM 模型得到相对精确的计算值(图 4.9(b)的实线和虚线部分)。这一系列实验结果只能通过完整的 SWM 模型并考虑电子-空穴的非对称性、三角弯曲和沿 k_z 的分布来理解。

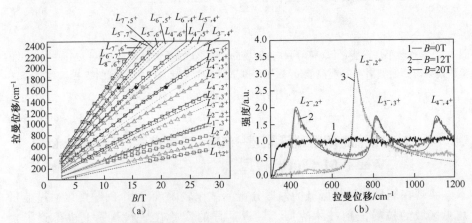

图 4.9 (a)在两个交叉圆偏振构型(σ^-/σ^+ ($\triangle$) 和 σ^+/σ^- ($\square$))中作为磁场函数的散射光极大值的变化,实线($\Delta|n|=\pm 2$ 电子激励)和虚线($\Delta|n|=\pm 1$ 电子激励)代表由完整的 SWM 模型得到的预期值;●和●分别对应于在 σ^+/σ^- 和 σ^-/σ^+ 构型中观测到的声子共振;(b)在共圆偏振装置(σ^-/σ^-)中,在 $B=0$T、$B=12$T 和 $B=20$T 情况下测量得到的三个拉曼散射光谱,实线和虚线都是通过计算得到的线形状[52](美国物理学会版权所有(2011))

4.4.3 中心点附近的能带结构:接近栗弗席兹转换

双层石墨烯和块状石墨的低能量能带结构,越接近电荷中性点,对由 SWM 参数 γ_3 描述的三角弯曲的效果越灵敏。目前在双栅高迁移率双层石墨烯标本上的磁传输实验[110]表明,低能量电子的分布是由相互作用的影响决定的,相互作用的影响能强烈地改变非平凡低能量费米子表面的拓扑结构。在理想的、非相互作用的体系下,电子能带结构从高能量的单一电子(或空穴)到 4 个不同的电子(或空穴)狄拉克锥体进行变化,当费米能变为更低的能量,低于拓扑转换时称为栗弗席兹转换。这些磁传输实验表明,低能量能带结构实际上只由两个狄拉克锥体组成,这表明对称性变小既可能是由应变也可能是由库仑相互作用驱动的向列电子相变引起的。

块状石墨的能带结构与双层石墨烯非常相似,但费米能量难以通过栅极影响进行改变,所以和双层石墨烯一样,块状石墨目前还不可能在低于费米能量的分界面上进行探索。块状石墨存在一种费米能级稍高于拓扑分离曲线的电子体系,最近在能量为微波范围内(1meV)进行的磁吸收实验表明,存在与 K 点附近的低能量能带结构的拓扑学相关的丰富物理学[130]。如图 4.10(a)和(b)所示,能带分布在两个不同的能量 $\varepsilon_{\text{e-sp}}$ 和 $\varepsilon_{\text{h-sp}}$ 处,具有 6 个鞍点,从而确定了两个分离曲线(等能线隔开不同的拓扑结构区)。当费米能量 ε_F 跨越这些分界面时,费米面的拓扑结构从 K 点周围的单电子变为由于 $\varepsilon_F < \varepsilon_{\text{e-sp}}$ 而形成的四个不相连的锥体。这些拓扑结构的变化对回旋频率在 $\varepsilon = \varepsilon_{\text{sp}}$ 处的消失具有明显的影响。由于块状石墨的 ε_F 超过 ε_{sp} 6meV,所以在低能量下测量的回旋共振(CR)响应受到了显著影响。图 4.10(c)所示为低温下得到的磁吸收能量对磁场的求导,可能会导致:①大量的回旋共振谐波的出现(最多 20);②$3k+1$ 谐波与 $3k-1$ 谐波相比,强度增强;③在低能量一侧所观察到的共振吸收峰的特性峰变宽。这些都是块状石墨近似栗弗席兹转换的磁光特征[130]。

这些结果已在不需要考虑相互作用影响的单粒子模型的框架下进行了说明,将来有可能使块状石墨的费米能量穿过分界面,但就目前而言,仍然是一个挑战。

4.4.4 光散射转换效率

在离散石墨烯状朗道能级的光学激发下,室温下观察到的磁光响应与在低温下观察到的非常相似,没有明显的偏移并且吸收线也没变宽[71]。这表明没有与温度活化相关的散射机制。块状石墨的情况也非常相似。从图 4.11 可以看出,磁场中的电子拉曼散射特性,特别是 $L_{2^-,2^+}$ 的特性,可以从低温至室温进行观察。此特性的线形状由于强烈的温度影响发生了整体的蓝移,并且最终态 $n = 2^+$ 的朗道能带的热粒子数出现拖尾现象。这个特性的初始最低能量在低温

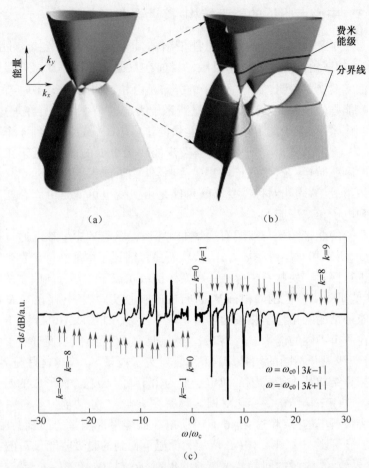

图 4.10 （a），（b）K 点附近块状石墨的低能量面内能带结构，红色实线为两个分界面，蓝色实线代表费米能级；（c）在 $\hbar\omega = 1.171\text{meV}$ 的微波激发能量下，作为 ω/ω_c 的函数时所测得的磁吸收能量对磁场的导数[130]（美国物理学会版权所有（2012））

时相对尖锐，因为所有 $n = 2^+$ 朗道能带在 $k_z = 0$ 态都是空白的，而那些起始于 $k_z = 0$ 的最终态，由于该能带的热粒子数从而产生了跃迁的泡利阻塞效应。这种效应对蓝移和升高温度下的 $L_{2^-,2^+}$ 光谱变宽做出了定性的解释。热粒子数效应似乎是观察到的光谱响应差异的主要因素。这意味着使光谱变宽的其他可能因素与温度的相关性可以忽略。

4.4.5 声子–电子耦合

上一节中所讨论的石墨烯体系，也可以通过施加高磁场，使块状石墨中的电子–声子的相互作用发生共振。块状石墨中的电子–声子耦合相关的电子激发是光学状激发（在 $B = 0$ 时 $\Delta k = 0$），其在施加磁场的作用下转化为 $\Delta|n| = \pm 1$ 的

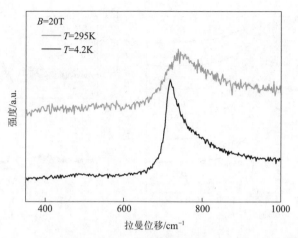

图 4.11　在 $B=20T$, $T=4.2K$ 和 $T=295K$ 时，$L_{2-,2+}$ 特征的
拉曼散射光谱[52]（美国物理学会版权所有（2011））

朗道能带激发。因此能够通过增加磁场改变这些与 $1580cm^{-1}$ 处的 E_{2g} 光声子发生共振的激发。这导致磁-声子效应，表现为声子能量和线宽度发生明显的振荡，如图 4.12（a）所示。该线的拉曼位移和从洛伦兹公式拟合的半高宽（FWHM）示于图 4.12（b）、（c）。块状石墨的这种效应与石墨烯单层上观察到的效应则明显不同。这两个体系之间的根本区别在于块状石墨中电子态的三维特性和相关的 k_z 分布的三维特性。与石墨烯中离散的朗道能级相比，块状石墨中的磁-声子效应还涉及朗道能带。K 点附近的电子分布导致该体系中的类光学激发的振荡强度扩展到一个显著的能量范围内（通常为几毫电子伏），结果表明，观察到的声子能量和线宽的振幅是不对称的，并强烈衰减，如图 4.12（b）、（c）所示。在石墨烯中，充分共振耦合产生在两个离散的激发态之间，而在块状石墨中，在磁场中出现的三维朗道能带的相互作用在一定能量范围内分布，并且与观察到的电子特性一样宽。虽然这些振幅主要是由于 K 点激发，但它们也反映了 H 点载流子的激发光谱和它们的电子-空穴的不对称性[52]。这导致 H 点的费米能级在电荷中性点以下以及在这个特殊点的零级朗道能级完全是空的这一事实。因此，只有 $L_{-1,0}$ 有一个有限的振子强度，并与声子的耦合，当 $L_{0,1}$ 振幅强度消失，在两个交叉的圆偏振装置中观察到不对称性的产生，在高磁场中一个组分是蓝移而另一个组分是红移。模拟块状石墨的磁-声子效应使得我们可以得到无量纲的电子-声子耦合常数 λ，在这种情况下，λ 为 3.0×10^{-3}，大约比预期值低 1/3。这种差异可能是由于在计算中近似值 $\gamma_3 = 0$ 影响了矩阵元，所以最终得到耦合常数的估计值。为了达到这个目的，注意到最近在非偏振光的拉曼散射实验中，块状石墨的磁-声子共振在高达 45T 的磁场中也可以被观察到[131]。

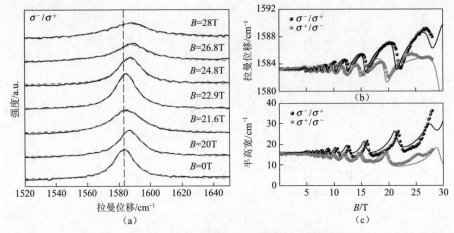

图4.12 (a)不同磁场下能量E_{2g}声子范围内的拉曼散射光谱图;(b),(c)在两个不同的交叉圆偏振装置中作为磁场函数的E_{2g}声子特征中拉曼位移和半高宽的变化,实线是参考文献[52]中计算得到的结果[52](美国物理学会版权所有(2011))

4.5 本章小结

最后,本章的目的是为了证明磁光光谱方法可以探索石墨烯基材料电学性能的可能性。首先,这些方法在调查的体系特征能带结构上提供了的有用信息。再次,我们可以由这些方法推断出载流子散射作用/机理,同时这些方法也是研究了电子-声子耦合的有效技术。在远红外范围的磁吸收是研究石墨烯及其衍生物最直接的工具,但是这项技术不适用于小尺寸样品。用磁光光谱研究微米尺寸结构中最重要的一步是近期通过磁拉曼散射实验的电子响应证明的。这些只用在石墨和石墨基底的石墨烯上的实验,同样也适用于研究所有其他的高质量石墨烯结构。大尺寸石墨烯结构的制备(例CVD生长法)和提高单个石墨烯结构(例如氮化硼上的石墨烯)表征质量(迁移率)的明确过程,必将在不远的将来开辟对磁光光谱研究的一个新方向。这些研究可能特别包括对量子霍尔效应体系中(电子-声子和电子-电子)相互作用影响的研究。当研究带有能量间隙的石墨烯体系时,当研究等离子体结构时和/或研究石墨烯体系中的光发射时,磁光光谱的其他应用可能是与之密切相关的。

致谢

感谢Denis Basko的激励性讨论,感谢来自Grenoble的"纳米科学基金"

(DISPOGRAPH 项目)和欧洲研究基金会(ERC-2012-AdG-320590-MOMB)。

参 考 文 献

[1] A. K. Geim, A. H. MacDonald, Graphene: exploring carbon flatland. Phys. Today **60**, 35-41 (2007).

[2] A. K. Geim, K. S. Novoselov, The rise of graphene. Nat. Mater. **6**, 183 (2007).

[3] K. S. Novoselov, A. K. Geim, S. V. Morozov, D. Jiang, M. I. Katsnelson, I. V. Grigorieva, S. V. Dubonos, A. A. Firsov, Electric field effect in atomically thin carbon films. Science **306**, 666 (2004).

[4] J. A. Woollam, Spin splitting, Fermi energy changes, and anomalous g shifts in single-crystal and pyrolytic graphite. Phys. Rev. Lett. **25**, 810-813 (1970).

[5] K. S. Novoselov, A. K. Geim, S. V. Morozov, D. Jiang, M. I. Katsnelson, I. V. Grigorieva, S. V. Dubonos, A. A. Firsov, Two-dimensional gas of massless Dirac fermions in graphene. Nature **438**, 197 (2005).

[6] Y. B. Zhang, Y. W. Tan, H. L. Stormer, P. Kim, Experimental observation of the quantum Hall effect and Berrys phase in graphene. Nature **438**, 201 (2005).

[7] M. Orlita, M. Potemski, Dirac electronic states in graphene systems: optical spectroscopy studies. Semicond. Sci. Technol. **25**, 063001 (2010).

[8] F. Bonaccorso, Z. Sun, T. Hasan, A. C. Ferrari, Graphene photonics and optoelectronics. Nat. Photonics **4**, 611 (2010).

[9] W. D. Tan, C. Y. Su, R. J. Knize, G. Q. Xie, L. J. Li, D. Y. Tang, Mode locking of ceramic Nd:yttrium aluminum garnet with graphene as a saturable absorber. Appl. Phys. Lett. **96**(3), 031106 (2010).

[10] H. Zhang, D. Y. Tang, L. M. Zhao, Q. L. Bao, K. P. Loh, Large energy mode locking of an erbium-doped fiber laser with atomic layer graphene. Opt. Express **17**(20), 17630-17635 (2009).

[11] X. Wang, L. Zhi, K. Mullen, Transparent, conductive graphene electrodes for dye-sensitized solar cells. Nano Lett. **8**(1), 323-327 (2008). PMID: 18069877.

[12] K. S. Kim, Y. Zhao, H. Jang, S. Y. Lee, J. M. Kim, K. S. Kim, J.-H. Ahn, P. Kim, J.-Y. Choi, B. H. Hong, Large-scale pattern growth of graphene films for stretchable transparent electrodes. Nature **457**, 706-710 (2009).

[13] L. Ju, B. Geng, J. Horng, C. Girit, M. Martin, Z. Hao, H. A. Bechtel, X. Liang, A. Zettl, Y. R. Shen, F. Wang, Graphene plasmonics for tunable terahertz metamaterials. Nat. Nanotechnol. **6**, 630 (2011).

[14] P. Blake, E. W. Hill, A. H. Castro Neto, K. S. Novoselov, D. Jiang, R. Yang, T. J. Booth, A. K. Geim, Making graphene visible. Appl. Phys. Lett. **91**, 063124 (2007).

[15] D. S. L. Abergel, A. Russell, V. I. Fal'ko, Visibility of graphene flakes on a dielectric substrate. Appl. Phys. Lett. **91**, 063125 (2007).

[16] S. Roddaro, P. Pingue, V. Piazza, V. Pellegrini, F. Beltram, The optical visibility of graphene: interference colors of ultrathin graphite on SiO2. Nano Lett. **7**, 2707-2710 (2007).

[17] C. Casiraghi, A. Hartschuh, E. Lidorikis, H. Qian, H. Harutyunyan, T. Gokus, K. S. Novoselov, A. C. Ferrari, Rayleigh imaging of graphene and graphene layers. Nano Lett. **7**, 2711-2717 (2007).

[18] I. Jung, M. Pelton, R. Piner, D. A. Dikin, S. Stankovich, S. Watcharotone, M. Hausner, R. S. Ruoff, Simple approach for high-contrast optical imaging and characterization of graphene based sheets. Nano Lett. **7**, 3569-3575 (2007).

[19] A. C. Ferrari, J. C. Meyer, V. Scardaci, C. Casiraghi, M. Lazzeri, F. Mauri, S. Piscanec, D. Jiang, K. S. Novoselov, S. Roth, A. K. Geim, Raman spectrum of graphene and graphene layers. Phys. Rev. Lett. **97**, 187401 (2006).

[20] D. Graf, F. Molitor, K. Ensslin, C. Stampfer, A. Jungen, C. Hierold, L. Wirtz, Spatially resolved Raman spectroscopy of single- and few-layer graphene. Nano Lett. **7**, 238-242 (2007).

[21] C. Faugeras, A. Nerriere, M. Potemski, A. Mahmood, E. Dujardin, C. Berger, W. A. de Heer, Few-layer graphene on sic, pyrolitic graphite, and graphene: a Raman scattering study. Appl. Phys. Lett. **92**, 011914 (2008).

[22] S. Pisana, M. Lazzeri, C. Casiraghi, K. S. Novoselov, A. K. Geim, A. C. Ferrari, F. Mauri, Breakdown of the adiabatic Born-Oppenheimer approximation in graphene. Nat. Mater. **6**, 198-201 (2007).

[23] A. H. Castro Neto, F. Guinea, Electron-phonon coupling and Raman spectroscopy in graphene. Phys. Rev. B **75**, 045404 (2007).

[24] J. Yan, Y. Zhang, P. Kim, A. Pinczuk, Electric field effect tuning of electron-phonon coupling in graphene. Phys. Rev. Lett. **98**, 166802 (2007).

[25] T. Ando, Y. Zheng, H. Suzuura, Dynamical conductivity and zero-mode anomaly in honeycomb lattices. J. Phys. Soc. Jpn. **71**, 1318-1324 (2002).

[26] R. R. Nair, P. Blake, A. N. Grigorenko, K. S. Novoselov, T. J. Booth, T. Stauber, N. M. R. Peres, A. K. Geim, Fine structure constant defines visual transparency of graphene. Science **320**, 1308 (2008).

[27] K. F. Mak, M. Y. Sfeir, Y. Wu, C. H. Lui, J. A. Misewich, T. F. Heinz, Measurement of the optical conductivity of graphene. Phys. Rev. Lett. **101**, 196405 (2008).

[28] A. B. Kuzmenko, E. van Heumen, F. Carbone, D. van der Marel, Universal optical conductance of graphite. Phys. Rev. Lett. **100**, 117401 (2008).

[29] V. G. Kravets, A. N. Grigorenko, R. R. Nair, P. Blake, S. Anissimova, K. S. Novoselov, A. K. Geim, Spectroscopic ellipsometry of graphene and an exciton-shifted van Hove peak in absorption. Phys. Rev. B **81**, 155413 (2010).

[30] K. F. Mak, J. Shan, T. F. Heinz, Seeing many-body effects in single- and few-layer graphene: observation of two-dimensional saddle-point excitons. Phys. Rev. Lett. **106**, 046401 (2011).

[31] D.-H. Chae, T. Utikal, S. Weisenburger, H. Giessen, K. v. Klitzing, M. Lippitz, J. Smet, Excitonic Fano resonance in free-standing graphene. Nano Lett. **11**(3), 1379-1382 (2011).

[32] S. H. Abedinpour, G. Vignale, A. Principi, M. Polini, W.-K. Tse, A. H. MacDonald, Drude weight, plasmon dispersion, and ac conductivity in doped graphene sheets. Phys. Rev. B **84**, 045429 (2011).

[33] J. Horng, C.-F. Chen, B. Geng, C. Girit, Y. Zhang, Z. Hao, H. A. Bechtel, M. Martin, A. Zettl, M. F. Crommie, Y. R. Shen, F. Wang, Drude conductivity of Dirac fermions in graphene. Phys. Rev. B **83**, 165113 (2011).

[34] H. Yan, F. Xia, W. Zhu, M. Freitag, C. Dimitrakopoulos, A. A. Bol, G. Tulevski, P. Avouris, Infrared spectroscopy of wafer-scale graphene. ACS Nano **5**(12), 9854-9860 (2011). doi: 10.1021/nn203506n.

[35] M. Orlita, I. Crassee, C. Faugeras, A. B. Kuzmenko, F. Fromm, M. Ostler, T. Seyller, G. Martinez, M. Polini, M. Potemski, Classical to quantum crossover of the cyclotron resonance in graphene: a study of the strength of intraband absorption. New J. Phys. **14**(9), 095008 (2012).

[36] J. M. Dawlaty, S. Shivaraman, M. Chandrashekhar, F. Rana, M. G. Spencer, Measurement of ultrafast carrier dynamics in epitaxial graphene. Appl. Phys. Lett. **92**, 042116 (2008).

[37] P. A. George, J. Strait, J. Dawlaty, S. Shivaraman, M. Chandrashekhar, F. Rana, M. G. Spencer, Ultrafast optical-pump terahertz-probe spectroscopy of the carrier relaxation and recombination dynamics in epitaxial graphene. Nano Lett. **8**, 4248 (2008).

[38] D. Sun, Z.-K. Wu, C. Divin, X. Li, C. Berger, W. A. de Heer, P. N. First, T. B. Norris, Ultrafast relaxation of excited Dirac fermions in epitaxial graphene using optical differential transmission spectroscopy. Phys. Rev. Lett. **101**, 157402 (2008).

[39] H. Choi, F. Borondics, D. A. Siegel, S. Y. Zhou, M. C. Martin, A. Lanzara, R. A. Kaindl, Broadband electromagnetic response and ultrafast dynamics of few-layer epitaxial graphene. Appl. Phys. Lett. **94**(17), 172102 (2009).

[40] P. Plochocka, P. Kossacki, A. Golnik, T. Kazimierczuk, C. Berger, W. A. de Heer, M. Potemski, Slowing hot-carrier relaxation in graphene using a magnetic field. Phys. Rev. B **80**, 245415 (2009).

[41] T. Kampfrath, L. Perfetti, F. Schapper, C. Frischkorn, M. Wolf, Strongly coupled optical phonons in the ultrafast dynamics of the electronic energy and current relaxation in graphite. Phys. Rev. Lett. **95**(18), 187403 (2005).

[42] M. Breusing, C. Ropers, T. Elsaesser, Ultrafast carrier dynamics in graphite. Phys. Rev. Lett. **102**, 086809 (2009).

[43] R. W. Newson, J. Dean, B. Schmidt, H. M. van Driel, Ultrafast carrier kinetics in exfoliated graphene and thin graphite films. Opt. Express **17**, 2326-2333 (2009).

[44] S. Winnerl, M. Orlita, P. Plochocka, P. Kossacki, M. Potemski, T. Winzer, E. Malic, A. Knorr, M. Sprinkle, C. Berger, W. A. de Heer, H. Schneider, M. Helm, Carrier relaxation in epitaxial graphene photoexcited near the Dirac point. Phys. Rev. Lett. **107**, 237401 (2011).

[45] K. J. Tielrooij, J. C. W. Song, S. A. Jensen, A. Centeno, A. Pesquera, A. Zurutuza Elorza, M. Bonn, L. S. Levitov, F. H. L. Koppens, Photoexcitation cascade and multiple hot-carrier generation in graphene. Nat. Phys. **9**, 248 (2013).

[46] J. K. Galt, W. A. Yager, H. W. Dail, Cyclotron resonance effects in graphite. Phys. Rev. **103**(5), 1586-1587 (1956).

[47] P. R. Schroeder, M. S. Dresselhaus, A. Javan, Location of electron and hole carriers in graphite from laser magnetoreflection data. Phys. Rev. Lett. **20**, 1292 (1969).

[48] T. Morimoto, Y. Hatsugai, H. Aoki, Optical Hall conductivity in ordinary and graphene quantum Hall systems. Phys. Rev. Lett. **103**, 116803 (2009).

[49] I. Crassee, J. Levallois, A. L. Walter, M. Ostler, A. Bostwick, E. Rotenberg, T. Seyller, D. van der Marel, A. B. Kuzmenko, Giant Faraday rotation in single- and multilayer graphene. Nature Phys. **7**(1), 48-51 (2011).

[50] R. Shimano, G. Yumoto, J. Y. Yoo, R. Matsunaga, S. Tanabe, H. Hibino, T. Morimoto, H. Aoki, Quantum Faraday and Kerr rotations in graphene. Nat. Commun. **4**, 1841 (2013).

[51] C. Faugeras, M. Amado, P. Kossacki, M. Orlita, M. Kühne, A. A. L. Nicolet, Y. I. Latyshev, M. Potemski, Magneto-Raman scattering of graphene on graphite: electronic and phonon excitations. Phys. Rev. Lett. **107**, 036807 (2011).

[52] P. Kossacki, C. Faugeras, M. Kuhne, M. Orlita, A. A. L. Nicolet, J. M. Schneider, D. M. Basko, Y. I. Latyshev, M. Potemski, Electronic excitations and electron-phonon coupling in bulk graphite through Raman scattering in high magnetic fields. Phys. Rev. B **84**, 235138 (2011).

[53] O. Kashuba, V. I. Fal'ko, Signature of electronic excitations in the Raman spectrum of graphene. Phys. Rev. B **80**, 241404 (2009).

[54] M. Mucha-Kruczy'nski, O. Kashuba, V. I. Fal'ko, Spectral features due to inter-Landau-level transitions in the Raman spectrum of bilayer graphene. Phys. Rev. B **82**, 045405 (2010).

[55] A. M. Witowski, M. Orlita, R. Ste,pniewski, A. Wysmołek, J. M. Baranowski, W. Strupi'nski, C. Faugeras, G. Martinez, M. Potemski, Quasiclassical cyclotron resonance of Dirac fermions in highly doped graphene. Phys. Rev. B **82**, 165305 (2010).

[56] I. Crassee, M. Orlita, M. Potemski, A. L. Walter, M. Ostler, T. Seyller, I. Gaponenko, J. Chen, A. B. Kuzmenko, Intrinsic terahertz plasmons and magnetoplasmons in large scale monolayer graphene. Nano Lett. **12**(5), 2470-2474 (2012).

[57] H. Yan, Z. Li, X. Li, W. Zhu, P. Avouris, F. Xia, Infrared spectroscopy of tunable Dirac terahertz magneto-plasmons in graphene. Nano Lett. **12**(7), 3766-3771 (2012).

[58] Y. Zheng, T. Ando, Hall conductivity of a two-dimensional graphite system. Phys. Rev. B **65**, 245420 (2002).

[59] P. Neugebauer, M. Orlita, C. Faugeras, A.-L. Barra, M. Potemski, How perfect can graphene be? Phys. Rev. Lett. **103**, 136403 (2009).

[60] N. M. R. Peres, F. Guinea, A. H. Castro Neto, Electronic properties of disordered two-dimensional carbon. Phys. Rev. B **73**(12), 125411 (2006).

[61] V. P. Gusynin, S. G. Sharapov, Transport of Dirac quasiparticles in graphene: Hall and optical conductivities. Phys. Rev. B **73**, 245411 (2006).

[62] M. L. Sadowski, G. Martinez, M. Potemski, C. Berger, W. A. de Heer, Landau level spectroscopy of ultrathin graphite layers. Phys. Rev. Lett. **97**, 266405 (2006).

[63] V. P. Gusynin, S. G. Sharapov, J. P. Carbotte, Anomalous absorption line in the magnetooptical response of graphene. Phys. Rev. Lett. **98**, 157402 (2007).

[64] Z. Jiang, E. A. Henriksen, L. C. Tung, Y.-J. Wang, M. E. Schwartz, M. Y. Han, P. Kim, H. L. Stormer, Infrared spectroscopy of Landau levels of graphene. Phys. Rev. Lett. **98**, 197403 (2007).

[65] V. P. Gusynin, S. G. Sharapov, J. P. Carbotte, Magneto-optical conductivity in graphene. J. Phys. Condens. Matter **19**, 026222 (2007).

[66] M. L. Sadowski, G. Martinez, M. Potemski, C. Berger, W. A. de Heer, Magnetospectroscopy of epitaxial few-layer graphene. Solid State Commun. **143**, 123 (2007).

[67] M. L. Sadowski, G. Martinez, M. Potemski, C. Berger, W. A. de Heer, Magneto-spectroscopy of epitaxial graphene. Int. J. Mod. Phys. B **21**, 1145 (2007).

[68] R. S. Deacon, K.-C. Chuang, R. J. Nicholas, K. S. Novoselov, A. K. Geim, Cyclotron resonance study of the electron and hole velocity in graphene monolayers. Phys. Rev. B **76**, 081406 (2007).

[69] D. S. L. Abergel, V. I. Fal'ko, Optical and magneto-optical far-infrared properties of bilayer graphene. Phys. Rev. B **75**, 155430 (2007).

[70] P. Plochocka, C. Faugeras, M. Orlita, M. L. Sadowski, G. Martinez, M. Potemski, M. O. Goerbig, J.-N. Fuchs, C. Berger, W. A. de Heer, High-energy limit of massless Dirac fermions in multilayer graphene using magneto-optical transmission spectroscopy. Phys. Rev. Lett. **100**, 087401 (2008).

[71] M. Orlita, C. Faugeras, P. Plochocka, P. Neugebauer, G. Martinez, D. K. Maude, A.-L. Barra, M. Sprinkle, C. Berger, W. A. de Heer, M. Potemski, Approaching the Dirac point in high-mobility multilayer epitaxial graphene. Phys. Rev. Lett. **101**, 267601 (2008).

[72] E. A. Henriksen, P. Cadden-Zimansky, Z. Jiang, Z. Q. Li, L.-C. Tung, M. E. Schwartz, M. Takita, Y.-J. Wang, P. Kim, H. L. Stormer, Interaction-induced shift of the cyclotron resonance of graphene using infrared spectroscopy. Phys. Rev. Lett. **104**, 067404 (2010).

[73] M. Orlita, C. Faugeras, R. Grill, A. Wysmolek, W. Strupinski, C. Berger, W. A. de Heer, G. Martinez, M. Potemski, Carrier scattering from dynamical magnetoconductivity in quasineutral epitaxial graphene. Phys. Rev. Lett. **107**, 216603 (2011).

[74] M. Schultz, U. Merkt, A. Sonntag, U. Rossler, Density dependent cyclotron and intersub-band resonance in inverted CdTe/HgTe/CdTe quantum wells. J. Cryst. Growth **184-185**, 1180 (1998).

[75] M. Schultz, U. Merkt, A. Sonntag, U. Rossler, R. Winkler, T. Colin, P. Helgesen, T. Skauli, S. Løvold, Crossing of conduction- and valence-subband Landau levels in an inverted HgTe/CdTe quantum well. Phys. Rev. B **57**, 14772 (1998).

[76] M. Orlita, K. Masztalerz, C. Faugeras, M. Potemski, E. G. Novik, C. Brüne, H. Buhmann, L. W. Molenkamp, Fine structure of zero-mode Landau levels in $HgTe/Hg_xCd_{1-x}Te$ quantum wells. Phys. Rev. B **83**, 115307 (2011).

[77] M. Zholudev, F. Teppe, M. Orlita, C. Consejo, J. Torres, N. Dyakonova, M. Czapkiewicz, J. Wróbel, G. Grabecki, N. Mikhailov, S. Dvoretskii, A. Ikonnikov, K. Spirin, V. Aleshkin, V. Gavrilenko, W. Knap, Magnetospectroscopy of two-dimensional HgTe-based topological insulators around the critical thickness. Phys. Rev. B **86**, 205420 (2012).

[78] H. Farhat, S. Berciaud, M. Kalbac, R. Saito, T. F. Heinz, M. S. Dresselhaus, J. Kong, Observation of electronic Raman scattering in metallic carbon nanotubes. Phys. Rev. Lett. **107**, 157401 (2011).

[79] C. Faugeras, M. Amado, P. Kossacki, M. Orlita, M. Sprinkle, C. Berger, W. A. de Heer, M. Potemski, Tuning the electron-phonon coupling in multilayer graphene with magnetic fields. Phys. Rev. Lett. **103**, 186803 (2009).

[80] G. Li, A. Luican, E. Y. Andrei, Scanning tunneling spectroscopy of graphene on graphite. Phys. Rev. Lett. **102**, 176804 (2009).

[81] D. L. Miller, K. D. Kubista, G. M. Rutter, M. Ruan, W. A. de Heer, P. N. First, J. A. Stroscio, Observing the quantization of zero mass carriers in graphene. Science **324**, 924-927 (2009).

[82] N. H. Shon, T. Ando, Quantum transport in two-dimensional graphite system. J. Phys. Soc. Jpn. **67**, 2421 (1998).

[83] K. V. Klitzing, G. Dorda, M. Pepper, Newmethod for high-accuracy determination of the fine-structure constant based on quantized Hall resistance. Phys. Rev. Lett. **45**, 494-497 (1980).

[84] D. C. Tsui, H. L. Stormer, A. C. Gossard, Two-dimensional magnetotransport in the extreme quantum limit. Phys. Rev. Lett. **48**, 1559-1562 (1982).

[85] X. Du, I. Skachko, F. Duerr, A. Luican, E. Y. Andrei, Fractional quantum Hall effect and insulating phase of Dirac electrons in graphene. Nature **462**, 192 (2009).

[86] K. I. Bolotin, F. Ghahari, M. D. Shulman, H. L. Stormer, P. Kim, Observation of the fractional quantum Hall effect in graphene. Nature **462**, 196 (2009).

[87] A. Iyengar, J. Wang, H. A. Fertig, L. Brey, Excitations from filled Landau levels in graphene. Phys. Rev. B **75**, 125430 (2007).

[88] Y. A. Bychkov, G. Martinez, Magnetoplasmon excitations in graphene for filling factors $\nu \leqslant 6$. Phys. Rev. B **77**, 125417 (2008).

[89] K. Asano, T. Ando, Approximate validity of Kohn's theorem in graphene. Work Presented at EP2DS-18 Conference, Japan, 2009.

[90] W. Zhu, Q. W. Shi, J. G. Hou, X. R. Wang, Comment on "interaction-induced shift of the cyclotron resonance of graphene using infrared spectroscopy". Phys. Rev. Lett. **105**, 159703 (2010).

[91] M. I. Katsnelson, Graphene: carbon in two dimensions. Mater. Today **10**, 20-27 (2007).

[92] A. J. M. Giesbers, U. Zeitler, M. I. Katsnelson, L. A. Ponomarenko, T. M. Mohiuddin, J. C. Maan, Quantum-Hall activation gaps in graphene. Phys. Rev. Lett. **99**, 206803 (2007).

[93] D. C. Elias, R. V. Gorbachev, A. S. Mayorov, S. V. Morozov, A. A. Zhukov, P. Blake, L. A. Ponomarenko, I. V. Grigorieva, K. S. Novoselov, F. Guinea, A. K. Geim, Dirac cones reshaped by interaction effects in suspended graphene. Nat. Phys. **7**, 701 (2011).

[94] T. Ando, Magnetic oscillation of optical phonon in graphene. J. Phys. Soc. Jpn. **76**, 024712 (2007).

[95] M. O. Goerbig, J. -N. Fuchs, K. Kechedzhi, V. I. Fal'ko, Filling-factor-dependent magnetophonon resonance in graphene. Phys. Rev. Lett. **99**, 087402 (2007).

[96] J. Yan, S. Goler, T. D. Rhone, M. Han, R. He, P. Kim, V. Pellegrini, A. Pinczuk, Observation of magnetophonon resonance of Dirac fermions in graphite. Phys. Rev. Lett. **105**, 227401 (2010).

[97] P. Kossacki, C. Faugeras, M. Kuhne, M. Orlita, A. Mahmood, E. Dujardin, R. R. Nair, A. K. Geim, M. Potemski, Circular dichroism of magneto-phonon resonance in doped graphene. Phys. Rev. B **86**, 205431 (2012).

[98] C. Faugeras, P. Kossacki, A. A. L. Nicolet, M. Orlita, M. Potemski, A. Mahmood, D. M. Basko, Probing the band structure of quadrilayer graphene with magneto-phonon resonance. New J. Phys. **14**, 095007 (2012).

[99] M. Kühne, C. Faugeras, P. Kossacki, A. A. L. Nicolet, M. Orlita, Y. I. Latyshev, M. Potemski, Polarization-resolved magneto-Raman scattering of graphenelike domains on natural graphite. Phys. Rev. B **85**, 195406 (2012).

[100] M. Orlita, L. Z. Tan, M. Potemski, M. Sprinkle, C. Berger, W. A. de Heer, S. G. Louie, G. Martinez, Resonant excitation of graphene k-phonon and intra-Landau-level excitons in magnetooptical spectroscopy. Phys. Rev. Lett. **108**, 247401 (2012).

[101] K. S. Novoselov, E. McCann, S. V. Morozov, V. I. Fal'ko, K. I. Katsnelson, U. Zeitler, D. Jiang, F. Schedin, A. K. Geim, Unconventional quantum Hall effect and Berry's phase of 2π in bilayer graphene. Nat. Phys. **2**, 177-180 (2006).

[102] E. McCann, V. I. Fal'ko, Landau-level degeneracy and quantum Hall effect in a graphite bilayer. Phys. Rev. Lett. **96**, 086805 (2006).

[103] E. A. Henriksen, Z. Jiang, L. -C. Tung, M. E. Schwartz, M. Takita, Y. -J. Wang, P. Kim, H. L. Stormer, Cyclotron resonance in bilayer graphene. Phys. Rev. Lett. **100**, 087403 (2008).

[104] M. Orlita, C. Faugeras, J. Borysiuk, J. M. Baranowski, W. Strupiński, M. Sprinkle, C. Berger, W. A. de Heer, D. M. Basko, G. Martinez, M. Potemski, Magneto-optics of bilayer inclusions in multilayered epitaxial graphene on the carbon face of sic. Phys. Rev. B **83**, 125302 (2011).

[105] M. Mucha-Kruczynski, E. McCann, V. I. Fal'ko, The influence of interlayer asymmetry on the magnetospectroscopy of bilayer graphene. Solid State Commun. **149**, 1111-1116 (2009).

[106] M. Mucha-Kruczynski, D. S. L. Abergel, E. McCann, V. I. Fal'ko, On spectral properties of bilayer graphene: the effect of an sic substrate and infrared magneto-spectroscopy. J. Phys. Condens. Matter **21**, 344206 (2009).

[107] C. Töke, V. I. Falko, Intra-Landau-level magnetoexcitons and the transition between quantum Hall states in undoped bilayer graphene. Phys. Rev. B **83**, 115455 (2011).

[108] V. E. Bisti, N. N. Kirova, Coulomb interaction and electron-hole asymmetry in cyclotron resonance of bilayer graphene in a high magnetic field. Phys. Rev. B **84**, 155434 (2011).

[109] Y. Barlas, R. Côté, K. Nomura, A. H. MacDonald, Intra-Landau-level cyclotron resonance in bilayer graphene. Phys. Rev. Lett. **101**, 097601 (2008).

[110] A. S. Mayorov, D. C. Elias, M. Mucha-Kruczynski, R. V. Gorbachev, T. Tudorovskiy, A. Zhukov, S. V. Morozov, M. I. Katsnelson, V. I. Falko, A. K. Geim, K. S. Novoselov, Interaction-driven spectrum reconstruction in bilayer graphene. Science **333**(6044), 860-863 (2011).

[111] M. Koshino, T. Ando, Magneto-optical properties of multilayer graphene. Phys. Rev. B **77**, 115313 (2008).

[112] M. Orlita, C. Faugeras, J. M. Schneider, G. Martinez, D. K. Maude, M. Potemski, Graphite from the viewpoint of Landau level spectroscopy: an effective graphene bilayer and monolayer. Phys. Rev. Lett. **102**, 166401 (2009).

[113] N. B. Brandt, S. M. Chudinov, Y. G. Ponomarev, *Semimetals* 1: *Graphite and Its Compounds*. Modern Problems in Condensed Matter Sciences, vol. 20.1 (North-Holland, Amsterdam, 1988).

[114] J. C. Slonczewski, P. R. Weiss, Band structure of graphite. Phys. Rev. **109**, 272 (1958).

[115] J. W. McClure, Diamagnetism of graphite. Phys. Rev. **104**, 666-671 (1956).

[116] K. Nakao, Landau level structure and magnetic breakthrough in graphite. J. Phys. Soc. Jpn. **40**, 761 (1976).

[117] D. E. Soule, Magnetic field dependence of the Hall effect and magnetoresistance in graphite single crystals. Phys. Rev. **112**, 698-707 (1958).

[118] D. E. Soule, J. W. McClure, L. B. Smith, Study of the Shubnikov-de Haas effect. Determination of the Fermi surfaces in graphite. Phys. Rev. **134**, 453-470 (1964).

[119] J. M. Schneider, M. Orlita, M. Potemski, D. K. Maude, Consistent interpretation of the low-temperature magnetotransport in graphite using the Slonczewski-Weiss-McClure 3D band-structure calculations. Phys. Rev. Lett. **102**, 166403 (2009).

[120] W. W. Toy, M. S. Dresselhaus, G. Dresselhaus, Minority carriers in graphite and the h-point magnetoreflection spectra. Phys. Rev. B **15**, 4077 (1977).

[121] Z. Q. Li, S.-W. Tsai, W. J. Padilla, S. V. Dordevic, K. S. Burch, Y. J. Wang, D. N. Basov, Infrared probe of the anomalous magnetotransport of highly oriented pyrolytic graphite in the extreme quantum limit. Phys. Rev. B **74**, 195404 (2006).

[122] J. Levallois, M. Tran, A. B. Kuzmenko, Decrypting the cyclotron effect in graphite using Kerr rotation spectroscopy. Solid State Commun. **152**(15), 1294-1300 (2012).

[123] M. Orlita, C. Faugeras, G. Martinez, D. K. Maude, M. L. Sadowski, M. Potemski, Dirac fermions at the h point of graphite: magnetotransmission studies. Phys. Rev. Lett. **100**, 136403 (2008).

[124] K.-C. Chuang, A. M. R. Baker, R. J. Nicholas, Magnetoabsorption study of Landau levels in graphite. Phys. Rev. B **80**, 161410 (2009).

[125] B. Partoens, F. M. Peeters, Normal and Dirac fermions in graphene multilayers: tight-binding description of the electronic structure. Phys. Rev. B **75**, 193402 (2007).

[126] O. Kashuba, V. I. Fal'ko, Signature of electronic excitations in the Raman spectrum of graphene. Phys. Rev. B **80**, 241404 (2009).

[127] M. Mucha-Kruczynski, O. Kashuba, V. I. Fal'ko, Spectral features due to inter-Landau-level transitions in the Raman spectrum of bilayer graphene. Phys. Rev. B **82**, 045405 (2010).

[128] E. McCann, D. S. L. Abergel, V. I. Falko, Electrons in bilayer graphene. Solid State Commun. **146**, 110 (2007).

[129] A. F. García-Flores, H. Terashita, E. Granado, Y. Kopelevich, Landau levels in bulk graphite by Raman spectroscopy. Phys. Rev. B **79**, 113105 (2009).

[130] M. Orlita, P. Neugebauer, C. Faugeras, A.-L. Barra, M. Potemski, F. M. D. Pellegrino, D. M.

Basko, Cyclotron motion in the vicinity of a Lifshitz transition in graphite. Phys. Rev. Lett. **108**, 017602 (2012).

[131] Y. Kim, Y. Ma, A. Imambekov, N. G. Kalugin, A. Lombardo, A. C. Ferrari, J. Kono, D. Smirnov, Magnetophonon resonance in graphite: high-field Raman measurements and electron-phonon coupling contributions. Phys. Rev. B **85**, 121403 (2012).

第 5 章

石墨烯的紧束缚

S. Dröscher, F. Molitor, T. Ihn, K. Ensslin

摘要 未来电子器件的设计目标之一就是减小尺寸从而可以进一步提升它们的性能。而石墨烯由于其电子特性和令人瞩目的材料稳定性,成为符合这类器件的潜在材料系统之一。到目前为止,由石墨烯制造的纳米尺寸结构,窄束缚是其中的主要成分。本章旨在通过石墨烯紧束缚的电子传输特性和理论预计与最新的实验发现进行比较。

5.1 引 言

5.1.1 石墨烯电子学

自从在实验中发现石墨烯以来,石墨烯已成为用于电子器件的一种革命性材料[1]。在其独特的性能中,有一些可以满足现在半导体技术的需求。石墨烯可以很容易地进行图案制备和连接,因为其所有的原子都暴露在表面。石墨烯可随意地平铺在基底上,即使形成纳米尺度的结构也具有很好的稳定性[2-3],另外,半导体产业对石墨烯单原子层的亚纳米厚度也很感兴趣。如果硅场效应晶体管被石墨烯取代,那么它的通道可以变薄一百倍[4]。此外,由于它独特的能带结构,载流子就不会遭受背反射,从而在室温下显示出高出硅近十倍的迁移率。

除了补充标准技术,石墨烯量子器件的实现也是为了满足量子信息处理领域的实际利益。由于基质材料比较低的原子质量使电子自旋与它的轨道运行只

S. Dröscher, F. Molitor, T. Ihn, K. Ensslin(通信作者)
瑞士苏黎世市苏黎世联邦理工学院固态物理实验室,8093。
e-mail:ensslin@phys.ethz.ch

有微弱的相互作用,从而石墨烯可能满足长自旋相干时间的要求。由于石墨烯主要是由具有零核自旋的^{12}C同位素组成(98.9%),所以超精细的耦合应该被忽略掉。这种特性有希望实现固态量子计算机组成部分的自旋量子比特。

5.1.2 石墨烯纳米结构

与在半导体器件中一样,我们可以利用场效应通过栅极来调整石墨烯片中的载流子密度。然而,由于缺少带隙,系统内的载流子不会被全部消耗掉。因此可以排除静电约束。取而代之的是,在靠近电中性点处发生了类空穴和电子间的连续跃迁。然而从理论角度来说,沿着一个特定的晶向将石墨烯剪切成狭窄的带状,那么就会打开一个带隙,并且打开的带隙依赖于形成边缘的晶格排列。即使到目前为止,对石墨烯纳米带的研究还没有实现能够得到完美的边缘和准确的晶格排列,但是观察到了纳米带对电子输运的抑制作用。在许多不同的纳米结构中,这种所谓的传输带隙被用作隧道结,其中狭窄束缚用于定义这种结构。图5.1列出了三种典型的器件,包括单量子点器件(图5.1(a))、双量子点器件(图5.1(b))和量子干涉器件(图5.1(c))。通过对这种束缚的传输机制的深入的理解,反映了上述复杂的纳米结构的一种基本构建模块,因此需要观察和控制它们的输运特性。

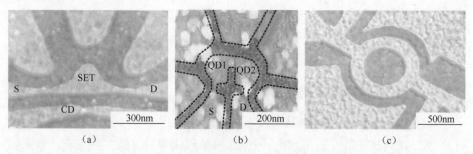

图5.1 不同石墨烯纳米结构的原子力显微镜图像。(a)具有电荷探测器(CD)的单电子晶体管(SET)[5]。源极(S)和漏极(D)通过狭窄束缚和单电子晶体管(SET)连接起来。面内几个侧栅极用来调节岛上和束缚内的状态。(b)具有面内栅极的双量子点[6],通过狭窄束缚实现源极(S)、左量子点(QD1)、右量子点(QD2)和漏极(D)之间的串联。(a)和(b)中的狭窄束缚被用作隧道势垒。(c)用于量子干涉测试的Aharonov-Bohm环[7]

5.2 传统半导体器件中的束缚

过去的数十年就在研究半导体中的纳米结构。埋在表面下的含有二维电子气(2DEG)的异质结经常被用来作为起始材料来制备半导体。为了在更低的尺度下限制载流子,需把金属电极放置在表面上。通过给裂缝栅极一个负电压,把栅极下面区域的 2DEG 的载流子耗尽,从而形成电绝缘体。

如图 5.2(a)中所示,如果在两个电极之间只有一个很小的开口,就会形成束缚,当电子从一个大的富集区到另一个富集区时,就必须穿过这个通道。早在 1988 年,有两组独立团队第一次实现在 GaAs/AlGaAs 异质结上的低温传导测试[8-9]。在这些测试中记录的电阻被转换成了电导系数 G,如图 5.2(b)所示,G 作为裂缝栅电压 V_G 的函数。在这里,作为一个整体趋势,电导系数随着施加的负栅电压逐渐变小而逐步地增长。对于这种情形的直观解释是,当 V_G 被调整的更加接近于正电压时耗尽区域会变小,图 5.2(a)的通道会变宽从而会允许更多的载流子通过。

然而,更引人注目的是,沿栅电压轴出现了等高的电导系数台阶。每一个电导系数台阶都会增加 $\Delta G = 2e^2/h$,这个值等于电导量子 $G_0 = e^2/h$ 的两倍。隐藏在这个实验后面的发现是离散的量子态,称作模,沿着通道轴传播[10]。这些模的形成是由于垂直于运动方向的侧向约束导致的。富集区的费米能级和束缚的宽度决定了占有的模的数量。如果在两个富集区间施加一个小的偏压 V_{bias},会导致由模引起的分别流向左右的电流不同,并且会有一个净电流通过。每一个占据的量子态都会产生一个净电流 $I = (e^2/h)V_{bias}$,也意味着有一个电导量子 G_0。在零磁场中,电子自旋简并度会对每一个模产生一个 $2e^2/h$ 的电导贡献,如图 5.2(b)所示。

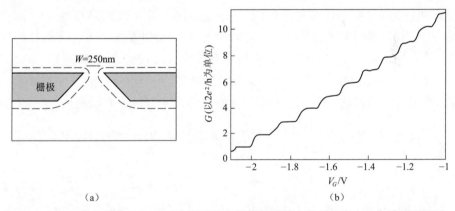

(a) (b)

图 5.2 (a)在参考文献[8]和[9]中测试的半导体异质结中分裂栅极定义束缚的原理图。2DEG 在栅极的下面耗尽,而在栅极的以上区域仅通过一个狭窄的开口和下面的部分连接。(b)一个宽度 $W = 250$nm 的量子点接触的电导系数 G 随栅电压 V_G 变化的函数关系。电导系数是通过测量电阻信号的反推和减去不依赖于栅电压的本底电阻得到的[8]

在实验中观察到了上面讨论的现象,所采用的实验条件是载流子的热能 $k_B T$ 小于横向模之间的能量差,从而可分辨离散的 G 值。另外,通道的宽度和长度必须小于电子的平均自由程(弹道区域),并且费米波长必须和通道波长相近。在半导体异质结中,现有样品要在 $T \leqslant 4.2K$(氦的沸点)下可以满足这些要求。在这部分中介绍的器件通常称作量子点接触,是因为它的传输特性是由于载流子的量子力学波特性导致的。

5.3 石墨烯紧束缚中的电导系数

石墨烯中并不存在带隙,从而导致它不适用于半导体中的裂缝栅技术。为了在石墨烯中形成准一维的传输通道,材料就必须切成需要的几何尺寸。在实验中发现,由于在边缘附近不存在载流子耗尽的现象,因此沿着通道传输的电子对边缘的无序程度非常敏感。许多理论研究提出,应考虑石墨烯带中有不同可能的边缘序列和边缘无序度,本节将会对此进行讨论。

5.3.1 具有理想边缘的纳米带

像整片石墨烯一样,可以用紧束缚计算来判断纳米带边缘的整齐的扶手椅形边缘和锯齿形带状边缘的能带结构[11-14],如图 5.3(a)、(b)所示。基本上可以观察到,不同的石墨烯边缘类型和带的宽度会发现有不同的特征。在图 5.3(c)~(f)中,列出了四种不同情况的能带。扶手椅形纳米带会根据跨越石墨烯带宽度上的二聚体线 N 的数量,而产生一个有带隙的能带结构(图 5.3(c)和(e))或是无带隙的金属型能带结构(图 5.3(d))。并且发现只有在 $N=3m-1$(m 为整数)的条件下才会出现后面那种情况,同时会引发在 $k=0$ 处零能态的退化。当石墨烯带变宽时,半导体扶手椅形石墨烯带的直接带隙 ΔE_g 的大小会随着 $1/W$ 的变小不断变小[14]。对于锯齿形纳米带,在 $k=\pi$ 时,能带分布显示出了价带和导带的退化(图 5.3(f))。当波矢朝着布里渊区中心减弱时,这两个能带会以 $\frac{2\pi}{3} \leqslant |k| \leqslant \pi$ 的波矢间隔继续靠近费米能级,并几乎不显示色散[12]。

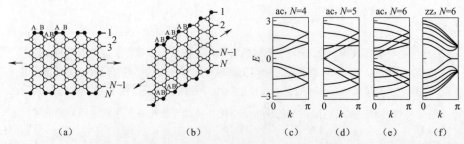

图 5.3 (a)$N=10$ 的扶手椅形纳米带的晶体结构。(b)$N=5$ 的锯齿形纳米带的晶体结构。(c)~(f)纳米带次能带的紧束缚计算结果:(c)$N=3m-2$,扶手椅形(ac);(d)$N=3m-1$,扶手椅形(ac);(e)$N=3m$,扶手椅形(ac);(f)$N=6$,锯齿形(zz)[12]

事实上,在扶手椅形边缘中,相邻原子属于不同的亚晶格,而在锯齿形边缘上的所有原子都属于同一种亚晶格,这种不同导致我们能够观察到不同的能带结构。扶手椅形边缘包含 A 和 B 两种类型的原子,因此波函数需要在边缘的两个亚晶格上消失以满足边界条件。另一方面,锯齿形边缘只由一种亚晶格组成,如图 5.3(b)上部边缘的 A 类原子,允许在亚晶格 B 上存在一个未消失的波函数。然而,在石墨烯带的相反的一侧,在 B 亚晶格上的波函数需要是零。在有限的 k 值下,由于亚晶格间的不对称性产生了两个非色散态,并且和锯齿形边缘的局部电子态一样强烈。

和在半导体异质结中形成的一维线进行类比,发现在完美的石墨烯纳米带中同样存在着横向模式的量子化。然而这种现象的根本原因是在费米能级附近的量子化能谱的对称性。根据不同的次能带结构,对于这三种情况边缘结构会形成特有的量子化序列[15-17]。对于具有半导体特性的扶手椅形石墨烯带,预计会以 G_0 偶数倍的步幅量子化,也就是 0, 2, 4, 6, $\cdots \times (e^2/h)$①。在具有金属特性的情况下,零能级的模式已经双倍地退化了。因此在零能级的电导率是 $2e^2/h$,并随着从电中性点移开以 $2G_0$ 的速度增长。理想的扶手椅形边缘会使得谷简并进一步提升,因此对于量子化只有自旋的两个因素中的一个被考虑到了[15-17]。与此相反,对于完美的锯齿形边缘,谷简并预计会被保持,并且得到了一系列电导率:2, 6, 10, 14, $\cdots \times (e^2/h)$。

5.3.2 无序边界的延伸

迄今为止,紧束缚能带结构模型被认为只有最近邻跃迁,并且在讨论中排除了所有的无序情况。考虑到这些影响,将会对上面得到的结果产生不同的改变。

理想的扶手椅形纳米带具有一定宽度的金属能带结构,其能带宽度约为数十毫电子伏,这是考虑到最近邻跃迁和边缘原子间键的 3.5% 的收缩的因素[18]。类似地,锯齿形纳米带的带隙会被打开。这是因为在两个亚晶格上带有相反方向的自旋极化的磁有序,而这是由费米能级处两个态之间的原位排斥引起的。两个亚晶格交换势的不同会将原本处于费米能级附近的平滑能带移动,使彼此远离。因此,对于所有的单纯扶手椅形[11, 14, 18-20]或锯齿形[12-13, 18]都会存在一个很小但是有限的带隙。根据这些计算,对于一个 20nm 宽的纳米带,它的带隙(E_g)宽度值应该在 10~70meV 之间。

为了将其制备成更加实用的器件,对同时含有扶手椅形和锯齿形的纳米带进行了研究[12]。显而易见的是,锯齿形边缘的平整能带相对于扶手椅形的更加明显,这也意味着在边缘有几个锯齿形位点的边缘态也是存在的。然而,这些电子态在沿着纯的锯齿形纳米带的边缘是非定域化的,而随着扶手椅形的碎片的不断插入,电子态会变得越来越定域化。

---

① 以 e^2/h 为量子化的电导率。

在边缘的无序和由此引起的态密度的相应变化的结果就是使次能带的形成变得越来越不明显,因此不会再观察到电导量子化。

所有的理论研究都表明,纳米带边缘有一点点的缺陷,也会对其电子特性产生显著的偏差。然而,为了得到更实际的电子器件,在石墨烯边缘和内部都希望存在一部分无序态。在下一节中将会介绍这种无序是如何影响石墨烯的输运特性的。

5.4 实验观测和显微结构照片

5.4.1 制备器件

为了使实验使用的石墨烯的尺寸更加接近理论研究的尺寸,将二维石墨烯进行图案化,形成很窄的带状,以此作为载流子的传输通道。通常采用一种称为反应离子蚀刻(RIE)的干法刻蚀技术。采用标准机械剥离的方法剥离得到单层石墨烯片层,接着采用原子力显微镜和拉曼光谱进行验证[21-22],之后再在芯片上覆盖一层抗蚀层。由于在高能量电子轰击下,这种聚合物的链会发生分解,因此可以采用电子束蚀刻(EBL)来修改特定区域的抗蚀层。又因为这种短的聚合物链会溶解在一种显影剂中,所以经过此工艺处理后,被电子束蚀刻的区域就不会有抗蚀层覆盖。然后,通过采用电子束蒸镀法在石墨烯片上蒸镀金属,接着进行剥离工艺。制得的这种金属手指状线将用作本节讨论的所有电子传输测试中的连接。最后一步是 RIE 反应器采用定向氧气-氩气等离子对经过另一个 EBL 工艺处理后裸露部分的石墨烯进行刻蚀。去除残留的抗蚀层后,就会在石墨烯片层上留下想要的结构,如图 5.4 所示。

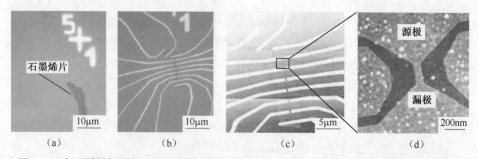

图 5.4　在不同制备阶段时的显微镜图像:(a)SiO_2 基底上的单层石墨烯的光学显微镜照片;(b)在光学显微镜下装配好金电极的石墨烯片;(c)刻蚀后的原子力显微镜图像;(d)图(c)标记位置的放大图像。通道在源极和漏极之间,并且其宽度为 75nm,长度为 200nm

5.4.2 传输特性对载流子的依赖性

石墨烯器件一般是在带有一层 SiO_2 层的硅基底上制备的。利用场效应,这种高度掺杂的硅可以作为一个整体背栅(BG),也就是说通过改变施加的栅电压来调整石墨烯结构中的载流子密度。图5.5所示为通过一个宽75nm和长200nm的石墨烯纳米带在低温($T \approx 1.25K$)下获得的电导率对栅电压的依赖性。通过将背栅电压V_{BG}从负到正的进行扫描,可以使得费米能级从价带经过电荷中性点进入导带。图5.5给出了狄拉克锥的变化模拟图。因此,在这两个区域中,可分别描述为类空穴和类电子的传输。

与在大块石墨烯上取得的传输性质进行对比,可以观察到在电荷中性点附近($V_{BG} = -2V$)有一个电导率被强烈抑制的区域。在这个区域测得的电导率值远低于e^2/h(图5.5中的水平虚线),说明这个系统被强烈的定域化了[24]。然而,带隙的形成并不能解释这个特性。对于一个给定尺寸的理想纳米带来说,预期的带隙E_g的大小要远小于测试中需要克服电导抑制ΔV_{BG}区域的费米能级ΔE_F的大小。通过整个ΔV_{BG}电流被强烈抑制了的现象,文献中通常称为"传输带隙"。

另外,图5.5所示的曲线显示了在低载流子密度下很强烈的电导波动,并且当载流子密度增加时这些波动会变得越来越小。在Si倒置层中窄的不规则的通道中也观察到了类似的特性[25],这种现象被认为是由于底层态密度的结构引起的强烈的局域态之间的输运而导致的。

对图5.2(b)中画出的二维电子气中形成的通道的栅电压依赖性和图5.5中对应的石墨烯纳米带的测试的对比,说明了在后者中不存在电导量子化。由于在这里进行了讨论,因此这种观察到的现象并不奇怪。边缘存在无序会导致在电导扫描中没有出现离散的平台。这里采用的是自上而下的加工方式,因此在原子尺度上控制边缘的结构,尽管这是观察量子化电导的理论预测的必要条件。

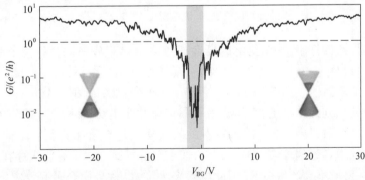

图5.5 电导率G作为施加背栅电压V_{BG}的函数曲线图。图中的数据是通过对一个长度$L = 200$nm和宽度$W = 75$nm的紧束缚在温度$T = 1.25K$下进行测试得到的。施加的直流偏压$V_{bias} = 500\mu V$,使用标准锁定技术在频率为13Hz下记录电导率,并且施加$V_{mod} = 50\mu V$的交流调制偏压。阴影区域表示传输带隙ΔV_{BG}的范围,虚线表示电导量子e^2/h的值[23]

5.4.3 传输特性对施加偏压的依赖性

事实证明,更细致地观察电荷中性点附近的传输特性是很有帮助的。图5.6(a)给出了传输带隙的放大图,图中随着背栅电压的变化显示出许多的电导振荡。峰之间的电导率接近于零。库仑阻塞机制中的系统也有类似的现象,如在单电子晶体管(SET)或单量子点(QD)中[26]。

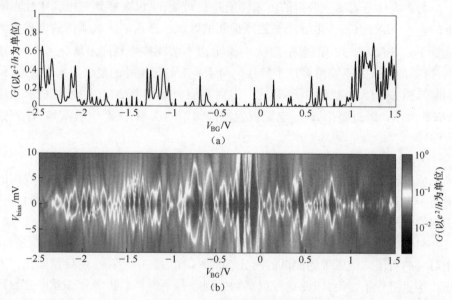

图5.6 (a)电导率-传输带隙内背栅电压函数关系谱图的局部放大图(图5.5中的灰色区域,施加的偏压$V_{bias}=100\mu V$);(b)图(a)中在有相同背栅电压范围的有限偏压测试下显示的库仑阻塞钻石形态。两个测试都是对图5.4中$L=200nm$和$W=75nm$的纳米带使用锁定技术进行测试得到的,测试温度$T=1.25K$[23]

在这样的器件中,一个充电的岛会通过两个隧穿势垒耦合到一个源极(S)和一个漏极(D)。由于这个岛尺寸的限制和库仑相互作用,可用的能级会取间隔为E_{add}的离散值。图5.7(a)~(c)就是这种变化的简图。另外,一个有限的偏压可以施加到此结构上,引起源极和漏极电化学电势的不同。如果这个岛的能级落在这个窗口内(图5.7(a)中看到的那样),那么可能会发生传输,并可在电导率曲线中观察到峰值。另一方面,如果在偏置窗口中没有能级存在(图5.7(b)和(c)),就不会产生电流,因此电导率为零,也就是库仑阻塞效应。有两个途径可以使得系统进入或者脱出库仑阻塞机制,即通过施加栅电压移动离散能级或者改变偏置窗口的尺寸。在可以改变偏压和栅电压的测试中,可以观察到一些抑制电导的类钻石特性。这个特性被认为是库仑阻塞钻石特性。如图5.7(d)中所示,这些在偏置方向内的钻石形态的尺寸非常类似于向中心岛内再加

入一个电子所需要的能量 $E_{add} = |e|V_{bias}$ 后的尺寸。增加的能量包括充电能量 $E_c = e^2/C$ 和单粒子能级差 Δs，其中 C 为中心岛的电容。对于大的中心岛，Δs 的贡献可以忽略不计，因此 $E_{add} \approx E_c$。由于充电能量和中心岛的电容有关，因此应该可以分析出关于 SET 尺寸的信息。

图 5.6(b) 绘出了本节中采用石墨烯纳米带得到的有限偏置光谱的结果。可以很明显地观察到许多类似于 SET 中应该出现的库仑钻石形态。然而，与图 5.7(d) 中画出的菱形图比较可以看出，图 5.7(d) 中的菱形图沿着栅电压轴向是在那些离散点处相互连接并尺寸相等的，而在图 5.6(b) 的某些区域中，测得的钻石区域是相互重叠的，并且它们的尺寸在偏置方向上有很大幅度的变化。这种特征在由多个有助于传输的中心岛组成的器件中观察到了[27]。由于通过这种系统的载流子传输对栅电压依赖的随机性以及充电能量 E_c 幅度的随机变化，所以将这个现象称作随机库仑阻塞。

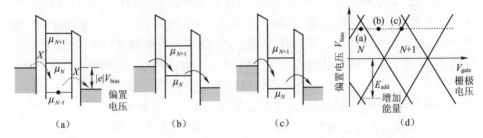

图 5.7 (a)~(c) 单电子晶体管或单量子点的能级图。隧穿势垒将中心岛和引线分开。中心岛在电化学势 μ_N 和 μ_{N+1} 处含有不连续的能阶，并且随着施加栅极电压 V_{gate} 的增长会向更低的能量转移，如图 (a)~(c)。源极(S)和漏极(D)的电化学电势被偏压 V_{bias} 抵消。(d) 电荷稳定性图 (V_{bias} 对 V_{gate}) 可以显示出抑制传输区域(白色)，和允许传输区域(灰色)[3]

在观察到这种现象后我们做出一种假设，即在纳米带的内部形成了数个定域化的岛。在一定的背栅电压范围内，这些岛中只有一个控制电荷传输，这种通过单个岛传输的特性在图 5.6(b) 所示的 -1.5V 左右可以观察到。在其他电压范围内，会有多个岛对测得的电导率有贡献。必须注意的是，在目前研究的器件中[23,28-38]，没有自平均展现，也就意味着定域位点的数量是相当少的。因此，单个岛的充电在有限偏置测试中是可以通过对单个库仑钻石区域分解而检测到的。

采用圆盘自电容模型，对从库仑钻石区域中提取出来的充电能量进行分析，从而可以大概估计出这些定域位点的平均尺寸[26]。在这个器件中，得到了这些岛延伸至纳米带的整个宽度范围，并且其他器件也产生了类似的结果[23,28-38]。因此这些岛可能被排列在一个准一维的链上，并且作为经验法则，可以通过长和宽比值 $p \approx L/W$ 来近似估算旋涡 p 的数量。

5.4.4 显微图像

为了解释传输带隙和观察到的电导共振现象,人们提出了不同的模型。这些模型都认为在边缘和/或在内部的无序结构对这些现象起到了相当大的影响。然而,前者是由于刻蚀工艺中造成的粗糙边缘所导致的,后者则是由于表面或在基底上捕获电荷所引起的,或者是在制备中残留的以及位于石墨烯片层上的有机物,因此这两种无序是在此讨论的器件中所固有的。

安德森定域化图被用来描述无序对电子传输的影响。在石墨烯纳米带中不完美边缘会形成强烈的定域低能量边缘态,如5.3.2节讨论的那样,这会抑制电流流动。然而,当费米能级的绝对值从零开始增长时,定域的长度会不断增长[39]。当定域的长度超过系统的长度时,传输就不会再被阻碍,并且能够克服传输带隙 ΔV_{BG}。在安德森定域化术语中,这种传输为"迁移率边界效应"。另外,定域化态会导致在电荷中性点附近出现一个增强的态密度(DOS)。计算显示,与边界处大的局域态密度相对应的是纳米带内部有一个减弱的态密度[39-40]。对于大量边缘缺陷浓度来说,这种现象可能跨越了纳米带的整个宽度范围,导致了一个电荷传输势垒[40],并产生了定域的岛。这种岛的直径和纳米带的宽度相当[41],与用库仑钻石区域估算得到的值一致。因此,ΔV_{BG} 和 E_c 这两个特征能量标尺的起源可以通过安德森定域模型来解释说明。

关于定域化岛的形成有一个颇具争议的解释,那就是由大量的无序和一个小的能隙结合在一起导致的结果。由于潜在的无序,因此在二维石墨烯片内的电荷中性点附近含有电子-空穴旋涡[42]。在大面积的样品中,根据克莱因隧穿效应可知载流子可以从一个电子-空穴旋涡传输到另一个而不引起能量损失。另一方面,如果一个石墨烯带只有几个纳米宽,定域就会打开一个很小的带隙[12-14, 18],并且电子间的相互作用可能再诱导形成一个库仑间隙。因此,相邻电子-空穴旋涡间的边界将不再明晰传输,但是却形成了一个真的隧道势垒。在一个 SET 中,粒子必须提供一定的电荷能量 E_c 才能进入电子-空穴旋涡,然后才会在这个系统中出现库仑阻塞效应。这种电子-空穴旋涡的尺寸依赖于潜在微观形貌的空间变化。在本图中,由于费米能级只要处于价带的最小值和导带的最大值之间,传输就会被抑制,因此可以通过无序势垒和能隙尺寸的总和得到传输间隙 ΔV_{BG} 的大小。

除了这两个图之外,还有另一种假设模型,就是在无序石墨烯中的传导会沿着一定能量的渗透路径进行。在存在能隙的纳米带中,这个系统可能会经历一个二维金属-绝缘体转变[43]。

到目前为止,由实验得到的传导数据在这些结构中都能相对很好地进行解释,然而传导背后的准确微观机制仍然是一个有待回答的问题。为了进一步阐明这个问题,还需进行更多的实验测试,这些内容将会在5.5节进行讨论。

5.4.5 对几何尺寸的依赖性

为了对在传输光谱中观察得到的能量尺度的意义有更好的解释,对具有不同几何尺寸的纳米带进行了大量的实验[28-30, 32, 34-38]。从这些测试中可以得出几个经验尺度定律。

Han 等第一次对传导能隙进行了定量表征[28]。他们通过对偏置方向的电导抑制区域的 ΔV_{BG} 的范围的扩展研究,得到了一个能表示能隙 E_g 大小的值。图 5.8(a)所示为对一个宽 85nm 纳米带的有限偏置的测量,虚线表示在一般情况下电导图谱中得到 E_g。参考文献[44]给出了对 12 条不同尺寸纳米带分析的数据,并研究了宽度对的 E_g 影响。将得到的 E_g 值作为宽度 W 的函数作图,从而得到图 5.8(b)。这条曲线清楚地显示了这两种数量间的反比关系。这组数据可以用关系式 $E_g = \alpha^*/(W-W^*)$ 进行很好的拟合,其中 α^* 为比例因子,W^* 为

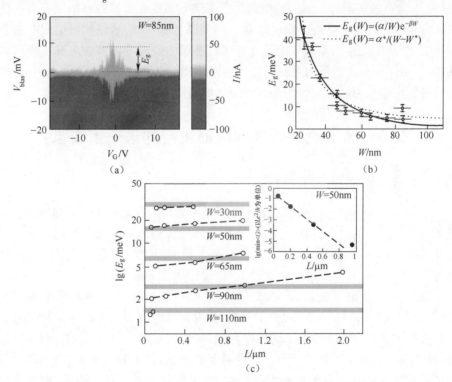

图 5.8 (a)宽 85nm、长 500nm 的纳米带的有限偏置谱图。可以观察到电流被抑制的区域。如图中的虚线所示从偏置方向的大小得到了特征能量 E_g。(b)E_g 随纳米带宽度 W 的变化函数。按照图中给出的方程进行了拟合,并将实验得到的数据和理论预测进行比较。(c)针对不同宽度 W(30~110nm)的纳米带,E_g 作为长度 L 的函数关系图(图中灰色的条带是根据参考文献[45]和[46]的能隙 $E_g = (\alpha/W)e^{-\beta W}$ 得出的。插图是器件运行时(W=50nm)平均电导率的最小值与带长的函数曲线[38,44]

纳米带边缘非活性部分的宽度。这两个拟合参数采用的值分别为 $\alpha^* = 0.38\text{eV} \cdot \text{nm}$ 和 $W^* = 16\text{nm}$，这与理论估计是一致的[45]。除了这种经验定律，Sols 等解释了能隙是一种重整化的充电能量，并且得到一个表达式 $E_g = (\alpha/W)e^{-\beta W}$，其中 α 和 β 是自由参数。将这些数据根据表达式进行拟合后得到：$\alpha = 2\text{eV} \cdot \text{nm}$，$\beta = 0.026\text{nm}^{-1}$。两个模型都能在实验精度范围内对数据进行很好的描述，并且可以定量地表征如何在一个很宽的范围内通过调整纳米带宽度来调整传导空隙。

与此相反，由能隙-纳米带长度 L 的研究结果得出[38]，当纳米带长度改变时，E_g 值基本为一个定值(图 5.8(c))。然而，平均的背栅依赖电导 $G_{\min}$ 的最小值显示出对长度有很强的依赖性。随着长度 L 的增加，电导率值以指数方式降低，如图 5.8(c)中的插图所示。这个发现和传输的显微图片是一致的，即传导是被在局域充电的岛间的隧穿过程所控制的。

令人感到惊奇的是，即使对于非常短的纳米带($L \leqslant 60\text{nm}$)也会发生定域现象[30, 38]。在这些器件上测得的电荷稳定图谱与那些有意设计好的量子点的图谱非常相似。在库仑钻石区内可以看到许多耦合隧穿线，这说明对引线有一个强耦合[38]。因此这些系统可能适合于在石墨烯中研究的近藤效应和观察法诺共振。另外，短束缚的极限对制备更加精密的器件来说也是非常有吸引力的，因为出现的定域化可以让它们用作石墨烯纳米结构中的隧穿结。

5.5 为了更深入地理解而进行的进一步实验

5.5.1 对温度的依赖性

包括前面部分在内的测试都表明了石墨烯纳米带在电荷中心点附近自发形成了许多被限定的电荷旋涡。然而，这些器件的传输机制还没有被讨论过。研究电导率对温度的依赖性可以反映在传输间隙内电子传输的活化过程[23, 34, 36]。

图 5.9(a)给出了在温度 $1.25 \sim 45\text{K}$ 之间变化的传导间隙内的电导率曲线(温度间隔不相等)。随着温度的升高，最低温度下的尖锐电导峰谱越来越多地被洗掉。这是由于在谐振之间的库仑阻塞区域中的电导大大增加。对于电导峰，可以观察到两个不同的行为。随着温度的升高，许多峰值减小，而大部分峰值随着温度 T 的升高显示出更大的振幅，同时变得更加宽泛。因此，在最高温度时得到了一个相对平滑的电导率曲线，并且电导率值接近 e^2/h。

对于单量子点，峰的形状的变化是由温度、单粒子能级间隙 Δ_s 和能级对引线的耦合共同导致的[47]。对一个强耦合基态，有一个 $1/T$ 的依赖性，就如图 5.9(a)中观察到的那些在最低温度时特别尖锐的峰。然而，如果一个激发态对引线显示了一个比基态还强的耦合时，温度升高会促进传输，在 Δ_s 约小于或

第5章 石墨烯的紧束缚

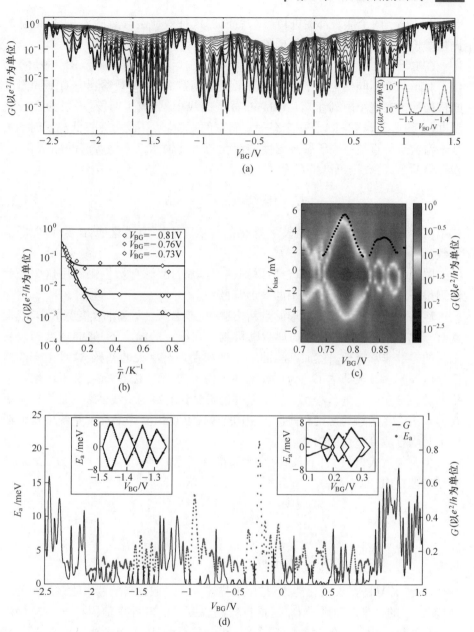

图5.9 (a)电导率-背栅电压(G-V_{BG})的函数关系曲线图(其中1.25K≤T≤45K,从黑色到红色实线),插图是在T=1.25K时费米函数的导数的卷积得到的三个不同的电导率谐振和不同宽度的洛伦兹分布。(b)在背栅电压中的三个电导率G和温度$1/T$的关系曲线(离散的点为测试数据,实线是根据式(5.1)给出的阿列纽斯型法则拟合的曲线)。(c)叠加在图5.6(b)上的有限偏置测试中放大图的活化能E_a。(d)在传导间隙内活化能E_a(红色虚线)和电导(黑色实线)对背栅电压的依赖性,插图是对于背栅电压的两个特征区域,从E_a中构建的库仑钻石形态

等于 k_BT 时，两个能级都促进传导。后面的这种效应会导致图 5.9(a) 记录的振幅增长和电导率峰形变宽的现象。

在电导率曲线峰谷中 G 的热活化可以进一步洞察传导机制。图 5.9(b) 给出了对于三个不同栅电压下电导率与 $1/T$ 的函数关系，并观察到它对不同温度的依赖性。在这个阿列纽斯（Arrhenius）型曲线中，分成了两段：一段为在较高温度（T 约大于等于 3K）有一个有一定斜率的直线段，一段为在较低温度时的 G 基本为常数的直线。高于临界温度的活化与将传输引入系统所需的能量有关。根据经验公式，数据可以拟合为

$$G(T) = G_0 \exp\left(\frac{E_a}{k_BT}\right) + B \tag{5.1}$$

式中：自由参数 G_0 为对高温极限量化的前因子；E_a 为活化能；B 为一个抵消常数。

图 5.9(b) 中的实线是拟合后得到的，可以看出，这些数据可以用这个经验法则很好地重现（图 5.9(b) 中的菱形符号）。

通过对库仑阻塞共振峰形的重新构造，并考虑到热学和耦合变宽的影响，发现对于式 (5.1) 还存在一个物理激励机制。在给定的温度下，峰的宽度和费米函数的导数非常接近。然而在峰的末尾处却发现有巨大的差异，这是由于热扩张使电导率明显被低估了。为了远离共振得到更高的电导率值，费米函数用洛伦兹随机分布函数进行卷积。这个额外的贡献让能级与引线的耦合也会被考虑在内。洛伦兹函数的末尾和式 (5.1) 中的常数 B 可以看作是在本系统中最低温度下对耦合隧穿过程的描述。

为了求解式 (5.1)，同时因为费米分布对低温的限制，使得 $E_c = 2E_a \gg k_BT$ 必须考虑在内，即

$$\frac{\mathrm{d}f(E)}{\mathrm{d}E} \propto G(T) \propto \cosh^{-2}\left(\frac{E_a}{2k_BT}\right)$$

$$\Rightarrow G(T) \propto \exp\left(-\frac{E_a}{k_BT}\right) \tag{5.2}$$

注意，传导的最大活化能 E_a 是用来描述一个局域化岛的两个能级间距的电荷能量 E_c 的一半。前因子 G_0 是指在较高温度时的电导率值，与式 (5.2) 中的指数项接近一致。它包含来自不同传导机制的贡献，这个很难被量化。最后，载流子的耦合隧道效应会产生一个本体常数 B，这个必须加入式 (5.2) 中。如此一来，用式 (5.1) 来拟合实验数据可以获得很好的结果。

对于每一个背栅电压都可以用来确定 E_a、G_0 和 B 这三个参数，并可以得出他们各自的能量依赖性。针对那些背栅电压可以得到一些有意义的值，G 作为 T 的函数，覆盖了一个数量级以上。本节只讨论了活化能 E_a，在参考文献 [23] 中可以看到进一步的分析。

图 5.9(d)所示为在传输间隙中提取到的能谱 $E_a(V_{BG})$。在 E_a 曲线中可以观察到许多的峰和在电导迹线中对应的谷。需要高达 20meV 的能量才能激活图 5.9(d)中器件中的电荷传导。在远离最大峰值处，活化能向着相邻位置的电导共振呈线性降低。

对于 E_a 依赖性的发现与图 5.6(b)中库仑菱形边缘行为非常相似。为了证明这种关联，在选定的背栅位置上画出了两个幅度的曲线，如图 5.9(c)所示。大的库仑阻塞菱形的形状确实可以通过活化能的峰值构造出来。因此，这两个能量范围拥有相同的物理来源，这就意味着活化能和纳米带内形成的库仑间隙是相关的。

为了进一步支持这个假设，通过在栅电压轴上得到的数据和沿着能量峰值的斜面插入的线，活化能重构了大量的库仑阻塞钻石形态。如图 5.9(d)中插图描述的那样，对于一些特定的背栅电压值，可以观察到两个不同的特性。在左边，被抑制电导区域彼此分开，并且显示出相似的尺寸，而这也是单量子点的典型特性。而在右边显示了随着边缘斜率的变化库仑阻塞菱形是重叠的，并且在偏置方向上尺寸也是不同，而这就像是串联多量子点所产生的电荷稳定图。

总的概括来说，在 5.4.3 节中有限偏置测试的解释和热活化测试的分析得到的是相同的结论：在石墨烯纳米带中的电荷传导主要是被一个或几个串联排列的电子-空穴旋涡所控制。虽然细节主要还是依赖于系统内的微观排列，但是载流子传导也可以通过包括库仑阻塞在内的单颗粒图像进行理解。

5.5.2 对磁场的依赖性

通过研究垂直磁场中的电子系统可以详细地了解这个系统的特性，这是因为当外部磁场 B 改变时，电子波函数的空间尺度也会被改变。在一个半导体经典图像中，载流子在半径为 r_{cycl} 的回旋加速轨道上进行传播时，洛伦兹力会作用在它们上面。因此，载流子在不同机制内的传导对一定长度范围内的潜在波动比较敏感。为了探索磁场对传导通道内的定域态的作用，我们对在石墨烯纳米带中的磁传输进行了研究[36-37]。

图 5.10(a)~(c)所示为对宽 $W=37$nm、长 $L=200$nm 的石墨烯纳米带在磁场强度为 $B=0T,3T,6T$[37] 时的微分电导测试。通过看到的库仑阻塞钻石形态就可以说明在纳米带中形成了带电岛。随着磁场的不断增强，这些电导抑制区域的尺寸会明显变小，并且所有的电导率都被增强了。在图 5.10(d)中可以明显看到零源-漏极偏置电压对于 3 个磁场强度值下截取的 G 值。

较小的库仑菱形说明充电能量 E_c 减小了，也说明岛的尺寸变大了。与这些发现相一致的是，在有限磁场中的温度依赖性测试显示，能量范围和传导是相关的[23, 36]，即如果施加一个有限磁场时 ΔV_{BG} 和 E_a 就会变小。

为了解释观察到的这种现象，我们用磁场长度 $l_B=(\hbar/eB)^{1/2}$ 比较纳米带的

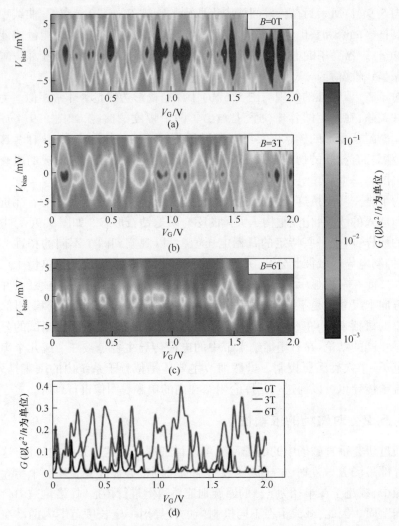

图 5.10 （a）~（c）作为零源-漏极偏压和栅压函数的微分电导测试,其中 $B=0T$, 3T、6T,图（c）中显示了随着磁场的增强,被抑制电导的菱形区域发生演变的过程;（d）分别施加 0T、3T、6T 的磁场时,在零源-漏极偏压下电导率 G 对栅压的微分（这个器件宽 37nm、长 200nm,测试温度为 1.6K）[37]

尺寸。当纳米带的宽度 W 远远小于回旋加速长度（$W \ll l_B$）时,电子波函数会延伸跨越整个宽度,因此边缘和内部的无序会影响传导。在低磁场情况下可以满足这个条件。当 B 变得更大时,磁场长度会落后于系统尺寸,量子限域和边界对传输将会变得不相关[37]。

施加磁场的反作用会使波函数定域化,从而导致形成一个重叠的较小波函数。于是在相邻电子-空穴旋涡间形成一个更小的隧穿耦合。作为结果,当磁场增加时,电导率就会减弱。

因此这两种贡献会在纳米带中形成一种竞争。在此呈现的数据中,减弱的背散射是引起电导增加的主导因素。进一步观察发现,这个系统最终会在高磁场中经历一个半导体-金属过渡[48-50]。图5.10中呈现的数据和这种解释非常一致,并且纳米带的宽度可以很好地估计定域态的大小。

然而,正如参考文献[36]所述,在强磁场中,$W \gg l_B$,从而可以观察到朗道能级量子化。在这些条件下就会形成边缘通道,每一个通道对传导的贡献为 e^2/h。在宽通道(W约大于100nm)进行的测试确实也显示出电导量子化的迹象[51]。另一方面,更加狭窄的纳米带的电导数据并没有显示出这种特性。也有可能是因为位于相反边缘的传输通道间的散射抑制了在狭窄纳米带中的传播。当更宽的纳米带边缘通道被隔开得更远,就不容易发生散射,在电导测试中就可能检测到朗道能级的形成。

根据参考文献[36]给出的原因:在一个有限磁场中,电导率的增强是因为时间反演的对称性的破坏[52-53]。通过定域态控制区域的磁通量必须与磁通量子 h/e 相当才能破坏时间反演对称。根据磁场依赖性电导率的测试可以得出定域态大概的尺寸,并且得到的尺寸值和纳米带宽基本相当[36]。目前,磁场光谱学正在为石墨烯中电荷岛空间尺寸的研究提供更多的证据。

5.5.3 侧栅的影响

通过改变局部的电势分布将会帮助我们理解在这个狭窄通道内局域岛的空间排列。因此,在带有两个邻近平面内的侧栅的石墨烯纳米带上进行了传导研究。其中一个侧栅(SG1)会优先影响纳米带漏极端,而另一个侧栅(SG2)会更多地影响源极端。如果调整侧栅相对于背栅的电压,那么侧栅对各自定域态的耦合在传导间隙内的电导共振就会发生能量转移。假定栅极和带电旋涡的间距对耦合起决定作用,那么具有类似斜率的库仑阻塞共振应该起源于相同的定域位点。

图5.11(a)和(b)所示为典型的背栅-侧栅谱图,其中背栅电压的变化范围为 $9V \leqslant V_{BG} \leqslant 10V$,并分别用侧栅 SG1 和 SG2 来调节电导共振。在每个图中,由库仑阻塞共振演变的两种斜率是可区分的。这个发现说明,在研究的栅极区域中,只有两个局域岛主导通过纳米带的传送。所测的器件的长度 $L=200nm$,宽度 $W=80nm$。在这个尺寸的纳米带中,利用经验法则来确定电子旋涡($p \approx L/W$)的数量,可以产生2或3个局域岛,而这与测得的结果是一致的。

相对杠杆臂 α 可以从这些斜线中得到,其中这些斜线是用来描述侧栅相对于背栅的电容耦合强度。从图5.11(a)和(b)中得到的值分别为:$\alpha_{SG1} \approx 0.74$ 和 0.31,$\alpha_{SG2} \approx 0.78$ 和 1.94。采用这几个数可以对各自的局域态的位置做一个粗略的估计。由于在这两个曲线中都存在杠杆臂约为0.75的情况,因此对应的电子旋涡很可能位于两个侧栅之间,或者说在纳米带的中心。另一个共振可以

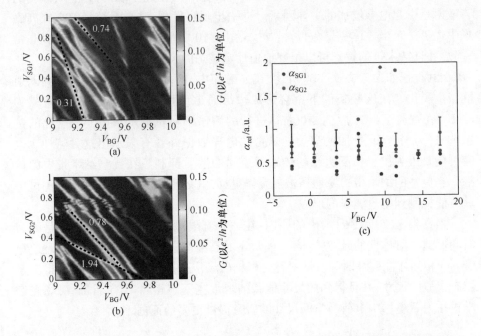

图 5.11 传输间隙内电导率 G 对应于侧栅电压(a) V_{SG1} 和(b) V_{SG2} 的函数(背栅电压为 $9V \leqslant V_{BG} \leqslant 10V$,黑线表示库仑阻塞共振的演变,并且用相应的相对杠杆臂进行标记);(c)从类似于(a)和(b)的图中得到的在不同背栅条件下传输间隙内的相对杠杆臂 α(示例性误差棒由不精确拟合引起)

通过 SG1($\alpha_{SG1} \approx 0.31$)进行微弱的调节,但是通过 SG2($\alpha_{SG2} \approx 1.94$)就可以进行强烈的调整,这说明共振离 SG2 更近。另外,共振与侧栅的耦合要比与背栅的耦合好,这说明相对于侧栅耦合的影响,背栅耦合的影响被屏蔽了。

在传导间隙中,在几个不同的背栅电压范围进行了类似于图 5.11(a)和(b)中所示的测试,并得到了对应的杠杆臂(图 5.11(c))。通常,在所有的机制中都会记录下几条斜线,但是不会出现超过 4 个各不相同的情况。此外,在大部分背栅电压范围内观察到了源自不同侧栅的对应杠杆臂的负相关。对于其进行分析,采用几个相似的斜线对几个库仑共振进行拟合来提取相对杠杆臂。由于在栅图中这种共振的演变并不是完美的线性,所以得到的是一个在平均值附近的分散分布的图案。其误差相对来说比较大,这个从图 5.11(c)中的标准误差限可以看出。然而,在传输间隙中 α 值的变化说明了不同态对栅极的耦合的调制的变化。这种效应也许可以通过电子旋涡在这个束缚内的重排来解释。随着背栅电压的调节,电势分布也会出现变化,因此电子-空穴对的尺寸和位置也会发生变化——一些会变大,甚至和相邻的合并,而另一些会落入较小的岛中。

总的来说,沿着纳米带方向只有一小部分的电子-空穴旋涡会影响传输。

根据杠杆臂调制的原理推断,这些岛准确的数量和排列是作为费米能级的函数在不断变化着的。因此,在带有侧栅的石墨烯纳米片上所做的实验支持本章之前提到的有关介观特性的论述。

5.5.4 热循环

在之前的章节中,传输特性被看作是石墨烯纳米带中无序的指纹特性而进行过研究。然而,到目前为止并没有基于实验结果,从微观的角度来研究这种无序的起因。这主要是因为两个因素:边缘和内部的无序,在 5.4.4 节中已被讨论过,但是没有进一步说明。

为了弄清楚这种影响的特性,在温度为 $T=1.25K$ 条件下,测得了在加热至室温前后纳米带的电导图谱。记录的数据显示在图 5.12 中,其中传输间隙中的电导率被表示为施加背栅电压的函数曲线。

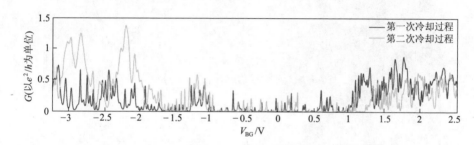

图 5.12 将样品加热至室温前后的电导率与施加栅电压的 G-V_{BG} 函数曲线图(显示的数据是在 $L=200nm$ 和 $W=75nm$ 的纳米带上进行的测试,测试温度为 $T=1.25K$。施加一个 DC 偏压 $V_{bias}=500μV$,在频率为 13Hz 和 $V_{mod}=50μV$ 的 AC 偏置调制下采用标准锁定技术记录电导率)

在栅电压范围为$-1.5V \leqslant V_{BG} \leqslant 1V$ 时,两个测试均显示出被抑制的电流区域,并且在这个机制中,电导共振显示出相同数量级的抑制。一些库仑阻塞共振甚至降低至各自的上方。当栅电压从间隙的中心位置移走后,电导率图谱会变得更加不同。与此相反,像在正栅电压处的小峰间距和负背栅电压处变大的间距都被保留下来。

这些观察到的现象说明,在低温时经过一个明显的温度改变($\approx 300K$),电势分布会引起电导率的波动。与室温相关的热能相比于重建石墨烯晶格或破坏共价键所需要的能量还是很低的。因此,这种无序不仅是由于石墨烯晶格的边缘结构引起的,还是由于晶格不完整、起皱或其他结构特性引起的。SiO_2 中的捕捉电荷、表面的吸附物和其他杂质等缺陷,在室温下也是可以导致重新排列的。因此,这里讨论的测试也说明了环境因素(如基底、工艺残留物等)对传输特性有很大的影响。

5.5.5 在双量子点中的隧道耦合

为了检验由石墨烯纳米结构组成的束缚的作用,将借助一个双量子点(DQD)结构讨论它们对传输的作用[6]。DQD 系统对量子信息处理来说具有很大的吸引力,因此提出了固态自旋量子比特这个概念[54]。石墨烯由于具有很长的自旋相干时间,因此可能会特别适合这类应用。在参考文献[55]和[26]中,有对这类结构的基本电子传输特性的介绍。

器件的组装和 5.4.1 节中描述的一样,是由一个源极(S)和一个漏极(D)与对应的岛(QD1 和 QD2)进行耦合。从图 5.13(a)的显微照片可以看出,通过窄束缚就可以实现这些元素的串联。在这里利用了电流流经束缚时会在传输间隙中被抑制的事实,这些通道将作为隧道势垒。如果它们的电阻足够大,即 $R > h/e^2$,

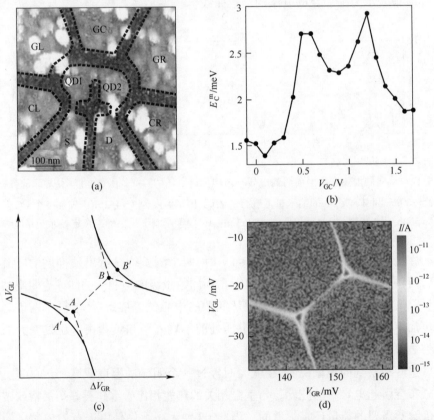

图 5.13 (a)石墨烯双量子点(与图 5.1(b)相同)的原子力图像,QD1 和 QD2 两个量子点分别通过一个窄束缚与源极 S 和漏极 D 连接;(b)电荷稳定性图中的三相点的分裂的电容耦合能与中心栅电压的 E_C^m-V_{GC} 函数曲线图;(c)一对三相点在没有(虚线)和有(实线)隧道耦合 t 时的原理图;(d)一对三相点周围的电荷稳定性图的测量结果。由于低偏压 V_{bias} = 15μV,未观察到有限偏压三角形,可以单独检查到三个点[51]

在双量子点中的电荷态的能量将取决于库仑排斥以及源极、漏极和两个量子点中电化学势的排列。附近的栅极允许控制和处理单独量子点中的电子态。然而,量子位的运行是基于两个量子点间的相互作用。因此,这里只讨论连接这两个量子点的束缚。

在有中心栅极(GC)存在的情况下,可以调节两个量子点之间的耦合[6]。在改变中心栅电压 V_{GC} 时,电荷稳定图中的三相点分裂决定了电容耦合。由于中心栅电压会影响量子点中的静电,因此三相点会移向栅空隙。然而,在向另一个栅极提供补偿电压时,要小心检查所有栅结构相同的三相点。图 5.13(b) 绘出了耦合能 E_C^m 作为 V_{GC} 的函数。在这个电压变化范围内可以很明显地观察到这是一个非单调行为,V_{GC} 从 0.1 到 1.2V 时,$E_C^m(V_{GC})$ 增长了一倍。观察到的这种现象和在传统半导体中的双量子点测试不同,在传统测试中隧道势垒的调节是单调的。

本章中前面几节得到的结论是,石墨烯束缚显示出电导率对施加的栅电压有很强的非单调性的依赖。因此,传导可作为施加栅电压的函数进行有力的调制。在现有的器件中,中心束缚中的电势分布会影响量子点之间的电容耦合。

除了电容对耦合的贡献外,隧道势垒也决定了系统中的隧道耦合 t。量子点间的弱耦合会使这两个波函数被限定在其中任意一个量子点上。另一方面,强耦合会形成一个非定域化的量子力学状态,同时会跨越势垒并形成一个两能级系统。由于这两个量子点波函数混合并形成键和反键态,使得这样一个系统被看作是一个人造分子[55]。有限隧道耦合对能量图的影响是两个量子点的能级在零失谐的反交叉。

在实验数据中,电荷稳定图中混合量子态在三相点上再次变得明显。由于能级反交叉的结果,得到图 5.13(c) 中所示的变圆的样子。三相点的移动(图 5.13(c)中从 A 到 A'、从 B 到 B')预计和隧道耦合 t 成线性比例。

图 5.13(d) 所示为石墨烯 DQD 中一对三相点的低偏置测试(V_{bias} = 15μV)[46]。没有圆角的六角行在这个图中是显而易见的,因此隧道耦合的上界可以定为 $t \leq 20\mu V$。这个数值是在低温($T \approx 120mK$)时记录的,因此电导共振的热扩张和隧道耦合($k_B T \approx 10\mu V$)是相同的数量级。另一方面,目前电容耦合能量 E_C^m 超过了两个能量量级。大量基于双量子点[46]的速率方程的数值模拟和实验很好地吻合,并且对于量子间隧道耦合得到了 $t = 14\mu V$ 的值。

针对电容耦合和隧道耦合间存在这种大的差异有两种可能的解释。一个窄但高的势垒将会抑制隧道耦合,同时会允许大的电容耦合。这种效应可能源自束缚内的潜在波动。然而器件形状本身也可能在能量标度内引起不同。束缚位于结构的上边界,波函数的概率振幅将会变小。向相邻量子点的延伸可能并不可取,从而产生小的 t。另一方面,电容耦合会一直不受影响。在 GaAs 双量子点中也可以观察到类似的电容耦合控制隧道耦合的现象。然而,在很多情况中这两种贡献的比例可以进行单调调节从而达到单量子点或双量子点行为[56]。

在这部分中进行的实验说明了涉及石墨烯束缚在纳米结构中作为隧道势垒的应用所面临的挑战。这种强烈的非单调传送特性阻碍了这些器件的控制可调性。然而,值得注意的是,即使是非单调的,系统可以在一个很大的栅电压范围内保持稳定[6],并可以取得不同的耦合机制。然而,为了得到一个更好控制的系统,需要清洁的隧道耦合,仍需要做出巨大的努力来提升石墨烯束缚的传输特性。

5.6 研究进展及展望

在本章之前,提到的所有结构都是在 Si/SiO_2 基底上制备的,并通过干法刻蚀的途径将其刻成石墨烯片。本章的主要结论是,石墨烯纳米带传导的介观特性源于边缘和本体中的无序结构。就像之前讨论的那样,像基底或石墨烯表面的吸附物等环境因素貌似对电势分布也有很大的影响。强烈无序的原因是束缚内形成电导共振,使得传输的可调节性并非是强烈的单调。由于又窄又短的束缚可以在纳米尺度器件中作为隧穿结,因此令人满意的结构是具有少量的本体无序和可控的边缘。最近已采用如下几种方法来改进这几个问题了。

5.6.1 自下而上生长的石墨烯纳米带

按照图 5.14(a)所示的反应流程图,自下而上的生长可以得到具有高精度宽度和边缘参数的石墨烯纳米带。采用含有苯环的单分子(如 10,10-二溴-9,9-二蒽基)作为制备纳米带的前驱体单体[57]。在严格设定的条件下,这些分子沉积在金或者银的单晶基底上。提高温度至200℃时,会发生脱卤反应,并且形成的自由基会沿着线性聚合物链的方向进行排列,它们之间通过 C—C 键进行连接。通过低温扫描隧道显微镜可以观察到这步中间反应,如图 5.14(b)所示。其中,最初分离的单体被连续的连接在中心的苯环上。进一步的热处理就会引起脱氢环化反应,这个反应会除去末端的氢原子,并允许在相邻的苯环间形成共价的 C—C 键。

通过设计前驱体分子就可以改变最终纳米带的宽度,并且边缘的样式——扶手椅形或之字形,也是由这种原料的化学特性决定的。图 5.14(c)中的 STM 图像($T=5K, V=-0.1V, I=0.2nA$)可以说明这种扶手椅形纳米带具有很高的质量,$N=7$ 的二聚体结构与之前在 5.3.1 节中讨论的纳米带非常接近。由于边缘终止结构和宽度能够在原子精度的级别进行准确控制,使得纳米带很可能具有定义完美的能带结构[57]。然而,对于这些宽的纳米带能带尺寸的测量,不管是通过光学方法还是通过电子方法都有待进行。所得结果还应与理论预测值进行比较。

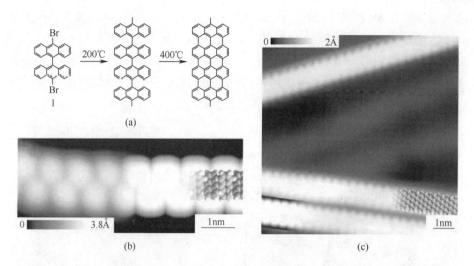

图 5.14 （a）从前驱体 1 到直链的 $N=7$ 石墨烯纳米带的反应流程图；（b）在 200℃ 经过表面辅助 C—C 耦合后的扫描隧道显微镜（STM）图像，在最终的脱氢环化步骤前，显示出一个聚蒽链（左侧，温度 $T=5K$，电压 $V=1.9V$，电流 $I=0.08nA$），带有部分覆盖的聚合物模型（蓝色：碳，白色：氢）的 STM 图像（右侧）的 DFT 基模拟；（c）带有部分覆盖分子模型（蓝色）的纳米带的高分辨 STM 图像（$T=5K, V=-0.1V, I=0.2nA$）。在底部，左侧是一个 $N=7$ 的纳米带的 DFT 基 STM 模拟，显示为一个灰度图[57]

5.6.2 悬浮石墨烯纳米带中的量子化电导

SiO_2 基底被认为是石墨烯系统内大量无序的主要来源，因此一个可能提高石墨烯质量的方法是去除基底。我们制定了不同的方法来获得悬浮石墨烯片：一种是氧刻蚀[58-59]，另一种是采用聚合物间隔层[60]。在两种方法中，制备方法的最后一步是悬浮到有连接的石墨烯片上。在测量之前直接通入一个大电流通过这个石墨烯结构。高的电流密度（$j \approx 1mA/\mu m$）会引入局部焦耳发热，使温度高于 500℃。由于高温，使表面残留的高分子分解从而去除掉，对边缘结构进行重建，从而可以形成高迁移率的器件。在图 5.15（a）中可以看到由大电流引起改变后的扫描电子显微图：在真空中 4.2K 的温度下经过电流淬火后形成的石墨烯束缚（区域 A 和 B），比例尺是 $2\mu m$，区域 C 是没有经过电流回火处理的。

出人意料的是，在零磁场下的有限偏置能谱显示出了一个阶梯样式的图案（图 5.15（b）），并且沿着零偏置轴具有一个高电导率常数 G 的平台。图 5.15（b）所示为温度 $T=4.2K$ 时的有限偏置能谱。电导率 G 对 DC 偏压 V_{sd} 的微分，无外部磁场，在 $-6V<V_g<0.8V$ 的栅电压区间内用 $V_{AC}=150\mu V$ 的 AC 调制进行测试。在图 5.15（b）中每一条线对应一个在不同栅电压下的 DC 偏置测量，其中栅电压以 50mV 为间距从 $-6V$（顶部）到 $0.8V$（底部）。当 $V_{bias}=0V$ 时，观察

到电导量子化的值为 $1\times(2e^2/h)$、$2\times(2e^2/h)$、$3\times(2e^2/h)$ 和 $4\times(2e^2/h)$。$n=1$ 和 $n=2$ 次能带间的能量间距约为 8meV，这与 240nm 宽束缚的能量间距一致[60]。这些台阶和预期的一样，位于 $G_0=e^2/h$ 的偶数倍位置，在这里谷退化被提升了[15-17]。即使不能准确地构建边缘结构，但在这个系统中出现的电导量子化也预示着弹道传输，因此也说明样品的质量很好。

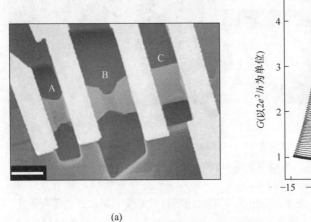
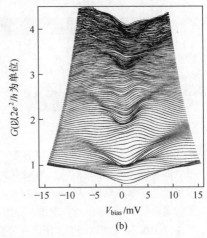

图 5.15 （a）典型悬浮的高迁移率石墨烯器件的扫描电子显微图；(b) $T=4.2$K 时的有限偏置能谱[60]

5.6.3 展望

这些最新的研究成果给石墨烯电子产品的研发和应用带来了希望，这是因为内部和边缘的无序在这些系统中的影响可以忽略不计。然而，这两种方法也有一些缺点。这种自下而上制备得到的纳米带是长在导电基底上的，需要转移至绝缘体基底，并且悬浮的纳米带是非常脆弱的（另外，到目前为止它们还非常小，因此处理和连接等都是很琐碎不易的）。

有基底支撑的纳米结构由于具有更好的稳定性而更受欢迎。在参考文献[61]中，采用六方氮化硼（BN）作为支撑材料所得到的石墨烯片层具有很高的电子质量，因此它是用来制备器件的理想基底材料。然而，刚开始的研究确实显示刻蚀边缘会影响在 BN 基底上建立的纳米带中的传导[62]，因此仍需要进一步开展确凿的研究。

另一个选择是采用双层石墨烯而不采用单层石墨烯。当施加一个垂直电场时，这个系统会打开一个带隙，因此类似于 GaAs 器件中的静电约束是可能的。相对于目前制备的器件中粗糙的边缘，这种方法最明显的优势是具有平滑的约束势[63]。

最后，通过使用一个晶体衬底（如 BN），并且这种衬底的晶格要与石墨烯晶格结构很好的匹配，同时避免在刻蚀图案时引入边缘缺陷，才可能得到具有低无序度和高可调性的石墨烯纳米结构。

参 考 文 献

［1］K. S. Novoselov, A. K. Geim, S. V. Morozov, D. Jiang, Y. Zhang, S. V. Dubonos, I. V. Grigorieva, A. A. Firsov, Electric field effect in atomically thin carbon films. Science **306**(5696), 666-669 (2004).

［2］X. Wang, Y. Ouyang, X. Li, H. Wang, J. Guo, H. Dai, Room-temperature all-semiconducting sub-10-nm graphene nanoribbon field-effect transistors. Phys. Rev. Lett. **100**(20), 206803 (2008).

［3］T. Ihn, J. Güttinger, F. Molitor, S. Schnez, E. Schurtenberger, A. Jacobsen, S. Hellmüller, T. Frey, S. Dröscher, C. Stampfer, K. Ensslin, Graphene single-electron transistors. Mater. Today **13**, 44-50 (2010).

［4］T. Ando, A. B. Fowler, F. Stern, Electronic properties of two-dimensional systems. Rev. Mod. Phys. **54**(2), 437 (1982).

［5］J. Güttinger, C. Stampfer, S. Hellmuller, F. Molitor, T. Ihn, K. Ensslin, Charge detection in graphene quantum dots. Appl. Phys. Lett. **93**(21), 212102 (2008).

［6］F. Molitor, S. Dröscher, J. Güttinger, A. Jacobsen, C. Stampfer, T. Ihn, K. Ensslin, Transport through graphene double dots. Appl. Phys. Lett. **94**(22), 222107 (2009).

［7］M. Huefner, F. Molitor, A. Jacobsen, A. Pioda, C. Stampfer, K. Ensslin, T. Ihn, Investigation of the Aharonov-Bohm effect in a gated graphene ring. Phys. Status Solidi B **246**(11-12), 2756-2759 (2009).

［8］B. J. van Wees, H. van Houten, C. W. J. Beenakker, J. G. Williamson, L. P. Kouwenhoven, D. van der Marel, C. T. Foxon, Quantized conductance of point contacts in a two-dimensional electron gas. Phys. Rev. Lett. **60**(9), 848-850 (1988).

［9］D. A. Wharam, T. J. Thornton, R. Newbury, M. Pepper, H. Ahmed, J. E. F. Frost, D. G. Hasko, D. C. Peacock, D. A. Ritchie, G. A. C. Jones, One-dimensional transport and the quantisation of the ballistic resistance. J. Phys. C, Solid State Phys. **21**, 209-214 (1988).

［10］H. van Houten, C. Beenakker, Quantum point contacts. Phys. Today **49**(7), 22-27 (1996).

［11］M. Fujita, K. Wakabayashi, K. Nakada, K. Kusakabe, Peculiar localized state at zigzag graphite edge. J. Phys. Soc. Jpn. **65**, 1920 (1996).

［12］K. Nakada, M. Fujita, G. Dresselhaus, M. S. Dresselhaus, Edge state in graphene ribbons: nanometer size effect and edge shape dependence. Phys. Rev. B **54**(24), 17954 (1996).

［13］K. Wakabayashi, Electronic transport properties of nanographite ribbon junctions. Phys. Rev. B **64**(12), 125428 (2001).

［14］C. T. White, J. Li, D. Gunlycke, J. W. Mintmire, Hidden one-electron interactions in carbon nanotubes revealed in graphene nanostrips. Nano Lett. **7**(3), 825-830 (2007).

［15］N. M. R. Peres, A. H. Castro Neto, F. Guinea, Conductance quantization in mesoscopic graphene. Phys. Rev. B **73**(19), 195411 (2006).

［16］L. Brey, H. A. Fertig, Electronic states of graphene nanoribbons studied with the Dirac equation. Phys. Rev. B **73**(23), 235411 (2006).

［17］F. Muñoz-Rojas, D. Jacob, J. Fernández-Rossier, J. J. Palacios, Coherent transport in graphene nanoconstrictions. Phys. Rev. B **74**(19), 195417 (2006).

[18] Y. -W. Son, M. L. Cohen, S. G. Louie, Energy gaps in graphene nanoribbons. Phys. Rev. Lett. **97**(21), 216803 (2006).

[19] M. I. K. N. K. Kusakabe, K. Wakabayashi, M. Fujita, Magnetism of nanometer-scale graphite with edge or topological defects. Mol. Cryst. Liq. Cryst. **305**, 445-454 (1997).

[20] S. Okada, A. Oshiyama, Magnetic ordering in hexagonally bonded sheets with first-row elements. Phys. Rev. Lett. **87**(14), 146803 (2001).

[21] A. C. Ferrari, J. C. Meyer, V. Scardaci, C. Casiraghi, M. Lazzeri, F. Mauri, S. Piscanec, D. Jiang, K. S. Novoselov, S. Roth, A. K. Geim, Raman spectrum of graphene and graphene layers. Phys. Rev. Lett. **97**(18), 187401 (2006).

[22] D. Graf, F. Molitor, K. Ensslin, C. Stampfer, A. Jungen, C. Hierold, L. Wirtz, Spatially resolved Raman spectroscopy of single- and few-layer graphene. Nano Lett. **7**(2), 238-242 (2007).

[23] S. Dröscher, H. Knowles, Y. Meir, K. Ensslin, T. Ihn, Coulomb gap in graphene nanoribbons. Phys. Rev. B **84**(7), 073405 (2011).

[24] D. J. Thouless, Electrons in disordered systems and the theory of localization. Phys. Rep. **13**(3), 93-142 (1974).

[25] A. B. Fowler, A. Hartstein, R. A. Webb, Conductance in restricted-dimensionality accumulation layers. Phys. Rev. Lett. **48**(3), 196-199 (1982).

[26] T. Ihn, *Semiconductor Nanostructures* (Oxford University Press, Oxford, 2010).

[27] M. Kemerink, L. W. Molenkamp, Stochastic coulomb blockade in a double quantum dot. Appl. Phys. Lett. **65**(8), 1012-1014 (1994).

[28] M. Y. Han, B. Ozyilmaz, Y. Zhang, P. Kim, Energy band-gap engineering of graphene nanoribbons. Phys. Rev. Lett. **98**(20), 206805 (2007).

[29] Z. Chen, Y. -M. Lin, M. J. Rooks, P. Avouris, Graphene nano-ribbon electronics. Physica E **40**(2), 228-232 (2007).

[30] K. Todd, H. -T. Chou, S. Amasha, D. Goldhaber-Gordon, Quantum dot behavior in graphene nanoconstrictions. Nano Lett. **9**(1), 416-421 (2009).

[31] C. Stampfer, J. Güttinger, S. Hellmüller, F. Molitor, K. Ensslin, T. Ihn, Energy gaps in etched graphene nanoribbons. Phys. Rev. Lett. **102**(5), 056403 (2009).

[32] F. Molitor, A. Jacobsen, C. Stampfer, J. Güttinger, T. Ihn, K. Ensslin, Transport gap in side-gated graphene constrictions. Phys. Rev. B **79**(7), 075426 (2009).

[33] X. Liu, J. B. Oostinga, A. F. Morpurgo, L. M. K. Vandersypen, Electrostatic confinement of electrons in graphene nanoribbons. Phys. Rev. B **80**(12), 121407 (2009).

[34] M. Y. Han, J. C. Brant, P. Kim, Electron transport in disordered graphene nanoribbons. Phys. Rev. Lett. **104**(5), 056801 (2010).

[35] P. Gallagher, K. Todd, D. Goldhaber-Gordon, Disorder-induced gap behavior in graphene nanoribbons. Phys. Rev. B **81**(11), 115409 (2010).

[36] J. B. Oostinga, B. Sacepe, M. F. Craciun, A. F. Morpurgo, Magneto-transport through graphene nanoribbons. Phys. Rev. B **81**(19), 193408 (2010).

[37] J. Bai, R. Cheng, F. Xiu, L. Liao, M. Wang, A. Shailos, K. L. Wang, Y. Huang, X. Duan, Very large magnetoresistance in graphene nanoribbons. Nat. Nanotechnol. **5**(9), 655-659 (2010).

[38] B. Terres, J. Dauber, C. Volk, S. Trellenkamp, U. Wichmann, C. Stampfer, Disorder induced Coulomb gaps in graphene constrictions with different aspect ratios. Appl. Phys. Lett. **98**(3), 032109 (2011).

[39] D. Querlioz, Y. Apertet, A. Valentin, K. Huet, A. Bournel, S. Galdin-Retailleau, P. Dollfus,

Suppression of the orientation effects on bandgap in graphene nanoribbons in the presence of edge disorder. Appl. Phys. Lett. **92**(4), 042108 (2008).

[40] M. Evaldsson, I. V. Zozoulenko, H. Xu, T. Heinzel, Edge-disorder-induced Anderson localization and conduction gap in graphene nanoribbons. Phys. Rev. B **78**(16), 161407 (2008).

[41] I. Martin, Y. M. Blanter, Transport in disordered graphene nanoribbons. Phys. Rev. B**79**(23), 235132 (2009).

[42] J. Martin, N. Akerman, G. Ulbricht, T. Lohmann, J. H. Smet, K. vonKlitzing, A. Yacoby, Observation of electron-hole puddles in graphene using a scanning single-electron transistor. Nat. Phys. **4**(2), 144-148 (2008).

[43] S. Adam, S. Cho, M. S. Fuhrer, S. D. Sarma, Density inhomogeneity driven percolation metal-insulator transition and dimensional crossover in graphene nanoribbons. Phys. Rev. Lett. **101**(4), 046404 (2008).

[44] F. Molitor, C. Stampfer, J. Güttinger, A. Jacobsen, T. Ihn, K. Ensslin, Energy and transport gaps in etched graphene nanoribbons. Semicond. Sci. Technol. **25**(3), 034002 (2010).

[45] F. Sols, F. Guinea, A. H. C. Neto, Coulomb blockade in graphene nanoribbons. Phys. Rev. Lett. **99**(16), 166803 (2007).

[46] F. Molitor, H. Knowles, S. Dröscher, U. Gasser, T. Choi, P. Roulleau, J. Güttinger, A. Jacobsen, C. Stampfer, K. Ensslin, T. Ihn, Observation of excited states in a graphene double quantum dot. Europhys. Lett. **89**(6), 67005 (2010).

[47] Y. Meir, N. S. Wingreen, P. A. Lee, Transport through a strongly interacting electron system: theory of periodic conductance oscillations. Phys. Rev. Lett. **66**(23), 3048-3051 (1991).

[48] Y. C. Huang, C. P. Chang, M. F. Lin, Magnetic and quantum confinement effects on electronic and optical properties of graphene ribbons. Nanotechnology **18**(49), 495401 (2007).

[49] J. Liu, A. R. Wright, C. Zhang, Z. Ma, Strong terahertz conductance of graphene nanoribbons under a magnetic field. Appl. Phys. Lett. **93**(4), 041106 (2008).

[50] C. Ritter, S. S. Makler, A. Latgé, Energy-gap modulations of graphene ribbons under external fields: a theoretical study. Phys. Rev. B **77**(19), 195443 (2008).

[51] F. Molitor, Electronic properties of graphene nanostructures, PhD thesis, ETH Zurich, 2010.

[52] B. I. Shklovskii, A. L. Efros, *Electronic Properties of Doped Semiconductors* (Springer, Heidelberg, 1984).

[53] M. E. Gershenson, Y. B. Khavin, A. G. Mikhalchuk, H. M. Bozler, A. L. Bogdanov, Crossover from weak to strong localization in quasi-one-dimensional conductors. Phys. Rev. Lett. **79**(4), 725-728 (1997).

[54] D. Loss, D. P. DiVincenzo, Quantum computation with quantum dots. Phys. Rev. A**57**(1), 120-126 (1998).

[55] W. G. van der Wiel, S. D. Franceschi, J. M. Elzerman, T. Fujisawa, S. Tarucha, L. P. Kouwenhoven, Electron transport through double quantum dots. Rev. Mod. Phys. **75**, 1-22 (2002).

[56] C. Livermore, C. H. Crouch, R. M. Westervelt, K. L. Campman, A. C. Gossard, The Coulomb blockade in coupled quantum dots. Science **274**(5291), 1332-1335 (1996).

[57] J. Cai, P. Ruffieux, R. Jaafar, M. Bieri, T. Braun, S. Blankenburg, M. Muoth, A. P. Seitsonen, M. Saleh, X. Feng, K. Mullen, R. Fasel, Atomically precise bottom-up fabrication of graphene nanoribbons. Nature **466**(7305), 470-473 (2010).

[58] K. I. Bolotin, F. Ghahari, M. D. Shulman, H. L. Stormer, P. Kim, Observation of the fractional quantum hall effect in graphene. Nature **462**(7270), 196-199 (2009).

[59] X. Du, I. Skachko, F. Duerr, A. Luican, E. Y. Andrei, Fractional quantum hall effect and insulating phase of Dirac electrons in graphene. Nature **462**(7270), 192-195 (2009).

[60] N. Tombros, A. Veligura, J. Junesch, M. H. D. Guimaraes, I. J. Vera-Marun, H. T. Jonkman, B. J. van Wees, Quantized conductance of a suspended graphene nanoconstriction. Nat. Phys. **7**(9), 697-700 (2011).

[61] C. R. Dean, A. F. Young, I. Meric, C. Lee, L. Wang, S. Sorgenfrei, K. Watanabe, T. Taniguchi, P. Kim, K. L. Shepard, J. Hone, Boron nitride substrates for high-quality graphene electronics. Nat. Nanotechnol. **5**(10), 722-726 (2010).

[62] D. Bischoff, T. Krähenmann, S. Dröscher, M. A. Gruner, C. Barraud, T. Ihn, K. Ensslin, Reactive-ion-etched graphene nanoribbons on a hexagonal boron nitride substrate. Appl. Phys. Lett. **101**(20), 203103 (2012).

[63] S. Dröscher, C. Barraud, K. Watanabe, T. Taniguchi, T. Ihn, K. Ensslin, Electron flow in split-gated bilayer graphene. New J. Phys. **14**(10), 103007 (2012).

第二篇 理 论 部 分

第6章

单层和多层石墨烯的电子性质

Mikito Koshino, Tsuneya Ando

摘要 本章给出石墨烯的基本电子性质及其多层膜的有效质量近似理论的综述。通过使用低能有效的哈密顿算子,描述不同于传统系统的电子光谱、传输特性、光学吸收和轨道磁性。

6.1 概　述

自从单晶石墨烯的实验实现以来,石墨烯及其相关材料的物理研究已受到广泛关注[1-2]。其独特的能带结构产生了完全不同于常规系统的独特的电子性质,相当于一个相对的无质量粒子。在本章中,我们从理论的角度简单介绍石墨烯的电子性质,成功利用有效质量近似法描述了石墨烯的电子结构。在石墨烯家族相关材料中,有效质量模型是在三维石墨[3-5],同时也在由一张卷起的石墨烯组成的单壁碳纳米管[6]中发展起来的。可以证明石墨烯的有效哈密顿算子相当于一个零质量粒子的狄拉克哈密顿算子,其中线性色散的导带和价带在狄拉克点处接触[4,7-8]。这是一个拓扑奇异点,其周围的电子状态获得了一个称为贝里相位的几何相位因子。狄拉克点的奇异性导致了在输运性质中特有的行为,如最低电导率[9]、动态电导率[10]和局域化效果[11-12]。这个奇异点也被视为通过零能量朗道能级形成反常抗磁磁化率[4,13-16]和半整数量子霍尔效应[17-19]的起源。

M. Koshino(通信作者)
日本仙台东北大学物理系,980-8578。
e-mail: koshino@cmpt.phys.tohoku.ac.jp

T. Ando
日本东京东京工业大学物理系,152-8551。

同时，也制备了具有几个石墨烯层的多层体系[1, 20-23]。它们的层间耦合极大地改变了能带结构，层的数目和堆叠方式决定了其特征[24-27, 29-33]。双层石墨烯包含一个零带隙的能带结构，但在能带接触点附近的色散关系是二次型的，不像单层石墨烯那样[25-28]。对于两层以上的多层石墨烯，根据哈密顿算子，电子态可以分解成与单层或双层石墨烯完全相同的子系统来理解[24, 35]。

这里，我们采用有效质量近似从理论上来描述石墨烯的基本电子性质。在6.2节中，介绍了单层石墨烯的有效质量哈密顿算子，并对其在有、无磁场时的电子谱进行了描述。在此基础上，简述了单层石墨烯的物理性质，包括6.3节中的轨道反磁性、6.4节中的输运性质以及6.5节中的光学性质。在6.6节中，扩展了对双层石墨烯的论述，我们会看到明显不同于单层的几个属性。在6.7节中，提出了一个一般的 N 层石墨烯堆叠的有效哈密顿算符，并为能带分解为类单层和类双层子系统提供了证据。

6.2 石墨烯的电子结构

6.2.1 有效哈密顿算符

石墨烯是由一个六边形网络的碳原子组成，其中的原子结构和第一布里渊区分别如图6.1(a)和(b)所示。一个包括了 A 点和 B 点两个碳原子的单元，跨越了原始晶格矢量 $\boldsymbol{a} = a(1, 0)$ 和 $\boldsymbol{b} = a(-1/2, \sqrt{3}/2)$，其中石墨烯晶格常数 $a \approx 0.246\text{nm}$。我们也定义了从 B 点到最近的 A 点的向量为 $\boldsymbol{\tau}_1 = a(0, 1/\sqrt{3})$，$\boldsymbol{\tau}_2 = a(-1/2, -1/2\sqrt{3})$，$\boldsymbol{\tau}_3 = a(1/2, -1/2\sqrt{3})$。倒易晶格向量由 $\boldsymbol{a}^* = (2\pi/a)(1, 1/\sqrt{3})$ 和 $\boldsymbol{b}^* = (2\pi/a)(0, 2/\sqrt{3})$ 给出。布里渊区有两个不等价的顶点——K 和 K'，分别定义为 $\boldsymbol{K} = (2\pi/a)(1/3, 1/\sqrt{3})$ 和 $\boldsymbol{K}' = (2\pi/a)(0, 2/\sqrt{3})$。

石墨烯在低能量区域的电子结构采用与石墨相似的方式的有效质量近似进行描述[4-8]。后面我们从碳的 π 带的紧束缚模型开始推导低能石墨烯的电子有效哈密顿算子。在紧束缚模型中，波函数如下：

$$\psi(\boldsymbol{r}) = \sum_{\boldsymbol{R}_A} \psi_A(\boldsymbol{R}_A) \phi(\boldsymbol{r} - \boldsymbol{R}_A) + \sum_{\boldsymbol{R}_B} \psi_B(\boldsymbol{R}_B) \phi(\boldsymbol{r} - \boldsymbol{R}_B) \tag{6.1}$$

式中：$\phi(\boldsymbol{r})$ 为一个碳原子的 p_z 轨道的波函数，其构成了 π 带，$\boldsymbol{R}_A = n_a \boldsymbol{a} + n_b \boldsymbol{b} + \boldsymbol{\tau}_1$，$\boldsymbol{R}_B = n_a \boldsymbol{a} + n_b \boldsymbol{b}$，其中 n_a 和 n_b 为整数。

令 $-\gamma_0$ 为最近邻碳原子之间的传递积分（在文献中通常用 t），则哈密顿算符如下：

$$H = -\gamma_0 \sum_{\boldsymbol{R}_A} \sum_{l=1}^{3} |\boldsymbol{R}_A - \boldsymbol{\tau}_l\rangle \langle \boldsymbol{R}_A| + \text{h.c.} \tag{6.2}$$

第6章 单层和多层石墨烯的电子性质

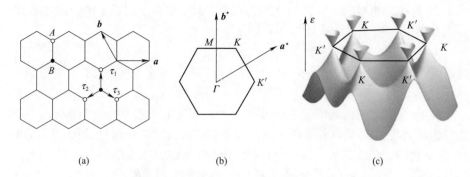

图 6.1 (a)石墨烯片的晶格结构图。两个基矢由 a 和 b 表示。从 B 点直接到最邻近的 A 点的 3 个向量表示为 $\tau_l(l = 1, 2, 3)$。(b)第一布里渊区。六边形的顶点称为 K 和 K' 点倒易点阵矢量,由 a^* 和 b^* 表示。(c)在最近邻紧束缚模型中的石墨烯的 π 带结构(为方便说明,上部分带结构被切掉)

式中:$|R\rangle$ 表示 $\phi(r - R)$,即定位在 R 点的原子状态;h.c. 为哈密顿常数。

薛定谔方程写为

$$\varepsilon\psi_A(R_A) = -\gamma_0 \sum_{l=1}^{3} \psi_B(R_A - \tau_l)$$

$$\varepsilon\psi_B(R_B) = -\gamma_0 \sum_{l=1}^{3} \psi_A(R_B + \tau_l) \tag{6.3}$$

其中,初始能量设定为碳的 p_z 轨道能量水平。

当假定布洛赫波函数 $\psi_A(R_A) \propto e^{i k \cdot r} f_A(k)$,$\psi_B(R_B) \propto e^{i k \cdot r} f_B(k)$ 时,薛定谔方程写为

$$\begin{pmatrix} 0 & h(k) \\ h(k)^* & 0 \end{pmatrix} \begin{pmatrix} f_A(k) \\ f_B(k) \end{pmatrix} = \varepsilon \begin{pmatrix} f_A(k) \\ f_B(k) \end{pmatrix} \tag{6.4}$$

$$h(k) = -\gamma_0 \sum_{l=1}^{3} \exp(i k \cdot \tau_l) \tag{6.5}$$

本征能量表示为

$$\varepsilon_\pm = \pm \sqrt{1 + 4\cos\frac{ak_x}{2}\cos\frac{\sqrt{3}ak_y}{2} + 4\cos^2\frac{ak_x}{2}} \tag{6.6}$$

式中:ε_+ 和 ε_- 分别为导带和价带的本征能量,两条能带在 K 点和 K' 点互相接触时,$\varepsilon_\pm = 0$,如图 6.1(c)所示。

由于石墨烯中的 π 带是半满的,费米能级穿过图 6.1(c)所示的接触点处的能带,就是所谓的狄拉克点。

在 K 和 K' 点附近,能量色散近似为线性形式:

$$\varepsilon_\pm = \pm \hbar v |k| \tag{6.7}$$

其中，k 为一个相对的波矢，由 K 或 K' 点测得，而 v 是由下式确定的恒定速度，即

$$v = \frac{\sqrt{3}}{2} \frac{a\gamma_0}{\hbar} \tag{6.8}$$

当取石墨的参数值 $\gamma_0 \approx 3\text{eV}$ 时，得到 $v \approx 10^6 \text{m/s}$，这与实验估计是相兼容的[1-2]。

在 $\varepsilon = 0$ 附近的低能量电子态可以通过 K 和 K' 点附近的电子态表示。波函数可表示为与 K 或 K' 点相关的布洛赫因子和包络函数的乘积，与原子尺度 a 相比，它变化的比较缓慢。具体来说，波在 A 点和 B 点的振幅分别为

$$\psi_A(\mathbf{R}_A) = e^{i\mathbf{K} \cdot \mathbf{R}_A} F_A^K(\mathbf{R}_A) + e^{i\mathbf{K}' \cdot \mathbf{R}_A} F_A^{K'}(\mathbf{R}_A)$$
$$\psi_B(\mathbf{R}_B) = -\omega e^{i\mathbf{K} \cdot \mathbf{R}_B} F_B^K(\mathbf{R}_B) + e^{i\mathbf{K}' \cdot \mathbf{R}_B} F_B^{K'}(\mathbf{R}_B) \tag{6.9}$$

式中：$F_A^K, F_A^{K'}, F_B^K, F_B^{K'}$ 分别为相应的包络函数；因子 $\omega = \exp(2\pi i/3)$ 是为了简化最后的方程。

通过把式(6.9)代入式(6.3)中，并使用长波近似为

$$F(\mathbf{r} + \boldsymbol{\tau}_l) \approx F(\mathbf{r}) + (\boldsymbol{\tau}_l \cdot \nabla) F(\mathbf{r}) \quad (F = F_A^K \text{等}) \tag{6.10}$$

可以得到

$$\mathcal{H}^K F^K = \varepsilon F^K, \quad \mathcal{H}^{K'} F^{K'} = \varepsilon F^{K'} \tag{6.11}$$

其中

$$\mathcal{H}^K = \begin{pmatrix} 0 & vp_- \\ vp_+ & 0 \end{pmatrix}, \quad \mathcal{H}^{K'} = \begin{pmatrix} 0 & vp_+ \\ vp_- & 0 \end{pmatrix} \tag{6.12}$$

$$F^K = \begin{pmatrix} F_A^K(\mathbf{r}) \\ F_B^K(\mathbf{r}) \end{pmatrix}, \quad F^{K'} = \begin{pmatrix} F_A^{K'}(\mathbf{r}) \\ F_B^{K'}(\mathbf{r}) \end{pmatrix} \tag{6.13}$$

$\mathbf{p} = (p_x, p_y) = -i\hbar \nabla$ 且 $p_\pm = p_x \pm ip_y$。

有效哈密顿算符 $\mathcal{H}^K$ 和 $\mathcal{H}^{K'}$ 给出特定的本征能量为

$$\varepsilon_s(\mathbf{p}) = svp \quad (s \text{ 可取 } + \text{ 或 } -) \tag{6.14}$$

式中：$p = \sqrt{p_x^2 + p_y^2}$ 与式(6.7)一致。

电子态密度为

$$D(\varepsilon) = \frac{g_s g_v |\varepsilon|}{2\pi \hbar^2 v^2} \tag{6.15}$$

其中，$g_s = 2$ 是自旋简并，$g_v = 2$ 是谷简并，即 K 和 K' 点的自由度。石墨烯的低能量区的能量带和态密度如图6.2(a)所示。在零度下电子或空穴浓度为

$$n_s = \text{sgn}(\varepsilon) \frac{g_s g_v \varepsilon^2}{4\pi \hbar^2 v^2} \tag{6.16}$$

并且有

$$\text{sgn}(x) = \begin{cases} +1, & x > 0 \\ 0, & x = 0 \\ -1, & x < 0 \end{cases} \tag{6.17}$$

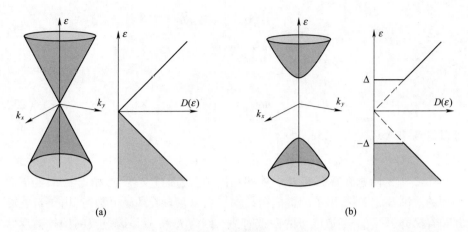

图 6.2 在(a)零能隙和(b)非零能隙下,石墨烯在 K 和 K' 点附近的电子带结构与态密度

6.2.2 朗道能级

在深入考虑量子力学之前,我们先来直观地研究磁场下石墨烯电子的经典运动。下面给出电子在能带 $s(s=\pm)$ 中的运动方程:

$$\frac{d\boldsymbol{p}}{dt} = -\frac{e}{c}\boldsymbol{v}_s(\boldsymbol{p}) \times \boldsymbol{B} \tag{6.18}$$

其中,$\boldsymbol{p}=(p_x,p_y)$ 为电子的动量,$\boldsymbol{B}$ 为一个垂直于石墨烯层的均匀磁场,并且

$$\boldsymbol{v}_s(\boldsymbol{p}) = \frac{\partial \varepsilon_s(\boldsymbol{p})}{\partial \boldsymbol{p}} = \frac{sv\boldsymbol{p}}{|\boldsymbol{p}|} \tag{6.19}$$

显然,电子在 p 空间等能量圆圈上运动的回旋频率为

$$\omega_c(\varepsilon) = \frac{eBv^2}{c\varepsilon} \tag{6.20}$$

它与能量 ε 成反比,c 为光速。

在量子力学中,磁场中的哈密顿算符是通过用 $\boldsymbol{p}+(e/c)\boldsymbol{A}$ 更换 $\boldsymbol{p}$ 得到的,$\boldsymbol{A}$ 是由磁场 $\boldsymbol{B}=\nabla\times\boldsymbol{A}$ 给出的矢量势。

式(6.12)哈密顿算符中的 $p_\pm$ 由下式代替:

$$\pi_\pm = \pi_x \pm i\pi_y, \quad \boldsymbol{\pi} = \boldsymbol{p} + \frac{e}{c}\boldsymbol{A} \tag{6.21}$$

从 $\pi_+ = (\sqrt{2}\hbar/l_B)a^\dagger$ 和 $\pi_- = (\sqrt{2}\hbar/l_B)a$ 的关系中可以得到朗道能级谱。这里的 $l_B = \sqrt{c\hbar/(eB)}$ 为磁长度,$a^\dagger$ 和 a 分别为增加和减少的运算符号,其在朗道能级波函数 ϕ_n 上的作用分别为 $a\phi_n = \sqrt{n}\phi_{n-1}$ 和 $a^\dagger\phi_n = \sqrt{n+1}\phi_{n+1}$。

在 K 点的哈密顿算符的本征函数可写作 $(c_1\phi_{n-1}, c_2\phi_n)$ 并且 $n \geq 0$ 的整数。定义当 $n<0$ 时,$\phi_n=0$,则哈密顿矩阵 (c_1, c_2) 变为

$$\mathcal{H}^K = \begin{pmatrix} 0 & \hbar\omega_B\sqrt{n} \\ \hbar\omega_B\sqrt{n} & 0 \end{pmatrix} \quad (6.22)$$

其中

$$\hbar\omega_B = \frac{\sqrt{2}\hbar v}{l_B} \quad (6.23)$$

可以得到[4]

$$\varepsilon_n = \hbar\omega_B \text{sgn}(n)\sqrt{|n|} \quad (n = 0, \pm 1, \pm 2, \cdots) \quad (6.24)$$

在 K' 点的哈密顿算符与 K 点处的相同,它是通过交换 $\pi_\pm$ 和 K' 处的能谱而得到的。图 6.3(a)给出了朗道能级结构。当忽略自旋塞曼分裂时,由于自旋简并和谷简并,导致了朗道能级的四重简并。因为 K 和 K' 是通过空间倒置被反转的,所以谷简并保证了空间相对于 A 点和 B 点之间的中点为反演对称性[38]。

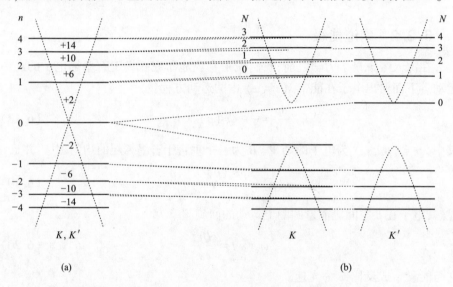

(a)   (b)

图 6.3 石墨烯中朗道能级结构在(a)$\Delta=0$ 和(b)$\Delta>0$ 时的势能不对称性。水平虚线所连接的是在极限 $\Delta\to 0$ 时对应的能级水平。(a)中层间的数字表示量子化霍尔电导率,以 $-e^2/h$ 为单位

由于能量水平与 $\sqrt{n}$ 成正比,相邻的朗道能级之间的能量间隔是不定常数,从狄拉克点开始向远处变得更窄。对于较大的 n,能量间隔可以写成经典回旋频率的函数:

$$\varepsilon_{n+1} - \varepsilon_n \sim \hbar\omega_c(\varepsilon_n) \quad (6.25)$$

在式(6.23)中定义的另一频率参数 ω_B 代表了 $n=0$ 和 $n=1$ 之间的能量间隔,并且在极限 $\varepsilon \to 0$ 时被视为经典回旋频率 $\omega_c(\varepsilon)$ 的量子极限。

霍尔电导 σ_{xy} 可通过计算电荷中性点上所占用的能级水平数来确定。当费

米能在 ε_n 和 ε_{n+1} 之间时,有[17-18]

$$\sigma_{xy} = -g_v g_s \frac{e^2}{h}\left(n + \frac{1}{2}\right) \qquad (6.26)$$

并给出了一系列量子化霍尔电导率 ± 2, ± 6, ± 10, $\cdots$,以 $-e^2/h$ 为单位。括号中的因子 1/2 的出现是因为零级朗道能级是半满的,此时系统的电荷为中性。

6.2.3 石墨烯中的带隙

如果在 A 点和 B 点之间存在不对称势能,则哈密顿算符成为

$$\mathcal{H}^K = \begin{pmatrix} \Delta & vp_- \\ vp_+ & -\Delta \end{pmatrix} \qquad (6.27)$$

对角线项 $\pm\Delta$ 表示在位置 A 和 B 的势能,并且在狄拉克点处打开了一个能隙,系统现在相当于一个巨大的狄拉克电子。虽然 A 和 B 在通常的单层石墨烯中本质上是对称的,但放置在一个特定的基板材料上的样品可以出现不对称,石墨和基板晶格之间的相互作用会在 A 和 B 处产生不同的势能[36-37]。可以大胆地假设 $\Delta \geq 0$ 而不失一般性,在 $B=0$ 时的能量带可表示为

$$\varepsilon_s(p) = s\sqrt{v^2 p^2 + \Delta^2} \quad (s = \pm 1) \qquad (6.28)$$

相应的态密度为

$$D(\varepsilon) = \frac{g_v g_s |\varepsilon|}{2\pi \hbar^2 v^2}\theta(|\varepsilon| - \Delta) \qquad (6.29)$$

其中,$\theta(t)$ 为一个阶跃函数,由下式定义:

$$\theta(t) = \begin{cases} 1, & t > 0 \\ 0, & t < 0 \end{cases} \qquad (6.30)$$

有能带隙的石墨烯的低能量区域的能带和态密度状态都显示在图 6.2(b)中。

在磁场中,朗道能级的谷简并通常是由不对称电势 Δ 打破,因为它打破了空间反演对称性。在磁场中的哈密顿算子再次用 $\pi_\pm$ 更换式(6.27)中的 $p_\pm$。本征能量就变为[39]

$$\varepsilon_n^K = \text{sgn}_-(n)\sqrt{(\hbar\omega_B)^2 |n| + \Delta^2}, \quad \varepsilon_n^{K'} = \text{sgn}_+(n)\sqrt{(\hbar\omega_B)^2 |n| + \Delta^2}$$
$$(6.31)$$

其中,$n=0$, ± 1, ± 2, $\cdots$ 时,有

$$\text{sgn}_\pm(n) = \begin{cases} +1, & n > 0 \\ \pm 1, & n = 0 \\ -1, & n < 0 \end{cases} \qquad (6.32)$$

图 6.3(b)所示为 $\Delta > 0$ 时朗道能级结构的例子。$n=0$ 的朗道能级达到 K 点价带的顶部和 K' 点导带的底部,而其他所有的能级保持谷简并态。在霍尔电导率中,由于 $n=0$ 级的分裂,在带隙区域新出现 $\sigma_{xy}=0$ 的相。

由于带隙石墨烯的哈密顿算子相当于一个巨大的狄拉克电子,带边缘附近扩展的有效哈密顿算子清楚地说明了在带边缘周围的朗道能级结构应该对应于一个传统的电子系统[39]。对导带而言,在接近带的底部$(\varepsilon = \Delta)A$点处的有效哈密顿算符除去恒定的能量后为

$$\mathcal{H} \approx \frac{v^2}{2\Delta}\pi_{-\xi}\pi_{\xi} = \hbar\omega_c\left(\hat{N} + \frac{1}{2}\right) + \frac{\xi}{2}\hbar\omega_c \tag{6.33}$$

其中,$\hat{N} = a^{\dagger}a$ 和 $\xi = +, -$ 是分别关于 K 和 K' 的,式中的 N($\hat{N}$ 的特征值)为从带底部开始对每个谷底的计数,一般不同于图 6.3 所示的编号方案的 n。事实上,N 为 A 点的朗道能级波函数的指数,它在低能量的 B 点的振幅中占主导地位。

式(6.33)的第二项反映了归属相同的 N 的 K 和 K' 的朗道能级之间的能量差,写作赝自旋(谷)塞曼项 $\xi\mu^*B$,在不同的谷 K 和 K' 上分别为赝自旋向上($\xi=+1$)和向下($\xi=-1$)。与谷分裂相关的有效磁矩 μ^* 如下:

$$\mu^* = \frac{1}{2}g^*\mu_B, \quad g^* = 2\frac{m}{m^*}, \quad m^* = \frac{\Delta}{v^2} \tag{6.34}$$

式中:$\mu_B = e\hbar/(2mc)$ 为玻尔磁子;m 为自由电子质量。

例如,有效 g 因子在 $\Delta = 0.1\text{eV}$ 时估计为 $g^* \approx 60$。谷依赖的磁矩的起源归因于 K 和 K' 之间相反的轨道电流循环,它在哈密顿算子[58]的手征性质中是固有的。在半经典的图像中,这被解释为波包的自旋转[59-60]。

6.3 轨道的抗磁性

6.3.1 磁化率的奇异性

在凝聚态系统中,轨道磁性敏感地依赖于能带结构的细节,有时在很大程度上偏离了传统的朗道抗磁性,特别是窄能隙材料克服了自旋顺磁性表现出强烈的轨道抗磁性,如石墨[4, 40-41]或铋[42-44]。轨道磁性也在相关材料中得到了研究,如石墨层间化合物[45-48]、碳纳米管[49-53]、寡层石墨烯[24, 54-55],以及类狄拉克谱的有机化合物[56]。单层的石墨烯是一个极端的例子,其中的导带和价带粘在一起,因此轨道磁化率在狄拉克点具有强大的奇异性[4, 13-15, 39, 57],我们将会在后面看到。

在温度 T 和磁场 B 下,石墨烯的热力学势能写为

$$\Omega = -\frac{1}{\beta}\frac{g_v g_s}{2\pi l_B^2}\sum_{s=\pm}\sum_{n=0}^{\infty}\varphi\{\varepsilon_s[(\hbar\omega_B)^2 n]\}\left(1 - \frac{\delta_{n0}}{2}\right) \tag{6.35}$$

式中:$\beta = 1/k_B T$,$\varepsilon_s(x) = s\sqrt{x}$,$\phi(\varepsilon) = \log[1 + e^{-\beta(\varepsilon-\zeta)}]$,其中 ζ 为化学势。

在弱磁场中,利用欧拉-麦克劳林(Euler-Maclaurin)公式,式(6.35)中 n 的和可以写为一个连续变量 x 的积分和一个保留项。在 B 取最低的量级时,后者

变为

$$\Delta\Omega = g_v g_s \frac{e^2 v^2 B^2}{12\pi} \int_{-\infty}^{\infty} -\frac{\partial f(\varepsilon)}{\partial \varepsilon} d\varepsilon \qquad (6.36)$$

其中,$f(\varepsilon)$为费米分布函数。磁化强度M和磁化率χ定义为

$$M = -\left(\frac{\partial \Omega}{\partial B}\right)_\zeta, \quad \chi = \frac{\partial M}{\partial B}\bigg|_{B=0} = -\left(\frac{\partial^2 \Omega}{\partial B^2}\right)_\zeta\bigg|_{B=0} \qquad (6.37)$$

通过式(6.36)和式(6.37),得[4, 24, 45-46]

$$\chi = -g_v g_s \frac{e^2 v^2}{6\pi c^2} \int_{-\infty}^{\infty} \left[-\frac{\partial f(\varepsilon)}{\partial \varepsilon}\right] d\varepsilon \qquad (6.38)$$

在零度时,式(6.38)中的积分成为费米能中的δ函数,得

$$\chi(\varepsilon_F) = -g_v g_s \frac{e^2 v^2}{6\pi c^2} \delta(\varepsilon_F) \qquad (6.39)$$

这种反常的行为也可以理解为一个有能隙的狄拉克电子的零质量极限[39]。用式(6.31)中的朗道能级,以类似的方法计算磁化率:

$$\chi(\varepsilon_F) = -g_v g_s \frac{e^2 v^2}{6\pi c^2} \frac{1}{2\Delta} \theta(\Delta - |\varepsilon_F|) \qquad (6.40)$$

只有在能隙$|\varepsilon| < \Delta$时上式不为0。在极限$\Delta \to 0$时,$\chi(\varepsilon_F)$成为式(6.39)中的δ函数。图6.4(a)和(b)所示分别为带隙石墨烯的态密度和磁化率。带边缘的磁化率与电子的常规磁性相对应。在上一节中讨论的谷塞曼能量诱导了泡利顺磁性,就像真正的旋转一样,并且朗道量子化以通常的方式给出了朗道抗磁性。每个部分可被写为

$$\chi_P(\varepsilon) = \left(\frac{g^*}{2}\right)^2 \mu_B^2 D(\varepsilon) \qquad (6.41)$$

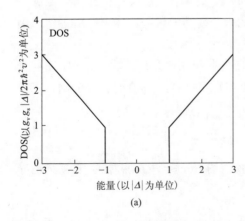

(a)

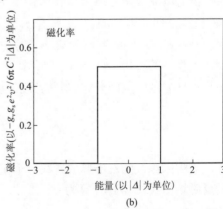

(b)

图6.4 具有非对称带隙Δ的单层石墨烯的(a)态密度和(b)磁化率。图(b)中方向向上的磁化率是负的(即抗磁性)

$$\chi_L(\varepsilon) = -\frac{1}{3}\left(\frac{m}{m^*}\right)^2 \mu_B^2 D(\varepsilon) \tag{6.42}$$

其中,态密度 $D(\varepsilon) = g_v g_s m^*/(2\pi\hbar^2)\theta(\varepsilon)$。总磁化率 $\chi_P + \chi_L$ 与式(6.40)中的 χ 在导带底部的跳跃量实际上是一致的。因为在当前情况下 $g = 2m/m^*$,而对自由电子我们有 $\chi_L = -\chi_P/3 \propto 1/m^*$,给出总的顺磁的磁化率。当费米能级进入导带时,沿着顺磁化的方向就会有一个总磁化率的离散跳跃。

6.3.2 非均匀磁场的响应

这个论据可以扩展到空间调制的磁场。在非均匀磁场下,单层石墨烯的研究涉及电子约束[19, 61-62]、超晶格中的特殊能带结构[63-64]、输运特性[65]和量子霍尔效应[66-67]。让我们考虑一下放置在 $B(r) = B(q)\exp(\mathrm{i}q \cdot r) + \mathrm{c.c.}$ 的磁场下的石墨烯,"c.c."代表复共轭。在线性响应时,引起的磁矩可以写为

$$m(q) = \chi(q)B(q) \tag{6.43}$$

式中:$m(q)$ 为局域磁矩垂直于石墨烯片层的傅立叶变换;$m(r)$ 是与局部电流密度 $j_x = c\partial m/\partial y$ 和 $j_y = -c\partial m/\partial x$ 相关的。

石墨烯在零度时,依赖 q 的磁化率可以明确地计算出来[57]:

$$\chi(q;\varepsilon_F) = -\frac{g_v g_s e^2 v}{16\hbar c^2}\frac{1}{q}\theta(q - 2k_F)\left[1 + \frac{2}{\pi}\frac{2k_F}{q}\sqrt{1 - \left(\frac{2k_F}{q}\right)^2} - \frac{2}{\pi}\arcsin\frac{2k_F}{q}\right] \tag{6.44}$$

式中:$k_F = |\varepsilon_F|/(\hbar v)$ 为费米波矢。

重要的是,χ 在 $q < 2k_F$ 的范围内消失,即当外部磁场相对于费米波长足够光滑时没有电流被诱导出来。作为固定 q 时 ε_F 的函数,χ 只有在有限区域满足 $|\varepsilon_F| < vq/2$ 时是非零的,其在所有 ε_F 上的积分变为常量 $-g_s g_v e^2 v^2/(6\pi^2 c^2)$。因此,在极限 $q \to 0$ 时 χ 成为式(6.39)中的一个 δ 函数。

未掺杂的石墨烯($\varepsilon_F = 0$)具有特殊的性质,即由响应电流诱导的反磁场复制了外部磁场的空间分布,与其长度尺度无关[57]。当 $\varepsilon_F = 0$ 时,式(6.44)变为

$$\chi(q;0) = -\frac{g_v g_s e^2 v}{16\hbar c^2}\frac{1}{q} \tag{6.45}$$

当将未掺杂的石墨烯放置在一个正弦磁场 $B(r) = B\cos qx$ 中时,石墨烯诱导的反磁场由式(6.45)计算为

$$B_{\mathrm{ind}}(r) = -\alpha_g B(r), \quad \alpha_g = \frac{2\pi g_v g_s e^2 v}{16\hbar c^2} \approx 4 \times 10^{-5} \tag{6.46}$$

因为比例系数 α_g 对于 q 是独立的,式(6.46)对于任何外部磁场 $B(r)$ 都是实际

有效的,即石墨烯上的磁场总是以同样的因子 $1-\alpha_g$ 减小,这个性质保证了任何时候 X(q) 是正比于 $1/q$ 的。这个磁场屏蔽的论断可以扩展到三维场分布。当一定磁性的物体放在未掺杂的石墨烯($z>0$)上时,在 $z>0$ 的反磁场中显示出由 $z=0$ 反射的原始对象的镜像所诱导的磁场是等效的,并且按因子 α_g 减少。

6.4 输运性质

石墨烯由于其独特的能带结构形成独特的输运性质,其中的导带和价带在单一能量处接触。当费米能 ε_F 远远大于无序能级展宽时,系统与传统的金属区别不大,并且电导率可以很好地用玻尔兹曼输运理论与相应的态密度和速度来描述。然而,这种近似在电荷中性点($\varepsilon_F=0$)不可避免地被打破了,当系统是金属型或绝缘型的时候,由于态密度会消失在带速度有限的地方,所以它是高度异常的。因此要讨论在电荷中性点的输运行为,我们需要更精确的近似,可适当包含有限能级展宽。在这一部分中,我们首先介绍了在玻尔兹曼方法中石墨烯的输运性质[68],然后介绍自洽玻恩近似来计算 $\varepsilon_F=0$ 的电导率。

6.4.1 玻尔兹曼电导率

电导率张量为

$$\sigma_{\mu v} = \int -\frac{\partial f}{\partial \varepsilon} \sigma_{\mu v}(\varepsilon) \mathrm{d}\varepsilon \quad (\mu, v = x, y) \tag{6.47}$$

在玻尔兹曼方法中,对角线电导率为

$$\sigma_{xx}(\varepsilon) = \frac{e^2 v^2}{2} D(\varepsilon) \frac{\tau_{tr}}{1+\omega_c^2 \tau_{tr}^2} \tag{6.48}$$

其中,τ_{tr} 为输运的弛豫时间,定义为

$$\frac{1}{\tau_{tr}(\varepsilon_{sp})} = \sum_{s'} \int \frac{\mathrm{d}\boldsymbol{p}'}{(2\pi\hbar)^2} \langle |U_{s'p',sp}|^2 \rangle \delta[\varepsilon_s(\boldsymbol{p}) - \varepsilon_{s'}(\boldsymbol{p}')][1-\cos(\theta_{\boldsymbol{p}}-\theta_{\boldsymbol{p}'})] \tag{6.49}$$

其中,U 代表杂质势且 $\langle \cdots \rangle$ 表示对杂质构成的平均。

在 $B=0$ 时,有

$$\sigma_{xx}(\varepsilon) = \frac{e^2 v^2}{2} D(\varepsilon) \tau_{tr} \tag{6.50}$$

这与金属的常规公式相同。

然后,霍尔电导率变为

$$\sigma_{xy}(\varepsilon) = -\omega_c \tau_{tr} \sigma_{xx}(\varepsilon) \tag{6.51}$$

式中:ω_c 为式(6.20)中定义的回旋频率。

在弱磁场 $|\omega_c|\tau_{tr} \ll 1$ 的情况下,由 $R_H = -\sigma_{xy}/[B(\sigma_{xx}^2+\sigma_{xy}^2)]$ 定义的霍

尔系数变为

$$R_H = -\frac{1}{n_s ec} \tag{6.52}$$

在零度时,这与传统的半导体和金属完全一样。

对于一个无序势能模型,我们考虑一个长度尺寸比费米波长小得多的短程散射,仿照下式模型

$$U(r) = \sum_j u_j \delta(r - r_j) \tag{6.53}$$

式中:u_j 为散射的强度;r_j 为 u_j 的位置。我们还假定散射势的尺度比原子尺度 a 要长,并忽略 K 和 K' 之间的谷间散射。输运的弛豫时间写作[9]:

$$\frac{1}{\tau_{tr}(\varepsilon)} = \frac{\pi}{\hbar} W |\varepsilon| \tag{6.54}$$

这里的 W 代表散射强度的无量纲参数,定义为

$$W \equiv \frac{n_i u^2}{4\pi \hbar v^2} \tag{6.55}$$

其中,$u^2 = \langle u_j^2 \rangle$,$n_i$ 为单位面积的散射体的浓度。方程(6.54)表明能量展宽比 $\hbar/\tau_{tr}(\varepsilon)/\varepsilon$ 具有恒定值 πW。我们应该假定除了不纯的石墨烯之外,$W \ll 1$,这种展宽与 ε 具有可比性,即狄拉克锥完全被无序行为消除。应该指出的是,对于石墨烯而言,$\tau_{tr} = 2\tau$,τ 代表一般的散射时间,对应于一个单一粒子的寿命。因子 2 对应于无背向散射的情况[69-70]。在零磁场时,对角线电导率变为

$$\sigma_{xx}(\varepsilon) = \frac{g_v g_s e^2}{2\pi^2 \hbar} \frac{1}{2W} \tag{6.56}$$

这是独立于费米能级的。弱磁场中的霍尔电导率为

$$\sigma_{xy}(\varepsilon) = -\frac{g_v g_s e^3 B v^2}{4\pi^3 c} \frac{\text{sgn}(\varepsilon)}{W^2 \varepsilon^2} \tag{6.57}$$

实验证明,对于足够大的 n_s,电导率随 n_s 几乎呈线性增加,这显示出实际石墨烯在二氧化硅基板上的有效散射强度随着 n_s 的变化而变化很大。带电杂质的散射会引起强烈的 n_s 依赖性[68,71]。上述讨论的短程散射大体描述了带电杂质,通过假设 $|u_j|$ 与 k_F^{-1} 成比例时有效地降低,其中 k_F 是费米波矢量,导致了 $W \propto \varepsilon_F^{-2} \propto n_s^{-1}$,由此电导率随电子或空穴浓度 n_s 成比例地增加,并似乎有一个恒定的迁移率[68,71]。然而并没有得出这样的结论:石墨烯在电荷中性点($n_s = 0$)是绝缘的,因为目前的方法在零费米能级时不再有效。正如我们将在下面看到的,改进的预处理方法预测了一个有限的电导率,那就是在狄拉克点是 $e^2/\hbar$ 的量级。

6.4.2 自洽玻恩近似

自洽玻恩近似是一种适当地处理有限能级展宽效应的技术,它以一种自洽

的方式通过戴森方程估算自能量。这被用来描述二维电子气中的简并朗道能级的展宽[72-73]。这在当前的情况下也是有用的,此处展宽的能量可能大于费米能量[9]。图6.5(a)所示为一些由假定的短程散射体的自洽玻恩近似计算石墨烯中的态密度和导电性的例子。由于能级展宽导致态密度在 $\varepsilon_F=0$ 时变得非零,也因靠近 $\varepsilon_F=0$ 处的能级排斥作用而增强。很明显, $\varepsilon_F=0$ 时的电导率由下式给出:

$$\sigma_{\min} = \frac{g_v g_s e^2}{2\pi^2 \hbar} \quad (6.58)$$

它是独立于散射强度的。所产生的电导率跨越 $\varepsilon_F=0$ 时变化平缓,但在逼近弱散射($W \ll 1$)的极限时表现出从式(6.56)中 $\varepsilon_F \neq 0$ 的玻尔兹曼结果到 $\varepsilon_F=0$ 时 $\sigma_{\min}$ 的大幅跃升。表征这种奇异性的能量尺度在 $\varepsilon_F=0$ 的附近的结果是

$$\varepsilon_0 = 2W\varepsilon_c e^{-1/2W} \quad (6.59)$$

其中, ε_c 是截止能量,大致相当于 π-带宽度的一半(约9eV)。这对于 $W \ll 1$ 的清洁石墨烯来说是非常小的。

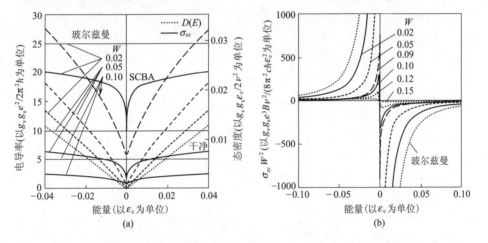

图 6.5 (a)无磁场时态密度(虚线)和电导率(实线)的举例,对于短程散射体在自洽玻恩近似(SCBA)中的计算结果。细的水平线是玻尔兹曼电导率[9]。(b)以短程散射体计算的霍尔电导率作为自洽玻恩近似计算的费米能量的函数关系的举例[74]

自洽玻恩近似中的类似计算是弱场霍尔电导率[74]。图6.5(b)所示为一些计算 σ_{xy} 的实例。霍尔电导率在区域 $|\varepsilon_F| > \varepsilon_0$ 以外大致表现为 $-\varepsilon_F^{-1}$,但从玻尔兹曼结果来看是大大减少了。σ_{xy} 在 $-\varepsilon_c < \varepsilon < \varepsilon_c$ 的区域几乎呈线性变化,并且在狄拉克点过零点。自洽玻恩近似还被应用于量子霍尔体系中,其中的频谱被分成朗道能级[9,17]。

这种计算可以扩展到具有长程电位散射体的情况[75]。例如,考虑一个具

有高斯势 $U(r) = \sum_j (v_i/\pi d^2) \exp[-(r-r_j)^2/d^2]$ 和特征长度尺度 d 的散射体。受到散射体强烈影响的能量区域被限定为 $|\varepsilon|$ 约小于或等于 $\hbar v/d$，因为 $k > d^{-1}$ 时散射变得无效。图 6.6 所示为在 d 不相同时，狄拉克点的最小电导率与 W 的函数关系曲线。对于很短程的情况 $k_c d < 1$，电导率几乎不依赖于 W，其中 $k_c = \varepsilon_c/(\hbar v)$ 是截止动量。另一方面，当 $k_c d > 1$ 时，电导率随着 W 增加。因为远程散射引起强烈的前向散射，在狄拉克点的态具有较高的 k 分量。这些高的 k 在后向方向散射较弱，因此往往对电导率有较大的贡献。自第一次实验观察到一个大于理论预测值[9]的最小电导率[1]之后就开展了各种实验[76-78]和理论研究[79-86]来解决这个问题：最小电导率是否是普遍适用的。以上论述清楚地表明，在无序足够大时，狄拉克点的电导率不是普遍适用的，但取决于长程散射体的无序程度。

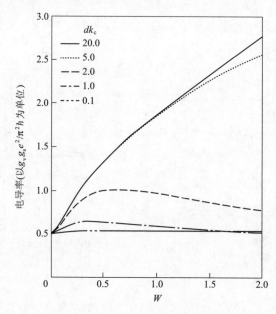

图 6.6 在狄拉克点计算的高斯势散射体的最小电导率与 W 的关系曲线[75]

6.5 光学性质

光学吸收与系统的动态电导率有关。在线性响应内，动态电导率一般由下式给出：

$$\sigma_{xx}(\omega) = \frac{e^2 \hbar}{iS} \sum_{\alpha,\beta} \frac{f(\varepsilon_\alpha) - f(\varepsilon_\beta)}{\varepsilon_\alpha - \varepsilon_\beta} \frac{|\langle \alpha | v_x | \beta \rangle|^2}{\varepsilon_\alpha - \varepsilon_\beta + \hbar\omega + i\delta} \tag{6.60}$$

式中:S 为系统的面积;$v_x = \partial \mathcal{H}/\partial p_x$ 为速度算符;δ 为的正无穷小;$f(\varepsilon)$ 为费米分布函数;$|\alpha\rangle$ 和 ε_α 描述的是系统的本征态和本征能量。

光的吸收强度与 $\sigma_{xx}(\omega)$ 的实部是相关的。下式是垂直于一个二维系统的入射光的传输 T[72]:

$$T = \left|1 + \frac{2\pi}{c}\sigma_{xx}(\omega)\right|^{-2} \approx 1 - \frac{4\pi}{c}\mathrm{Re}\sigma_{xx}(\omega) \quad (6.61)$$

对于石墨烯,零温度时的 $\sigma_{xx}(\omega)$ 写为[10]

$$\sigma_{xx}(\omega) = \frac{g_v g_s}{4}\frac{e^2}{4\hbar}\left[\frac{4}{\pi}\frac{i\varepsilon_F}{\hbar\omega + i\hbar/\tau(\varepsilon_F)} + 1 + \frac{i}{\pi}\ln\frac{\hbar\omega + i\hbar/\tau(\hbar\omega/2) - 2\varepsilon_F}{\hbar\omega + i\hbar/\tau(\hbar\omega/2) + 2\varepsilon_F}\right] \quad (6.62)$$

其中,括号中的第一项表示德鲁德(Drude)(内带)部分,第二、第三项表示带之间的部分。$\tau(\varepsilon)$ 作为能量为 ε 时的弛豫时间,我们用 $\hbar/\tau(\varepsilon)$ 取代 δ 来表示无序效应。在第二项内,加入 $\tau(\hbar\omega/2)$ 项,对光激发态的状态能量有主要的贡献。

假定无序势主要是由短程散射体主导的,弛豫时间由式(6.54)给出,依赖于动态电导率的频率是按 $\hbar\omega/\varepsilon_F$ 标度的。图 6.7(a)显示了对几个无序强度参数 W 值的 $\sigma_{xx}(\omega)$ 作为 $\hbar\omega/\varepsilon_F$ 的函数。动态电导率的比例作为 $\hbar\omega/\varepsilon_F$ 的一个函数表明 $\sigma_{xx}(\omega)$ 在点 $(\omega, \varepsilon_F) = (0, 0)$ 处具有奇异行为。事实上,当 ε_F 固定非零时设定 $\omega = 0$,静态电导率与式(6.56)的玻尔兹曼结果一致。另一方面,当我们首先设定 $\varepsilon_F = 0$ 而 ω 非零时,则极限 $\omega \to 0$ 时电导率为

$$\sigma_\infty = \frac{g_v g_s}{4}\frac{e^2}{\pi\hbar} \quad (6.63)$$

这就是普适的带内电导率。因此,静态电导率,即 σ_{xx} 在每个 ε_F 的极限 $\omega \to 0$ 时,在 $\varepsilon_F = 0$ 时出现奇异跳跃。上一节中的自洽玻恩近似计算表明,即使能级展宽效应包括在内,这种异常表现为 σ_{xx} 与 ε_F 的近似奇异相依关系,而电导率在 $\varepsilon_F = 0$ 时为式(6.58)的一个不同的值。

当 $\varepsilon_F = 0$ 时垂直入射到石墨烯片上的光的传输由下式给出:

$$T \approx 1 - \frac{4\pi}{c}\sigma_\infty = 1 - \frac{g_v g_s}{4}\frac{\pi e^2}{c\hbar} \quad (6.64)$$

上式显示的吸收率是由 $\pi\alpha \approx 0.023$ 给出的,不依赖于频率或波长,其精细结构常数 $\alpha \equiv e^2/(c\hbar) \approx 1/137$。这种小的吸收已由实验观察到[87-89]。

通过计算动态电导率来研究朗道能级结构的磁光吸收。对于石墨烯,矩阵元素的速度算符 v_x 只有在朗道能级 n 和 $n \pm 1$ 之间由 $s = \pm$ 任意组合时是非零的,并且这也给出了光激发的选择规则。图 6.7(b)所示为几个不同的磁场中石墨烯 $\mathrm{Re}\sigma_{xx}(\omega)$ 带间的部分曲线[35]。此处为了简化,假设 $\varepsilon_F = 0$,温度为零和一个恒定的弛豫时间。虚线表示一些具体的朗道能级之间的跃迁能量作为 B 的连续函数。每个面板的峰值位置对应于面板的交叉点和面板的底部。峰的位置

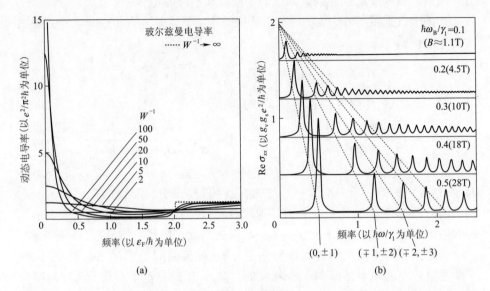

图 6.7 (a)使用玻尔兹曼输运方程计算的动态电导率 $\text{Re}\sigma_{xx}(\omega)$。频率是由费米能量标度的[10]。(b)不同的磁场下计算出的石墨烯的动态电导率带间部分 $\text{Re}\sigma_{xx}(\omega)$ 随频率 ω 的变化。虚线表明几个朗道能级之间的跃迁能量的理想极限[35]

明显随 $\sqrt{B}$ 成比例(即 $\propto \hbar\omega B$)而转移。在磁场消失的极限下,电导率最终成为式(6.63)给出的恒定值[10]。

6.6 双层石墨烯

最稳定的双层石墨烯的结构被称为 AB(伯纳尔)堆叠,如图 6.8(a)所示[1, 21-24, 28]。一个单元元胞包括层 1 上的 A_1 和 B_1 原子、层 2 上的 A_2 和 B_2 原子以及按层间距 $d_0 \approx 0.334\text{nm}$ 堆叠的层,这样一来,使得 B_1 和 A_2 的位置直接位于对方的上方或下方。我们也可以根据不同的实验条件得到不同的堆叠结构,如 AA 堆叠的双层石墨烯,它的 A_1 和 A_2 位点正好位于彼此之上或之下[90-92],以及旋转堆叠(涡轮堆叠)双层石墨烯,其中两层石墨烯旋转错向重叠在一起[93-99]。

下面我们特别考虑了最常见的 AB 堆叠双层石墨烯的电子性质。层间耦合彻底改变了单层石墨的线性能带结构,留下了一对在零能量点接触的二次能量带[25-27, 29-33]。双层石墨烯的电子性质也因此成为该系统的特性,我们将在后面看到。

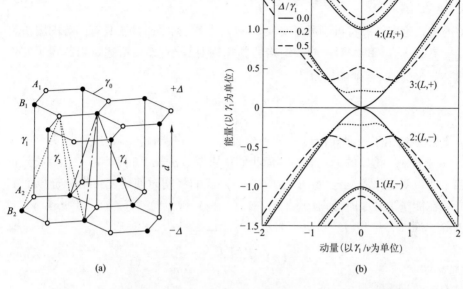

图 6.8 （a）双层石墨烯的 AB 堆叠晶格结构图；（b）具有不同层间势能的不对称 Δ 值的双层石墨烯的能量色散曲线

6.6.1 电子结构

为了得到一个有效质量的哈密顿算符，我们采用块状石墨紧束缚的 Slonczewski-Weiss-McClure 参数化法[100]。参数 γ_0 与单层石墨烯中层内最近邻耦合有关，它描述了在每层内 A_i 和 B_i 之间的最近邻耦合。γ_1 描述点 B_1-A_2 之间最近层之间的强力耦合，它们直接位于各自的上面或下面，γ_3 描述点 A_1-B_2 之间的最近层耦合，而 γ_4 是描述 A_1-A_2 之间、B_1-B_2 之间的另一个最近的层耦合。在其正上方或正下方相邻原子的点位之间有的有能量差 Δ'，有的点没有。引用文献［100］，对于块体 ABA 石墨典型的值为 $\gamma_1 = 0.39\text{eV}$，$\gamma_3 = 0.315\text{eV}$，$\gamma_4 = 0.044\text{eV}$ 及 $\Delta' = 0.047\text{eV}$，同时值得一提的是，最近的实验报告提到了它应该改进的一些能带参数值[101]。

哈密顿算符在 K 点以（$|A_1\rangle, |B_1\rangle, |A_2\rangle, |B_2\rangle$）为基础，由下式给出[25]：

$$\mathcal{H} = \begin{pmatrix} 0 & vp_- & -v_4 p_- & v_3 p_+ \\ vp_+ & \Delta' & \gamma_1 & -v_4 p_- \\ -v_4 p_+ & \gamma_1 & \Delta' & vp_- \\ v_3 p_- & -v_4 p_+ & vp_+ & 0 \end{pmatrix} \quad (6.65)$$

其中，v 和 $p_\pm$ 对于单层石墨烯来说与式（6.12）中的是相同的，我们定义

$$v_3 = \frac{\sqrt{3}}{2}\frac{a\gamma_3}{\hbar}, \quad v_4 = \frac{\sqrt{3}}{2}\frac{a\gamma_4}{\hbar} \tag{6.66}$$

K'的有效哈密顿算符可以通过交换p_+和p_-获得,在零磁场中具有同等的图谱。

参数v_3、v_4和Δ'对能带结构的影响相对较小,如后所述。当忽视了它们时,式(6.65)的本征能量为[25-26]

$$\varepsilon_{\mu,s}(\boldsymbol{p}) = s\left(\frac{\mu}{2}\gamma_1 + \sqrt{\frac{1}{2}\gamma_1^2 + v^2 p^2}\right) \tag{6.67}$$

分支$\mu=-$给出了一对导带($s=+$)和价带($s=-$)在能量为零时接触。另一分支$\mu=+$是被$\pm\gamma_1$排斥的另一对。下面我们使用符号$\mu=H, L$代替$+,-$,然后指定的四个能带变为$(\mu, s) = (L, \pm), (H, \pm)$。我们将同时使用能带指标符号1、2、3、4,在能量中升序时分别代表$(H, -)$、$(L, -)$、$(L, +)$、$(H, +)$。当$\varepsilon \ll \gamma_1$,较低的子带$(L, -)$和$(L, +)$近似表示为一个二次幂:

$$\varepsilon_{L, \pm}(\boldsymbol{p}) \approx \pm \frac{v^2 p^2}{\gamma_1} \equiv \frac{p^2}{2m^*} \tag{6.68}$$

其有效质量为

$$m^* = \frac{\gamma_1}{2v^2} \tag{6.69}$$

图6.8(b)所示为$\Delta=0$时式(6.67)的能带,其中Δ为层间势能的不对称,后面将会讨论。

式(6.65)的哈密顿算符在保留附加参数的情况下,可以化为低能量的表达式。根据(ψ_{A_1}, ψ_{B_2})可以得出:

$$\mathcal{H}^{(\mathrm{eff})} = -\frac{v^2}{\gamma_1}\begin{pmatrix} 0 & p_-^2 \\ p_+^2 & 0 \end{pmatrix} + v_3 \begin{pmatrix} 0 & p_+ \\ p_- & 0 \end{pmatrix} + \frac{2vv_4 p^2}{\gamma_1}\begin{pmatrix} 1 & 0 \\ 0 & 1 \end{pmatrix} \tag{6.70}$$

相应的本征能量为

$$\varepsilon_{L, \pm}(\boldsymbol{p}) \approx \pm \sqrt{\frac{v^4 p^4}{\gamma_1^2} - 2\xi \frac{v_3 v^2 p^3}{\gamma_1}\cos(3\varphi) + v_3^2 p^2} + \frac{2vv_4 p^2}{\gamma_1} \tag{6.71}$$

其中,$\tan\varphi = p_y/p_x$。参数v_3产生类似于块状石墨的三角翘曲[100],在各谷附近的能带三向拉伸。在低能区$|\varepsilon| < \varepsilon_{\mathrm{trig}}$,我们用栗弗席兹过渡的等效能量线分裂成四个单独的口袋,导带和价带在口袋里面的四点彼此接触[25, 27]。这里$\varepsilon_{\mathrm{trig}}$为特征能量,定义为

$$\varepsilon_{\mathrm{trig}} = \frac{1}{4}\left(\frac{v_3}{v}\right)^2 \gamma_1 \approx 1\mathrm{meV} \tag{6.72}$$

参数v_4给出了导带和价带的公共二次项,从而稍微打破了电子空穴不对称。参数Δ'出现在式(6.71)的Δ'/γ_1的二阶中,而这里可忽略。通过转移能量到Δ'的

水平,这一项主要影响$(H, \pm)$分支。在后文中,我们将忽略v_3、v_4和Δ',除非另有说明。

6.6.2 朗道能级

双层石墨烯的哈密顿算符式(6.65)的朗道能级结构是通过类似单层石墨烯的方法推导出来的,并可注意到$p_\pm$是与朗道能级的升序/降序算子相关的[25, 26]。本征函数可以写为

$$(c_1\phi_{n-1}, c_2\phi_n, c_3\phi_n, c_4\phi_{n+1}) \tag{6.73}$$

当$n \geq 1$时,向量(c_1, c_2, c_3, c_4)的哈密顿矩阵则为

$$\mathcal{H} = \begin{pmatrix} 0 & \hbar\omega_B\sqrt{n} & 0 & 0 \\ \hbar\omega_B\sqrt{n} & 0 & \gamma_1 & 0 \\ 0 & \gamma_1 & 0 & \hbar\omega_B\sqrt{n+1} \\ 0 & 0 & \hbar\omega_B\sqrt{n+1} & 0 \end{pmatrix} \tag{6.74}$$

给出四个特征值:

$$\varepsilon_{\mu,s,n} = \frac{s}{\sqrt{2}}[\gamma_1^2 + (2n+1)(\hbar\omega_B)^2 + \mu\sqrt{\gamma_1^4 + 2(2n+1)\gamma_1^2(\hbar\omega_B)^2 + (\hbar\omega_B)^4}]^{1/2}$$

$$\tag{6.75}$$

当$n = 0$时,波函数式(6.73)的第一部分消失,有3个能级:

$$\varepsilon_{L,0} = 0$$

$$\varepsilon_{H,s,0} = s\sqrt{\gamma_1^2 + (\hbar\omega_B)^2} \tag{6.76}$$

当$n = -1$时,式(6.73)中只有最后一部分存在,留下一个能级:

$$\varepsilon_{L,-1} = 0 \tag{6.77}$$

每一朗道能级在谷处简并并且自旋。由于$\varepsilon_{L,0} = \varepsilon_{L,-1}$额外的简并导致零能级八重简并,而所有其他的四重简并就像在单层石墨烯中一样。

在低能区$\varepsilon \ll \gamma_1$,较低的次能带L的朗道能级近似等于[25]:

$$\varepsilon_{L,s,n} \approx s\frac{\hbar eB}{m^*}\sqrt{n(n+1)} \quad (n = 0, 1, 2, \cdots) \tag{6.78}$$

其中两个最低能级$\varepsilon_{L,0} = \varepsilon_{L,-1} = 0$包括了在$n = 0$时的$s = \pm$。因为能量正比于$B$,在$B \to 0$的极限时能级间距的缩小比单层的更快,此处朗道能级表现为$\propto \sqrt{B}$。当费米能在$\varepsilon_{L,s,n}$和$\varepsilon_{L,s,n+1}$之间时,霍尔电导率为

$$\sigma_{xy} = -sg_vg_s\frac{e^2}{h}(n+1) \quad (s = \pm, \quad n = 0, 1, 2, \cdots) \tag{6.79}$$

式中给出了量子化霍尔电导率的序列值$\pm 4, \pm 8, \pm 12, \cdots$,单位是$-e^2/h$。我们注意到$\sigma_{xy}/(g_sg_v)$在双层石墨烯中是整数,而在式(6.26)中发现其在单层石墨烯

中是半整数。实验中,这在霍尔电导率的平台结构中似乎是一个明显差异[1]。图 6.9(a)所示为无带隙的双层石墨烯的朗道能级结构和在低能量区的霍尔电导率。

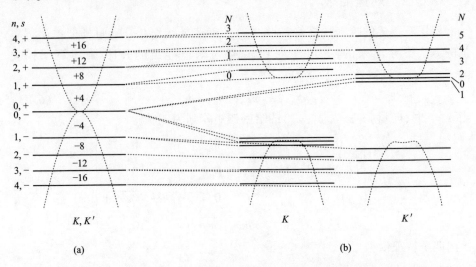

图 6.9 层间势能不对称(a)$\Delta=0$ 和(b)$\Delta>0$ 的双层石墨烯的低能量朗道能级结构。水平虚线连接的能级表示对应于 $\Delta\to0$ 的极限时的能级。在图(a)中,各层次之间的数字表示量子化霍尔电导率,单位是$-e^2/h$。单层石墨烯的对应图示于图 6.3 中

6.6.3 有带隙的双层石墨烯

在双层石墨烯中,顶部和底部之间潜在的不对称性产生了一个在零能量时的能量带隙[25-26, 29-31, 102-104]。这个潜在的不对称本质上是零,但是可通过施加垂直于层的电场来诱导[21, 24, 105-107]。由于石墨烯电子诱导了一个层间去极化效应,层间电位差一般小于外部电场的电位差。自洽计算表明,在弱电场下外部电场可粗略地下降 2 个数量级[102-103]。实验中,光谱测量中实际观察到的能量差距有 0.2eV 那么大[21, 106-108]。

假设第一层的 A_1 和 B_1 原子的原位能量 Δ 与第二层的 A_2 和 B_2 原子的能量 $-\Delta$ 之间层间不对称,则哈密顿矩阵为

$$\mathcal{H} = \begin{pmatrix} \Delta & vp_- & 0 & 0 \\ v_{p+} & \Delta & \gamma_1 & 0 \\ 0 & \gamma_1 & -\Delta & vp_- \\ 0 & 0 & vp_+ & -\Delta \end{pmatrix} \quad (6.80)$$

图 6.8(b)所示为具有几个 Δ 值的能带是由式(6.80)的对角化获得的。基态(ψ_{A_1}, ψ_{B_2})的低能哈密顿算符为[25]

$$\mathcal{H}^{(\text{eff})} = -\frac{v^2}{\gamma_1}\begin{pmatrix} 0 & p_-^2 \\ p_+^2 & 0 \end{pmatrix} + \Delta\left(1 - \frac{2v^2 p^2}{\gamma_1^2}\right)\begin{pmatrix} 1 & 0 \\ 0 & -1 \end{pmatrix} \quad (6.81)$$

当 $\Delta \ll \gamma_1$ 时,在 $p \ll \gamma_1/v$ 区域的色散值接近[26, 58]:

$$\varepsilon \approx \pm\left(\Delta - 2\Delta\frac{v^2 p^2}{\gamma_1^2} + \frac{1}{2\Delta}\frac{v^4 p^4}{\gamma_1^2}\right) \equiv \pm\left(\Delta - \frac{p^2}{2m_0} + \frac{p^4}{4m_0 p_0^2}\right) \quad (6.82)$$

其中

$$m_0 = \frac{\gamma_1^2}{4v^2\Delta}, \quad p_0 = \frac{\sqrt{2}\Delta}{v} \quad (6.83)$$

图 6.10(a)所示为式(6.82)的正支部分。由于 p^2 和 p^4 项共存,能带在离中心动量 $p_0 \pm (\Delta - \varepsilon_0)$ 点处有极值,此处 $\varepsilon_0 = 2\Delta^3/\gamma_1^2$,并且能隙在这两个极值点之间延伸。

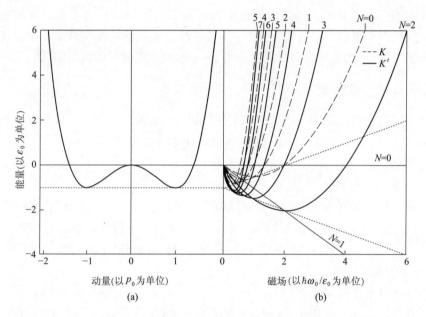

图 6.10 (a)由式(6.82)给出的带隙双层石墨烯的低能量色散。(b)具有较小 n 值的式(6.84)的朗道能级谱作为磁场的函数,能量从 $\varepsilon = \Delta$ 开始测量。虚线和实线分别代表 K、K'。曲线上的数字代表朗道能级指数 n。一对点状的斜线(不是能级)代表了 $-\varepsilon_0 \pm \mu^*(p_0)B$ [58]

在磁场中,因为它打破了反演对称性,所以层间非对称势 Δ 导致了类似于单层石墨烯的朗道能级谷分裂[23, 25, 38]。图 6.9(b)为 $\Delta > 0$ 时的朗道能级结构实例。当 $\Delta = 0$ 时,$(0, \pm)$ 的两个最低水平常常位于狄拉克点,现在在点 K 处移动到了价带的上部,在点 K' 处移动到了导带的底部。在导带底部附近,哈密顿量减少到[58]:

$$\mathcal{H} \approx \Delta - 2\Delta \frac{(v\pi_{-\xi})(v\pi_\xi)}{\gamma_1^2} + \frac{1}{2\Delta}\frac{(v\pi_{-\xi})^2(v\pi_\xi)^2}{\gamma_1^4}$$

$$= \Delta + \frac{(\hbar\omega_0)^2}{4\varepsilon_0}\left[\left(\hat{N}+\frac{1}{2}+\xi\right)^2 - \frac{1}{4}\right] - \hbar\omega_0\left(\hat{N}+\frac{1}{2}+\frac{\xi}{2}\right) \tag{6.84}$$

其中,$\xi=\pm$ 分别对应 K、K' 点,并且 $\omega_0 = eB/(m_0 c)$,$\hat{N}(0,1,2,\cdots)$ 的特征值是在每一个谷中计数的导带的朗道能级指数,并且一般与之前的编号 (s,n) 不同。

归属到相同 N 的 K 和 K' 朗道能级之间的能量差可被写成类塞曼的形式,对于 B 中最低量级 $\pm\mu^* B$,有效磁矩 μ^* 由下式给出:

$$\mu^*(p) = \frac{1}{2}g^*(p)\mu_B, \quad g^*(p) = \frac{2m}{m_0}\left(\frac{2p^2}{p_0^2} - 1\right) \tag{6.85}$$

它取决于 p,可以证明 μ^* 是被类似于单层石墨烯的本征轨道电流诱导的[58]。图 6.10(b) 绘制了式 (6.84) 的朗道能级能量作为磁场的一个函数。一对点状的斜线代表了被类谷塞曼能量,即 $-\varepsilon_0 + \xi\mu^*(p_0)B$ 移动的频带最低能量。在一个小磁场内,这些点状的斜线实际上是 $\xi=\pm$ 时的朗道能级的包络曲线。

6.6.4 轨道的抗磁性

单层石墨烯的 δ 函数磁化率被层间耦合 γ_1 强烈扭曲。对于对称双层石墨烯的哈密顿量,即式 (6.80) 中 $\Delta = 0$,轨道磁化率计算为[24, 46]

$$\chi(\varepsilon) = g_v g_s \frac{e^2 v^2}{4\pi c^2 \gamma_1}\theta(\gamma_1 - |\varepsilon|)\left(\log\frac{|\varepsilon|}{\gamma_1} + \frac{1}{3}\right) \tag{6.86}$$

在这种情况下,在 $\varepsilon_F = 0$ 时 χ 对数发散,接近 $|\varepsilon_F| = \gamma_1$ 时稍微变得顺磁性,在 $|\varepsilon_F| > \gamma_1$ 时高子带进入后消失。在费米能量范围内整合式 (6.86) 中的 χ 成为 $-g_v g_s e^2 v^2/(3\pi c^2)$,它独立于 γ_1,这正好是单层石墨烯的两倍大,如式 (6.39) 所示。

磁化率也在层间非对称势中计算过[39]。图 6.11(a) 和 (b) 分别显示的是双层石墨烯在 $\Delta/\gamma_1 = 0, 0.2$, 和 0.5 时的态密度和磁化率。这些数据将与图 6.4 中的单层石墨烯的对应图进行比较。磁化率在顺磁方向的频带边缘 $\varepsilon = \pm\varepsilon_0$ 处发散,此处态密度也发散。这个巨大的顺磁性可以被解释为通过在上一节讨论的谷赝自旋分裂引起的泡利顺磁性,同样也适用于发散的态密度[58]。磁化率总是消失在 H 带贡献巨大的能区。

6.6.5 输运性质

双层石墨烯的输运性质在文献 [27, 109-110] 中进行了理论研究。接下来,我们使用自洽玻恩近似致力于零磁场中电导率的计算[27, 34]。当小的电子-空穴不对称时,我们考虑忽略式 (6.70) 低能哈密顿算符中对 v_4 的依赖性,假定为

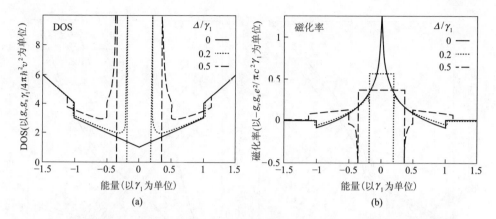

图 6.11 具有非对称能隙 $\Delta/\gamma_1 = 0$、0.2 和 0.5 的双层石墨烯的(a)态密度和(b)磁化率。在图(b)中,向上的方向是负的磁化率(即抗磁性)[39]。单层石墨烯对应图 6.4

式(6.53)中的短程散射势。然后在零温度下的电导率大约为

$$\sigma_{xx}(\varepsilon) \approx g_v g_s \frac{e^2}{\pi^2 \hbar} \frac{1}{2} \left[1 + \left(\frac{|\varepsilon_F|}{\Gamma} + \frac{\Gamma}{|\varepsilon_F|} \right) \arctan \frac{|\varepsilon_F|}{\Gamma} + \frac{4\pi \varepsilon_{\text{trig}}}{\Gamma} \right]$$
(6.87)

其中,Γ 为能量展宽的特征尺度,定义为

$$\Gamma \equiv \frac{\pi}{2} n_i u^2 \frac{m^*}{2\pi \hbar^2} = \frac{\pi}{2} W \gamma_1$$
(6.88)

其中,u^2 为散射振幅的平方平均,n_i 为单位面积散射体的浓度,W 为式(6.55)中为单层石墨烯定义的参数。该项包括由于三角翘曲从顶点校正产生的 $\varepsilon_{\text{trig}}$。在高能量 $|\varepsilon| \gg \Gamma$ 时,σ_{xx} 接近于

$$\sigma_{xx}(\varepsilon) \approx g_v g_s \frac{e^2}{\pi^2 \hbar} \frac{\pi}{4} \frac{|\varepsilon|}{\Gamma}$$
(6.89)

上式随能量呈线性增加。在零能量时的 $\sigma_{xx}(0)$ 值非零并且变为

$$\sigma_{xx}(0) = g_v g_s \frac{e^2}{\pi^2 \hbar} \left(1 + \frac{2\pi \varepsilon_{\text{trig}}}{\Gamma} \right)$$
(6.90)

在高度无序的区域 $\Gamma \gg 2\pi\varepsilon_{\text{trig}}$ 中,式(6.90)中的修正项产生于三角翘曲消失和电导率接近的普适值 $g_v g_s e^2/(\pi^2 \hbar)$[27, 34, 109],在相同近似中这几乎是同样单层石墨烯的两倍大。在悬浮的双层石墨烯的传输测量中,最小电导率估计约为 10^{-4} S,接近 $g_v g_s e^2/(\pi^2 \hbar)$[111]。

该计算最近扩展到了远程散射体[112]。图 6.12 显示了具有范围为 d 和无量纲散射强度 $W = 0.02$ 的高斯势散射体的(a)计算的态密度和(b)电导率随能

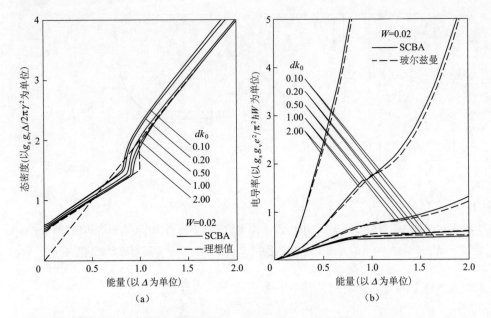

图6.12 范围为 d 和无量纲散射强度 $W=0.02$ 的高斯势散射体的(a)态密度和(b)电导率随能量的变化曲线。(a)中的虚线代表理想的双层石墨烯的态密度而细虚线代表的是单层石墨烯态密度的两倍。(b)中的虚线代表玻尔兹曼电导率[112]

量的变化曲线。图6.12(a)中的点线代表理想的双层石墨烯的态密度而细虚线代表的是单层石墨烯态密度的两倍,(b)中的点线所示为玻尔兹曼电导率。当能量穿过激发的导带底部时,该电导率呈现出一种类似扭结的结构。除了在扭结位存在差异,整体的电导率非常接近于玻尔兹曼结果。它也表明,在零能量处的电导率不是通用的但取决于长程势散射体的无序程度,与上面讨论的单层石墨烯的结果相似[75]。

6.6.6 光学性质

在双层石墨烯中,两个不同的配置都有可能产生光的吸收,即光平行于层和垂直于层入射的时候。垂直入射光的吸收由一个平行于层的电场中的动态电导率来描述。对于对称的双层石墨烯,这明确估计为[113-114]

$$\mathrm{Re}\sigma_{xx}(\omega) = \frac{g_v g_s}{16} \frac{e^2}{\hbar} \left\{ \frac{\hbar\omega + 2\gamma_1}{\hbar\omega + \gamma_1} \theta(\hbar\omega - 2|\varepsilon_F|) + \left(\frac{\gamma_1}{\hbar\omega}\right)^2 [\theta(\hbar\omega - \gamma_1) + \theta(\hbar\omega - \gamma_1 - 2|\varepsilon_F|)] + \frac{\hbar\omega - 2\gamma_1}{\hbar\omega - \gamma_1} \theta(\hbar\omega - 2\gamma_1) + \gamma_1 \log\left(\frac{2|\varepsilon_F| + \gamma_1}{\gamma_1}\right) \delta(\hbar\omega - \gamma_1) \right\}$$

(6.91)

此处认为|ε_F|<γ_1。第一项代表2带到3带的吸收,第二项为从2带到4带和从1带到3带的吸收,第三项是从1带到4带的吸收,第四项为从3带到4带或从1带到2带的吸收。图6.13(a)所示为一些计算的动态电导率Re$\sigma_{xx}(\omega)$及其费米能级的几个值的例子[104]。对于$\varepsilon_F=0$的曲线,除了一个对应于2带到4带的类步进增加的曲线基本上没有突出的结构。在ε_F增加时,对应于3带到4带的容许跃迁,δ函数的峰值出现在$\hbar\omega=\gamma_1$处。

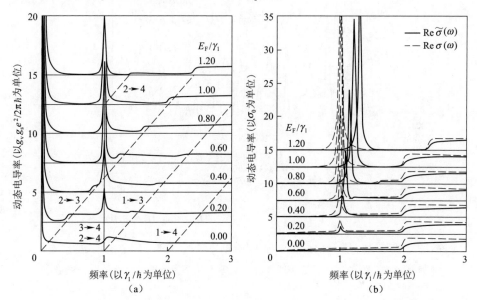

图6.13 在对称的双层石墨烯中计算的关于(a)平行极化(σ_{xx})和(b)垂直极化(σ_{zz})的动态导电率。(a)中的点线代表带间跃迁的吸收边缘($j\rightarrow j'$表示从j带到j'带)。(b)中的虚线代表没有去极化效应的$\sigma_{zz}(\omega)$,实线表示去极化效应的$\tilde{\sigma}_{zz}(\omega)$[104]

在磁场中,由垂直入射光引起的光激发只在n和$n\pm 1$级朗道能级之间允许$\mu=H,L$和$s=\pm$任意组合,因为其他情况下速度算符v_x的矩阵元素消失。图6.14所示为磁场中$\varepsilon_F=0$和零温度时的Re$\sigma_{xx}(\omega)$曲线。穿过面板的虚线代表几个特定的朗道能级之间的过渡能量作为ω_B的连续函数,在弱磁场下每一峰值位置表现为$B\propto\hbar\omega_B^2$的线性函数,但相应的能量到达抛物线带状区域之外时它切换到对$\sqrt{B}$的依赖。在小磁场中,双层的峰值结构比单层更容易弥散到零场曲线中,这是因为有限带质量的存在,石墨烯双层中朗道能级的间距要窄一些。

对于一个垂直的电场(即平行的入射光)有效电导率的计算如下[104]。施加一个垂直于层的外部电场$E_{\text{ext}}(\omega)e^{-i\omega t}+c.c.$。包括石墨烯电子的极化引起的屏蔽效应,总的电场变为$E_{\text{tot}}(\omega)e^{-i\omega t}+c.c.$,其中

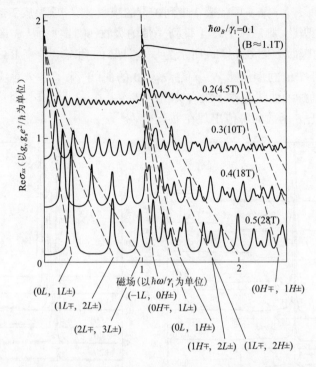

图6.14 对于双层石墨烯伯纳尔堆叠的动态电导率 σ_{xx} 的带间部分在不同的磁场下随频率 ω 变化的图线。虚线表明在理想极限下几个朗道能级之间的跃迁能量[35]

$$E_{\text{tot}}(\omega) = \frac{E_{\text{ext}}(\omega)}{\varepsilon(\omega)}$$

$$\varepsilon(\omega) = 1 + \frac{2\pi i}{\omega \kappa d_0} \sigma_{zz}(\omega) \quad (6.92)$$

式中：κ 为介电常数；d_0 为层间距；σ_{zz} 为垂直电场的动态电导率，是在一个线性响应理论下计算的：

$$\sigma_{zz}(\omega) = i\omega e^2 d_0^2 \frac{g_v g_s}{4} \frac{1}{L^2} \sum_{\alpha,\beta} \frac{[f(\varepsilon_\alpha) - f(\varepsilon_\beta)] |\hat{\tau}_{\alpha\beta}|^2}{\varepsilon_\alpha - \varepsilon_\beta + \hbar\omega + i\delta}$$

其中，α 和 β 为一组量子数；δ 为现象学展宽能量；$\tilde{\tau}_{\alpha\beta}$ 为一个只有对角项的矩阵：

$$\hat{\tau} = \begin{pmatrix} +1 & 0 & 0 & 0 \\ 0 & +1 & 0 & 0 \\ 0 & 0 & -1 & 0 \\ 0 & 0 & 0 & -1 \end{pmatrix}$$

每单位面积的功率吸收由下式给出：

$$P = \frac{1}{2}\mathrm{Re}\widetilde{\sigma}_{zz}(\omega)|E_{\mathrm{ext}}(\omega)|^2$$

σ_{zz} 的典型幅度变为

$$\sigma_{zz}^0 = \frac{e^2}{\hbar}\frac{g_v g_s}{4}\frac{d_0^2}{2\pi\gamma^2}\Delta^2 \approx \frac{e^2}{\pi\hbar}\frac{g_v g_0}{4} \times 0.022$$

这里将 $a = 2.46\text{Å}$、$d_0 = 3.34\text{Å}$、$\Delta \approx 0.4\mathrm{eV}$ 和 $\gamma_0 \approx 3\mathrm{eV}$ 用在最后的表达式中。

图 6.13(b) 所示为具有几个费米能级值垂直极化计算的动态电导率。虚线代表 σ_{zz} 无极化效应,实线代表有极化效应的 $\widetilde{\sigma}_{zz}$。对于垂直极化,由于去极化效应,从带 3 到带 4 的尖锐峰被转移到更高的能量侧。当费米能级达到带 $4(E_\mathrm{F}/\gamma_1 = 1)$ 的底部时,这种转变达到 30%。

6.7 多层石墨烯

具有三层或更多层的伯纳尔堆叠多层石墨烯膜的电子结构是更加复杂的,但可以看出,无论有多少层[24, 35],总哈密顿算符都可以近似分解成等效于单层或双层石墨烯的子系统。图 6.15 说明了 ABA 堆叠的多层石墨烯的原子结构。在 N 层石墨烯中,一个单元包含同一层 $(j=1,\cdots,N)$ 上的 A_j 和 B_j 原子。如果这些基元排序为 $|A_1\rangle, |B_1\rangle; |A_2\rangle, |B_2\rangle; \cdots; |A_N\rangle, |B_N\rangle$,则多层石墨烯在 K 点周围的哈密顿算符变为[24, 26, 29-30, 32-33]

$$\mathcal{H} = \begin{pmatrix} H_0 & V & W & & \\ V^\dagger & H_0' & V^\dagger & W' & \\ W & V & H_0 & V & W \\ & W' & V^\dagger & H_0' & V^\dagger & W' \\ & & \ddots & \ddots & \ddots & \ddots & \ddots \end{pmatrix} \tag{6.93}$$

其中

$$H_0 = \begin{pmatrix} 0 & vp_- \\ vp_+ & \Delta' \end{pmatrix}, \quad H_0' = \begin{pmatrix} \Delta' & vp_- \\ vp_+ & 0 \end{pmatrix} \tag{6.94}$$

$$V = \begin{pmatrix} -v_4 p_- & v_3 p_+ \\ \gamma_1 & -v_4 p_- \end{pmatrix}, \quad W = \begin{pmatrix} \gamma_2/2 & 0 \\ 0 & \gamma_5/2 \end{pmatrix}$$

$$W' = \begin{pmatrix} \gamma_5/2 & 0 \\ 0 & \gamma_2/2 \end{pmatrix} \tag{6.95}$$

H_0 和 H_0' 的对角块描述的是层间耦合,V 是最近邻层间耦合,而 W 是次最近邻的层间耦合。在 W 中有两个相似的带参数 γ_2 和 γ_5,它们是耦合垂直定位距离

为 $2d$ 的原子。它们一般是不同的,因为对于原子来说 γ_5 参与了最近的层间耦合 γ_1,而 γ_2 没有。在石墨中,估计 $\gamma_2 = -0.02\mathrm{eV}$、$\gamma_5 = 0.04\mathrm{eV}$。其他参数已经对双层石墨烯做了介绍,$K'$ 的有效哈密顿量是通过交换 p_+ 和 p_- 而得到的。

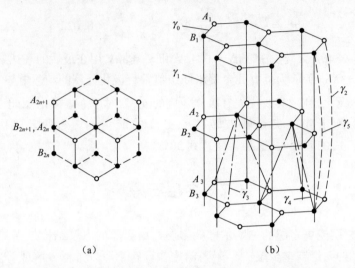

图 6.15 ABA 堆叠的多层石墨烯的原子结构图,(a)上视图和(b)侧视图

下面我们将使用一个特定单元改写上述哈密顿算符,并将它块对角化为类双层和类单层的次组件[114-115]。定义函数:

$$f_m(j) = c_m \sqrt{\frac{2}{N+1}} [1-(-1)^j]\sin\kappa_m j \tag{6.96}$$

$$g_m(j) = c_m \sqrt{\frac{2}{N+1}} [1+(-1)^j]\sin\kappa_m j \tag{6.97}$$

其中

$$\kappa_m = \frac{\pi}{2} - \frac{m\pi}{2(N+1)} \tag{6.98}$$

$$c_m = \begin{cases} 1/2, & m=0 \\ 1/\sqrt{2}, & m \neq 0 \end{cases} \tag{6.99}$$

这里的 $j = 1, 2, \cdots, N$ 是层指数,块指数 m 的范围为

$$m = \begin{cases} 1,3,5,\cdots,N-1, & N \text{ 为偶数} \\ 0,2,4,\cdots,N-1, & N \text{ 为奇数} \end{cases} \tag{6.100}$$

显然,在偶数 j 层 $f_m(j)$ 为零,而在奇数 j 层时 $g_m(j)$ 为零。通过指定 $f_m(j)$、$g_m(j)$ 来构建基元,对于每个点位来说

$$|\phi_m^{(X,\mathrm{odd})}\rangle = \sum_{j=1}^{N} f_m(j)|X_j\rangle, \quad |\phi_m^{(X,\mathrm{even})}\rangle = \sum_{j=1}^{N} g_m(j)|X_j\rangle \tag{6.101}$$

第6章 单层和多层石墨烯的电子性质

其中, $X = A$ 或 B, A 的上标 (如 A, odd) 表示该波函数只有在 j 为奇数的 $|A_j\rangle$ 点时具有一个非零的振幅。

我们把基元分组为 $\boldsymbol{u}_m = \{|\phi_m^{(A,\text{odd})}\rangle, |\phi_m^{(B,\text{odd})}\rangle, |\phi_m^{(A,\text{even})}\rangle, |\phi_m^{(B,\text{even})}\rangle\}$。在 $\boldsymbol{u}_m$ 和 $\boldsymbol{u}_{m'}$ 之间的哈密顿矩阵变为

$$\mathcal{H}_{m'm} \equiv \boldsymbol{u}_{m'}^\dagger \mathcal{H} \boldsymbol{u}_m = \boldsymbol{\mu}(\lambda_m)\delta_{m'm} + \boldsymbol{\omega}(\alpha_{m'm}, \beta_{m'm}) \quad (6.102)$$

其中

$$\boldsymbol{\mu}(\lambda) = \begin{pmatrix} 0 & vp_- & -\lambda v_4 p_- & \lambda v_3 p_+ \\ vp_+ & \Delta' & \lambda\gamma_1 & -\lambda v_4 p_- \\ -\lambda v_4 p_+ & \lambda\gamma_1 & \Delta' & vp_- \\ \lambda v_3 p_- & -\lambda v_4 p_+ & vp_+ & 0 \end{pmatrix} \quad (6.103)$$

$$\boldsymbol{\omega}(\alpha,\beta) = \begin{pmatrix} \alpha\gamma_2 & 0 & 0 & 0 \\ 0 & \alpha\gamma_5 & 0 & 0 \\ 0 & 0 & \beta\gamma_5 & 0 \\ 0 & 0 & 0 & \beta\gamma_2 \end{pmatrix} \quad (6.104)$$

且

$$\lambda_m = 2\cos\kappa_m \quad (6.105)$$

$$\alpha_{m'm} = 2c_m c_{m'}\left\{\delta_{mm'}(1+\delta_{m0})\cos(2\kappa_m) + \frac{\sin\kappa_m \sin\kappa_{m'}}{N+1}\{2 + (-1)^{\frac{m-m'}{2}}[1-(-1)^N]\}\right\}$$

$$\beta_{m'm} = 2c_m c_{m'}\left\{\delta_{mm'}(1-\delta_{m0})\cos(2\kappa_m) + \frac{\sin\kappa_m \sin\kappa_{m'}}{N+1}(-1)^{\frac{m-m'}{2}}[1+(-1)^N]\right\}$$

$$(6.106)$$

$\boldsymbol{\mu}(\lambda_m)$ 出现在对角线块 $\mathcal{H}_{mm}$ 中,相当于最近层耦合参数乘以 λ_m 的双层石墨烯的哈密顿算符。$\mathcal{H}_{mm}$ 中的 ω 在这种有效的双层系统中添加了一个原位的非对称势。对低能带近零能量来说,ω 会有效地导致 $(\alpha+\beta)\gamma_2/2$ 的整体能量转移,以及一个像在不对称双层石墨烯中在带接触点处大小约为 $|(\alpha-\beta)\gamma_2|$ 的能隙。

$m = 0$ 的情况是确定 g_m 等于零时的特例,如此一来,只有两个基态 $\{|\phi_0^{(A,\text{odd})}\rangle, |\phi_0^{(B,\text{odd})}\rangle\}$ 存在于式 (6.101) 中。对于两个剩余基元 $m = 0$ 区块的矩阵为

$$\mathcal{H}_0 = \begin{pmatrix} 0 & vp_- \\ vp_+ & \Delta' \end{pmatrix} - \frac{N-1}{N+1}\begin{pmatrix} \gamma_2 & 0 \\ 0 & \gamma_5 \end{pmatrix} \quad (6.107)$$

其中,除去对角项就相当于单层石墨烯的哈密顿算符。$N = 2M+1$ 奇数层状石墨烯可分解成一个单层式和 M 个双层式的子系统,而 $N = 2M$ 偶数层的石墨烯可

分解成 M 个双层,但是没有单层。

不同 m 的子系统并不完全独立,因为它们被非对角矩阵元素 $\mathcal{H}_{mm'}(m \neq m')$ 混合了,其中包含了仅次于最近的层间耦合 γ_2 和 γ_5。非对角区块对应了不同 m 之间的交叉点上小的带斥力,而整体的能带结构只有在保留对角块的情况下才能很好地描述[114]。图6.16 所示为忽略掉对角块的从 $N=3$ 到6时的能带结构,展示了分解工作的基本思路。

图6.17(a)和(c)分别为 $N=3$ 和4的低能量带结构。当 $N=3$ 时,频谱是由一个单层状带($m=0$ 或 M)和一个双层状带($m=2$ 或 B)组成的,而在 $N=4$ 时的频谱包括轻质双层带($m=1$ 或 B)和重质双层带($m=3$ 或 B)。在 $N=4$ 时,实线和虚线分别表示的是用和没用非对角矩阵计算的频带能量,确实可以在交叉点看到小的反交叉点(图6.16 没有显示)。在 $N=3$ 时,由于对称的差异[114, 116],非对角线矩阵消失,不同的块之间没有混合。我们看到对于每一个子带,在带中心和狄拉克点的能隙都有相对转移,这是由于如前文所说的对角势包含诸如 γ_2、γ_5 和 Δ' 等项[114]。在大量的 $N \to \infty$ 极限中,数量 κ_m 对应于三维(3D)波矢 k_z,在单层型区块中 $\kappa = \pi/2$ 与三维布里渊区中的 H 点相关,且 $\kappa = 0$ 与 K 点相关。类双层子带的能量转移 $(\alpha + \beta)\gamma_2/2$,在大 N 的限制下接近于 $\gamma_2\cos(2\kappa_m)$,并且这与在 H 点附近的空穴掺杂和 K 点附近的电子掺杂石墨的半金属性质相一致[100]。

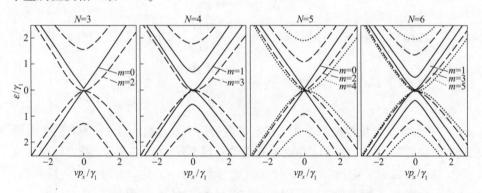

图6.16 $N=3\sim6$ 的多层石墨烯的能带结构,用 m 来标记不同类型的能量带

朗道能级谱通过用 $\pi_\pm$ 取代哈密顿算符中的 $p_\pm$ 来进行计算。图6.17(b)和(d)分别显示了 $N=3$ 和4时的能量水平作为磁场的函数[115]。一般在 $N\geqslant 3$ 的奇数层,石墨烯的朗道能级分裂发生的原因是晶格结构中的反演对称性最初缺失。另一方面,单层和所有偶数层的石墨烯本质上都是空间反演对称,这保证了朗道能级的谷简并[38]。在图6.17(a)的图线中,我们实际上观察到了在 $N=3$ 时的谷分裂,而所有的能级在 $N=4$ 时都完全谷简并(图6.17(b))。

利用哈密顿算符分解,只要外部磁场在 z 方向上均匀且不与不同的 m 混合,

第6章 单层和多层石墨烯的电子性质

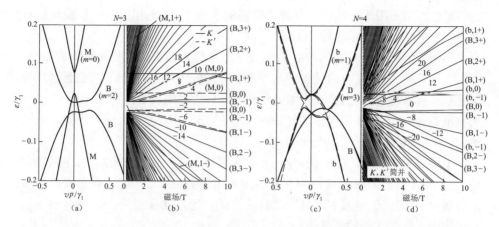

图 6.17 ABA 三层石墨烯中的(a)低能带结构和(b)朗道能级随磁场的变化曲线。(c),(d) ABA 四层石墨烯的类似图线。在图(b)和图(d)中,数字代表了单位为$-e^2/h$的量子化霍尔电导率[38]

N 层石墨烯的响应函数可以写为每个子哈密顿算符的总和。例如,这种分解可以用于分析多层石墨烯的抗磁响应[14]。事实上,在奇数层的石墨烯中,类单层带在 $\varepsilon_F = 0$ 时出现了强大的抗磁峰,而类双层带出现了一个宽泛的对数峰。随着层数的增加,磁化率主要是由类双数层的带控制的。因此,块体石墨材料具有大的反磁化率可以从双层石墨烯的对数奇异性方面来理解。光的吸收也在这一方案中被研究[35],复杂的吸收光谱的各峰被确定为一个类单层或类双层的朗道能级之间的特定激发。

应该指出的是,在多层石墨烯中,还有一个不同于以上讨论的伯纳尔(ABAB……)堆叠的配置称为菱形(ABCABC …)堆叠[117-119]。一个连续的 ABC …代表沿垂直轴每层上的格点,其中 A 和 B 是六方点阵的不等价子晶格,C 是六边形的中心。伯纳尔相在热力学中是稳定和常见的,且众所周知,天然石墨的一些部分是以菱形堆叠形式存在的。菱形多层堆叠具有完全不同于伯纳尔堆叠的频谱,它包括一双随着动量 p 和层数 N 按 p^N 分布的平低能带[26, 120-126]。石墨更为普遍的结构是伯纳尔-菱形混合的形式,而这种混合多层膜的电子结构已在理论上得到了研究[124, 127-128]。依赖于堆叠结构的多层石墨烯的特征属性确实已在几个实验中观察到[129-137]。

6.8 本章小结

我们从理论上研究了石墨烯及其多层膜的电子性质,通过无质量的狄拉克谱阐明了单层石墨烯中电子运动的特点,并产生了一些不同于常规系统的独特特性。对于多层石墨烯,我们特别考虑了最有可能出现的 AB 堆叠结构。双层石墨烯的低能带结构包含相互接触的一个导带和一个价带,但其色散性是二次的。超过三层石墨烯的能带可分解为单独的子带,实际上相当于单层或双层石墨烯。

利用低能有效哈密顿算符我们研究了电子输运性质、光吸收和轨道磁性。对于电子传输,采用了自洽玻恩适当处理有限的能级展宽。我们发现,无论在单层还是双层石墨烯中,狄拉克点的电导率在任何无序强度下成为一个 e^2/h 量级的有限值,而这个因子取决于散射势的细节。我们还论述了磁场中的朗道能级谱,并详细讨论了量子霍尔电导率。

单层石墨烯垂直入射光的吸收,除了在频率为零处的德鲁德峰,几乎是恒定的,这说明了普遍的吸收率约为在实验中观察到的 2.3%。双层石墨烯的光谱具有吸收边缘特征,这反映了其带结构的特征。我们也考虑了由 σ_{zz} 描述的双层石墨烯中平行光入射的光吸收。

石墨烯相关材料的轨道抗磁性通常是很强的,特别是在单层石墨烯中,磁化率在狄拉克点发散,这可以通过由谷赝自旋磁矩表示的带隙石墨烯的零带隙极限来理解。在狄拉克点的反磁性奇点发散是由于不对称势打开了一个能隙,并且也在于多层堆叠的层间耦合。

参 考 文 献

[1] K. S. Novoselov, A. K. Geim, S. V. Morozov, D. Jiang, M. I. Katsnelson, I. V. Grigorieva, S. V. Dubonos, A. A. Firsov, Nature **438**, 197 (2005).

[2] Y. Zhang, Y.-W. Tan, H. L. Stormer, P. Kim, Nature **438**, 201 (2005).

[3] P. R. Wallace, Phys. Rev. **71**, 622 (1947).

[4] J. W. McClure, Phys. Rev. **104**, 666 (1956).

[5] J. C. Slonczewski, P. R. Weiss, Phys. Rev. **109**, 272 (1958).

[6] T. Ando, J. Phys. Soc. Jpn. **74**, 777 (2005).

[7] D. P. DiVincenzo, E. J. Mele, Phys. Rev. B **29**, 1685 (1984).

[8] G. W. Semenoff, Phys. Rev. Lett. **53**, 2449 (1984).

[9] N. H. Shon, T. Ando, J. Phys. Soc. Jpn. **67**, 2421 (1998).

[10] T. Ando, Y. Zheng, H. Suzuura, J. Phys. Soc. Jpn. **71**, 1318 (2002).

[11] H. Suzuura, T. Ando, Phys. Rev. Lett. **89**, 266603 (2002).

[12] E. McCann, K. Kechedzhi, V. I. Falko, H. Suzuura, T. Ando, B. L. Altshuler, Phys. Rev. Lett. **97**, 146805 (2006).

[13] M. Koshino, T. Ando, Phys. Rev. B **75**, 235333 (2007).

[14] H. Fukuyama, J. Phys. Soc. Jpn. **76**, 043711 (2007).

[15] M. Nakamura, Phys. Rev. B **76**, 113301 (2007).

[16] A. Ghosal, P. Goswami, S. Chakravarty, Phys. Rev. B **75**, 115123 (2007).

[17] Y. Zheng, T. Ando, Phys. Rev. B **65**, 245420 (2002).

[18] V. P. Gusynin, S. G. Sharapov, Phys. Rev. Lett. **95**, 146801 (2005).

[19] N. M. R. Peres, F. Guinea, A. H. Castro Neto, Phys. Rev. B **73**, 125411 (2006).

[20] T. Ohta, A. Bostwick, T. Seyller, K. Horn, E. Rotenberg, Science **313**, 951 (2006).

[21] K. S. Novoselov, E. McCann, S. V. Morozov, V. I. Falko, M. I. Katsnelson, U. Zeitler, D. Jiang, F. Schedin, A. K. Geim, Nat. Phys. **2**, 177 (2006).

[22] T. Ohta, A. Bostwick, J. L. McChesney, T. Seyller, K. Horn, E. Rotenberg, Phys. Rev. Lett. **98**, 206802 (2007).

[23] E. V. Castro, K. S. Novoselov, S. V. Morozov, N. M. R. Peres, J. M. B. Lopes dos Santos, J. Nilsson, F. Guinea, A. K. Geim, A. H. Castro Neto, Phys. Rev. Lett. **99**, 216802 (2007).

[24] M. Koshino, T. Ando, Phys. Rev. B **76**, 085425 (2007).

[25] E. McCann, V. I. Falko, Phys. Rev. Lett. **96**, 086805 (2006).

[26] F. Guinea, A. H. Castro Neto, N. M. R. Peres, Phys. Rev. B **73**, 245426 (2006).

[27] M. Koshino, T. Ando, Phys. Rev. B **73**, 245403 (2006).

[28] E. McCann, M. Koshino, Rep. Prog. Phys. **76**, 056503 (2013).

[29] C. L. Lu, C. P. Chang, Y. C. Huang, J. M. Lu, C. C. Hwang, M. F. Lin, J. Phys. Condens. Matter **18**, 5849 (2006).

[30] C. L. Lu, C. P. Chang, Y. C. Huang, R. B. Chen, M. L. Lin, Phys. Rev. B **73**, 144427 (2006).

[31] J. Nilsson, A. H. Castro Neto, N. M. R. Peres, F. Guinea, Phys. Rev. B **73**, 214418 (2006).

[32] B. Partoens, F. M. Peeters, Phys. Rev. B **74**, 075404 (2006).

[33] B. Partoens, F. M. Peeters, Phys. Rev. B **75**, 193402 (2007).

[34] M. Koshino, T. Ando, AIP Conf. Proc. **893**, 621 (2007).

[35] M. Koshino, T. Ando, Phys. Rev. B **77**, 115313 (2008).

[36] S. Y. Zhou, G. -H. Gweon, A. V. Fedorov, P. N. First, W. A. de Heer, D. -H. Lee, F. Guinea, A. H. Castro Neto, A. Lanzara, Nat. Mater. **6**, 770 (2007).

[37] S. Y. Zhou, D. A. Siegel, A. V. Fedorov, F. E. Gabaly, A. K. Schmid, A. H. Castro Neto, D. -H. Lee, A. Lanzara, Nat. Mater. **7**, 259 (2008).

[38] M. Koshino, E. McCann, Phys. Rev. B **81**, 115315 (2010).

[39] M. Koshino, T. Ando, Phys. Rev. B **81**, 195431 (2010).

[40] J. W. McClure, Phys. Rev. **119**, 606 (1960).

[41] M. P. Sharma, L. G. Johnson, J. W. McClure, Phys. Rev. B **9**, 2467 (1974).

[42] P. A. Wolff, J. Phys. Chem. Solids **25**, 1057 (1964).

[43] H. Fukuyama, R. Kubo, J. Phys. Soc. Jpn. **27**, 604 (1969).

[44] H. Fukuyama, R. Kubo, J. Phys. Soc. Jpn. **28**, 570 (1970).

[45] S. A. Safran, F. J. DiSalvo, Phys. Rev. B **20**, 4889 (1979).

[46] S. A. Safran, Phys. Rev. **30**, 421 (1984).

[47] J. Blinowski, C. Rigaux, J. Phys. (Paris) **45**, 545 (1984).

[48] R. Saito, H. Kamimura, Phys. Rev. B **33**, 7218 (1986).

[49] H. Ajiki, T. Ando, J. Phys. Soc. Jpn. **62**, 1255 (1993).

[50] H. Ajiki, T. Ando, J. Phys. Soc. Jpn. **62**, 2470 (1993).

[51] H. Ajiki, T. Ando, J. Phys. Soc. Jpn. **63**, 4267 (1994)(Erratum).

[52] H. Ajiki, T. Ando, J. Phys. Soc. Jpn. **64**, 4382 (1995).

[53] M. Yamamoto, M. Koshino, T. Ando, J. Phys. Soc. Jpn. **77**, 084705 (2008).

[54] M. Nakamura, L. Hirasawa, Phys. Rev. B **77**, 045429 (2008).

[55] A. H. Castro Neto, F. Guinea, N. M. Peres, K. S. Novoselov, A. K. Geim, Rev. Mod. Phys. **81**, 109 (2009).

[56] A. Kobayashi, Y. Suzumura, H. Fukuyama, J. Phys. Soc. Jpn. **77**, 064718 (2008).

[57] M. Koshino, Y. Arimura, T. Ando, Phys. Rev. Lett. **102**, 177203 (2009).

[58] M. Koshino, Phys. Rev. B **84**, 125427 (2011).

[59] M.-C. Chang, Q. Niu, Phys. Rev. B **53**, 7010 (1996).

[60] D. Xiao, W. Yao, Q. Niu, Phys. Rev. Lett. **99**, 236809 (2007).

[61] A. De Martino, L. DellAnna, R. Egger, Phys. Rev. Lett. **98**, 066802 (2007).

[62] M. R. Masir, P. Vasilopoulos, A. Matulis, F. M. Peeters, Phys. Rev. B **77**, 235443 (2008).

[63] C.-H. Park, L. Yang, Y.-W. Son, M. L. Cohen, S. G. Louie, Phys. Rev. Lett. **101**, 126804 (2008).

[64] C.-H. Park, Y.-W. Son, L. Yang, M. L. Cohen, S. G. Louie, Nano Lett. **8**, 2920 (2008).

[65] Y.-X. Li, J. Phys. Condens. Matter **22**, 015302 (2010).

[66] J. S. Park, K. Sasaki, R. Saito, W. Izumida, M. Kalbac, H. Farhat, G. Dresselhaus, M. S. Dresselhaus, Phys. Rev. B **80**, 081402 (2009).

[67] I. Snyman, Phys. Rev. B **80**, 054303 (2009).

[68] T. Ando, J. Phys. Soc. Jpn. **75**, 074716 (2006).

[69] T. Ando, T. Nakanishi, J. Phys. Soc. Jpn. **67**, 1704 (1998).

[70] T. Ando, T. Nakanishi, R. Saito, J. Phys. Soc. Jpn. **67**, 2857 (1998).

[71] K. Nomura, A. H. MacDonald, Phys. Rev. Lett. **96**, 256602 (2006).

[72] T. Ando, J. Phys. Soc. Jpn. **38**, 989 (1975).

[73] T. Ando, Y. Uemura, J. Phys. Soc. Jpn. **36**, 959 (1974).

[74] T. Fukuzawa, M. Koshino, T. Ando, J. Phys. Soc. Jpn. **78**, 094714 (2009).

[75] M. Noro, M. Koshino, T. Ando, J. Phys. Soc. Jpn. **79**, 094713 (2010).

[76] A. K. Geim, K. S. Novoselov, Nat. Mater. **6**, 183 (2007).

[77] Y.-W. Tan, Y. Zhang, H. L. Stormer, P. Kim, Eur. Phys. J. Spec. Top. **148**, 15 (2007).

[78] K. I. Bolotin, K. J. Sikes, Z. Jiang, G. Fundenberg, J. Hone, P. Kim, H. L. Stormer, Solid State Commun. **146**, 351 (2008).

[79] H. Kumazaki, D. S. Hirashima, J. Phys. Soc. Jpn. **75**, 053707 (2006).

[80] I. L. Aleiner, K. B. Efetov, Phys. Rev. Lett. **97**, 236801 (2006).

[81] K. Ziegler, Phys. Rev. Lett. **97**, 266802 (2006).

[82] K. Nomura, A. H. MacDonald, Phys. Rev. Lett. **98**, 076602 (2007).

[83] J. H. Bardarson, J. Tworzydo, P. W. Brouwer, C. W. J. Beenakker, Phys. Rev. Lett. **99**, 106801 (2007).

[84] S. Adam, E. H. Hwang, V. M. Galitski, S. Das Sarma, Proc. Natl. Acad. Sci. USA **104**, 18392 (2007).

[85] K. Ziegler, Phys. Rev. B **78**, 125401 (2008).

[86] S. Adam, E. H. Hwang, E. Rossi, S. Das Sarma, Solid State Commun. **149**, 1072 (2009).

[87] R. R. Nair, P. Blake, A. N. Grigorenko, K. S. Novoselov, T. J. Booth, T. Stauber, N. M. R. Peres, A. K. Geim, Science **320**, 1308 (2008).

[88] Z. Q. Li, E. A. Henriksen, Z. Jiang, Z. Hao, M. C. Martin, P. Kim, H. L. Stormer, D. N. Basov, Nat. Phys. **4**, 532 (2008).

[89] K. F. Mak, M. Y. Sfeir, Y. Wu, C. H. Lui, J. A. Misewich, T. F. Heinz, Phys. Rev. Lett. **101**, 196405 (2008).

[90] J.-K. Lee, S.-C. Lee, J.-P. Ahn, S.-C. Kim, J. I. B. Wilson, P. John, J. Chem. Phys. **129**,

234709 (2008).

[91] Z. Liu, K. Suenaga, P. J. F. Harris, S. Iijima, Phys. Rev. Lett. **102**, 015501 (2009).

[92] J. H. Ho, C. L. Lu, C. C. Hwang, C. P. Chang, M. F. Lin, Phys. Rev. B **74**, 085406 (2006).

[93] J. Hass, R. Feng, J. E. Millan-Otoya, X. Li, M. Sprinkle, P. N. First, W. A. de Heer, E. H. Conrad, C. Berger, Phys. Rev. B **75**, 214109 (2007).

[94] J. Hass, F. Varchon, J. E. Millán-Otoya, M. Sprinkle, N. Sharma, W. A. de Heer, C. Berger, P. N. First, L. Magaud, E. H. Conrad, Phys. Rev. Lett. **100**, 125504 (2008).

[95] G. Li, A. Luican, J. Dos Santos, A. Neto, A. Reina, J. Kong, E. Andrei, Nat. Phys. **6**, 109 (2009).

[96] J. M. B. Lopes dos Santos, N. M. R. Peres, A. H. Castro Neto, Phys. Rev. Lett. **99**, 256802 (2007).

[97] S. Shallcross, S. Sharma, O. A. Pankratov, Phys. Rev. Lett. **101**, 056803 (2008).

[98] P. Moon, M. Koshino, Phys. Rev. B **85**, 195458 (2012).

[99] P. Moon, M. Koshino, Phys. Rev. B **87**, 205404 (2013).

[100] M. S. Dresselhaus, G. Dresselhaus, Adv. Phys. **51**, 1 (2002).

[101] L. M. Malard, M. A. Pimentada, G. Dresselhaus, M. S. Dresselhaus, Phys. Rep. **473**, 51 (2009).

[102] E. McCann, Phys. Rev. B **74**, 161403 (2006).

[103] T. Ando, M. Koshino, J. Phys. Soc. Jpn. **78**, 034709 (2009).

[104] T. Ando, M. Koshino, J. Phys. Soc. Jpn. **78**, 104716 (2009).

[105] J. B. Oostinga, H. B. Heersche, X.-L. Liu, A. F. Morpurgo, L. M. K. Vandersypen, Nat. Mater. **7**, 151 (2008).

[106] Y.-B. Zhang, T.-T. Tang, C. Girit, Z. Hao, M. C. Martin, A. Zettl, M. F. Crommie, Y. R. Shen, F. Wang, Nature **459**, 820 (2009).

[107] K. F. Mak, C. H. Lui, J. Shan, T. F. Heinz, Phys. Rev. Lett. **102**, 256405 (2009).

[108] A. B. Kuzmenko, E. van Heumen, D. van der Marel, P. Lerch, P. Blake, K. S. Novoselov, A. K. Geim, Phys. Rev. B **79**, 115441 (2009).

[109] J. Cserti, Phys. Rev. B **75**, 033405 (2007).

[110] J. Cserti, A. Csordas, G. David, Phys. Rev. Lett. **99**, 066802 (2007).

[111] B. E. Feldman, J. Martin, A. Yacoby, Nat. Phys. **5**, 889 (2009).

[112] T. Ando, J. Phys. Soc. Jpn. **80**, 014707 (2011).

[113] D. S. L. Abergel, V. I. Falko, Phys. Rev. B **75**, 155430 (2007).

[114] M. Koshino, T. Ando, Solid State Commun. **149**, 1123 (2009).

[115] M. Koshino, E. McCann, Phys. Rev. B **83**, 165443 (2011).

[116] M. Koshino, E. McCann, Phys. Rev. B **79**, 125443 (2009).

[117] H. Lipson, A. R. Stokes, Proc. R. Soc. Lond. A **181**, 101 (1942).

[118] R. R. Haering, Can. J. Phys. **36**, 352 (1958).

[119] J. W. McClure, Carbon **7**, 425 (1969).

[120] S. Latil, L. Henrard, Phys. Rev. Lett. **97**, 036803 (2006).

[121] M. Aoki, H. Amawashi, Solid State Commun. **142**, 123 (2007).

[122] C. L. Lu, C. P. Chang, Y. C. Huang, J. H. Ho, C. C. Hwang, M. F. Lin, J. Phys. Soc. Jpn. **76**, 024701 (2007).

[123] J. L. Mañes, F. Guinea, M. A. H. Vozmediano, Phys. Rev. B **75**, 155424 (2007).

[124] H. Min, A. H. MacDonald, Phys. Rev. B **77**, 155416 (2008).

[125] M. Koshino, E. McCann, Phys. Rev. B **80**, 165409 (2009).

[126] M. Koshino, Phys. Rev. B **81**, 125304 (2010).

[127] D. P. Arovas, F. Guinea, Phys. Rev. B **78**, 245416 (2008).

[128] M. Koshino, E. McCann, Phys. Rev. B **87**, 045420 (2013).

[129] M. F. Craciun, S. Russo, M. Yamamoto, J. B. Oostinga, A. F. Morpurgo, S. Tarucha, Nat. Nanotechnol. **4**, 383 (2009).

[130] C. H. Lui, Z. Li, Z. Chen, P. V. Klimov, L. E. Brus, T. F. Heinz, Nano Lett. **11**, 164 (2011).

[131] A. Kumar, W. Escoffier, J. M. Poumirol, C. Faugeras, D. P. Arovas, M. M. Fogler, F. Guinea, S. Roche, M. Goiran, B. Raquet, Phys. Rev. Lett. **107**, 126806 (2011).

[132] W. Bao, L. Jing, J. Velasco Jr., Y. Lee, G. Liu, D. Tran, B. Standley, M. Aykol, S. B. Cronin, D. Smirnov, M. Koshino, E. McCann, M. Bockrath, C. N. Lau, Nat. Phys. **7**, 948 (2011).

[133] L. Zhang, Y. Zhang, J. Camacho, M. Khodas, I. Zaliznyak, Nat. Phys. **7**, 953 (2011).

[134] T. Taychatanapat, K. Watanabe, T. Taniguchi, P. Jarillo-Herrero, Nat. Phys. **7**, 621 (2011).

[135] T. Khodkov, F. Withers, D. C. Hudson, M. F. Craciun, S. Russo, Appl. Phys. Lett. **100**, 013114 (2012).

[136] E. A. Henriksen, D. Nandi, J. P. Eisenstein, Phys. Rev. X **2**, 011004 (2012).

[137] J. Ping, M. S. Fuhrer, Nano Lett. **12**, 4635 (2012).

第7章

石墨烯的拓扑性质、手征对称性及其操作

Yasuhiro Hatsugai, Hideo Aoki

摘要 本章从基础的手征对称性和拓扑性质的角度介绍了石墨烯,揭示了看似简单的蜂窝晶格却包含着许多的物理知识,其中包括在布里渊区中在 K 和 K' 点双倍的狄拉克锥,在磁场中狄拉克点处存在异常尖锐甚至会产生涟漪的朗道能级和量子霍尔效应,同时石墨烯还有许多其他的特有功能。在介绍了这些概念后,我们又论述了拓扑和手征性质如何决定本体状态和边缘状态之间有紧密的联系。我们还强调了手征和拓扑概念的普适性和强大性,同时还可以检查电子-空穴不对称、斜锥、锥+扁带系统、双层石墨烯和多体石墨烯的不同扩展。作为一个操纵系统的新方法,我们还论述了石墨烯在非平衡态时的弗洛凯拓扑状态。

7.1 石墨烯通用的对称性——手征对称性

石墨烯的物理性质已发展成为凝聚态物理中最活跃的领域之一[1-3],而石墨烯的几个独特的功能使它脱颖而出。首先,石墨烯的拓扑性质和手征对称性是石墨烯物理性质的根本。石墨烯不只是一个具有"无质量狄拉克粒子"(或场理论中的外尔中微子)的零带隙半导体,其系统是拓扑的,即由狄拉克锥的位置和能隙开放来主导其物理性质,而手征对称性则贯穿于各种物理性质的背后。

Y. Hatsugai
日本筑波筑坡大学物理研究所,305-8571。
e-mail:hatsugai. yasuhiro. ge@ u. tsukuba. ac. jp

H. Aoki(通信作者)
日本东京东京大学物理系,113-0033。
e-mail:aoki@ phys. s. u-tokyo. ac. jp

换句话说,关于石墨烯的一个关键问题是:是什么使看似简单的蜂窝晶格能容纳如此丰富的物理性质?其原因就是石墨烯中所固有的拓扑和手征性质。事实上,书中由 Kim 与其合著者所撰写的章节描述了石墨烯的一个最显著的特有标志:量子霍尔效应[1, 2, 4-5],它反映了石墨烯的两个属性。因此,本章的目的是探讨石墨烯的拓扑与手征性质。这样做的同时,我们也强调:为什么狄拉克锥会出现在布里渊区的两个地方(K 和 K' 点),事实上它与一个场理论定理有关,即尼尔森-宫崎(Nidsen-Ninomiya)定理[6-9]。

早在 1947 年,Wallace 就开始注意到石墨烯物理学[10],理论上,石墨烯的能带结构包含一对无质量狄拉克色散(或"狄拉克锥")在有效质量形式中以 $k \cdot p$ 方法表示。目前,实验中通过 ARPES(角分辨光电子能谱)观察到狄拉克锥[11]。然后在 1956 年,MeClure 表明石墨烯在磁场中具有独特的朗道量子化[12]。

狄拉克锥的出现令人惊讶吗?如果在二维(2D)系统中有一个闭合的能隙,一般来讲会是一个意外,根据数学中的冯·诺依曼-维格纳定理,三组分量需要简并性(在后面的章节我们称之为 R),可是它只有两个可调参数(二维波数的两个组分)[13-14]。与之相反的是,在第一布里渊区的 K 和 K' 点上的双狄拉克锥的出现是由蜂窝晶体结构(及其群理论)导致的[15]。然而,在一个更普遍的框架中,认为双狄拉克锥产生的原因可能是对称性,也称为手征对称性,这个奇特的名字源自四维晶格规范理论。石墨烯的许多特征是手征对称晶格费米子[16-18]。我们将在本章中说明石墨烯的另一个与手征相关的主要结构,即拓扑结构。也即狄拉克锥本身,特别是它们的鲁棒性,据有拓扑的起源,并导致了石墨烯的许多异常属性。例如,在能量为零处(即在狄拉克点时)朗道能级的存在是受到指数定理"保护"的,这是一个拓扑定理。另一个是边缘状态的存在,这是在拓扑系统中固有的。

简单地说,手征对称性与蜂窝格是一个非布拉维晶格,而不是二分格,即格点被分解成·和。两个子格(图 7.1)。跳频矩阵元素在蜂窝晶格中连接相邻的·-。点位。从这一角度来看,手征对称性已由紧束缚模型描述出来,但我们将会看到这个概念适用于更广泛的情况。边缘状态在拓扑系统中是普遍存在的,因为有一个通用定理说明,如果本体是拓扑系统,那么边缘状态必须存在,但是无质量的狄拉克费米子会以特定的方式表现出来[19-20]。类似的现象出现在具有 d-波配对的超导体中[20]。同时,石墨烯物理学已扩展到光学晶格中的冷原子系统,目前正在对光学晶格系统中的拓扑和手征性能进行深入探索,一个庞大的且具有可控性的系统参数大大扩展了研究视野[21-23]。

在本章中,我们还讨论在理想蜂窝晶格修改的各种情况下是否以及如何影响手征对称性。在真正的石墨烯中,手征对称性并不严格保持。例如,即使在紧

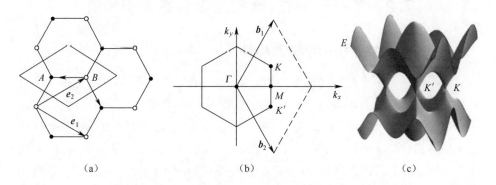

图 7.1 (a)用原始矢量 $\hat{e}_i$ 标识的在实际空间中的石墨烯单元;(b)原始向量 $\hat{b}_i$ 标识的在倒易空间的布里渊区;(c)能量色散(在一个扩展的区域)

束缚模型中,尽管手征对称性破裂参数在石墨烯的标准紧束缚参数中的幅度相对较小[24-25],但电子跳跃应当不仅包括最近邻的,而且包括第二邻近的。还有其他各种狄拉克锥的操作方法。例如,我们可以讨论当两个狄拉克锥体在能量中移动时的情况。在一些有机金属中,我们会遇到倾斜狄拉克锥[26]。问题是如何在这些情况下对手征对称性进行修正。另一个本质问题是一个真实的系统也应该是无序的,当引入无序系统时手征对称性是否会被淘汰?首先,我们将指出可扩展的手征对称性的定义,事实上扩展的对称性控制了与狄拉克锥有关的异常属性[27, 34-36]。然后我们发现,只要该无序遵循手征对称性[27],这种无序可使零能量朗道能级保持异常尖锐(事实上像 δ 函数)。因此,手征对称性对于在各种情况下石墨烯的低能物理学的讨论是非常有用的,包括多层石墨烯[37]。在此意义上,我们可以说手征对称性不仅最典型地表现在石墨烯中,而且可适用于多种凝聚态系统的"通用对称性",甚至包括冷原子系统[23]。

我们进一步提出以下几个问题:①我们通常对狄拉克锥所产生的现象进行静态特性的研究,我们是否对石墨烯的交流响应(即光学性质)感兴趣;②虽然我们通常检测石墨烯在平衡时的属性,但当石墨烯脱离平衡时是否有新奇的现象产生;③手征对称性对多体物理是否有用。对于所有的问题,答案都是肯定的。第一,交流(光学)霍尔电导率表现出一个有趣的平台结构;第二,我们确实可以操纵拓扑性质,例如,通过对石墨发出圆偏振光将产生一个直流霍尔电流,这是一个显著的"反常量子霍尔效应"的非平衡实现,它被定义为零磁场下的量子霍尔效应;第三,我们将简要说明如何将手征对称性应用到多体系统中。总之,本章的目的是说明为何石墨烯能表现出普遍和丰富的物理特性。

7.2 手征对称性、狄拉克锥和费米子加倍

7.2.1 晶格系统的手征对称性

从石墨烯的一个紧束缚模型开始。要记住:石墨烯的许多性能,包括手征对称性,是很普遍的,并不局限于紧束缚的模型,而是来自蜂窝跨越对称性。然而,出于启发的目的,紧束缚的描述是明确的。在石墨烯中,负责蜂窝晶体的化学键是由碳轨道(称为σ轨道)形成,沿石墨烯平面拉伸,而导带从碳 p_z 轨道上产生(称为π轨道),因此,我们可以把重点放在单轨道上的每个点。蜂窝晶格并不是布拉维晶格,但包含了一个含有两个原子的单元格。如果我们将两个非等效位点表示为∘和·,则哈密顿算符为

$$\mathcal{H} = -t\sum_{ij} c_i^\dagger c_j + \text{h.c.} = c^\dagger H c$$

其中,(i,j) 是蜂窝格子上最近邻的点(碳原子的π轨道),其跃迁能为 t(在石墨烯中约为 2.8eV)。而在上式右边,我们将哈密顿算符重构为由原子位点跨越的矩阵形式:

$$c = \begin{bmatrix} c_\cdot \\ c_\circ \end{bmatrix}, \quad c_\cdot = \begin{pmatrix} c_{\cdot 1} \\ \vdots \\ c_{\cdot N_\cdot} \end{pmatrix}, \quad c_\circ = \begin{pmatrix} c_{\circ 1} \\ \vdots \\ c_{\circ N_\circ} \end{pmatrix},$$

$$H \equiv \begin{bmatrix} O & D \\ D^\dagger & O \end{bmatrix}$$

此处我们将由两部分构成的蜂窝晶格分离为两个子格子,即·和∘。由于每个近邻传递连接着相邻的·和∘点,在此表示的哈密顿量是离对角线的区块。离对角线的区块记为 D,一个 $N_\cdot \times N_\circ$ 矩阵,其中 $N_\cdot$($N_\circ$)是·(∘)点位的总数。在不考虑边缘的情况下有 $N_\cdot = N_\circ$(我们将在后面讨论考虑边缘的情况)。

这意味着,如果进行转换,哈密顿算符的符号会改变:

$$c_{i\cdot} \to +c_{i\cdot}$$
$$c_{i\circ} \to -c_{i\circ}$$

我们可以把它用于这一形式:

$$\{H, \Gamma\} \equiv H\Gamma + \Gamma H = O, \quad \Gamma = \begin{bmatrix} I_{N_\cdot} & O \\ O & -I_{N_\circ} \end{bmatrix}$$

其中,I 为单位矩阵。哈密顿算符与操作符 Γ(称为手征算子)反交换的性质定义了手征对称性。

如果一个哈密顿算符具有手征对称性,然后从薛定谔方程 $H\psi_E = E\psi_E$ 中可以看到,任何具有能级 E 的本征态 ψ_E 应该有一个"手征伙伴",即具有本征能量 $-E$ 的本征态 $\psi_{-E} = \Gamma\psi_E$。薛定谔方程的矩阵形式为

$$\begin{bmatrix} O & D \\ D^\dagger & O \end{bmatrix} \begin{bmatrix} \psi_\cdot \\ \psi_\circ \end{bmatrix} = E \begin{bmatrix} \psi_\cdot \\ \psi_\circ \end{bmatrix}$$

其中,$\psi_E = \begin{bmatrix} \psi_\cdot \\ \psi_\circ \end{bmatrix}$。

手征伙伴变为

$$\psi_{-E} = \Gamma\psi_E = \begin{bmatrix} I_{N_\cdot} & O \\ O & -I_{N_\circ} \end{bmatrix} \begin{bmatrix} \psi_\cdot \\ \psi_\circ \end{bmatrix} = \begin{bmatrix} \psi_\cdot \\ -\psi_\circ \end{bmatrix}$$

。组分有反转的符号,它确实有如下本征能量 $-E$:

$$\begin{bmatrix} O & D \\ D^\dagger & O \end{bmatrix} \begin{bmatrix} \psi_\cdot \\ -\psi_\circ \end{bmatrix} = -E \begin{bmatrix} \psi_\cdot \\ -\psi_\circ \end{bmatrix}$$

因此,对于紧束缚的图像而言,手征算子等于两个亚晶格组分之一的符号反转。对于非零的能量状态而言,这两个组分 $\psi_\cdot$ 和 $\psi_\circ$ 是相关的:

$$\psi_\cdot = \frac{1}{E}D\psi_\circ, \quad \psi_\circ = \frac{1}{E}D^\dagger\psi_\cdot$$

手征对称性告诉我们零能量状态是特殊的:这样一种在相同的能量时具有手征伙伴的状态,如果我们采取线性组合,可以作为手征算子的本征态,也就是说,在任何零能量本征态 $\psi_E = 0$ 时,构建的手征算子 Γ 本征态为

$$\Gamma\psi_\pm = \pm\psi_\pm, \quad \psi_\pm = P_\pm\psi_E = 0$$

其中

$$P_\pm = (1 \pm \Gamma)/2$$

是一个用 $(P_\pm)^2 = P_\pm$ 在手征算子 Γ 的本征态上的投影。通过因子 $1 \pm \Gamma$,当 ψ_- 点在晶格模型中时,ψ_+ 只有在 · 点才具有有限振幅。

当施加一个垂直于石墨烯的匀强磁场时,因为发生在 $E=0$(朗道指数 $n=0$)时,所以这些态合并到石墨烯的朗道能级中。我们可以看到,在手征对称性存在时,这些态是精确地简并的,我们可以将 $n=0$ 时的朗道能级的单粒子态作为手征算子 Γ 的本征态。这不仅对于讨论石墨烯单体的物理性是重要的,包括多体的物理性来说也是重要的[37-39]。手征对称性起重要作用的另一种情况是沿着样品边界出现的相关的边缘状态。长期以来这种沿锯齿形边缘出现的状态被称为边缘状态("Fujita 状态")[40],事实上就是手征算子的本征态[37-39, 41],我们将在之后加以讨论。

在动量空间中,哈密顿算符为

$$\mathcal{H} = c(k)^\dagger \hat{H}(k) c(k), \quad c(k) = \begin{bmatrix} c_\bullet(k) \\ c_\circ(k) \end{bmatrix}$$

式中：$c_{\bullet\circ}(k) = (1/N) \sum_i e^{ik \cdot x_i} c_{i\bullet\circ}$ 为布洛赫表达式，且

$$H(k) = \begin{bmatrix} 0 & D(k) \\ D^*(k) & 0 \end{bmatrix} \tag{7.1}$$

$$D(k) = t(1 + e^{-ik_1} + e^{-ik_2}) \tag{7.2}$$

其中，k_1, k_2 分别为沿原方向的波数（图 7.1(b)）。在这个表达式中，我们得到了手征对称性，当 $\gamma = \sigma_z$ 时 $\{H, \gamma\} = 0$，而 z 组分来自泡利矩阵。由于本征方程变为 $|D(k)|^2 = E^2$，能量色散由 $\pm |D(k)|$ 给出（图 7.1(c)）。

7.2.2 手征对称晶格费米子的费米子加倍

石墨烯通常被描述为无质量的狄拉克粒子的实现，石墨烯包藏了与蜂窝晶格相关的更有趣的物理现象。我们已经在倒易空间中发现，在一个晶格费米子系统中，当晶格具有手征对称性时就会产生一个称作"费米子加倍"的有趣现象。

在固体物理更普遍的能带理论中，关键是找到手征算子 γ，对于一个一般的两带系统来说（价带和导带），$\{H, \gamma\} = 0$，$\gamma^\dagger = \gamma$，$\gamma^2 = 1$，所以我们暂时从蜂窝晶格中离开。一个两带系统在 k 空间中有一个 2×2 矩阵的哈密顿算子，实际上就是贝里（Berry）考虑的情况[13]，他围绕一个通常比较异常的简并能级交叉点的波函数的行为进行讨论。哈密顿算符可以由泡利矩阵 $\boldsymbol{\sigma} = (\sigma_1, \sigma_2, \sigma_3)$ 扩大为

$$H(k) = \boldsymbol{R}(k) \cdot \boldsymbol{\sigma} = \begin{bmatrix} R_3 & R_1 - iR_2 \\ R_1 + iR_2 & -R_3 \end{bmatrix} \quad (R_1, R_2, R_3 \in \mathbb{R})$$

式中：$\boldsymbol{R} = t(R_1, R_2, R_3)$ 为一个 $R_1(k) = \text{Re}D(k)$ 和 $R_2(k) = -\text{Im}D(k)$ 的三维实向量。

在式 (7.1) 中 $R_3 = 0$，但 R_3 一般是有限的，因此我们必须采用 H 是无痕的这一方式作为能量的来源。然后方程变为，当 $R \equiv |\boldsymbol{R}|$ 时 $E^2 = R^2$，如此可使价带和导带分别对应于 $E(k) = \pm R(k)$。现在，在石墨烯是二维系统的情况下，波数 k 位于二维平面上（图 7.2），而哈密顿量是由一个三维向量 $\boldsymbol{R}(k)$ 定义的。由于 $\boldsymbol{R}(k)$ 的自由度大于变量的数目，能隙可以在一般情况下偶然地闭合（即是否有手征对称性）[13]。

手征对称性的情况如何？目前表明手征算子也应该是个 2×2 矩阵，所以它应该在泡利矩阵空间中指向一个方向 $(\boldsymbol{n}_\gamma)$：

第7章 石墨烯的拓扑性质、手征对称性及其操作

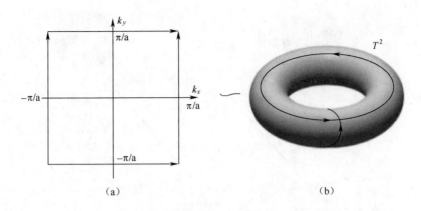

图7.2 (a)二维布里渊区,(b)拓扑上是个圆环面

$$\gamma = n_\gamma \cdot \sigma$$

在手征对称性的条件下,$\{H, \gamma\} = 2R \cdot n_\gamma = 0$①,那么

$$R(k) \perp n_\gamma$$

也就是说,向量 $R(k)$ 总是垂直于常数向量的几何条件。石墨烯的情况对应着 $\gamma = \sigma_z$ 时的 $n_\gamma \perp z$。在这种情况下,(3+1)维场论中伽马矩阵的 γ_0、γ_1、γ_5 的作用被(2+1)维中的 σ_x、σ_y、σ_z 所代替,因此命名为手征算子。

因此,在手征对称的情况下,$R(k)$ 的自由度降低到2个。图7.3示意图显示出 $R(k)$ 在手征对称的情况下是如何变平的,$R(k)$ 一般是一个三维物体,无论何时,只要变平的物体相交于 R 的零点,狄拉克点就出现。这个简单的事实暗示了狄拉克锥的拓扑稳定性[8-9, 14]。拓扑稳定性意味着简并态对稳定性在一定范围内是有限的,而不是无穷小的变化。

让我们对此详细说明。如果在零点出现时 $(R(k_0) = 0)$ 把动量表示为 k_0,按 $k \cdot p$ 的构想,我们可以围绕这个动量扩大哈密顿算符,前导项应该是线性的,$\delta k = k - k_0$(除非特定原因前导项是二次的),所以最终的有效哈密顿算符为

$$H \approx h \equiv (X \cdot \sigma)\delta k_x + (Y \cdot \sigma)\delta k_y, X = \partial_{k_x} R, \quad Y = \partial_{k_y} R$$

这是一个无质量的狄拉克哈密顿算符。正如我们已经看到的,由于 X 和 Y 都垂直于 n_γ,这三个向量 (X, Y, n_γ) 可以是右手型的(我们称之为手征$\chi = +1$)或左手型的($\chi = -1$)。也就是说

$$n_\gamma = \chi X \times Y/(c\hbar)^2$$

式中:$c = |X \times Y|^{1/2}/\hbar$ 表示"光速"(无质量狄雅克粒子的速度),对应于紧束

---

① 我们使用了 $(A \cdot \sigma)(B \cdot \sigma) = A \cdot B + \mathrm{i}(A \times B) \cdot \sigma$。

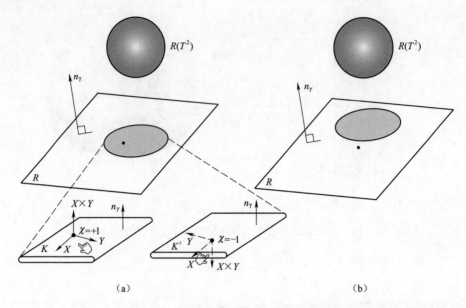

图7.3 狄拉克锥的拓扑稳定性:顶部的三维"气球"示意性地表示当 k 移动在第一布里渊区(前面图的一个环面 T^2)时 $R(k)$ 的一般图像。下面的扁平气球代表手征对称的情况,物体位于垂直于 n_γ 的平面上。(a)是 $R(k)$(点)零点(原点)在扁平物体内的狄拉克锥成对出现的情况或者(b)物体以外的情况。图(a)下面的插图显示具有手征+1(在 K 点;左图)和-1(在 K' 点;右图)的双倍狄拉克锥,在 R 空间的图示

缚模型中的 $\sqrt{3}at/2$,其数值约为 10^6 m/s,对石墨烯来说约为光速的 1/300 倍。

通过计算 h^2 得到的能量色散为

$$h^2 = (c\hbar)^2 (\delta k_x, \delta k_y) \Xi \begin{bmatrix} \delta k_x \\ \delta k_y \end{bmatrix}$$

$$\Xi = \frac{1}{(c\hbar)^2} \begin{bmatrix} X \cdot X & X \cdot Y \\ Y \cdot X & Y \cdot Y \end{bmatrix}$$

式中:Ξ 为行列式 $\Xi = 1$ 的一个实对称矩阵,可以通过正交矩阵 V 对角化为

$$\Xi = V^\dagger \mathrm{diag}(\xi_1, \xi_2) V$$

其中,$\xi_1, \xi_2 > 0$ 且 $\xi_1 \xi_2 = 1$,得到一个普通的椭圆形狄拉克锥:

$$E = \pm c\bar{p}, \quad \bar{p} = \hbar\sqrt{\xi_1 k_1^2 + \xi_2 k_2^2}, \quad \begin{bmatrix} k_1 \\ k_2 \end{bmatrix} = V \begin{bmatrix} \delta k_x \\ \delta k_y \end{bmatrix}$$

虽然到目前为止我们将自己限制在布里渊区的 K 和 K' 点附近,但可以把对手征对称的讨论扩展到整个布里渊区,这将对狄拉克锥施加全局约束。由于周期性边界的二维布里渊区拓扑上是两个圆环面 T^2(图 7.2),当 k 在第一布里渊区移动时产生一个压缩的图像 $R(T^2)$,哈密顿算符的贝里参数意味着映射,$k \to R(k)$,在 R 的三维空间中的定向表面("气球")(图 7.3)。我们已经看到,

手征对称性要求气球变平。零能量点对应于原点($R = 0$)与扁平气球相交的情况。图形展示出狄拉克锥总是成对出现,相反手性的(即左手型、右手型)互成一对(图 7.3)。这就是(二维模拟的)费米子加倍和通常在(3 + 1)维中讨论的尼尔森-宫崎定理。石墨烯在 K 和 K' 点存在具有相反手性的双狄拉克锥:

$$\chi(K) + \chi(K') = 0$$

就是最简单实现的例子。

在石墨烯(即蜂窝晶格)中,费米子加倍可以归结为晶体的对称性,其中狄拉克点在空间群论证中对应于在 K 和 K' 处的二维表示的存在[15]。我们也可以证明晶体周期性势能的蜂窝对称是产生狄拉克锥所需要的,因此,狄拉克锥不仅仅在紧束缚模型中出现,而是更普遍的现象。为了计算能带,Hsu 和 Reichl[42] 近似地展示了具有平面波膨胀的原子势能的蜂窝阵列。后来,通过势能强度的归一化和势能的正则化的分析证实了狄拉克锥的存在[43]。这些工作还表明,第二邻近跳频积分是非常小的,约 0.1eV。

7.2.3 狄拉克锥于何时以何种方式出现?——广义手征对称性

我们已经看到,如果哈密顿算符具有手征对称性,从图 7.3 来说,只要哈密顿算符包含零点,那么(偶数的)狄拉克锥就必须存在。现在我们可以提出一个"反问题"。也就是说,如果一个哈密顿算符有一个(或多个)能隙闭合点,那么这是否意味着哈密顿算符具有手征对称性?这个问题非同小可,因为仅仅零能隙可能无法保证手征对称性的存在。我们已经看到,低能有效哈密顿算符在能隙关闭点可一般表示为由泡利矩阵扩展的 2×2 矩阵。能隙闭合点本身的两个带成为一个共同维数为 3 的简并[13]。这意味着,在两个空间维度,除非受到一些约束如手征对称性的存在,否则简并仅会意外地产生。

因此,在这里考虑当手征对称性不存在时的能隙闭合的状况,在能隙闭合点附近,哈密顿算符被扩展为

$$H = [(\sigma_0 X^0 + \sigma \cdot X)\delta k_x + (\sigma_0 Y^0 + \sigma \cdot Y)\delta k_y]$$

式中包含了一个与 σ_0 成正比的项,当我们讨论非手征对称的情况时需要的一个单位矩阵。当这一项存在并且有动量依赖性时,能量的色散会受到影响,并且狄拉克锥变得倾斜(图 7.4(b))。

然而,即使在这种情况下,我们仍然可以定义一个"广义的手征对称性"。即如果我们定义一个广义的手征算子:

$$\gamma = n \cdot \sigma$$
$$n = (X \times Y + i\eta)/(c\hbar)^2$$
$$\eta = X^0 Y - XY^0$$
$$c^2 = \sqrt{|X \times Y|^2 - |\eta|^2}$$

然后可以发现哈密顿算符满足:

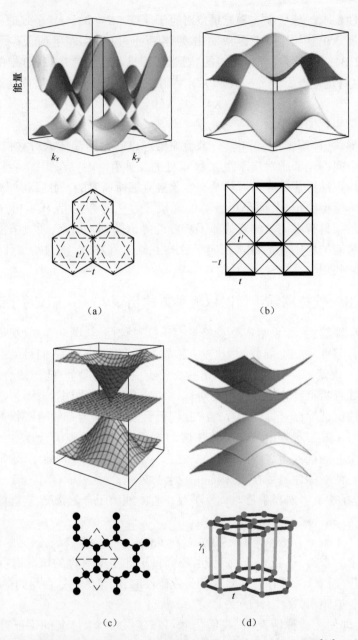

图7.4 各种形式的改性狄拉克锥:(a)次级临近传输的电子-空穴对称锥[34],(b)斜锥[35],(c)平带插入的单锥[22,46],(d)在双层石墨烯中在顶点接触的两个抛物线色散锥[47]。底部插图绘制的是相应的晶格结构

$$H\boldsymbol{\gamma} + \boldsymbol{\gamma}^{\dagger}H = 0$$

即使矩阵 $\boldsymbol{\gamma}$ 是非厄米的 ($\boldsymbol{\gamma}^{\dagger} \neq \boldsymbol{\gamma}$),我们仍然有 $\boldsymbol{\gamma}^2 = \sigma_0$,这意味着本征值 γ 还是

±1。一个有趣的现象是,只有当倾斜不太大($|\eta| \leqslant |X \times Y|$)时[35,44],也就是作为微分算子的哈密顿算子是椭圆(与双曲线相反)时,广义手征算子才能被定义。而后者正是指数定理成立的条件,所以我们可以说,在狄拉克锥物理现象和指数定理之间有一个明确的数学关系。倾斜狄拉克锥与一些有机金属的物理性质是相关的,结果与 Kawarabayashi 等的关于手征对称性的讨论是一样[35-36]。

手征对称性也能够在下列情况中讨论:① 在蜂窝晶格内发生一个次级邻近跃迁,从而降低电子-空穴的对称性,其色散显示在图 7.4(a) 中[34];② 各种其他形式的狄拉克锥,如上面讨论的倾斜锥;③ 在 Lieb[45] 的模型中提出了一个平带插入的单锥,以及在 Shima 和 Aoki[46] 最早考虑的一类具有反点阵列(周期性穿孔的石墨烯,或者用现今的词汇表达为石墨烯纳米网格)的石墨烯系统中,这可以看作是一个具有(自旋-1实现的)SU(2) 对称性的狄拉克锥[22];④ 在双层石墨烯中出现的在顶点接触的两个抛物线形色散。在这种情况下,手征对称性被保留但色散不再是锥形的,但仍能在理论上预测出异常尖锐的零能量朗道能级[47]。

7.3 磁场中狄拉克费米子的霍尔电导率

7.3.1 狄拉克费米子的朗道能级

石墨烯量子霍尔效应是石墨烯中最著名的现象之一。让我们首先考虑当垂直于石墨烯施加一个均匀磁场 $\boldsymbol{B}$ 时狄拉克费米子的电子结构。我们可以把 $\hbar \delta k$ 换成 $\pi \equiv p - eA$,其中 $p = -i\hbar \nabla$ 和 $rot\ A = B = (0,0,B)$。哈密顿算符变为

$$h(B) = \hbar^{-1}[(\boldsymbol{X} \cdot \boldsymbol{\sigma})\pi_x + (\boldsymbol{Y} \cdot \boldsymbol{\sigma})\pi_y]$$

其中 π 的交换关系如下:

$$[\pi_x, \pi_y] = i\hbar e(\partial_x A_y - \partial_y A_x) = i\hbar eB$$

此处我们假设 $e < 0$,$B < 0(eB > 0)$,不失一般性。

这是处理狄拉克粒子的朗道能级的一个直接练习,但在这里我们选择了上述的哈密顿算符的一般表达式。然后通过再次取哈密顿算符的平方,得

$$\begin{aligned}
h^2 &= \hbar^{-2}\{[X^2\pi_x^2 + Y^2\pi_y^2 + \boldsymbol{X} \cdot \boldsymbol{Y}(\pi_x\pi_y + \pi_y\pi_x)]\sigma_0 + i(\boldsymbol{X} \times \boldsymbol{Y}) \cdot \boldsymbol{\sigma}[\pi_x, \pi_y]\} \\
&= c^2\left\{(\pi_x, \pi_y)\boldsymbol{\Xi}\begin{bmatrix}\pi_x \\ \pi_y\end{bmatrix}\sigma_0 + i\chi\boldsymbol{\gamma}[\pi_x, \pi_y]\right\} \\
&= c^2\{(\xi_1\Pi_1^2 + \xi_2\Pi_2^2)\sigma_0 + i\chi\boldsymbol{\gamma}[\Pi_1, \Pi_2]\} \\
&= \frac{1}{2m}\boldsymbol{\Pi}'^2\sigma_0 - \chi\frac{1}{2}\hbar\omega_c\boldsymbol{\gamma}
\end{aligned}$$

这里我们根据前一节中介绍的正交矩阵 V 定义了

$$\Pi = (\Pi_1, \Pi_2) = V\pi, \quad \Pi'_i = \xi_i^{1/2}\Pi_i(i=1,2), \quad [\Pi'_1, \Pi'_2] = i\hbar eB$$

我们还通过 $1/2m \equiv c^2$ 定义一个质量 m 和回旋频率 $\omega_c \equiv eB/m = 2c^2 eB$。公式 h^2 最后一行的右手边的第一项是均匀磁场中的二维电子的标准哈密顿算符,使其本征值为 $(n'+1/2)\hbar\omega_c$,n' 为整数。第二项 ($\propto \chi\gamma$) 的值,根据特征值 γ 是否与 χ 具有相同的符号决定为 +1 或 -1,我们得到最后的朗道能级结构:

$$h^2 \Psi_{\pm}^{n'} = \hbar\omega_c\left(n' + \frac{1}{2} \mp \chi\frac{1}{2}\right)\Psi_{\pm}^{n'}$$

$$\Psi_{\pm}^{n'} = \phi_{n'}\phi_{\pm}$$

式中:n' 为朗道指数;$\phi_{n'}$ 为朗道波函数;$\phi_{\pm}$ 为 $\gamma\varphi_{\pm} = \pm\phi_{\pm}$ 时 γ 的本征态。

对于起始的 h,给出狄拉克费米子的朗道能级为

$$\varepsilon_{n\pm} = \pm c\sqrt{2\hbar eB|n|} \quad (n=0, \pm1, \pm2, \cdots) \tag{7.3}$$

其中,$n = n' + (1\mp\chi)/2$。

这是石墨烯的朗道能谱,它包括两个特殊之处:①能级与 $\sqrt{nB}$(而不是在通常的 2DEG 中与 $\propto (n+1/2)B$)的大小成正比;②在狄拉克点($E=0$)正好有零能量的朗道能级($n=0$)。零朗道能级是特殊的,其特征在于其本征状态可以被制成具有特征值 χ 的手征算子 γ 的本征状态,因为我们已经在前面出现的因子 $(1\mp\chi)$ 中加入负号。通过代入

$$h^2 = c^2 P_\chi^\dagger P_\chi$$

其中,$P_\chi = \Pi'_1\sigma_0 + i\chi\gamma\Pi'_2$ 以及 $[P_\chi, P_\chi^\dagger] = \chi\gamma\hbar eB$,事实上我们可以通过手性 χ 与 $h^2\Psi_\chi^0 = c^2 P_\chi^\dagger P_\chi \Psi_\chi^0 = 0$ 改变零能量状态的条件,这意味着 $(P_\chi\Psi_\chi^0)^\dagger P_\chi\Psi_\chi^0 = \|P_\chi\Psi_\chi^0\|^2 = 0$,即

$$P_\chi\psi_\chi^0 = 0$$

7.3.2 零朗道能级的稳定性

实际的样品都是无序的,并且二维电子气中的朗道能级会相应地展宽。目前石墨烯具有一个优异独特的属性,即使在某些条件存在着无序,它的零朗道能级仍然保持尖锐,这原来就是手征对称性。根据阿哈罗诺夫-盖舍尔(Aharonov-Casher)论证[16, 36],或更一般地就指数定理而言,在空间非均匀磁场(随机测量场)中观察这种情况。换句话说,零能量条件 $P_\chi\Psi_\chi^0 = 0$ 可以满足非均匀的 $B(r)$。让我们在此稍微扩展地总结一下阿哈罗诺夫-盖舍尔论证。引入一个标量函数 ϕ,我们可以将矢量势表达为

$$(A_1, A_2) = (-\xi_2\partial_2\phi, \xi_1\partial_1\phi)$$

然后零模式时的久期方程为

$$0 = P_\chi \psi_\chi^0 = -i\hbar \left(\partial_1' + i\frac{2\pi}{\phi_0}\partial_2'\phi + i\partial_2' + \frac{2\pi}{\phi_0}\partial_1'\phi \right) \Psi_\chi^0$$

其中,磁通量子 $\phi_0 = e/h$,以及 $\partial_i' = \xi_i^{1/2}\partial_i$。如果代入

$$\psi_\chi^0 = e^{-2\pi\frac{\phi}{\phi_0}}f$$

函数 f 满足 $(\partial_1' + \partial_2')f = \partial_{\bar{z}}f = 0$ $(z \equiv x_1' + ix_2')$ 在整个复平面 $z \in \mathbb{C}$ 上为 z 的函数,即多项式。函数 Φ 需要满足方程 $B = \partial_1 A_2 - \partial_2 A_1 = (\xi_1\partial_1^2 + \xi_2\partial_2^2)\Phi$。只有当磁场在一个有限的区域是非零的时候,得到一个渐进的操作①:

$$\phi \xrightarrow{r \to \infty} \frac{\Phi}{2\pi}\log\frac{r}{r_0}$$

其中, $\Phi = \int d\tilde{x}_1 d\tilde{x}_2 B$ 为总通量。这意味着产生了一个渐进的操作:

$$\psi \xrightarrow{r \to \infty} f(z)\left(\frac{r}{r_0}\right)^{-\frac{\Phi}{\phi_0}}$$

即零模式中的简并正是 Φ/ϕ_0。因为消耗了朗道能级中的状态总数,所以零能量朗道能级确实有一个 δ 函数的态密度,甚至在 B 具有空间相关性时也成立,并且只要手征对称性存在就可以得出零能量朗道能级在磁场中保持完整的空间随机性的结论。

石墨烯中存在着源于旋涡的本征随机性,即蜂窝晶格平面的随机波纹。在紧束缚模型中,可以模拟在跃迁中出现的一个随机性波动。现在,随机结合力保持着手征对称性:我们看到,在真实空间中我们可以将一个蜂窝状晶格分解成两个亚晶格。和·,其中的手征算子遵从 $\gamma c_i \gamma^{-1} = \pm c_i$,其中的 $+(-)$ 取决于 $i \in \circ(\cdot)$。显然,随机跳跃保留了对称性,而潜在的无序没有保留。旋涡(空间波纹)是由跳跃中的空间相关的随机性表示的[48-49]。尖锐的零能量朗道能级的鲁棒性以及相关的尖锐的 QHE 步幅,是由一个图 7.5 所示的石墨烯中的随机跳跃模型在数值上确定的[27]。我们也可以把对波纹的阿哈罗诺夫-盖舍尔(Aharonov-Casher)争论扩展到 $n = 0$ 的朗道能级[27]。

7.3.3 无质量狄拉克费米子与大质量狄拉克费米子

我们曾强调无质量的性质对狄拉克 QHE 中 $n = 0$ 朗道能级是至关重要的。但是问题出现了,这些大质量的费米子是如何跨越到无质量的费米子。为了解决这一问题,让我们打破手征对称性来考虑一个质量为 m 的狄拉克费米子,在

---

① 这可以从式 $\phi(x_1', x_2') = \int d\tilde{x}_1' d\tilde{x}_2' G(\tilde{x}_1 - \tilde{x}_2', \tilde{x}_2 - \tilde{x}_2')B(\tilde{x}_1', \tilde{x}_2')$ 看出,其中 $G(\tilde{x}_1', \tilde{x}_2') = \frac{1}{2\pi}\log\frac{r}{r_0}$, $r^2 = \tilde{x}_1^2 + \tilde{x}_2^2$,并且带有~的数量按 (ξ_1, ξ_2) 比例缩放。

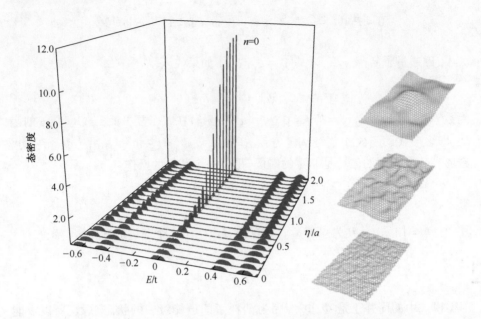

图 7.5　左图是石墨烯中大小无序的相关长度 η 值的空间相关随机模型在磁场中的状态密度。右侧的示意图描绘了波纹空间尺度的增加过程[27]

零磁场中哈密顿算子为

$$h_m = (X \cdot \sigma)k_x + (Y \cdot \sigma)k_y + mc^2\gamma$$

这里质量包含于一个正比于手征算子 $\gamma = \hat{e}X \times Y \cdot \sigma$ 的项,其中通常 $\gamma = \sigma_z$。因为 $h_m^2 = c^2p^2 + m^2c^4$,所以在这种情况下色散(在零磁场中)是双曲线形成 $\pm c\sqrt{p^2 + m^2c^2}$。这种有质量的费米子并不完全是人为想象的,因为已经报道当单层石墨烯沉积在诸如氮化硼[28-30]或铷[31]的基底上时会变成有质量的。顺便说一句,在杂质态[32]或带电真空的石墨烯量子点[33]中,对有质量费米子的操作也很有趣。

现在,如果我们像此前一样认定 $h_m = R \cdot \sigma$,那么本征能量为 $\pm|R|$,其中 $R(k_x, k_y)$ 可再次定义一个在三维空间中的平面:

$$R = Xk_x + Yk_y + m\chi c^2 n_\gamma$$

质量项与垂直于 X 和 Y 的 n_γ 成正比,与无质量的情况下的区别是点 $R = 0$ 远离了由 X 和 Y 跨越的平面,由于狄拉克粒子在其色散中同时拥有负空穴能量和正电子分支能量,其空穴分支被占用了(狄拉克之海),在空穴分支上的投影 P 用归一化的本征态 ψ 表示,并有 $(\hat{R} \cdot \sigma)\psi = -\psi$ 且 $\hat{R} \equiv R/R$ [14],则

$$P = \psi\psi^\dagger = \frac{1}{2}(1 - \hat{R} \cdot \sigma)$$

让我们用通用规范不变公式来评估陈数，$C = (2\pi i)^{-1} \int \text{Tr} P \text{d}P^2$（式(7.4)），在该情况下为

$$\text{d}P = -\frac{1}{2}\text{d}\hat{R} \cdot \sigma$$

$$\text{d}P^2 = \frac{i}{4}(\text{d}\hat{R} \times \text{d}\hat{R}) \cdot \sigma$$

$$\text{Tr} P \text{d}P^2 = -\frac{i}{4}\hat{R} \cdot (\text{d}\hat{R} \times \text{d}\hat{R})$$

$$C = -\frac{1}{8\pi}\int \hat{R} \cdot (\text{d}\hat{R} \times \text{d}\hat{R}) = -\text{sgn}(m\chi)\int \frac{\text{d}\Omega}{4\pi} = -\frac{1}{2}\text{sgn}(m\chi)$$

其中，$\text{d}\Omega$ 为立体角元（图7.6(b)）。最后的一个等式源自以下情况：当 R 的原点是偏离非零质量的平面时，总立体角是全立体角的一半。这是一种用于理解半整数陈数的图形方法，在场理论中是众所周知的。

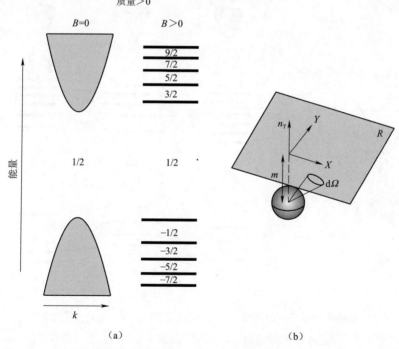

图7.6 (a)对于质量大于0的价带和导带来说，能量谱在零磁场（左图）和朗道能级在有限场（右图）中的示意图，并显示出了每个能隙的陈数；(b)图7.3 中气球具有有限质量 m 时的 $R(k_x, k_y)$ 的分布

至此，我们可以施加一个磁场了。一个有能隙的二维系统的霍尔电导率是由一个拓扑不变量给出的，即第一陈数 C，正如 Thouless 等[50-51]所描述。增加

一个磁场,从这个过程中,我们可以通过绝热方式打开磁场来推导磁场中狄拉克费米子的朗道能级的陈数,如图7.6(a)所示。质量项的作用是通过$mc^2\chi$(即根据手征$\chi=1$或-1,向上或向下)来改变零能量朗道能级,其状态是具有特征值χ的本征状态γ(见图7.7)。除非该能隙关闭,否则陈数在绝热过程中不能改变,当磁场$B=0\rightarrow$有限时且$\chi=+1$时(或者更确切地说,$m\chi>0$),质量能隙中的陈数保持为$-1/2$。换句话说,朗道能级(LL)在无质量的极限($m\rightarrow 0$)时变为零模式($n=0$),它在绝热情况下连接到负能量分支底部上的朗道能级。相反地,对于$m\chi<0$来说,质量能隙的陈数是$+1/2$。朗道能级(LL)在无质量的极限时变为零模式($n=0$),刚好位于负能量分支上部的下面。以上这些是对于单狄拉克费米子来说的,而对于具有蜂窝晶格的石墨烯来说,总陈数是K点(当$m\chi>0$)和K'点(当$m\chi<0$)的贡献之和,所以我们通过公式$\sigma_{xy}=2n+1$($n=0,\pm 1,\cdots$,单位为$-e^2/h$,自旋简并度下降)完成了石墨烯的QHE,如图7.7所示,每个朗道能级有两个陈数。

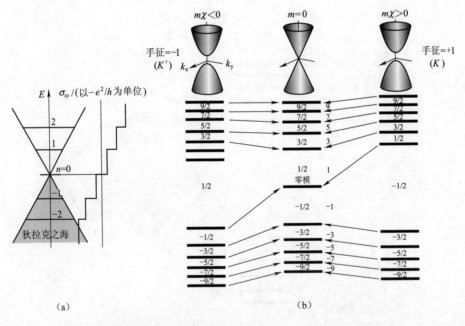

(a) (b)

图7.7 (a)朗道能级和量子化的霍尔电导σ_{xy}的示意图。(b)大质量狄拉克费米子具有手征-1(左)或$+1$(右)时越过那些无质量狄拉克锥时朗道能级的方式。数字代表陈数($\pm 1,\pm 3,\cdots$ 表示K和K'的贡献的总和)。图上面的插图所示为色散分布

7.3.4 多粒子配置的陈数

在石墨烯中,与拓扑数相关的$\sigma_{xy}=-(2n+1)$(以e^2/h为单位)的石墨烯QHE引起了我们的兴趣(图7.7)。为了更精确地表示,要特别注意狄拉克(电

荷中性)点周围带有负能量状态(狄拉克之海)的区域。所以,如果我们想要知道这区域的陈数,就要处理许多粒子(填充狄拉克海)的配置。根据牛-陶乐斯-吴(Niu-Thouless-Wu)公式[52],陈数公式可以应用到更多粒子的配置,如下公式:

$$\sigma_{xy} = \frac{e^2}{h}\frac{1}{q}C$$

这里包含了一种可能性,即基态在多体多重($|\Psi_1\rangle, \cdots, |\Psi_q\rangle$)时具有一个关于 q 的(拓扑)退化。陈数 C 在微分几何中是一个完整的在二维(定向)表面 S 的贝里连接 $\bm{A}$ [53-55]:

$$C = \frac{1}{2\pi i}\int_S \mathrm{Tr}\bm{F} = \frac{1}{2\pi i}\int_S \mathrm{Tr}\mathrm{d}\bm{A}$$

$$\bm{F} = \mathrm{d}\bm{A} + \bm{A}^2$$

$$\bm{A} = \bm{\psi}^\dagger \mathrm{d}\bm{\psi} = \begin{pmatrix} \langle\psi_1|\mathrm{d}\psi_1\rangle & \cdots & \langle\psi_1|\mathrm{d}\psi_q\rangle \\ \vdots & \ddots & \vdots \\ \langle\psi_q|\mathrm{d}\psi_1\rangle & \cdots & \langle\psi_1|\mathrm{d}\psi_q\rangle \end{pmatrix}$$

$$\bm{\psi} = (|\psi_1\rangle, \cdots, |\psi_q\rangle)$$

其中,微分被参数化为 $\mathrm{d} = \mathrm{d}\phi^x\frac{\partial}{\partial\phi^x} + \mathrm{d}\phi^y\frac{\partial}{\partial\phi^y}$,和 $\mathrm{d}\phi^x\mathrm{d}\phi^y = -\mathrm{d}\phi_y\mathrm{d}\phi_x$。此处,每个多粒子的配置参数 $\bm{\Psi}$ 是一个多体哈密顿函数 H 的低能量正交归一态($\bm{\Psi}^\dagger\bm{\Psi} = 1$),参数 $(\phi^x, \phi^y) \in S$ 为沿 x 和 y 的扭曲边界条件:

$$|\Psi(x + L_x, y)\rangle = \mathrm{e}^{\mathrm{i}\phi_x}|\Psi(x, y)\rangle$$

$$|\Psi(x, y + L_y)\rangle = \mathrm{e}^{\mathrm{i}\phi_y}|\Psi(x, y)\rangle$$

由于扭曲的边界条件 $\phi_\mu = 2\pi$ ($\mu = x, y$) 相当于周期性边界条件,参数空间 S 是一个二维的环面 T^2。这保证了陈数是拓扑不变量(整数)。

在简并的情况下,$q>1$,在最低的 q 状态和上面能态之间需要一个能隙以适用该公式,但一般的低能 q 态具有抵抗扭曲边界上的能级交错。对于多重峰,仍然可以用幺正(规范)变换 $g \in U(q)$ 来处理这种情况:

$$\bm{\psi} = \bm{\psi}_g g$$

$$\bm{A} = g^{-1}\bm{A}_g g + g^{-1}\mathrm{d}g \quad (\bm{A}_g \equiv \bm{\psi}_g^\dagger \mathrm{d}\bm{\psi}_g)$$

$$\bm{F} = g^{-1}\bm{F}_g g \quad (\bm{F}_g \equiv \mathrm{d}\bm{A}_g + \bm{A}_g^2)$$

即使在 q 状态周围存在能级交错,陈数依然能通过规范不变公式定义为[14, 56-57]:

$$C_g = \frac{1}{2\pi i}\int \mathrm{Tr}\bm{F}_g = C$$

虽然陈数本身是规范不变量,但贝里连接 A 不是。一个陈数通过使用规范不变的投影可能具有一个明显规范不变的表达 $P = \Psi\Psi^\dagger = \Psi_g\Psi_g^\dagger$,对于多重情况的 Ψ,有[14]

$$dP = d\psi\psi^\dagger + \psi d\psi^\dagger$$
$$(dP)^2 = -d\psi d\psi^\dagger \psi\psi^\dagger + d\psi d\psi^\dagger + \psi\psi^\dagger d\psi d\psi^\dagger - \psi\psi^\dagger d\psi d\psi^\dagger$$
$$P(dP)^2 P = \psi[d\psi^\dagger d\psi + (\psi^\dagger d\psi)^2]\psi^\dagger = \psi F \psi^\dagger$$

现在我们有了关于第一陈数的明显规范不变的表达为[14, 56]

$$C = \frac{1}{2\pi i}\int \mathrm{Tr} P dP^2 \tag{7.4}$$

所以我们建立了通用的公式,将它应用于石墨烯中没有电子-电子相互作用的情况。对于一个整数朗道能级填充来说基态是非简并的,而且多粒子基态 $|\Psi\rangle$ 是由低于费米能量 $\psi_1,\cdots,\psi_M$ 填充的单粒子态给出的:

$$|\psi\rangle = \prod_{l=1}^{M}(c^\dagger \psi_l)|0\rangle = (c^\dagger \psi_1)\cdots(c^\dagger \psi_M|0\rangle, \quad c^\dagger = (c_1^\dagger,\cdots,c_N^\dagger)$$

其中,$c_i^\dagger$ 为费米子的生成算符;M 为占据态的总数;N 为点位的总数。

那么多电子态 $|\psi>$ 的贝里联系为[18]

$$A = \langle \psi | d\psi \rangle = \mathrm{Tr} a$$
$$a = \psi^\dagger d\psi$$
$$\psi = (\psi_1,\cdots,\psi_M)$$

通过上述公式,可以得到

$$F = dA + A^2 = dA = \mathrm{Tr} da$$
$$C = \frac{1}{2\pi i}\int d\mathrm{Tr} a$$

在单粒子态没有能级交错的情况下,其表达式只是简单地降低了 TKNN 公式[50]中的陈数总和,即

$$C = \sum_{j=1}^{M} c_j, \quad c_j = \frac{1}{2\pi i}\int da_j, \quad a_j = \psi_j^\dagger d\psi_j$$

7.3.5 石墨烯中量子霍尔效应

现在我们将讨论填充的狄拉克之海中狄拉克(电荷中性)点的量子霍尔效应(QHE)。我们可以通过结合上面描述的方法与一些之前开发的点阵规范理论来处理[58]。计算的石墨烯的霍尔电导率如图 7.8(b)所示,第三列是陈数随费米能级的变化[8]。则类狄拉克行为时[59-60]:

$$\sigma_{xy} = -(2n+1)\frac{e^2}{h} \tag{7.5}$$

第7章 石墨烯的拓扑性质、手征对称性及其操作

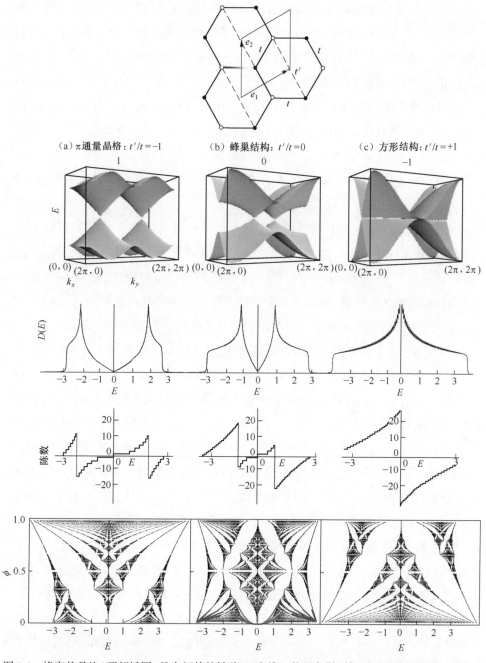

图7.8 蜂窝状晶格(顶部插图)具有额外的转移t'(虚线)、能量色散(第一列)、态密度(第二列)、陈数(第三列,红线表明石墨烯的QHE)和霍夫施塔特(Hofstadter)图,即磁通ϕ随能量谱的分布图(第四列),其中(a)$t'/t=-1$(π通量晶格),(b)$t'/t=0$(蜂窝结构),(c)$t'/t=1$(方形结构)[8]。

对于蜂窝霍夫施塔特图,还显示了类狄拉克朗道扇形($\propto \sqrt{B}$)和类2DEG($\propto B$)的分布

图 7.1 清晰地展示了狄拉克点附近的区域(其中有两个自旋简并被抑制了)。在这里我们注意到一个有趣的地方:观察整个布里渊区中石墨烯能级的色散(图7.1,右图),如果狄拉克锥的 k 线性色散只在 K 和 K' 点附近发生,那么当我们将 E_F 移离电荷中性点时,石墨烯量子霍尔效应会有什么变化?通过图像我们可以肯定地回答这个问题:类狄拉克 QHE 通过多种所有的方式找到范-霍夫奇点,这可以被确定为在色散中出现的鞍点的能量。在每个能量的背后,通常 QHE 由 $\sigma_{xy} = -Ne^2/h$(N 通常指朗道指数)接管,但是这伴随着一个在霍尔电导率中的符号变化的巨大的跳跃。拓扑是在范霍夫奇点处存在的异常引起的,因为它是不同序列的拓扑量子数之间的边界。

可以在 TKNN 公式中使用代数法计算这些拓扑量子数[8]。我们可以通过蜂窝晶格可以连续变形为常规晶格或通过在前者引入一个对角(第三邻居)转换使其变形为 π-通量晶格来执行这个公式。然后可以使用 TKNN 不定方程中的拓扑数的绝热连续性,通过正方形网格中的量导出蜂窝网格中的量,如图 7.8 所示。计算还可以扩展到现实中的多频带电子结构(包括碳的 σ 带)[61]。

有趣的是,来自 K 和 K' 处的双倍狄拉克锥的两个因子本来就出现在石墨烯 QHE 中,使得我们根据场理论讨论的半个整数实际上隐藏在霍尔电导率中。然后,我们提出了一个问题:它是否能解决半整数组分?就晶格模型而言,我们不能绕过 TKNN 公式,所以量子霍尔数总是整数,但我们可以考虑一个更广泛的晶格模型(即手征对称断裂)类别,绕过尼尔森-宫崎定理来解决费米子加倍。Watanabe 等考虑了一个晶格模型,其中的狄拉克点之间的相对能量能够被系统地转移(图7.9(b))[21-22]。通过陈数的显计算,我们可以确认,当费米能级穿过(转移一组)朗道能级时,每个狄拉克锥作为半奇整数系列(…, -3/2, -1/2, 1/2, 3/2,…)时确实有助于霍尔电导率。该模型具有一个复杂的传递过程,并提醒我们霍尔丹(Haldane)模型为"异常量子霍尔效应",尽管总磁通为零[62](图7.9(a)),但其中的复传递模型可以适应朗道能级。在这个模型中,两个狄拉克锥是由大量无质量的锥转移能量的模型一个接一个堆成的,而在文献[21-22]的模型中有两个。一个复杂的传递模型似乎不切实际,但其可以在一个光学晶格的冷原子中实现,在非阿贝尔规范结构上进行实验,其中原子自由度可以自由微调[23, 63]。这涉及场理论,其中双组分(在冷原子的情况下的两个超精细成分)费米子系统可以适应非阿贝尔计量场,如 Wilczek 和 Zee 在 1984 年所展示的那样[53]。

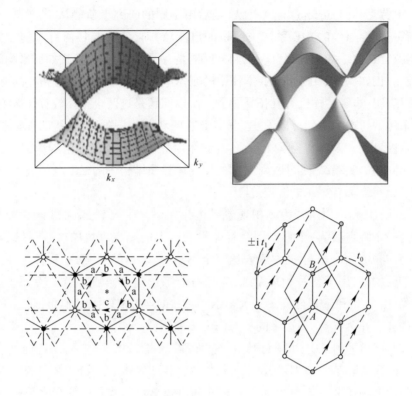

图 7.9 (a)霍尔丹模型反常量子霍尔效应[62]和(b)偏移的狄拉克锥[21-22]
的能量色散(上部)和晶格模型(下部)

7.4 手征对称的狄拉克费米子的本体-边缘一致性

7.4.1 石墨烯的边界物理

通常情况下,块体系统的边缘效应是可以忽略不计的,因为在块体中边缘(或表面)的状态比起块体中来说只覆盖一个很小的空间维度。然而,无论是在凝聚态物理还是场理论中,当系统是有限的时,本体的属性是与"边界状态"密切相关的。"拓扑状态"就是一个显著的例子,实际上本体的状态就是由出现的边缘状态所决定的。因此,让我们看一下石墨烯的物理性质,澄清"拓扑状态"的含义。

拓扑状态的典型例子在历史上第一次出现时是叫量子霍尔系统。在量子霍尔效应(QHE)[5]中,作为本体属性的霍尔电导率的量子化与边缘霍尔电导率相关联,由劳克林(Laughlin)首次确认,随后由不同的研究者所确认[19, 64-66]。当体态有一个能隙(在 QHE 系统中即是朗道能隙)时,它不与任何有序的参数相关,能隙会在边缘的周围闭合。我们的问题是,无能隙的边缘模式如何影响系统的性能。正如 7.2 节中讨论的,本体中的霍尔电导率对第一陈数有拓扑的意义。还可以表明,边缘传输也有其拓扑意义。所以问题是这两个拓扑数有什么关系。从对拓扑的讨论上我们可以看出,事实上这两者是相同的,这被称为"本体-边缘一致性"[19]。从这个意义上讲,本体霍尔电导率和边缘霍尔电导率是一个而且是相同的。实验结果表明,对常用的半导体异质结构中的二维电子气,在本体中和沿着边缘都有霍尔电流流过[5]。

因此,QHE 可以解释为体积现象或边缘现象。在数学上,可以认为边缘拓扑数为一个绕组数(一个零点围绕复能量表面上的原点缠绕的次数[66]),可显示为与体积陈数是相同的,尽管表达完全不同[19]。本体-边缘一致性现在已被广泛接受,并应用于各种物理系统,包括有能隙的量子自旋[67-69]、冷原子[70]、光子晶体[71-73]和量子自旋霍尔状态[74-75]。在这些系统中,我们可以把一个有能隙的体态作为真空,而边缘的状态作为一种颗粒。

在石墨烯的例子中,本体-边缘一致性起着双重作用。一方面,不同于常规的 2DEG,石墨烯具有独特的量子霍尔拓扑数,我们可以根据狄拉克费米子的本体-边缘一致性来解释这一点[8,40],而这已经出现在有效狄拉克场的能量水平中(K 或 K'点附近)。另一方面涉及(蜂窝)晶格结构,这种反映蜂巢晶格结构的边缘状态只在零磁场中沿着锯齿形的边缘出现(而扶手椅形的边缘没有),这一点首次被藤田(Fujita)及其同事[40]发现。后一点在超导体中有一个有趣的类比[17,20]。

7.4.2 边界的类型和零能量边缘状态

在 7.2 节描述的紧束缚模型中,零能量的边缘状态的出现是非常容易理解的。在有边缘的样品中,我们认为 $N_A \neq N_B$,即 $N_A > N_B$。非零时,7.2.1 节中的非对角矩阵 D 不是方阵,用简单的线性代数我们可以证明,有许多 $N_A - N_B$ 精确零能态。$N_A > N_B$ 状态出现在锯齿形边缘,其边缘在·终止(而扶手椅形边缘有同等数量的·和∘),如图 7.10 所示。而狄拉克场理论可以捕捉在布里渊区中每个 K 和 K' 点的低能物理态,因此,如果想解决边界状态的问题,必须回到蜂巢晶格模型。这些边缘的一个体能量色散曲线如图 7.11 所示[40]。可以立即注意到一个边缘模式,它在锯齿形边缘的 $E = 0$ 处有一个平坦的色散,这一现象是由藤田(Fujita)和他的同事发现的[40]。平带上的波函数沿着锯齿形边界分布并呈指数衰减到体积内部。边缘状态事实上是由石墨烯的手征对称性控制的,并且实际上提供了在如下文中详述的手征对称性存在下的本体-边缘一致性的实例。虽然这是一个单体图像,但这样的边缘状态的出现已在局部密度近似中被证实[76]。实验中,边缘状态长久以来就用 STM 观察到了[77](图 7.11)。

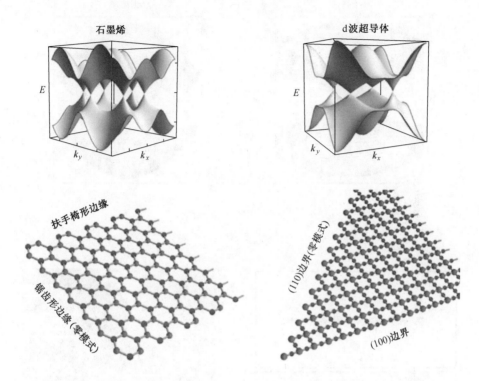

图 7.10 左:石墨烯的色散(上部)和两种边缘(下部),克莱因边缘上的原子没有显示。右:二维 d 波超导体的 Bogoliubov 准粒子的色散和两种边缘,这里以 CuO_2 平面为代表[78]

7.4.3 边缘状态和手征对称性

一直以来,关键的问题是,沿锯齿形边界的边缘状态的出现是否是一个偶然。这个问题可通过手征对称的狄拉克费米子的本体-边缘一致性回答,这里贝里相位(Z_2)(有时也称为扎克(Eak)相)是引起拓扑的一个原因[17, 20]。为了方便讨论,我们以一个沿着 y 呈周期性的边界条件建立一个圆柱体,那么这个二维中的无边界的哈密顿算符表示为

$$H^{2D} = \sum_{k_x, k_y} H_Z(k_x, k_y) \text{ 或 } \sum_{k_x, k_y} H_A(k_x, k_y)$$

式中,$H_Z(H_A)$ 为哈密顿算符,选取一个这样的单元,当沿其中一个原始向量的边界是开放的时,锯齿形(扶手椅形)边界出现了,我们称这个方向为 y。我们还记得,蜂窝系统具有手征对称性($\{H, \gamma\} = 0$)。

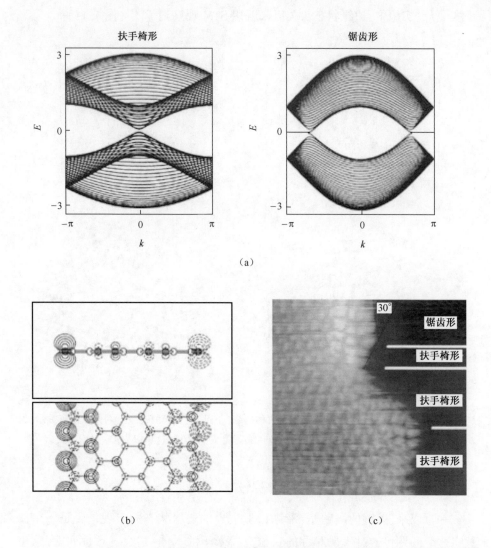

图7.11 (a)在石墨烯中一粒子沿锯齿形或扶手椅形边缘的能量色散[40];(b)石墨烯在密度泛函理论中的电荷密度[76];(c)边缘附近电荷密度的STM图像[77]

至于体积,我们可以考虑针对被k_x参数化的k_y的一维能带。可通过独特的多粒子配置来达到负能量填充的状态。需要注意的是,二维的能隙在K和K'点关闭,这样作为k_y的函数的一维色散除了在两个能隙闭合动量处之外都是有能隙的。让我们把这个负能态的多粒子构型写为$|k_x,k_y>_{Z,A}$的形式,且$H_{Z,A}(k_x,k_y)|k_x,k_y\rangle_{Z,A} = E(k_x,k_y)|k_x,k_y\rangle_{Z,A}$,并定义贝里(扎克)相位为

$$-\mathrm{i}\gamma_{Z,A}^{\mathrm{1D}}(k_y) = \int_0^{2\pi} \mathrm{d}k_x \,_{Z,A}\langle k_x, k_y | \frac{\partial}{\partial k_x} | k_x, k_y \rangle_{Z,A} \bigg|_{k_y:\mathrm{fixed}}$$

根据手征对称系统的贝里相的一般论述[18]，如果一维系统对 k_y 有带隙，贝里相位只需要取两个值，0 或 π（2π 模式），这可定义为 Z_2 贝里相位。

根据绝热连续性和手征对称的性质，就可以得到一个关于 Z_2 贝里相位的零模式边缘态出现的一个充分条件[17, 20]：

$$\gamma_{Z,A}^{\mathrm{1D}} = \begin{cases} \pi, & \text{零模式边缘态肯定存在} \\ 0, & \text{零模式边缘态不一定存在} \end{cases}$$

即贝里相位 π 是零模式边缘状态存在的一个充分条件，所以上述的属性是与沿锯齿形（扶手椅形）边界的零模式边缘状态的出现（缺失）是一致的，是因为他们有 π(0) 相。这就是手征对称狄拉克费米子的本体-边缘一致性。

我们将此与在二维 d 波超导体中的 Bogoliubov 准粒子激发作了一个有趣的类比，它们在本书中的通用性相同。事实上，d 波超导体中的激发态的 Bogoliubov-de Gennes 方程与我们描述石墨烯的狄拉克方程具有相同的形式。在具有四边形对称的前一系统中有四个狄拉克锥体（图 7.10）。本体-边缘一致性转化为沿着 (1,1) 晶体方向的边缘中的 d 波超导体的 Andreev 束缚态，并且手征对称转化为时间-反转对称性（即超导有序参数为实数），其在该边界状态中被破坏。通过理论[78-79]和实验[80]已有的结论，Andreev 束缚态的存在和属性取决于边界，可通过 Bogoliubov 状态的 Z_2 贝里相位来理解[17,20]。石墨烯和 d 波超导体之间的对应关系总结在表 7.1 和图 7.10 中。

表 7.1　石墨烯与二维 d 波超导体之间的对应关系[20,81-82]

物理观测	石墨烯	二维 d 波超导体
无质量狄拉克色散	能带色散	Bogoliubov 准粒子的色散
手征对称性	双粒子蜂窝晶格	时间-反转不变性
零模式边界状态	沿锯齿形边缘的藤田状态	沿着 (1,1) 边缘的 Andreev 界态
局部手征对称破坏	沿锯齿形边缘的自旋对齐	沿着 (1,1) 边界的时间-反转对称性破裂

这证明了狄拉克色散的本体-边缘一致性的普遍性。我们也可以做进一步论证。晶格系统上的手征对称意味着对于某些类型的边界存在零模式平带。当我们将边界状态视为一维系统时，便会预料其中出现一些不稳定性。这种边界 Peierls 不稳定性作为石墨烯中局部自旋排列的出现，确实具有物理意义[76,81-82]，或者通过 d 波超导体的时间-反转对称性的局部破坏补充的局部涡旋产生[83-84]，见表 7.1。

7.4.4　石墨烯的量子霍尔边缘状态

以上是在零磁场下沿手征/拓扑的理论从量子霍尔效应上检查石墨烯的体

积和边缘的状态。也就是说,可以把理论由正方形晶格[66]扩展到石墨烯[8]。当费米能级在下面的第 j 级能隙,具有锯齿形边界的系统的霍尔电导 $\sigma_{xy}^{\text{edge}}$ 是由劳克林(Laughlin)论证中的边缘状态的行为所分析论证的。它由拓扑数 I_j 明确表示为[8,19,66]

$$\sigma_{xy}^{\text{edge}} = -\frac{e^2}{h}I_j$$

虽然我们不讨论细节,但拓扑学的特点如下:每个圆柱动量 k_y 的边缘态波函数是由一维系统的布洛赫波函数的解析延拓给出的。对于延拓首先要考虑一个复杂的能量表面,其结果是具有属 $g=q-1$ 的黎曼曲面 Σ_g,每个六边形的磁通量为 p/q,单位是 Φ_0。当动量 k_y 从 0 到 2π 开始扫描,边缘状态波函数的零点围绕作为带隙区域的 Σ_g 的穿孔(图 7.12(b))移动。因为 0 和 2π 是等效的,其轨迹形成一个环,而且在费米能级的带隙中可通过环的绕数 I_j 得出霍尔电导率。可以进一步表明,分配给能隙的绕数 I_j 和分配给第 j 个能带的陈数 C_j 具有直接的关系,如下式:

$$C_j = I_j - I_{j-1}$$

对于多电子结构,有 $\sigma_{xy}^{\text{bulk}} = -\frac{e^2}{h}\sum_{\ell}^{j} C_\ell$,所以得到

$$\sigma_{xy}^{\text{bulk}} = \sigma_{xy}^{\text{edge}}$$

这是石墨烯的本体-边缘一致性的解析推导[8]。

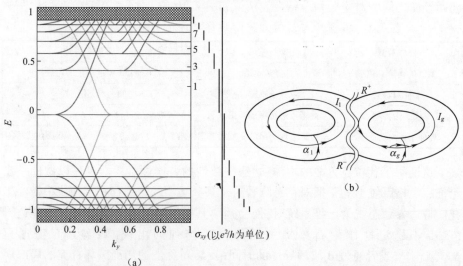

图 7.12(a) 锯齿形边缘的石墨烯 QHE 系统能量谱随垂直于边缘的波数的变化曲线[8]。左(右)边缘模式显示为深灰色(浅灰色)线。以 e^2/h 为单位的本体霍尔电导的量子化值以数字和黑条加粗线条表示在图(a)右侧。每个六边形的磁通量为 $(1/51)\phi_0$。(b)布洛赫函数的复能量的黎曼曲面,它的属类与能量带隙的数量一致[8,66]

7.4.5 零朗道能级和零模式

在传统量子霍尔系统中,由于边界电位,局部电荷密度是从边界耗尽的[65],这导致了具有无带隙边缘模式的局部朗道能级可以穿越到邻接的朗道能级并与费米能级交叉。类似的情况发生在石墨烯的扶手椅形边界[85](图7.13(b))。另一方面,对于锯齿形边界来说,情况是完全不同的。虽然藤田状态是沿锯齿形边界定位并且其平带被考虑用于零磁场,甚至可以发现在强磁场中仍然会出现完全不同的但仍然为零能量的状态。这是由于本体具有的 $n=0$ 朗道能级只能在磁场中的零能量处,零模式边缘状态嵌入到了朗道能级中。我们可以发现证明,这个效果随沿锯齿状边界晶格之一的局部电荷密度的增强(而不是耗尽)而出现[69,85](图7.13(a))。通过共振的边缘态与体积朗道态相杂交,边缘状态的幅度按磁长度量级的衰减幅度以指数方式衰减到体内。

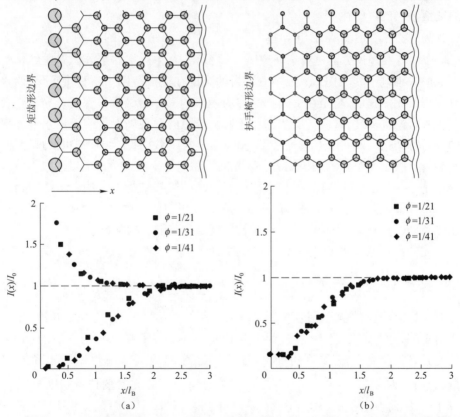

图7.13 (a)上图:围绕着锯齿形边界的 $E=0$ 时的局部态密度(这里每个原子的态由圆圈的大小表示),其中 $n=0$ 的朗道能级和边缘态的零模式共存[69,85];下图:对于每个六边形中不同的磁场通量 ϕ 的电荷密度随到边界的距离 x 的变化,x 由磁路长度 l_B 归一化。(b)扶手椅形边界(具体内容同(a))

因此，Arikawa 等称此为"拓扑补偿"[85]。与此相反，在零磁场的情况下，藤田状态按幂指数衰减到体内。这些状态可能与石墨烯的扫描隧道谱的实验结果相一致[86]。

7.5 石墨烯的光学霍尔效应

到目前为止，我们已经描述了（静态）霍尔电导率。在石墨烯的各种魅力中，光学特性是特别有趣的，就像由 Potemski 和合著者在本书第 4 章描述的那样。因此，我们可以提出一个问题：石墨烯是否在量子霍尔方面表现出有趣的光学性质？答案是肯定的，因为最近在太赫兹范围中的光谱方面的实验有所进展，这使得在几个特斯拉的磁场中对具有太赫兹能量尺度（回旋加速能量）相关的 QHE 系统进行光学测量变得可行。例如，我们可以检验强力泵输送下的产生朗道能级激光的可能性[87]。

另一方面，光的霍尔电导率 $\sigma_{xy}(\omega)$ 是特别有意思的。关于这个问题 Morimoto 等在理论方面进行了研究[88]，并预测了：①通常在半导体异质结构中形成的二维电子气（2DEG）中，尽管平台的高度在交流范围中不再量子化，但直到显著的无序程度，甚至在交流（太赫兹）范围内其平台结构被保留。局域化会产生神奇的鲁棒性，其中扩展状态和迁移率带隙的存在确保了交流霍尔电导率中的台阶结构。②对于石墨烯来说，光的霍尔电导率的平台结构被再次预测到，其结构反映了石墨烯的朗道能级。③光的霍尔电导率应该可以通过法拉第旋转测量来检测（图 7.14(b)），并作为法拉第转角的阶梯结构。它的大小约为精细结构常数 α 的量级（约 10mrad），这在实验上是可行的。观察一个独立存在的石墨烯，其 α 一直被视为透明的[89]，旋转角度是精确的结构常数。

光的霍尔电导率可以用 Kubo 公式来计算：

$$\sigma_{xy}(\omega) = \frac{i\hbar e^2}{L^2} \sum_{\varepsilon_a < \varepsilon_F} \sum_{\varepsilon_b \geq \varepsilon_F} \frac{1}{\varepsilon_b - \varepsilon_a} \left(\frac{j_x^{ab} j_y^{ba}}{\varepsilon_b - \varepsilon_a - \hbar\omega} - \frac{j_y^{ab} j_x^{ba}}{\varepsilon_b - \varepsilon_a - \hbar\omega} \right) \quad (7.6)$$

这是对交流响应的静态霍尔电导率的扩展[90]。这里的 ε_a 是本征能量，j_x^{ab} 是当前矩阵元素，ε_F 是费米能级，而 L 是样本大小。在石墨烯中与一般的 2DEG 的差异是狄拉克哈密顿算符的本征态，朗道能级是石墨烯的朗道能级（$\text{sgn}(n)\sqrt{n}\hbar\omega_c$，其中 $\omega_c = v_F\sqrt{2eB/\hbar}$），并且电流矩阵元素的选择定则是 $|n|-|n'|=\pm 1$（而不同于在 2DEG 中是 $|n-n'|=1$）。

如图 7.14(a)所示，用精确对角化（并结合局域效应）获得的理论数值结果显示，尽管在石墨烯朗道能级之间存在一系列回旋共振，在光的霍尔电导率中可以清楚地看到一个平坦（平台）结构。平台的稳定性可以从安德森（Anderson）定域化来讨论，更准确地说，可以通过交流响应的动态缩放参数来讨论[91]。

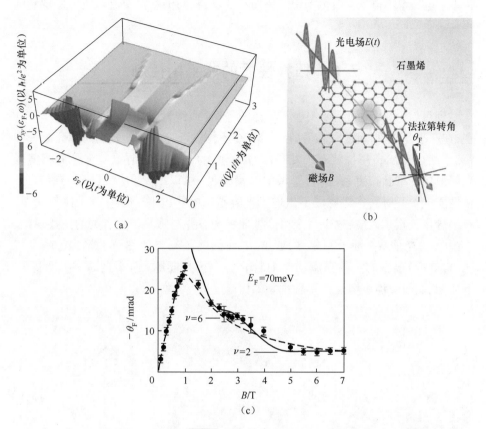

图 7.14 （a）根据随机跳跃的 $\sqrt{\langle\delta t^2\rangle}=0.1t$ 的蜂窝紧束缚模型计算了具有手征对称性的光霍尔电导率 $\sigma_{xy}(\varepsilon_F,\omega)$ 与费米能 ε_F 和频率 ω 的关系[34,88]。（b）石墨烯的磁光法拉第旋转原理示意图。（c）光子能量为 4meV（1THz）时法拉第旋转磁场依赖性的实验结果[93]。虚线是通过采用德鲁德（Drude）模型计算得到的，实线是由 Kubo 公式用精确对角化法得到的理论计算结果

光的霍尔电导率可以用法拉第旋转角 Θ_H 检测，其中 Θ_H 是直接与光的霍尔电导率相关的：

$$\Theta_H \approx \frac{1}{(n_0+n_s)c\varepsilon_0}\sigma_{xy}(\omega) \tag{7.7}$$

其中，$n_0(n_s)$ 为空气（基板）的折射率。因此，$\sigma_{xy}(\omega)$ 的平台结构应该作为台阶在法拉第旋转中被观察到，其中 QHE 区域的步长通过估计得出，将 $\sigma_{xy}\approx e^2/h$ 代入上式，则 $\Theta_H\approx[2/(n_0+n_s)]\alpha$，即约为 7mrad，其中 $\alpha=e^2/(4\pi\varepsilon_0\hbar c)$ 是精细结构常数。平台的结构实验检测是对一个二维电子气系统进行的第一次检测[92]。在石墨烯中观察到的结构如图 7.14(c) 所示[93]。因此，此处的信息是，尽

管霍尔电导率不再是交流范围中的拓扑不变量,我们仍然在交流响应中发现它的残余。

7.6 拓扑性质的非平衡控制

到目前为止,我们主要关注石墨烯的平衡(或线性响应)特性及其操作。现在,在非平衡态的情况下,会存在一个完全不同的新途径。让我们简单介绍一下"弗洛凯(Floquet)拓扑状态",它是由 Oka 和 Aoki 首先提出的,将强烈的圆偏振光照射到二维狄拉克系统(石墨烯的蜂窝模型)可以改变和控制其量子态的拓扑性质[94]。然后,在零磁场下出现了直流霍尔电导(图 7.15(a))。换句话说,石墨烯量子霍尔效应,这是一个可产生非平衡态并与陈量子数有关的拓扑现象。"光伏(或光诱导)量子霍尔效应"的出现的确是来自于激光,该激光在弗洛凯(Floquet)谱中的狄拉克点动态地打开一个拓扑能隙(而不是通常的带隙)。下面,我们简要地讲解这个物理现象如何产生。

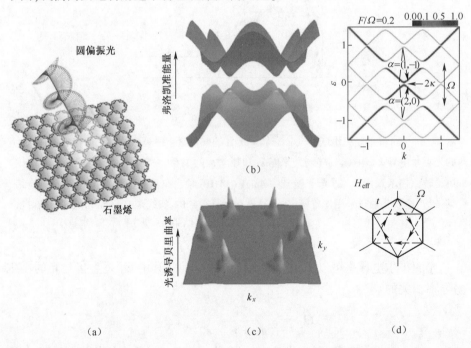

图 7.15 (a)在圆偏振激光中的石墨烯和零磁场中光诱导量子霍尔效应出现的示意图。(b)在 K 和 K' 点动态地打开了一个能隙的弗洛凯准能谱。(c)相关的光诱导的陈数密度。(d)上:$k_y=0$ 和 $F/\Omega=0.2$ 时的弗洛凯准能量(黑色曲线)随 k_x 的变化曲线(颜色编码表示 $m=0$ 分量的权重,箭头代表主要的二阶过程);下:来自二阶过程的有效模型,它相当于霍尔丹(Haldane)模式(图 7.9)[94-95]

在诸如激光的强交流场中,我们需要一种能够处理强交流调制的框架。弗洛凯的形式主义就是这样,它适用于时钟周期场,因此该形式主义是对于空间周期性电位的布洛赫形式主义的时间模拟。对于时间依赖性的薛定谔方程($\hbar=1$时),$i\frac{d}{dt}\Psi(t)=H(t)\Psi(t)$,其中的哈密顿函数 $H(t)$ 假定是时间周期为 $\mathcal{T}$ 的周期函数,$H(t+\mathcal{T})=H(t)$,由弗洛凯定理表明存在一个形式为 $\Phi_\alpha(t)=e^{-i\varepsilon_\alpha t}u_\alpha(t)$ 的解,其中 $u_\alpha(t)=u_\alpha(t+\mathcal{T})$ 是 t 的一个周期函数,实数 ε_α 被称为弗洛凯(Floquet)准能量。要确定 ε_α,我们可以将其傅里叶展开为 $u_a(t)=\sum_n e^{-in\Omega t}u_a^n(\Omega=2\pi/\mathcal{T}$时),其中 u_a^n 被称为第 n 级弗洛凯模式,这样薛定谔方程变为

$$\sum_n(H_{mn}-n\Omega\ \delta_{mn})u_\alpha^n=\varepsilon_\alpha u_\alpha^m$$

其中

$$H_{mn}\equiv\frac{1}{\mathcal{T}}\int_0^{\mathcal{T}}dt e^{i(m-n)\Omega t}H(t)$$

是弗洛凯哈密顿算符。因此,准能量 $\{\varepsilon_\alpha\}$ 是无限维的弗洛凯矩阵 $H_{mn}-n\Omega\delta_{mn}$ 的特征值,其中每个元素对应于光子吸收 m 和光子发射 n 的概率振幅。因此问题转换成不依赖于时间的情况,但我们得到的是一个由弗洛凯模式(或光子缀饰状态)跨越的矩阵方程。也就是说,如果 ε_α 是一个特征值,$\varepsilon_\alpha+n\Omega$($n$ 为整数)是另一个特征值,那么我们就有了一个带有间隔 Ω 的无限能量梯度。

现在,如果我们将这种形式应用于在圆偏振光中的紧束缚的蜂窝晶格,弗洛凯能谱由石墨烯色散的能量梯度组成,特别是由围绕在 K 和 K' 点的狄拉克锥的能量梯度组成,如图 7.15(d) 所示。因为弗洛凯模式的设置能够避免由于 H_{mn} 的非对角线元素而造成的能级交叉,所以在每个交叉处,特别是在狄拉克点处,能隙会自动地打开(图 7.15(b))[94]。弗洛凯的准能量可以表示为

$$\varepsilon_\alpha=\langle\langle\Phi_\alpha|H(t)|\Phi_\alpha\rangle\rangle+\Omega\gamma_\alpha^{AA}/2\pi$$

其中,Φ_α 为弗洛凯态,双括号内是在该时间段内的内积平均。这里的第一项是动态相,而 $\gamma_\alpha^{AA}=\mathcal{T}\langle\langle\Psi_\alpha|i\partial_t|\Psi_\alpha\rangle\rangle$ 代表 Aharonov-Anandan 相位(贝里相的非绝热的泛化)[96]。物理上,以矢势 $A_{ac}(t)=(F/\Omega)(\cos(\Omega t),\sin(\Omega t))$ 所代表的圆偏振光使每个晶体动量遵循运动 $k-A(t)$。在狄拉克锥附近产生了一个非零的 Aharonov-Anandan 相位:

$$\gamma_\alpha^{AA}=\pm\pi\{[4(F/\Omega^2)^2+1]^{-1/2}-1\}$$

这里的±是指 $\alpha=$(空穴,$m=-1$)和(电子,0),空穴/电子表示负/正能量分支。在绝热极限($\Omega\to 0$)下,这将减少到±π 的贝里相位。正是这种几何效应,能隙在弗洛凯谱中的狄拉克点处打开。这个非平衡拓扑能隙的大小为[94]

$$\kappa = \frac{1}{2}\left[\sqrt{4(F/\Omega)^2 + \Omega^2} - \Omega\right] \approx v_F^2 a^2 e^2 (F^2/\Omega^3)$$

其中,v_F为石墨烯的费米速度,a为晶格常数,这样所需场强的大小为$F \propto \Omega^{3/2}$。因为其打破了时间反演对称性,所以这一能隙只有当用圆(或椭圆)偏振光时才会打开。

拓扑量子数(量子霍尔数)可以通过单粒子态下的 Kubo 公式的弗洛凯展开计算:

$$\sigma_{xy}(A_{ac}) = i\int \frac{dk}{(2\pi)^2} \sum_{\alpha,\beta\neq\alpha} \frac{f_\beta(k) - f_\alpha(k)}{\varepsilon_\beta(k) - \varepsilon_\alpha(k)} \frac{\langle\langle\Phi_\alpha(k)|J_y|\Phi_\beta(k)\rangle\rangle\langle\langle\Phi_\beta(k)|J_x|\Phi_\alpha(k)\rangle\rangle}{\varepsilon_\beta(k) - \varepsilon_\alpha(k) + i0}$$

其中,J为电流算符,这导致在强交流驱动系统中产生直流霍尔电流。与在非平衡状态时的重要区别是:ε_α为弗洛凯准能量,f_α为一个非平衡态分布函数,而矩阵元素是从弗洛凯态Φ计算得到的。注意,该求和是对整个弗洛凯谱,连同一系列的弗洛凯边带(即一个光子的缀饰状态,二个光子的缀饰状态,……)进行的。我们可以把公式转换为传统的奏利斯-科斯墨脱-耐庭尔-登尼基斯(Thouless-Kohmoto-Nightingale-den Nijs,TKNN)公式的弗洛凯扩展[50],即[94]

$$\sigma_{xy}(A_{ac}) = e^2 \int \frac{dk}{(2\pi)^2} \sum_\alpha f_\alpha(k) [\nabla_k \times \mathcal{A}_\alpha(k)]_z$$

其中规范场为

$$\mathcal{A}_\alpha(A_{ac};k) = -i\langle\langle\Phi_\alpha(k)|\nabla_k|\Phi_\alpha(k)\rangle\rangle$$

是以弗洛凯态及其旋转$\mathcal{B}_\alpha(\mathcal{A}_{ac};k) = \nabla_k \times \mathcal{A}_\alpha(k)$定义的,并给出了光诱导的贝里曲率(即陈密度)。图 7.15(c)所示为光诱导曲率,我们可以看到,峰的确出现在狄拉克点的周围。这与平常带隙(例如,在 A 和 B 晶格位置之间的水平偏移)形成对比,其中曲率在 K 和 K' 点之间具有相反的符号,导致零净效应。

这里描述的光诱导的量子霍尔效应与"无朗道能级的量子霍尔效应"的霍尔丹模型是密切相关的[62],它在零磁场中有时被称为量子反常霍尔效应。霍尔丹提出了一个蜂窝格子模型,其中增加了一个复杂的次级临近跳跃项(图 7.9(a))。尽管该模型的总磁通量为零,但在狄拉克点处打开了一个能隙,且霍尔系数是一个量子化的值。现在,在提出了石墨烯的光诱导量子霍尔效应后[94],Kitagawa 等注意到,如果我们在石墨烯的弗洛凯理论中采取主导贡献(原始和光子缀饰状态之间的二阶过程),则霍尔丹模型动态地实现了弗洛凯模型(图 7.15(d))[95]。

弗洛凯拓扑状态的概念是如此普遍,以至于除石墨烯之外的各种系统中都会产生这种效应,例如拓扑绝缘体的表面狄拉克状态[95,112]、双层石墨烯[97]或量子阱[98]。这种现象具有拓扑绝缘体和超导体的共同特点[99-100],从拓扑能隙$\propto F^2/\Omega^3$可以看出,这是一个纯粹的非平衡、非线性效应,其中F是激光的场强

度而 Ω 是频率。由此提出了一种甚至超过两个空间维度[101]的拓扑弗洛凯态的分类。

实验表明,最近开始研究由圆偏振光中的太赫兹激光照射的石墨烯,并观察到一个作为边缘电流相关的光诱导霍尔效应[102-103]。虽然理论预测霍尔效应在一定比例限制内应该是量子化的[104],但目前的实验展示了一个经典的霍尔效应,即霍尔电流不是量子化的。这里存在几个因素,例如无序、电子-声子和电子-电子间的相互作用可能会导致这种差异。

7.7 交互作用电子的手征对称性

到此为止,我们集中于单体问题。而当我们考虑电子-电子相互作用时,石墨烯中的多体效应是一个非常有趣的问题,这个超出了本章的范围。然而,让我们在这里解释一下手征对称性可以起很重要作用的原因,甚至包括在多体物理中。在单体问题中,我们可以把注意力集中在电荷中性点周围的 $n=0$ 朗道能级。然后,我们可以提出一个问题:多体相互作用是否能够在狄拉克点上产生有趣的影响?在石墨烯量子霍尔效应的实验观察后不久,实验确实发现了新的电导率平台,尤其当磁场足够强时在朗道能级填充 $\nu=0$ 处[105-106]。这个新平台吸引了相当多的理论关注[107]。具体来说,在 $\nu=0$ 处观察到了不同于其他填充的异常行为,包括具有指数发散的纵向电阻率的绝缘行为,暗示了在半填充时的莫特(Mott)转变[108]。最近的实验在高质量的样本上发现了 $\nu=0$ 状态的自旋非偏振现象[109]。

现在,本章中讨论的单体物理中的手征对称性对于在 $n=0$ 朗道能级中的多体问题也应该是十分重要的。这是因为我们能通过填充的零模式的手性来描述多体状态。事实上,对于一个自旋分裂的 $n=0$ 朗道能级,我们可以表明其基态是手征凝聚态,即被电子占据了手征算子的本征态的多体状态,该状态有一个带拓扑二重简并的有限激发能量[37-39]。当手性凝聚态的总陈数变成零时,此处从狄拉克海(负能态)的贡献中断了零模式陈数,但状态的拓扑性质表现为边缘状态,这就是在拓扑系统中本体-边缘一致性的一个例子[19]。通过扩展手性凝聚态的图像以适应自旋的自由度,这种方法可以扩展到 $\nu=0$ 朗道能级的自旋非极化状态。Hamamoto 等提出多体的基态是一个双重-简并自旋分辨的手性凝聚态,其中所有的上自旋零能态都凝聚成手性+,而下自旋零能态凝聚成手性-[38-39]。在这种情况下电荷能隙会随着磁场呈线性增长,与实验结果定性一致[109-110]。

为了描述 $n=0$ 的多体问题,需要考虑一个投影的哈密顿算子,$\widetilde{H} = P(H_{\text{kin}} + H_U + H_J)P^{-1}$,其中 P 表示在 $n=0$ 朗道能级上的投影。动力学部分是由紧束缚哈密顿算符给出的：

$$H_{\text{kin}} = -t \sum_{\langle ij \rangle} \sum_{\sigma=\uparrow\downarrow} e^{i\theta_{ij}} c_{i\sigma}^{\dagger} c_{j\alpha} + \text{h.c.}$$

其中，σ 表示自旋和 θ_{ij} 表示一般的 Peierls 相变。要在多体情况中的 $n=0$ 朗道能级上得到有效的哈密顿量，我们可以先把动能项对角化。由于手征对称性，$\{H_{\text{kin}}, \gamma\} = 0$，其中 γ 作为手征算子，在能量为 ε 的单体状态 ψ_ε 与它的手征伙伴是相关的，关系为 $\psi_{-\varepsilon} = \gamma \psi_\varepsilon$。因此，在 $n=0$ 时出现了一个特殊的情况，即粒子和空穴态是简并的。用 $2M$ 表示零模式的数字，其中 M 为由磁场确定的整数。通过重新配置这些零模式，获得手征基态：

$$\Psi = (\psi_{1+}, \cdots, \psi_{M_++}, \psi_{1-}, \cdots, \psi_{M_--})$$

其中，$\{\psi_{k\pm}\}$ ($k=1,\cdots,M_\pm$) 是满足 $\gamma \psi_{k\pm} = \pm \psi_{k\pm}$ 的手征算子的本征态。$M_\pm$ 是具有手征 $\pm$ 的零模式的简并，因此 $M_+ + M_- = 2M$。而动能在 $n=0$ 朗道能级中终止，手征零模式中有关于动力学部分的信息。一个最简单的例子是手征指定零模式所在的子晶格的事实，即 $\psi_{k+(-)}$ 只在 $A(B)$ 次晶格上具有非零振幅。

在手征基础方面，$n=0$ 朗道能级上的投影是由映射 $c_{i\sigma}^{\dagger} \to \tilde{c}_{i\sigma}^{\dagger} \equiv (c_\sigma^{\dagger} \psi \psi^{\dagger})_i$ 定义的，其中包括一个行向量 $c_\sigma^{\dagger} = (c_{1\sigma}^{\dagger}, \cdots, c_{2N\sigma}^{\dagger})$ 和一个投影矩阵 $\psi \psi^{\dagger}$。注意，由于手征的基础不是完整的，$\tilde{c}_{i\sigma}^{\dagger}$ 不再服从规范的反同化关系。或者，我们可以引入一个零模式下的创建算子 $d_{k\sigma\pm}^{\dagger} \equiv c_\sigma^{\dagger} \psi_{k\pm}$，它可以满足规范的反同化关系：

$$\{d_{k\sigma\chi}, d_{l\sigma'\varepsilon}^{\dagger}\} = \delta_{kl} \delta_{\sigma\sigma'} \delta_{\chi\varepsilon}, \quad \{d_{k\sigma\chi}, d_{l\sigma'\varepsilon}\} = \{d_{k\sigma\chi}^{\dagger}, d_{l\sigma'\varepsilon}^{\dagger}\} = 0 \tag{7.8}$$

通过这些费米子我们可以重新计算这些相互作用哈密顿量。

虽然我们不深究细节[37-39]，但我们要注意的是，当一个多体状态是由占领手征零模式构成时，总手征是守恒的，因为投影的相互作用，哈密顿量 $\widetilde{H}$ 和算子相互交换：

$$\mathcal{G} = \sum_{\sigma=\uparrow\downarrow} \left(\sum_{k=1}^{M_+} d_{k\sigma+}^{\dagger} d_{k\sigma+} - \sum_{k=1}^{M_-} d_{k\sigma-}^{\dagger} d_{k\sigma-} \right) \tag{7.9}$$

这使我们分别在总手征的每部分的子空间中使 $\widetilde{H}$ 对角化。例如我们可以考虑一个（双简并）手征凝聚态：

$$|G_\pm\rangle = \prod_{k=1}^{M_\pm} d_{k\uparrow\pm}^{\dagger} \prod_{l=1}^{M_\mp} d_{l\downarrow\mp}^{\dagger} |D_<\rangle \tag{7.10}$$

其中，$|D_<\rangle$ 表示负能态的狄拉克海。在上述方程中，向上自旋的零模式形成手征 $+$ 的手征凝聚态，而那些向下自旋的零模式形成手征 $-$ 的凝聚态，反之亦然。如果我们把情况限制在 $M_+ = M_-$ 的情况下，其在两个包含相同数字的子网格的位点上时成立，基态落在总手征 $\chi_{\text{tot}} \equiv \langle \mathcal{G} \rangle = 0$ 上的部分，与无自旋的情况（其基态是一个完全极化的手征凝聚态）形成了鲜明的对比。石墨烯在多体物理特别

是 $n=0$ 朗道能级中将开辟一条新的途径。

7.8 本章小结

本章综述了石墨烯物理学中的手征对称性和拓扑方面的性质,从这两个角度分析了 $n=0$ 朗道能级和无质量狄拉克锥在 K 和 K' 点的稳定性。我们也介绍了石墨烯的量子霍尔效应,从拓扑角度描述了石墨烯的本体-边缘一致性。我们还接触到了石墨烯中的光霍尔效应和非平衡霍尔效应。手征对称性进一步表明了可能的多体物理作为手征凝聚态的重要性,等等。

跨学科分支中的石墨烯物理学,如 d 波超导体、光学晶格上的冷原子、光学石墨烯、弗洛凯拓扑系统等,狄拉克圆锥甚至出现在铁基超导体中,对自旋霍尔效应具有重要的影响[111],所以我们更加期待它在各个方向和系统中有更广泛的前景。

致谢

在此感谢与 Andre Geim 和 Tsuneya Ando 的讨论,非常的具有启发性。也要感谢与 Toshiaki Enoki 和 Yshai Avishai 的讨论。本章包含了作者与 Takahiro Fukui、Toru Kawarabayashi、Takahiro Morimoto、Takashi Oka、Haruki Watanabe、Mitsuhiro Arikawa、Shinsei Ryu 和 Yuji Hamamoto 等合作者工作的内容。这些工作由来自 JSPS 的编号为 23340112、23654128、24840047 和 23540460 的科学研究基金的部分支持。这项工作的部分计算任务由东京大学固体物理研究所超级计算机中心的设施完成。

参 考 文 献

[1] K. S. Novoselov et al. , Nature **438**, 197(2005).

[2] A. K. Geim, K. S. Novoselof, Nat. Mater. **6**, 183(2007).

[3] A. H. Castro Neto et al. , Rev. Mod. Phys. **81**, 109(2009).

[4] Y. Zhang, Y. -W. Tan, H. L. Stormer, P. Kim, Nature **438**, 197(2005).

[5] H. Aoki, in *Comprehensive Semiconductor Science & Technology*, ed. by P. Bhattacharya, R. Fornari, H. Kamimura(Elsevier, Amsterdam, 2011), pp. 175 – 209.

[6] H. B. Nielsen, M. Ninomiya, Nucl. Phys. B **185**, 20(1981).

[7] M. Creutz, J. High Energy Phys. **17**, 0804(2008).

[8] Y. Hatsugai, T. Fukui, H. Aoki, Phys. Rev. B **74**, 205414(2006).

[9] Y. Hatsugai, T. Fukui, H. Aoki, Eur. Phys. J. Spec. Top. **148**, 133(2007).

[10] P. R. Wallace, Phys. Rev. **71**, 622(1947).

[11] A. Bostwick et al., Nat. Phys. **3**, 36(2007).

[12] J. W. McClure, Phys. Rev. **104**, 666(1956).

[13] M. V. Berry, Proc. R. Soc. A **392**, 45(1984).

[14] Y. Hatsugai, New J. Phys. **12**, 065004(2010).

[15] W. H. Lomer, Proc. R. Soc. Lond. **330**, A227(1955).

[16] Y. Aharonov, A. Casher, Phys. Rev. A **19**, 2461(1979).

[17] Y. Hatsugai, Solid State Commun. **149**, 1061(2009).

[18] Y. Hatsugai, J. Phys. Soc. Jpn. **75**, 123601(2006).

[19] Y. Hatsugai, Phys. Rev. Lett. **71**, 3697(1993).

[20] S. Ryu, Y. Hatsugai, Phys. Rev. Lett. **89**, 077002(2002).

[21] H. Watanabe, Y. Hatsugai, H. Aoki, Phys. Rev. B **82**, 241403(R)(2010).

[22] H. Watanabe, Y. Hatsugai, H. Aoki, J. Phys. Conf. Ser. **334**, 012044(2011).

[23] F. Mei, S. -L. Zhu, Z. -L. Feng, A. -M. Zhang, X. H. Oh, Phys. Rev. A **84**, 023622(2011).

[24] J. C. Slonczewsky, P. R. Weiss, Phys. Rev. **109**, 272(1958).

[25] M. Dresselhaus, G. Dresselhaus, Adv. Phys. **30**, 139(1981).

[26] S. Katayama, A. Kobayashi, Y. Suzumura, J. Phys. Soc. Jpn. **75**, 054705(2006).

[27] T. Kawarabayashi, Y. Hatsugai, H. Aoki, Phys. Rev. Lett. **103**, 156804(2009).

[28] G. Giovannetti, P. A. Khomyakov, G. Brocks, P. J. Kelly, J. van den Brink, Phys. Rev. B **76**, 073103(2007).

[29] L. Ci, L. Song, C. Jin, D. Jariwala, D. Wu, Y. Li, A. Srivastava, Z. F. Wang, K. Storr, L. Balicas, F. Liu, P. M. Ajayan, Nat. Mater. **9**, 430(2010).

[30] C. Yelgel, G. P. Srivastava, Appl. Surf. Sci. **258**, 8342(2012).

[31] C. Enderlein, Y. S. Kim, A. Bostwick, E. Rotenberg, K. Horn, New J. Phys. **12**, 033014(2010).

[32] V. M. Pereira, V. N. Kotov, A. H. Castro Neto, Phys. Rev. B **78**, 085101(2008).

[33] P. A. Maksym, H. Aoki, Phys. Rev. B **88**, 081406(R)(2013).

[34] T. Kawarabayashi, T. Morimoto, Y. Hatsugai, H. Aoki, Phys. Rev. B **82**, 195426(2010).

[35] T. Kawarabayashi, Y. Hatsugai, H. Aoki, Phys. Rev. B **83**, 153414(2011).

[36] Y. Hatsugai, T. Kawarabayashi, H. Aoki, in preparation; see also Y. Hatsugai, J. Phys., Conf. Ser. **334**, 012004(2011).

[37] Y. Hatsugai, T. Morimoto, T. Kawarabayashi, H. Aoki, New J. Phys. **15**, 035023(2013).

[38] Y. Hamamoto, Y. Hatsugai, H. Aoki, Phys. Rev. B **86**, 205424(2012).

[39] Y. Hamamoto, T. Kawarabayashi, H. Aoki, Y. Hatsugai, Phys. Rev. B **88**, 195141(2013).

[40] M. Fujita, K. Wakabayashi, K. Nakada, K. Kusakabe, J. Phys. Soc. Jpn. **65**, 1920(1996).

[41] B. Sutherland, Phys. Rev. B **34**, 5208(1986).

[42] H. Hsu, L. E. Reichl, Phys. Rev. B **72**, 155413(2005).

[43] T. Nakajima, H. Aoki, Physica E **40**, 1354(2008).

[44] M. O. Goerbig, J. -N. Fuchs, G. Montambaux, F. Piéchon, Phys. Rev. B **78**, 045415(2008).

[45] E. H. Lieb, Phys. Rev. Lett. **62**, 1201(1989).

[46] N. Shima, H. Aoki, Phys. Rev. Lett. **71**, 4389(1993).

[47] T. Kawarabayashi, Y. Hatsugai, H. Aoki, Phys. Rev. B **85**, 165410(2012).

[48] J. C. Meyer, A. K. Geim, M. I. Katsnelson, K. S. Novoselov, T. J. Booth, S. Roth, Nature **446**, 60(2007).

[49] A. Fasolino, J. H. Los, M. I. Katsnelson, Nat. Mater. **6**, 858(2007).

[50] D. J. Thouless, M. Kohmoto, P. Nightingale, M. den Nijs, Phys. Rev. Lett. **49**, 405(1982).

[51] Y. Hatsugai, J. Phys. C **9**, 2507(1997).

[52] Q. Niu, D. J. Thouless, Y. S. Wu, Phys. Rev. B **31**, 3372(1985).

[53] F. Wilczek, A. Zee, Phys. Rev. Lett. **52**, 2111(1984).

[54] Y. Hatsugai, J. Phys. Soc. Jpn. **73**, 2604(2004).

[55] Y. Hatsugai, J. Phys. Soc. Jpn. **74**, 1374(2005).

[56] J. E. Avron, R. Seiler, B. Simon, Phys. Rev. Lett. **51**, 51(1983).

[57] J. E. Avron, R. Seiler, Phys. Rev. Lett. **54**, 259(1985).

[58] T. Fukui, Y. Hatsugai, H. Suzuki, J. Phys. Soc. Jpn. **74**, 1674(2005).

[59] Y. Zheng, T. Ando, Phys. Rev. B **65**, 245420(2002).

[60] V. P. Gusynin, S. G. Sharapov, Phys. Rev. Lett. **95**, 146801(2005).

[61] M. Arai, Y. Hatsugai, Phys. Rev. B **79**, 075429(2009).

[62] F. D. M. Haldane, Phys. Rev. Lett. **61**, 2015(1988).

[63] N. Goldman et al., Phys. Rev. Lett. **103**, 035301(2009).

[64] R. B. Laughlin, Phys. Rev. B **23**, 5632(1981).

[65] B. I. Halperin, Phys. Rev. B **25**, 2185(1982).

[66] Y. Hatsugai, Phys. Rev. B **48**, 11851(1993).

[67] T. Kennedy, J. Phys. Condens. Matter **2**, 5737(1990).

[68] M. Arikawa, S. Tanaya, I. Maruyama, Y. Hatsugai, Phys. Rev. B **79**, 205107(2009).

[69] M. Arikawa, Y. Hatsugai, H. Aoki, J. Phys. Conf. Ser. **150**, 022003(2009).

[70] V. W. Scarola, S. Das Sarma, Phys. Rev. Lett. **98**, 210403(2007).

[71] Z. Wang, Y. D. Chong, J. D. Joannopoulos, M. Soljacic, Phys. Rev. Lett. **100**, 013905(2008).

[72] Z. Wang, Y. D. Chong, J. D. Joannopoulos, M. Soljacic, Nature **461**, 772(2009).

[73] F. D. M. Haldane, S. Raghu, Phys. Rev. Lett. **100**, 013904(2008).

[74] C. L. Kane, E. J. Mele, Phys. Rev. Lett. **95**, 146802(2005).

[75] B. A. Bernevig, T. L. Hughes, S.-C. Zhang, Science **314**, 1757(2006).

[76] S. Okada, A. Oshiyama, Phys. Rev. Lett. **87**, 146803(2001).

[77] Y. Kobayashi et al., Phys. Rev. B **71**, 193406(2005).

[78] C. Hu, Phys. Rev. Lett. **72**, 1526(1994).

[79] Y. Tanaka, S. Kashiwaya, Phys. Rev. Lett. **74**, 3451(1995).

[80] M. Aprili, E. Badica, L. H. Greene, Phys. Rev. Lett. **83**, 4630(1999).

[81] S. Ryu, Y. Hatsugai, Physica C **388-389**, 90(2003).

[82] S. Ryu, Y. Hatsugai, Physica E **22**, 779(2003).

[83] M. Matsumoto, H. Shiba, J. Phys. Soc. Jpn. **64**, 3384(1995).

[84] M. Sigrist, D. B. Bailey, R. B. Laughlin, Phys. Rev. Lett. **74**, 3249(1995).

[85] M. Arikawa, Y. Hatsugai, H. Aoki, Phys. Rev. B **78**, 205401(2008).

[86] D. L. Miller et al., Science **324**, 924(2009).

[87] T. Morimoto, Y. Hatsugai, H. Aoki, Phys. Rev. B **78**, 073406(2008).

[88] T. Morimoto, Y. Hatsugai, H. Aoki, Phys. Rev. Lett. **103**, 116803(2009).

[89] R. Nair et al., Science **320**, 1308(2008).

[90] H. Aoki, T. Ando, Solid State Commun. **38**, 1079(1981).

[91] T. Morimoto, Y. Avishai, H. Aoki, Phys. Rev. B **82**, 081404(R)(2010).

[92] Y. Ikebe, T. Morimoto, R. Masutomi, T. Okamoto, H. Aoki, R. Shimano, Phys. Rev. Lett. **104**, 256802(2010).

[93] R. Shimano, G. Yumoto, J. Y. Yoo, R. Matsunaga, S. Tanabe, H. Hibino, T. Morimoto, H. Aoki, Nat. Commun. **4**,

1841(2013).

[94] T. Oka, H. Aoki, Phys. Rev. B 79, 081406(2009); see also Phys. Rev. B **79**, 169901(E)(2009).

[95] T. Kitagawa, T. Oka, A. Brataas, L. Fu, E. Demler, Phys. Rev. B **84**, 235108(2011).

[96] Y. Aharonov, J. Anandan, Phys. Rev. Lett. **58**, 1593(1987).

[97] T. Oka, H. Aoki, J. Phys. Conf. Ser. **334**, 012060(2011).

[98] N. H. Lindner, G. Refael, V. Galitski, Nat. Phys. **7**, 490(2011).

[99] X. -L. Qi, S. -C. Zhang, Rev. Mod. Phys. **83**, 1057(2011).

[100] M. Z. Hasan, C. L. Kane, Rev. Mod. Phys. **82**, 3045(2010).

[101] T. Kitagawa, E. Berg, M. Rudner, E. Demler, Phys. Rev. B **82**, 235114(2010).

[102] J. Karch et al., Phys. Rev. Lett. **105**, 227402(2010).

[103] J. Karch et al., Phys. Rev. Lett. **107**, 276601(2011).

[104] Z. Gu, H. A. Fertig, D. P. Arovas, A. Auerbach, Phys. Rev. Lett. **107**, 216601(2011).

[105] Y. Zhang et al., Phys. Rev. Lett. **96**, 136806(2006).

[106] Z. Jiang et al., Phys. Rev. Lett. **99**, 106802(2007).

[107] K. Nomura, A. H. MacDonald, Phys. Rev. Lett. **96**, 256602(2006).

[108] J. G. Checkelsky et al., Phys. Rev. Lett. **100**, 206801(2008).

[109] Y. Zhao et al., Phys. Rev. Lett. **108**, 106804(2012).

[110] A. F. Young et al., Nat. Phys. **8**, 550(2012).

[111] S. Pandey, H. Kontani, D. Hirashima, R. Arita, H. Aoki, Phys. Rev. B **86**, 060507(2012).

[112] Y. H. Wang, H. Steinberg, P. Jarillo-Herrero, N. Gedik, Science **342**, 453(2013).

第 8 章

石墨烯中的分数量子霍尔效应

Tapash Chakraborty, Vadim Apalkov

摘要 本章简要阐述了单层和双层石墨烯中的分数量子霍尔效应(FQHE)的性质。首先简短介绍了关于量子霍尔体系中的电子相互作用的影响和赝电势,然后详细讨论了磁场对单层石墨烯中电子的影响。我们还简要地讨论了文献中对该影响的实验特征。在双层石墨烯中,该影响以一个独特的方式体现出来,我们详细讨论了由于电子-电子的相互作用而期望出现的各种新效应。本章还简要讨论了三层石墨烯中狄拉克费米子的集体激发的性质。对于双层石墨烯中存在的一些奇异状态,(如普法夫(Pfaffian)状态)也进行了阐述。最后,我们讨论了拓扑绝缘体表面狄拉克费米子的 FQHE 状态的性质。

8.1 分数量子霍尔效应的发展历史

量子霍尔效应(QHE),其中的整数[1-2] QHE 和分数[3-4] QHE 无疑都是 20 世纪最伟大的发现,极大地丰富了凝聚态物理领域。同样地,由劳克林理论解释[5-6]的分数 QHE(FQHE)对多体物理学的发展史也是一个杰出的贡献。对 QHE 的实验观察总结如图 8.1 所示。超纯半导体材料中的二维电子气,在强磁场和非常低的温度下,即在极端量子限定下,纵向导电性几乎消失,即 $\sigma_{xx} \to 0$,

---

T. Chakraborty(通信作者)
加拿大温尼伯马尼托巴大学物理与天文学系,R3T 2N2。
e-mail:Tapash.Chakraborty@ umanitoba.ca

V. Apalkov
美国亚特兰大佐治亚州立大学物理和天文学系,30303。

且对特定量子数为 ν，在霍尔电导率 $\sigma_{xy} = \nu \dfrac{e^2}{h}$ 中形成步阶。填充因子 ν 对于整数量子霍尔效应（IQHE）来说是一个简单的整数，而对于 FQHE 来说 ν 是一个有理分数 $\nu = p/q$，其中 q 是一个奇整数。

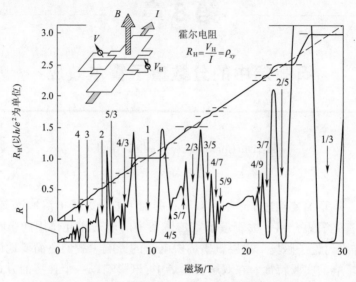

图 8.1　QHE 中观察到的分数（和整数）填充因子[7]

在理想（无相互作用和无序）的二维电子气中，施加垂直于电子平面的外部磁场影响电子的轨道运动，能谱被量子化成高度简并的朗道能级，其能量为

$$\varepsilon = \left(n + \frac{1}{2}\right)\hbar\omega_c$$

其中，$\omega_c = eB/m^*$ 为回旋加速能量（磁场 $B = 10\mathrm{T}$ 时约为 10meV）。每单位面积状态的数量为 $N_\Phi = eB/h = 1/2\pi\ell_0^2$，其中 $\ell_0 = (\hbar/eB)^{1/2}$ 是磁场长度。以磁通量子 $\Phi_0 = h/e$ 为单位时，$N_\Phi = B/\Phi_0$。因此，通过朗道能级简并的区域 A 的通量量子数目为 $N_\Phi = \Phi/\Phi_0$，那么朗道能级的填充因子为

$$\nu = N_e/N_\Phi = 2\pi\ell_0^2 n_e$$

式中：N_e 为体系的电子的数目；n_e 为电子密度。

对于整数填充因子 $\nu = j$，最低的 j 朗道能级被完全填充。添加到系统中的下一个电子必须转移到下一个能级，这需要跨过能隙 $\hbar\omega_c$ 的一个跃迁。在非常低的温度下，热能比回旋能量低得多，如消失的纵向电导率所表明的那样，带隙的存在保证了电流的无损耗流动。当磁场很强时，电子只部分填充了最低朗道能级（LLL），FQHE 发生。在这种情况下，对于非相互作用的电子的基态是宏观简并的。由于电子之间的库仑相互作用导致简并升高且产生了一个能隙[7-8]。因此 FQHE 的起因不能理解为基于单个电子在磁场中的行为，它是共同作用的行

为,其中存在着某种联系,即如劳克林所说[6,9],这是一个突现现象。Störmer 提到,在此态下的电子表现为"一个精心制作的、相互的量子机械舞"[4]。下面将对该态的性质进行讨论。

8.1.1 一种新颖的多体不可压缩态

我们已经可以明确描述 FQHE 起源①问题了。在装置中,N_e 个二维电子在垂直于磁场 B 的基板上运动,磁场很强以至于相邻的朗道能级之间的能量分离且自旋塞曼能量远比电子-电子(库仑)相互作用的特征能量范围更大。然后朗道能级的混合可以被忽略。在这种情况下,我们主要的工作是评估能量光谱和体系中最低朗道能级的波函数。我们还需要确定激发带隙的性质和来源。这似乎是一个有着许多的参数存在的棘手的多体物理学问题。

1983 年,仅仅在发现 FQHE 的报道一年后,劳克林基于灵感的一个猜测,提出了一个在最低朗道能级的多电子状态上著名的试验波函数[5],即

$$\Psi_q(z_1 \cdots z_{N_e}) = \prod_{i<j} (z_i - z_j)^q \exp\left(-\sum_i |z_i|^2/4\right) \tag{8.1}$$

其中,$z \equiv x + iy$ 是(复)电子的位置,q 是一个奇整数,从而满足反对称要求。通过计算每个 z_i 的最大功率可以很容易地验证上面给出的波函数与 $N_e \to \infty$ 时 $v = 1/q$ 是一致的[7]。此波函数的一个重要特性是,当一个电子接近其他电子时,波函数按 q 指数消失[7]。此特性最小化了库仑相互作用的能量,因此基态能量也达到了最小化。该波函数描述了一个密度均匀的电中性液体状态,在其中电子发生凝聚[7]。

然后,劳克林解释了 $v = 1/3$ 的状态是独特的原因。实际上,该填充因子的多电子体系是不可压缩态,并且存在一个能隙。能隙意味着在这个填充因子下具有一个正向的不连续化学势[11],即存在一个消失的可压缩态。化学势的升高已经被 FQHE 状态的实验证实[12]。先从 $v = 1/q$ 状态开始,如果我们逐个增加或减少状态的数量,激发态包括分数电荷,可以得到 $e^* = \mp e/q$[7]。这些"准粒子"也服从分数统计[13]。

劳克林的 FQHE 理论就像是物理学上的一首优美的诗歌,数十年来,其丰富的思想激励了许多其他物理学领域的研究人员[14]。其相关量子流体的新概念在半导体等新领域也获得运用。在解释了一个真正了不起的宏观量子现象后,劳克林打开的新的思想闸门远远不止这些,远远超出了此处介绍的简单范围。

8.1.2 相互作用电子的赝电势描述

由于在 FQHE 体系中存在极强的磁场,以至于朗道能级之间的间隔相比其

---

① 在 FQHE 的简要介绍中,我们仅限于填充因子 $v = 1/q$ 的说明。有兴趣的读者可以查阅其他来源,以获得更详细的说明[7-8,10]。

热能大得多(在没有任何无序时),所有的自由度被限制在单一的朗道能级内。在这种情况下,体系的哈密顿只是用来估计粒子间的相互作用。霍尔丹首次将一对具有相同朗道指数的粒子的相互作用能量[15]写为

$$\mathcal{H}_{ij} = \sum_{m=0}^{\infty} V_m P_{ij}^m$$

其中,P_{ij}^m 表示粒子对 i,j 在相对角动量 m 上的投影。电子波函数的反对称性决定了 m 是奇整数。参数 V_m 就是所谓的霍尔丹赝电势,其定义为具有两个相对角动量 m 的电子能量,它们由相应的朗道能级的波函数的结构所确定,并且对于第 n 级朗道能级可以从以下表达式发现[15]:

$$V_m^{(n)} = \int_0^{\infty} \frac{dq}{2\pi} q V(q) [F_n(q)]^2 L_m(q^2) e^{-q^2} \tag{8.2}$$

式中:$L_m(x)$ 为拉盖尔多项式;$V(q) = 2\pi e^2/(\epsilon q \ell_0)$ 为动量空间的库仑相互作用;ϵ 为背景介电常数;$F_n(q)$ 为第 n 级朗道能级的形成因子,形成因子 $F_n(q)$ 完全由 n 级朗道能级波函数决定。

对于传统的半导体系统,形成因子遵循下面的公式:

$$F_n(q) = L_n(q^2/2) \tag{8.3}$$

因此,任何平移和旋转不变的两体系相互作用,即一个单一的朗道能级完全可以由一组赝电势来描述。

对于相斥的库仑电势,赝电势随 m 值的增加而减小[15]。有趣的是,当 q 是一个奇整数,$\nu = 1/q$ 的劳克林状态是比较独特的。它具有如下特点:

$$\text{对于 } m < q, \quad P_{ij}^m \Psi_L = 0$$

只有 V_m ($m<q$) 非零时,$\nu = 1/q$ 的劳克林状态是一个零能量的本征态。电子之间的平均开方距离与 q 成正比[71],且该模型电势范围较短。然而,霍尔丹认为[16],当只有非零 V_1 的硬核模型和真实库仑系统的赝电势发生变化时,真正的基态(在有限尺寸系统)和劳克林状态之间的重叠才是非常好的。这就解释了劳克林状态在接近确切的基态时可以捕获 FQHE 状态的基本物理量的原因。值得注意的是,霍尔丹认为投影到固定朗道指数子空间的这对相互作用电势 $\mathcal{H}_{ij}$ 是离散的[15]。这是不可压缩的多电子态物理学的主要特点,是 FQHE 状态产生的依据[8,15]。

8.1.3 复合费米子和费米-陈-西蒙斯(Fermion-Chern-Simons)理论

在劳克林状态相对应的主填充因子 $\nu = 1/q$ (其中 q 为奇整数)以外,FQHE 还在许多其他高次分数填充因子,如在 $\nu = \frac{2}{5}, \frac{3}{7}, \frac{4}{9}$ 等朗道能级中观察到[3,71]。

在这些填充因子中,如 $\nu = \frac{2}{3}$ 可以由粒子-空穴的对称性[71]进行说明,而其他填

充因子的存在,可通过复合费米子方法[17-19]和陈-西蒙斯(Chern-Simons)理论解释[20-21]。基于复合费米子方法的 FQHE 状态的层次结构通过以下方式构造[17-19],如果多电子系统被放置在磁场 B^* 中,使得该系统的填充因子为 $\nu^* = n_0 \Phi_0 / B^*$,其中 n_0 为电子密度,然后通过将相应的多粒子的波函数 ψ^* 乘以对称系数,即

$$F_p(z_1,\cdots,z_N) = \prod_{j<k} (z_j - z_k)^{2p} \tag{8.4}$$

其中,p 为正整数,对应于新的填充因子 ν 构造波函数 $\psi = F_p \psi^*$。为了找到 ν^* 和 ν 之间的关系,我们注意到因子 F_p 在体系中引入了一个额外的有效磁场 $\Delta B = 2p n_0 \Phi_0$。事实上,如果我们考虑一个粒子在包括面积 A 和 $n_0 A$ 的其他粒子的大的轨道上运动,那么由于额外因子 F_p,那个粒子获得了一个额外的相因子 $2p 2\pi n_0 A = 2\pi (\Delta B A / \Phi_0)$。因此,额外因子 F_p,在多粒子的波函数中可以被认为是一个额外的磁场 ΔB。然后由于填充因子 ν^* 产生的新磁场 B^* 使得新磁场 B 变为

$$B = B^* + \Delta B = B^* + 2p n_0 \Phi_0 = B^* (1 + 2p\nu^*) \tag{8.5}$$

因此,填充因子与波函数 ψ 相对应,即与磁场 B 中的 n_0 粒子相对应:

$$\nu = \frac{\nu^*}{2p\nu^* + 1} \tag{8.6}$$

由复共轭因子 F_p^* 乘以多粒子的波函数,我们可以构造与填充因子 $\dfrac{\nu^*}{2p\nu^* - 1}$ 相关的波函数。从而该因子 F_p 在每个电子上引入附加的 $2p$ 磁通量量子,由此产生复合的费米子。一般来说,这样的磁通会产生有效磁场 ΔB。如果我们从整数填充因子 n 的完全填充朗道水平开始,再乘以因子 F_p,那么附加磁通量量子到电子上产生的分数填充因子为

$$\nu = \frac{n}{2pn \pm 1} \tag{8.7}$$

例如,$n=2$,$p=1$,我们可以得到 $\nu = 2/5$。因此,该复合费米子的整数填充因子,即含有偶数个通量量子的电子对应的真实电子的分数填充因子。由于复合费米子体系的基态是不可压缩态,所以我们可以假设具有分数填充因子的实际电子的基态也是不可压缩态。复合费米子的波函数和准确波函数在有限尺寸体系的大量比较表明,该复合费米子方法确实能很好地说明一般填充因子的 FQHE 基态。FQHE 状态的复合费米子描述与量子霍尔体系[20-21]的 Chern-Simons 理论密切相关。在 Chern-Simons 理论中,通过幺正变换引入一个规范的 Chern-Simons 磁场,这样的规范磁场在电子上引入偶数个磁通量量子。在近似平均磁场内,Chern-Simons 磁场被一个均匀平均的磁场所代替,在复合费米子法中产生相同的有效填充因子。在 Chern-Simons 法中,可以排除近似平均场来计算量子

体系的低能量激发的性质。其中 Chern-Simons 理论的应用之一是对 $\nu = 1/2$ 量子态进行描述。在这种情况下的外部磁场恰好抵消平均 Chern-Simons 场以及复合费米子遇到的不平均磁场。因此,此时的 $\nu = 1/2$ 量子体系相当于在没有外部磁场的电子体系中。这种情况的实验表明,在该填充因子下存在一个费米表面[22],为该理论图像提供了充分支持。

8.2 石墨烯的出现

就在大家以为 QHE 的辉煌时代也许快结束的时候,石墨烯的时代到来了[23-25]。石墨烯是碳原子形成的蜂窝状(六角形)晶格构成的,通常被描述为一个分子铁丝网,其中每个碳原子坐落在角度为 120°的角上。这种材料可能是最有趣的二维材料,其具有完全不同(且意想不到)于常规的两维材料体系[26]的独特的电子特性。石墨烯的电子能带结构理论的研究可以追溯到 1947 年[27]。电子和空穴在石墨烯中被描述为"无质量狄拉克费米子",因为它们在费米面附近是线性能量色散的[28]。石墨烯是由两个互穿三角形晶格构成的点阵,提供了电子态新的自由度,赝自旋。石墨烯的输运性质呈现出许多新奇的特点,最值得注意的是(在上下文中)室温 QHE[29]。双层石墨烯也被证明具有丰富的独特性质,例如栅极可调节的带隙,能量分布与大量手征费米子一致。所有这些内容的详细说明可以在本章作者的一篇综述文章中找到[30]。

自 2004 年石墨烯被剥离出来以后[25],有关石墨烯研究的文献一直在出版物中占主导地位,至 2011 年 8 月,标题中含有"石墨烯"的出版物超过 11000 篇,多如牛毛。大量的综述性文献[25,28,30-48]也非常清楚地对石墨烯的各种性质进行了阐述,当然,我们对石墨烯体系的研究和关注远远没有结束,期待在未来几年会有更令人惊讶的发现。

8.2.1 无质量的狄拉克费米子

石墨烯是具有蜂窝状结构的二维点阵,包括两个不等价亚晶格的碳原子 A 和 B(图 8.2)。石墨烯的最近邻紧束缚描述形成了一个在第一布里渊区的两个不等价点 $K = \frac{2\pi}{a}\left(\frac{1}{3}, \frac{1}{\sqrt{3}}\right)$ 和 $K' = \frac{2\pi}{a}\left(\frac{2}{3}, 0\right)$ 处具有费米能级的能带结构,这里晶格常数 $a = 0.246\mathrm{nm}$。紧束缚近似在能量的宽范围内是有效的。在表达了低能量性质的有效质量近似中,这些点对应于两个波谷 K 和 K'。在每个波谷中,费米能量附近的低能电子动力学遵循哈密顿函数[28]:

$$\mathcal{H}_\xi = \xi v_\mathrm{F} \begin{pmatrix} 0 & p_- \\ p_+ & 0 \end{pmatrix} \tag{8.8}$$

其中，$p_- = p_x - \mathrm{i} p_y$，$p_+ = p_x + \mathrm{i} p_y$，$\boldsymbol{p}$ 为电子的二维动量。这里 $v_F \approx 10^6 \mathrm{m/s}$ 为费米速度，与最邻近位点之间的跃迁积分 γ_0 有关，$v_F = \sqrt{3}\,\gamma_0 a/2\hbar$。波谷 K 和 K' 的指数 ξ 分别是 1 和 -1。未经自旋轨道相互作用[49-51]，通过哈密顿函数(式(8.8))确定每个能级具有两重自旋简并。与哈密顿函数(式(8.8))相关的波函数有两个组成部分属于子晶格 A 和 B，并且可以在波谷 K 处表示为 $(\psi_A, \psi_B)^T$、在波谷 K' 处表示为 $(\psi_B, \psi_A)^T$，其中，ψ_A 和 ψ_B 分别是晶格 A 和 B 的波函数。上标 T 表示矢量的转置。

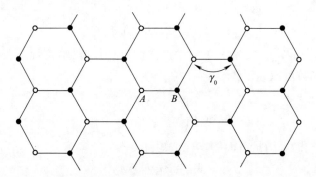

图 8.2　具有亚晶格 A 和 B 的石墨烯的蜂巢晶体结构。亚晶格 A 的最邻近紧束缚近似原子与亚晶格 B 的原子通过跳跃积分 γ_0 耦合

从哈密顿函数(式(8.8))中获得的单电子态具有由

$$\varepsilon(p) = \pm v_F p \tag{8.9}$$

给定的线性色散关系，这是狄拉克"相对论"的无质量粒子的色散关系。除了自旋简并度，每一能量能级具有两重波谷简并度。光滑杂质的电势或电子-电子相互作用引入了不同的波谷的耦合。然而，由于波谷状态大的动量分离，故这种耦合很弱，可以忽略。

8.2.2　石墨烯中的朗道能级

在紧束缚模型中磁场是通过派尔斯(Peierls)取代引入的与跳跃积分相关的磁场，该方法可以得到具有低、中和非常高指数的朗道能级。由于电子-电子间相互作用在石墨烯中低指数的朗道能级形成不可压缩的液体。为了研究这些朗道能级，哈密顿函数(式(8.8))中描述的有效质量近似值是完全足够的。哈密顿函数(式(8.8))中的磁场是通过广义动量 $\boldsymbol{\pi} = \boldsymbol{p} + e\boldsymbol{A}/c$ 替代电子动量 $\boldsymbol{p}$ 引入的，其中 $\boldsymbol{A}$ 是矢量电势。这样，在波谷 ξ 的垂直磁场中电子的哈密顿算符遵循以下公式：

$$\mathcal{H}_\xi = \xi v_F \begin{pmatrix} 0 & \pi_- \\ \pi_+ & 0 \end{pmatrix} \tag{8.10}$$

哈密顿算符(式(8.10))的本征函数可表示为通常的朗道波函数 $\phi_{n,m}$ [52],对于一个服从于朗道指数 n 和朗道间指数 m 的抛物型色散关系的粒子,它取决于选择规则。例如,在朗道规则 $A_x=0$ 和 $A_y=Bx$ 中,指数 m 是动量 y 的分量,而在对称规则 $\boldsymbol{A}=\frac{1}{2}\boldsymbol{B}\times\boldsymbol{r}$ 中,指数 m 是电子角动量的 z 分量。对于这些波函数 $\phi_{n,m}$,运算符 π_+ 和 π_- 分别是升和降的运算符。这意味着增加或减少朗道能级指数 n,有

$$v_F \pi_+ \Phi_{n,m} = -i\hbar\omega_B \sqrt{n+1}\phi_{n+1,m}$$
$$v_F \pi_- \Phi_{n,m} = i\hbar\omega_B \sqrt{n}\phi_{n-1,m}$$

式中,$\omega_B=\sqrt{2}v_F/\ell_0$,$\ell_0$ 为8.1节中定义的磁场长度,哈密顿函数(式(8.10))的朗道特征函数可以表示为

$$\psi_{n,m} = \begin{pmatrix} i^{n-1}\chi_1 \Phi_{n-1,m} \\ i^n \chi_2 \Phi_{n,m} \end{pmatrix} \tag{8.11}$$

其中,系数 χ_1 和 χ_2 满足下面的本征值矩阵方程:

$$\varepsilon \chi_1 = -\xi \hbar\omega_B \chi_2 \tag{8.12}$$
$$\varepsilon \chi_2 = -\xi \hbar\omega_B \chi_1 \tag{8.13}$$

所得离散的朗道能级光谱具有负(价带)和正(导带)两种数值,这是通过引入朗道指数,为整数值 $n=0,\pm1,\pm2,\cdots$,其中还包括负值 n 得到的。对于 n 而言,石墨烯中电子的朗道能级谱的形式为

$$\varepsilon_n = \hbar\omega_B \mathrm{sgn}(n)\sqrt{|n|} \tag{8.14}$$

其中

$$\mathrm{sgn}(n) = \begin{cases} 0, & n=0 \\ 1, & n>0 \\ -1, & n<0 \end{cases} \tag{8.15}$$

每个能级(式(8.14))都具有双重波谷简并。从式(8.12)、式(8.13)获得的对应于朗道能级的波谷 $K(\xi=1)$ 时的波函数遵循:

$$\psi_{n,m}^K = \begin{pmatrix} \psi_A \\ \psi_B \end{pmatrix} = C_n \begin{pmatrix} \mathrm{sgn}(n) i^{|n|-1}\phi_{|n|-1,m} \\ i^{|n|}\phi_{|n|,m} \end{pmatrix} \tag{8.16}$$

波谷 $K'(\xi=-1)$ 时的波函数遵循:

$$\psi_{n,m}^{K'} = \begin{pmatrix} \psi_B \\ \psi_A \end{pmatrix} = C_n \begin{pmatrix} \mathrm{sgn}(n) i^{|n|-1}\phi_{|n|-1,m} \\ i^{|n|}\phi_{|n|,m} \end{pmatrix} \tag{8.17}$$

式中,$n=0$ 时 $C_n=1$,$n\neq 0$ 时 $C_n=1/\sqrt{2}$。

石墨烯中朗道能级具有依赖于磁场和朗道能级指数的平方根关系。对于 $v_F \approx 10^6 \mathrm{m/s}$,朗道能级能谱遵循 $\varepsilon_n \approx 36\sqrt{B}\sqrt{n}$ (meV)(其中 B 以 T 为单位)。

这种现象(从石墨系统区分开,以下称为非相对论的)与通常抛物型色散关系的半导体二维体系明显不同,其能谱具有一个与磁场和朗道能级都相关的线性关系。例如,GaAs 体系的朗道能谱为 $\varepsilon_n^{\mathrm{GaAs}} = \hbar\omega_c \left(n + \frac{1}{2}\right) \approx 1.7B\left(n + \frac{1}{2}\right)$ (meV)(其中 B 以 T 为单位)。石墨烯和 GaAs 的朗道能级谱图如图 8.3 所示,表现出不同的行为。

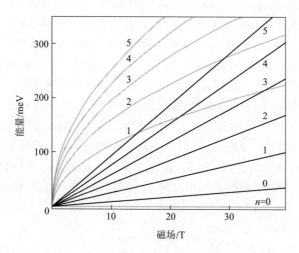

图 8.3 以石墨烯(浅色)和 GaAs 体系(深色)的朗道能级作为垂直磁场的函数。线附近的数字是朗道能级指数。这种情况下的石墨烯只显示了具有正能量,即导带的朗道能级

值得注意的是,石墨烯的 $n = 0$ 朗道能级在所有磁场下都是零能量,都是由等量的电子和空穴填充。该朗道能级的波函数与 $n = 0$ 的非相对论朗道能级波函数是一致的(见式(8.16)、式(8.17))。因此,石墨烯中的 $n = 0$ 朗道能级的相互作用和 FQHE 与非相对论的 $n = 0$ 朗道能级的相互作用和 FQHE 相同。较高朗道能级的波函数($|n| \geq 1$)是不同朗道能级指数的非相对论朗道波函数的混合。因此,这些朗道能级的相互作用与那些非相对论体系的相互作用十分不同。朗道能级的性质,特别是最低能级,可以有效地通过测量石墨烯中的量子霍尔活化带隙进行研究。对石墨烯中朗道能级间活化带隙的测量表明[53],最低朗道能级与更宽、更高的朗道能级相比非常尖锐,第零级朗道能级和第一级朗道能级之间所测量的带隙接近于高磁场分裂的裸朗道能级。

8.2.3 石墨烯中的赝电势

如前面所述,单一朗道能级的电子相互作用特性完全由霍尔丹赝电势(式(8.2))确定,可以容易地对含有形成因子(式(8.2))的已知波函数

(式(8.16)、式(8.17))进行评估。对于第 n 级石墨烯朗道能级①,它们可由以下表达式给出(式 8.3)[55,72]:

$$F_0(q) = L_0(q^2/2) \qquad (8.18)$$

$$F_n(q) = \frac{1}{2}[L_n(q^2/2) + L_{n-1}(q^2/2)] \qquad (8.19)$$

根据这些形成因子通过式(8.2)可以计算出石墨烯的赝电势。赝电势由库仑能量的单位给出,$\varepsilon_C = e^2/\varepsilon \ell_0$,其中 ε 是体系的背景介电常数。

为了比较石墨烯和常规非相对论体系的相互作用性质,在图 8.4 中可以看到由式(8.2)计算得到的相对于石墨烯和非相对论体系的赝电势。由于 FQHE 只在低指数朗道能级中观察得到,所以图 8.4 只是对应于小的 n 值($n \leq 2$)的结果。上面提到,$n = 0$ 的石墨烯和非相对论体系具有相同的赝电势(图 8.4(a))。这两个体系中的更高指数的朗道能级的赝电势行为有很大的区别。更具体地说,对于 $n = 1$,相对于一个非相对论体系(图 8.4(a)),所述石墨烯体系在较小的相对角动量 $m < 2$ 时,表现出更强的电子-电子斥力,即较大的赝电势,在一个大的角动量 $m \geq 2$ 时,表现出一个较弱的斥力。基于劳克林不可压缩状态的一般属性,我们可以得出结论,在小角动量下的强排斥力的 FQHE 状态更稳定。

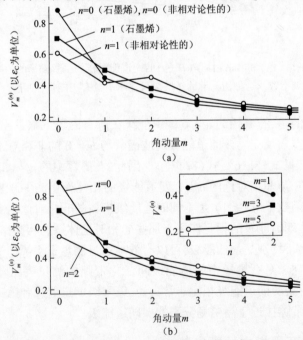

图 8.4 霍尔丹赝电势作为非相对论和石墨烯体系在(a) $n=0,1$ 朗道能级和(b) $n=0,1,2$ 朗道能级的相对角动量的函数。图(b)中的插图为石墨烯中指数为 n 的朗道能级与赝电势之间的关系,能量以 ε_C 为单位

---

① 如果没有另外说明,在下面我们考虑 n 的正值。

图8.4(b)中为不同朗道能级的石墨烯的赝电势。由于电子波函数的反对称性,只有具有奇数相对角动量的赝电势才对自旋极化的FQHE状态有所贡献。因此,只有具有$m=1,3,5,\cdots$的赝电势可以决定自旋极化,以及在石墨烯系统中的波谷偏振特性。对应于这些m值,$n=1$的朗道能级的赝电势显示出一种有趣的现象:对于$m=3$和5的赝电势,$V_m^{(n)}$随n单调增加,并且当$m=1$时,赝电势$V_1^{(n)}$在$n=1$时具有最大值(8.4(b)插图)。因此,在$n=1$的朗道能级下相对角动量$m=1$的电子具有强大的排斥力。这与非相对论体系的行为不同,其最强的排斥力处于最低的$n=0$朗道能级。

不可压缩FQHE状态的稳定性,即FQHE带隙的大小取决于赝电势如何快速地随相对角动量衰减。对于自旋和波谷极化电子体系,这种衰变是由$V_1^{(n)}/V_3^{(n)}$和$V_3^{(n)}/V_5^{(n)}$决定的,这种比例越大,FQHE越稳定。表8.1所列为石墨烯和非相对论体系中的两个最低朗道能级$n=0$和$n=1$的比率值,这些值明确地表明,在石墨烯的$n=1$的朗道能级上,$V_1^{(n)}/V_3^{(n)}$具有最大值,这表明FQHE状态的带隙的最大值应该在石墨烯的$n=1$的朗道能级上。

表8.1 石墨烯和普通电子体系霍尔丹赝电势的特征

体系	$V_1^{(n)}/V_3^{(n)}$	$V_3^{(n)}/V_5^{(n)}$
$n=0$(石墨烯)	1.60	1.26
$n=0$(非相对论)	1.60	1.26
$n=1$(石墨烯)	1.68	1.33
$n=1$(非相对论)	1.32	1.36

8.2.4 石墨烯中的不可压缩态的本质

石墨烯中的每个朗道能级有两重波谷和双重自旋简并,所以都是四重简并。由于塞曼分裂会使自旋简并部分地增加,$\Delta_Z = g\mu_B B \approx 1.5B(\text{K}) \approx 0.13B(\text{meV})$,其中$g\approx 2.2$,$B$以T为单位(下同)。对称性破裂的条件应该具有与单一朗道能级内的电子间相互作用的典型能量,即库仑能量$\varepsilon_C = e^2/\varepsilon\ell_0$相比的能量。库仑能量决定霍尔丹赝电势的幅度,在石墨烯中为$\varepsilon_C \approx \left(\dfrac{54}{\varepsilon}\right)\sqrt{B}(\text{meV})$。当$\varepsilon\approx 4$时,库仑能量变为$\varepsilon_C \approx 14\sqrt{B}(\text{meV})$。由于介电常数小,石墨烯的库仑能量比非相对论体系中相对应的能量大好几倍,相对论体系的介电常数$\varepsilon \approx 13$。虽然石墨烯的库仑相互作用很强,它仍然比非朗道能级间的间距更小。例如,在石墨烯的$n=0$和$n=1$的朗道能级之间的分离能量是$36\sqrt{B}(\text{meV})$(见8.2.2节)。库仑相互作用还引入了波谷对称性破裂的条件[55-56],即数值很小的a/ℓ_0。对于磁场的典型值,石墨烯中的塞曼能量几乎比库仑能量小两个数量级,$\Delta_Z/\varepsilon_C \approx 0.01\sqrt{B}$,在石墨烯中的单一朗道能级可以近似地被认为是四重简并能级。因此，在单一朗道能级内的电子由于相互作用哈密顿的塞曼分裂和波谷不对称条件，从而具有弱对称性破裂条件的 SU(4) 对称性。

FQHE 的性质由基态本质决定，例如，基态的波谷或自旋极化以及 FQHE 的带隙值，通过温度和无序度表征 FQHE 的稳定性。理论上讲，FQHE 状态一般通过在平面(圆环)或球面几何的有限尺寸的电子体系的哈密顿矩阵的数值对角化来进行研究[71]。在球面几何上[16,57-59]，磁场是通过球体磁通量子单元产生的磁通量子的整数 $2S$ 引入的。其球面半径 R 定义为 $R = \sqrt{S}\ell_0$。单电子状态通过角动量 S 和其 z 分量 S_z 表征。球面中可用状态的数量是 $(2S+1)$。这些状态和平面几何内的单一朗道能级相对应。然后对电子的给定数目 N_e，参数 S 决定朗道能级的填充因子。在热力学极限下，填充因子为 $\nu = N_e/(2S+1)$，但 FQHE 填充因子和电子数目之间的确切关系取决于 FQHE 状态的类型。在球面几何中，多粒子状态由总角动量 L 和其 z 分量决定，而能量只取决于 L。对于多电子体系，只有相互作用的哈密顿矩阵的最低特征值和特征向量可以计算[58]。这些本征态决定体系的基态本质以及中性集体激发带隙。通过改变穿过体系的磁通量，还可以研究带电的激发态。

对于主要的 FQHE 填充因子 $\nu = \frac{1}{3}, \frac{2}{3}, \frac{2}{5}$，基态的波谷和自旋极化在 $n = 0$ 和 $n = 1$ 的朗道能级上进行数值研究[62,73,75]。人们发现，在 $n = 0$ 的朗道能级上 $\nu = \frac{1}{3}$ 基态是波谷和自旋极化，但 $\nu = \frac{1}{3}$ 和 $\nu = \frac{2}{5}$ 基态是波谷非极化[56,73,75]。此行为与具有零塞曼分裂的非相对论的二维体系类似，也就是说，与 SU(2) 对称类似。但在石墨烯体系的 $n = 1$ 能级中显示出不同的行为。在这种情况下，在 $\nu = \frac{1}{3}, \frac{2}{3}, \frac{2}{5}$ 的基态都是波谷极化[75]。这也表明，对于填充因子 $\nu = 2 + \frac{1}{3}$ 的 $n = 0$ 的朗道能级的石墨烯体系，即使一个小的塞曼分裂，其 $\frac{1}{3}$ 状态也是波谷极化[62]。

FQHE 态的能隙，即不可压缩状态的稳定性，是由霍尔丹赝电势决定的。从不同朗道能级的赝电势的综合分析来看，我们可以得出这样的结论，FQHE 态在石墨烯中的 $n = 1$ 的朗道能级更稳定，因此，最大的 FQHE 带隙也认为是在 $n = 1$ 的朗道能级上。在填充因子为 $\frac{1}{3}$ 和 $\frac{1}{5}$ 时的波谷和自旋极化电子体系的能量光谱如图 8.5 所示。在球面几何中，填充因子 $\nu = 1/q$ (q 是一个奇整数) 在 $S = \frac{q}{2}(N_e - 1)$ 处得到。$1/q$ 的 FQHE 的基态通过劳克林函数进行了很好地描述[5,71]。

对于 $N_e=8$ 的电子在 $n=0$ 和 $n=1$ 的朗道能级,其 $\nu=\dfrac{1}{3}$ FQHE 体系的能量光谱如图 8.5(a)所示。石墨烯 $n=0$ 的朗道能级和非相对论的二维体系的能谱与相同值的激发态带隙完全相对应。对于一个非相对论体系,这是 $\nu=\dfrac{1}{3}$ FQHE 状态的最大激发带隙。与石墨烯的情况不同的是,FQHE 带隙在 $n=1$ 的朗道能级具有最大值(图 8.5(a))。对于较小的填充因子,即在 $\nu=\dfrac{1}{5}$ 时,具有较大的相对角动量值的赝电势决定体系的特性。其结果是,在 $n=0$ 和 $n=1$ 的朗道能级的 FQHE 之间的差别变得不太明显,$N_e=6$ 电子和填充因子 $\nu=\dfrac{1}{5}$ 的谱图如图 8.5(b)所示。这种倾向与非相对论体系的 FQHE 在 $n=1$ 的朗道能级被强烈地抑制完全不同。与石墨烯 $n=1$ 的朗道能级的独特相互作用性质类似的结论在文献[73]中被报道,其中对石墨烯 FQHE 态和 GaAs 体系的性质进行了比较。$n=0$ 的朗道能级石墨体系与 GaAs 体系相似,而 $n=1$ 的朗道能级,只在石墨烯体系中表现出稳定的 FQHE 状态。

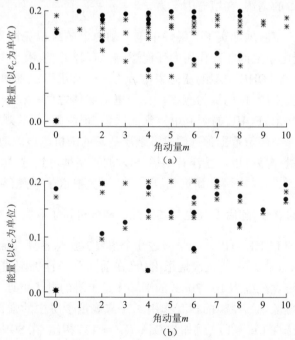

图 8.5 (a)不同朗道能级的八电子 $\nu=\dfrac{1}{3}$ FQHE 状态的能量谱图:$n=0$(*)和 $n=1$(●),通量量子数为 $2S=21$;(b)不同朗道能级的六电子 $\nu=\dfrac{1}{3}$ FQHE 状态的能量谱图:$n=0$(*)和 $n=1$(●),通量量子数为 $2S=25$

图 8.5 所示的谱图对应于电子体系的极化中性激发态并解释了石墨烯不同朗道能级的电子-电子相互作用的相对强度。由于石墨烯朗道能级的波谷简并性,波谷斯格米子(skyrmions)类型中的波谷非极化激发态的能量,比极化激发态的能量更低。数值分析表明,在主要填充因子 $\nu = \frac{1}{3}, \frac{2}{3}, \frac{2}{5}$ 的低能量的电荷激发态是未极化的波谷斯格米子[75]。

对于 SU(4) 对称的石墨烯电子体系,即小塞曼分裂区,填充因子为 $\nu = q/(2pq \pm 1)$,其中 $q \geqslant 3$ 的新型 FQHE 状态在 $n = 0$ 和 $n = 1$ 的朗道能级也在文献中提及[63]。这些状态由于自旋和波谷自由度之间的相互作用被认为出现在石墨烯中。

从以上的讨论可知,很显然,石墨烯 $n = 1$ 的朗道能级的电子-电子相互作用更加明显,这导致在 $n = 1$ 的朗道能级上具有大激发态带隙,FQHE 状态从而更加稳定。这与我们在一个非相对论的二维系中观察到的结果相反,其最强的相互作用是在 $n = 0$ 的朗道能级上实现的。

8.2.5 不可压缩态的实验观测

正如前几章的阐述,在填充因子为 $\nu = 4\left(q + \frac{1}{2}\right)$ [46-47] 处的量子霍尔平台的实验相当令人信服地证实了石墨烯中电子动力学的狄拉克性质,即完全不相互作用,且不受电子之间相互作用的任何影响。有趣的是,由于电子-电子之间相互作用,导致与 FQHE 类似的任何集体行为是非常难以观察到的。尽管存在库仑力的强屏蔽作用,但仍认为应该存在于电荷载体之间。根据早期对传统的二维电子气(2DEG)FQHE 的研究中得到的线索,很明显,实验观察这些状态的关键取决于其库仑能量范围远远超过了杂质诱发的随机电势波动的高品质的样品。这种高质量样品可以从悬浮石墨烯(SG)的样品种得到,这样基底诱导的波动被完全消除[66-67]。有两个研究组[68-70]第一次报道了对悬浮石墨烯中典型的 $\frac{1}{3}$ -FQHE 的观察,随后不久也对其他几个部分进行了观察。

石墨烯中的 FQHE 可以认为是通过几个重要方法从常规二维电子气中分离出来,这已被 Skachko 等[71]正确地指出(已在前面章节详细阐述)。首先,石墨烯中的电子比阱宽范围为 10~30nm 的半导体量子阱的电子更具有二维动态性。这意味着在石墨烯中短距离的相互作用比在常规量子阱中的强得多。其次,由于缺少基底筛选性 ($\varepsilon \approx 1$),例如与 GaAs($\varepsilon \approx 13$)相比,在 SG 中的电子-电子相互作用更高,这使得在石墨烯中的相互作用增强导致一个较大的带隙[54],因此 FQHE 状态在高温时仍然存在。最后,由于四重自旋和波谷简并,石墨烯的情况更倾向于类似在一个双量子阱系统中实现,而不是单一的量子阱。然而,不同于 GaAs 体系,石墨烯中的阱内和阱间的相互作用是几乎相同的。这表明新的 FQHE 状态不存在于常规体系中[60,72]。

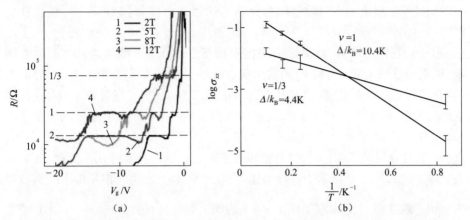

图 8.6 Andrei 等[68-69,71]的结果:(a)温度为 1.2K 时不同磁场下的悬浮石墨烯样品的门电阻与电压的关系,可以清楚地看到 $\nu = 1, 2, \frac{1}{3}$ 处的平台;(b)从温度和对角线电导率之间的关系得到的 $\nu = 1$ 和 $\nu = \frac{1}{3}$ 的激发带隙

Andrei 等[68-69,71]在施加不同磁场值下的 $\nu = \frac{1}{3}$ 单层 SG 的量子霍尔平台的实验结果如图 8.6(a)所示。作者指出,在填充因子为 $\frac{1}{3}$ 时的平台很强,它出现在约 2T、低温(约 1K)的情况下,并持续到最大 20K,B = 12T。强 FQHE 态可以进一步通过研究激发态带隙进行评估[7]与温度相关的对角线电阻率 ρ_{xx}(或对角线电导率 σ_{xx},由于在 ρ_{xx} 最小值附近 $\sigma_{xx} \approx \rho_{xx}/\rho_{xy}^2$)被认为是 FQHE 的活化能[73-75]。这些能量归结为 $\nu = \frac{1}{3}$ 时的不可压缩态的能隙,使多体基态从激发态中分离。对整数填充因子的活化带隙的测量已经在单层[53]和双层[76]的石墨烯中进行了报道。

Andrei 等[69]报道的单层 SG 在 $\nu = \frac{1}{3}$ 的活化带隙如图 8.6(b)所示,在 12T 时得到了 $\frac{\Delta}{k_B} = 4.4K$,其中 k_B 为玻尔兹曼常数。在 $\nu = 1$ 时对应的值是 $\frac{\Delta}{k_B} = 10.4K$。这些值比在常规半导体结构中的高得多。例如,在高迁移率的 GaAs 异质结构中,$\nu = \frac{1}{3}$ 的活化带隙在 12T 时约为 2K。较大的带隙显然意味着石墨

烯的 $\frac{1}{3}$-FQHE 状态的稳定性。

Kim 等也报道了在两端超净悬浮石墨烯器件上的分数 QHE[70]，以及在多终端的磁传输测量[77]（图 8.7）。他们还观察到，与常规的 2DEG 相比，由于电子-电子相互作用增强，石墨烯中的相应状态更加稳定。能隙通过热激活能测定，他们报道的带隙在 14T 时约为 20K。通过实验在高迁移率的石墨烯样品的 $n = 0$ 的朗道能级中观察到 FQHE 状态的层次结构，证实了在石墨烯中存在强的电子间相互作用[78]。当 $n = 0$ 时，该相互作用导致在 FQHE 填充因子下 SU(4) 对称(两个自旋和两个波谷自由度)的自发断裂。文献[78]的结果也表明，FQHE 用复合费米子描述时，复合费米子之间有很强的相互作用。因此，在对石墨烯中 FQHE 的复合费米子进行描述时，复合费米子之间的相互作用应当被考虑在内。在文献[78]中观察到的 $n = 1$ 的朗道能级具有大的 $\nu = \frac{1}{3}$-FQHE 带隙支持了石墨烯的 $n = 1$ 的朗道能级具有强的电子-电子相互作用的理论结论。关于这些实验的测量细节也可以在这本书中的其他地方找到。最后，在悬浮的双层和三层石墨烯体系上的磁传输测量也在文献中有报道[79]。在双层石墨烯体系中，在 $\nu = \frac{1}{3}$ 处观察到了一个小平台，而在三层石墨烯中没有观察到 $\frac{1}{3}$-FQHE 状态。对双层石墨烯进行更多的实验必定有助于解决更多的理论性问题，这些问题在下面进行了讨论。

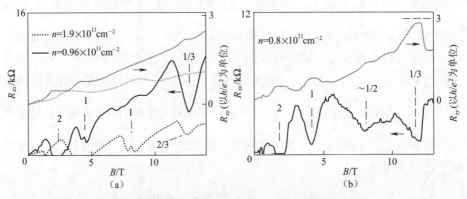

图 8.7 Kim 等[70,77]的结果：对两个样品进行四端测量，霍尔电阻和对角线电阻作为磁场的函数

8.3 双层石墨烯

双层石墨烯是由石墨烯的两个单层耦合组成[80]。根据单层的取向，石墨

烯双层的两个主要的堆叠方式为 AA 堆叠和伯纳尔(AB)堆叠,这两种方式的可能性如图 8.8 所示。只有最近邻层间的耦合,其特征在于层间跃迁积分 γ_1 的引入。层间跃迁积分的典型值是 $\gamma_1 \approx 400\text{meV}$。与单层石墨烯不同的是,双层石墨烯的低能量激发态是一个大的抛物型色散,能带结构是无带隙的。这种色散关系可以通过测量相邻朗道能级之间的活化带隙来检测[76]。

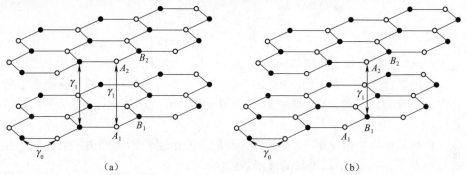

图 8.8 由石墨烯的两个耦合单层组成的石墨烯的两种不同堆叠方式示意图:(a) AA 堆叠;(b)伯纳尔(AB)堆叠。每个石墨烯层都由两个不等组 A 和 B 组成。层内和层间的跳跃积分分别为 γ_0、γ_1

可以通过一个 4×4 矩阵来描述垂直磁场的双层石墨烯的哈密顿算符,其中,AA 堆叠的哈密顿算符(式(8.10))基本表达式为

$$\mathcal{H}_\xi^{(AA)} = \xi \begin{pmatrix} 0 & v_F\pi_- & \xi\gamma_1 & 0 \\ v_F\pi_+ & 0 & 0 & \xi\gamma_1 \\ \xi\gamma_1 & 0 & 0 & v_F\pi_- \\ 0 & \xi\gamma_1 & v_F\pi_+ & 0 \end{pmatrix} \quad (8.20)$$

伯纳尔堆叠的基本表达式为

$$\mathcal{H}_\xi^{(AB)} = \xi \begin{pmatrix} 0 & v_F\pi_- & 0 & 0 \\ v_F\pi_+ & 0 & \xi\gamma_1 & 0 \\ 0 & \xi\gamma_1 & 0 & v_F\pi_- \\ 0 & 0 & v_F\pi_+ & 0 \end{pmatrix} \quad (8.21)$$

哈密顿算符(式(8.20)和式(8.21))对应于波谷 $K(\xi = 1)$ 和波谷 $K'(\xi = -1)$ 的基本表达式分别为 $(\psi_{A_1},\psi_{B_1},\psi_{A_2},\psi_{B_2})^T$ 和 $(\psi_{B_2},\psi_{A_2},\psi_{B_1},\psi_{A_1})^T$,其中上标"T"表示矢量的转置。这里 A_1、B_1 和 A_2、B_2 分别对应于单层 1 和 2 中的亚晶格。

8.3.1 磁场效应

在外部磁场下,每个单层石墨烯具有离散的朗道能级系列,它们会在双层石

墨烯中耦合。对于 AA 和 AB 堆叠的朗道能级的耦合具有不同的结构。AA 堆叠的耦合发生在两个单层的相同朗道能级之间,即具有相同的朗道指数 n,导致两个单层最初简并的朗道能级分裂。AA 堆叠的双层石墨烯的波函数有如下形式:

$$\boldsymbol{\psi}_{n,m}^{(\text{bi},\text{AA})} = \begin{pmatrix} \psi_{n,m}^{(mono)} \\ \pm \psi_{n,m}^{(mono)} \end{pmatrix} \approx \begin{pmatrix} \phi_{|n|-1,m} \\ \phi_{|n|,m} \\ \phi_{|n|-1,m} \\ \phi_{|n|,m} \end{pmatrix} \quad (8.22)$$

这表明 AA 堆叠的双层石墨烯的波函数是第 $|n|$ 和第 $|n|-1$ 级非相对论的朗道波函数的混合[81]。双层朗道能级的霍尔丹赝电势与单层石墨烯相应的赝电势是完全一致的。因此,在这样的双层朗道能级中的 FQHE 不会出现任何新的特性。

伯纳尔堆叠的情况则不同,其耦合发生在两个层的不同朗道能级之间。在这种情况下,一个双层石墨烯的波函数的结构如下:

$$\boldsymbol{\psi}_{n,m}^{(\text{bi},\text{AB})} \approx \begin{pmatrix} \phi_{|n|-1,m} \\ \phi_{|n|,m} \\ \phi_{|n|,m} \\ \phi_{|n|+1,m} \end{pmatrix} \quad (8.23)$$

双层石墨烯的波函数与指数为 $n-1,n$ 和 $n+1$ 的非相对论朗道波函数的混合相一致。这种混合可以改变双层石墨烯的单一朗道能级内的相互作用,并且可以影响这个体系的 FQHE 的性质。后面我们只考虑伯纳尔堆叠的双层石墨烯。

8.3.2 有偏压的双层石墨烯

除了层间的耦合,还有其他的参数可以控制双层石墨烯相互作用的性质。这些参数有可改变一个给定的体系[82-83]的层间偏压 U,以及与基底接触的在底层的层内不对称 Δ,这种不对称取决于不同的基底,且导致亚晶格 A_1 和 B_1 具有不同的能量。有了这些附加的条件,伯纳尔堆叠的双层石墨烯的哈密顿算符(波谷为 $\xi = \pm 1$)的形式为[84]

$$\mathcal{H}_{\xi}^{(AB)} = \xi \begin{pmatrix} \dfrac{U}{2} + \dfrac{\Delta}{4}(1+\xi) & v_F \pi_- & 0 & 0 \\ v_F \pi_+ & \dfrac{U}{2} - \dfrac{\Delta}{4}(1+\xi) & \xi\gamma_1 & 0 \\ 0 & \xi\gamma_1 & -\dfrac{U}{2} + \dfrac{\Delta}{4}(1-\xi) & v_F \pi_- \\ 0 & 0 & v_F \pi_+ & -\dfrac{U}{2} - \dfrac{\Delta}{4}(1-\xi) \end{pmatrix}$$

$$(8.24)$$

哈密顿算符(式(8.24))的本征函数为以下形式(见式(8.23)):

$$\boldsymbol{\psi}_{n,m}^{(\text{bi})} = \begin{pmatrix} \xi C_1 \phi_{|n|-1,m} \\ iC_2 \phi_{|n|,m} \\ iC_3 \phi_{|n|,m} \\ \xi C_4 \phi_{|n|+1,m} \end{pmatrix} \qquad (8.25)$$

其中,系数 C_1、C_2、C_3 和 C_4 可以从以下方程的线性系统方程得到:

$$\varepsilon C_1 = [\xi u + \delta(1+\xi)] C_1 - \sqrt{n} C_2 \qquad (8.26)$$

$$\varepsilon C_2 = [\xi u - \delta(1+\xi)] C_2 - \sqrt{n} C_1 + \widetilde{\gamma}_1 C_3 \qquad (8.27)$$

$$\varepsilon C_3 = [-\xi u - \delta(1-\xi)] C_3 + \sqrt{n+1} C_4 + \widetilde{\gamma}_1 C_2 \qquad (8.28)$$

$$\varepsilon C_4 = [-\xi u + \delta(1-\xi)] C_4 + \sqrt{n+1} C_3 \qquad (8.29)$$

其中所有的能量都用库仑能量表示,$\varepsilon_B = \hbar v_F / \ell_0$,$\varepsilon$ 为朗道能级的能量,$\delta = \Delta/(4\varepsilon_B)$,$u = U/(2\varepsilon_B)$,$\widetilde{\gamma}_1 = \gamma_1/\varepsilon_B$。

决定双层石墨烯的朗道能谱的特征方程由下式给出[85]:

$$[(\varepsilon + \xi u)^2 - \delta^2(1-\xi)^2 - 2n][(\varepsilon - \xi u)^2 - \delta^2(1+\xi)^2 - 2(n+1)]$$
$$= \widetilde{\gamma}_1^2 [(\varepsilon - \delta)^2 - (u+\delta)^2]$$

$$(8.30)$$

对于 $n \geq 0$ 的每个值特征方程(8.30)都有四个解,对应于双层石墨烯给定的波谷 $\xi = \pm 1$ 的四个朗道能级。为方便起见,我们介绍以下这些朗道能级时用标记代替。四个朗道能级通常对应于具有负能量的两个价带,以及具有正能量的两个导带。那么此双层石墨烯中的四个朗道能级对应于给定的 n 值($n \geq 0$)和给定的波谷 ξ,可以标记为 $n_i^{(\xi)}$,其中 $i = -2, -1, 1, 2$,这是根据朗道能级能量的升高进行排序。这里负值和正值的 i 分别对应于价带和导带。对于零偏压 $U = 0$,零层内不对称,$\Delta = 0$,这四个朗道能级的能量为

$$\varepsilon = \pm \sqrt{2n + 1 + \frac{\widetilde{\gamma}_1^2}{2} \pm \frac{1}{2}\sqrt{(2+\widetilde{\gamma}_1^2)^2 + 8n\widetilde{\gamma}_1^2}} \qquad (8.31)$$

在这种情况下,每个朗道能级具有双重简并,即与式(8.31)的指数 ξ 没有依赖关系。对于有限的 U 和 Δ 值,波谷简并升高。对于零层内不对称,$\Delta = 0$,两个波谷的朗道能谱不是独立的,它们通过方程 $\varepsilon(n_i^{(\xi)}) = -\varepsilon(n_{-i}^{(-\xi)})$ 相关联,其中 $\varepsilon(n_i^{(\xi)})$ 是朗道能级 $n_i^{(\xi)}$ 的能量。

系数 C_1、C_2、C_3 和 C_4 由特征方程(8.30)和体系方程(8.26)~方程(8.29)决定,表示为

$$C_1 = f \left\{ \frac{2\widetilde{\gamma}_1 n}{[\varepsilon + \xi u - \delta(1-\xi)][(\varepsilon + \xi u)^2 - \delta^2(1-\xi)^2 - 2n]} \right\}^{\frac{1}{2}}$$

$$C_2 = f\left\{\frac{\widetilde{\gamma}_1[\varepsilon - \xi u - \delta(1+\xi)]}{(\varepsilon - \xi u)^2 - \delta^2(1+\xi)^2 - 2(n+1)}\right\}^{\frac{1}{2}}$$

$$C_3 = f\left\{\frac{\widetilde{\gamma}_1[\varepsilon + \xi u - \delta(1-\xi)]}{(\varepsilon + \xi u)^2 - \delta^2(1-\xi)^2 - 2n}\right\}^{\frac{1}{2}}$$

$$C_4 = f\left\{\frac{2\widetilde{\gamma}_1(n+1)}{[\varepsilon - \xi u - \delta(1+\xi)][(\varepsilon - \xi u)^2 - \delta^2(1+\xi)^2 - 2(n+1)]}\right\}^{\frac{1}{2}}$$

式中，f 由归一化条件决定，$|C_1|^2 + |C_2|^2 + |C_3|^2 + |C_4|^2 = 1$。

由于 FQHE 只能在朗道能级指数 n 有低值之时才能观察到，所以下面我们只考虑双层石墨烯的朗道能级，即 $n=0$ 和 $n=1$ 的朗道能级。这些朗道能级的波函数是指数为 0，1 和 2 的常规非相对论的朗道波函数的混合。

在双层石墨烯中，有两种特殊的朗道能级具有独特的性质。当 $n=0$，式（8.30）有在波谷 $K(\xi=1)$ 的能量为 $\varepsilon = -u$ 和在波谷 $K'(\xi=-1)$ 的能量为 $\varepsilon = u + 2\delta$ 的解。相应的波函数形式为

$$\boldsymbol{\psi}_{0_1,m}^{(\mathrm{bi})} = \begin{pmatrix} \phi_{0,m} \\ 0 \\ 0 \\ 0 \end{pmatrix} \tag{8.32}$$

这种双层石墨烯的朗道能级没有任何其他朗道能级的混合，并且和 0 级常规非相对论的朗道能级一样，具有完全相同的特性。在 u 和 δ 为零时，朗道能级能量为零。

对于小的 u 和 δ 值，在能量几乎为零 $\varepsilon \approx 0$ 的 $n=0$ 朗道能级，方程（8.30）有另一个解，其相应的朗道能级遵循以下波函数：

$$\boldsymbol{\psi}_{0_{-1},m}^{(\mathrm{bi})} = \frac{1}{\sqrt{\widetilde{\gamma}_1^2 + 2}}\begin{pmatrix} \widetilde{\gamma}_1 \phi_{1,m} \\ 0 \\ \sqrt{2}\phi_{0,m} \\ 0 \end{pmatrix} = \frac{1}{\sqrt{\gamma_1^2 + 2\varepsilon_B^2}}\begin{pmatrix} \gamma_1 \phi_{1,m} \\ 0 \\ \sqrt{2}\varepsilon_B \phi_{0,m} \\ 0 \end{pmatrix} \tag{8.33}$$

该朗道能级的性质依赖于磁场的强度。对于小的磁场 $\varepsilon_B \ll \gamma_1$，波函数变为 $(\psi_{1,m}, 0, 0, 0)^{\mathrm{T}}$，朗道能级变得与 $n=1$ 的非相对论的朗道能级相同。对于一个大磁场 $\varepsilon_B \gg \gamma_1$，朗道能级波函数变为 $(0, 0, \psi_{0,m}, 0)^{\mathrm{T}}$，双层朗道能级与 $n=0$ 的非相对论的朗道能级具有相同的性质。

8.3.3 双层石墨烯中的赝电势

在双层朗道能级的波函数公式（8.25）得到了求解的情况下，霍尔丹赝电势

式(8.2)的形成因子可以从下面的公式得到:

$$F_n(q) = |C_1|^2 L_{n-1}\left(\frac{q^2}{2}\right) + (|C_2|^2 + |C_3|^2) L_n\left(\frac{q^2}{2}\right) + |C_4|^2 L_{n+1}\left(\frac{q^2}{2}\right)$$
(8.34)

实际上,该形成因子的形式告诉了我们双层朗道能级内的相互作用的影响。对于通过式(8.32)定义的朗道能级 0_1,形成因子是 $F_{0_1} = L_0\left(\frac{q^2}{2}\right)$,而这正与非相对论体系中的 $n=0$ 的朗道能级式(8.3)的形成因子相同。因此,这个朗道能级与 $n=0$ 的非相对论的朗道能级的相互作用的影响是一样的。

通过式(8.33)定义的双层朗道能级 0_{-1},双层石墨烯随磁场增加时表现出一个有趣的现象。对应于式(8.33)朗道能级的形式因子由下式给定:

$$F_{0_{-1}}(q) = \left(\frac{\gamma_1^2}{\gamma_1^2 + 2\varepsilon_B^2}\right) L_1\left(\frac{q^2}{2}\right) + \left(\frac{2\varepsilon_B^2}{\gamma_1^2 + 2\varepsilon_B^2}\right) L_0\left(\frac{q^2}{2}\right) \tag{8.35}$$

随着磁场的增加,即 ε_B 增加,双层朗道能级 0_{-1} 与①小磁场 $\varepsilon_B \ll \gamma_1$ 的形成因子为 $L_1\left(\frac{q^2}{2}\right)$ 的 $n=1$ 的非相对论的朗道能级相一致;② $\varepsilon_B = \gamma_1/\sqrt{2}$ 的形成因子为 $\frac{1}{2}\left[L_0\left(\frac{q^2}{2}\right) + L_1\left(\frac{q^2}{2}\right)\right]$ 的 $n=1$ 的单层石墨烯的朗道能级相一致;③大磁场 $\varepsilon_B \gg \gamma_1$ 的形成因子为 $L_0\left(\frac{q^2}{2}\right)$ 的 $n=0$ 的非相对论的朗道能级相一致。对于 γ_1 的典型值,只对第一方案进行实验。例如,$\gamma_1 = 400\text{meV}$ 的条件 $\varepsilon_B = \gamma_1/\sqrt{2}$ 只能在 $B = 120\text{T}$ 的磁场下实现。

8.3.4 电子相互作用导致的奇特效应

在赝电势已知的情况下,可以通过非常精确的数值技术来研究双层石墨烯的 FQHE 状态。比起单层石墨烯,双层石墨烯具有附加参数,以便我们可以控制电子的相互作用强度。回想一下,单层石墨烯中的相互作用强度只依赖于朗道能级指数。双层石墨烯中的电子相互作用强度还依赖于磁场、偏压 U 和层内不对称 Δ。通过改变这些参数,稳定性即 FQHE 状态的激发带隙是可以得到控制的[86]。

双层石墨烯中的稳定的 FQHE 状态被认为存在于 $n=0$ 和 $n=1$ 的双层朗道能级系列中。这些系列为 $n=0, n=1$ 和 $n=2$ 非相对论的朗道能级波函数的混合,该混合取决于体系的参数值。由于具有非零偏压和层内不对称等特点,双层石墨烯的朗道能级的波谷简并升高,从而导致不同波谷的朗道能级性质不同。

FQHE 状态的稳定性是通过相应的 FQHE 带隙值来表征的。对于 FQHE 的主填充分数,即 $\nu = \dfrac{1}{3}, \dfrac{1}{5}, \dfrac{2}{5}$ 等,该双层体系表现出类似的行为。因此,在下文中,仅给出 $\nu = \dfrac{1}{3}$ 的 FQHE 状态的结果。对于双层体系的不同参数,FQHE 带隙的一般行为如图 8.9、图 8.10 和图 8.11 所示。对于每个 n 值,$n = 0$ 和 $n = 1$,每个波谷都有四个朗道能级。在这一组双层朗道能级中,有一个特殊的具有独特性质的朗道能级。双层石墨烯的所有参数的 $n = 0$ 的非相对论的朗道能级的 $0_1^{(+)}$ 波函数由式(8.32)给出。因此,在此朗道能级内的相互作用性质与 $n = 0$ 的非相对论的朗道能级的相互作用性质以及对应的单层石墨烯 $n = 0$ 的朗道能级的相互作用性质相同。这个朗道能级的 FQHE 带隙与体系的参数无关,与 $n = 0$ 的单层石墨烯相同。此属性作为偏压、不对称参数 Δ 和磁场的函数如图 8.9~图 8.11 所示,其中朗道能级 $0_1^{(+)}$ 的 FQHE 带隙与双层石墨烯的参数无关。

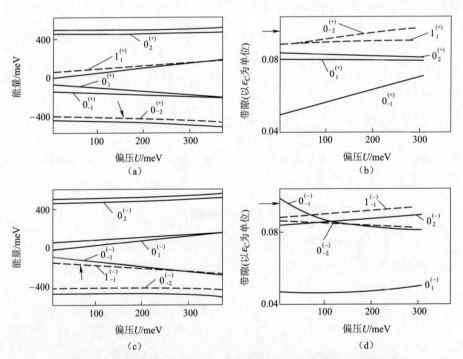

图 8.9 双层石墨烯的朗道能级((a),(c))作为偏压 U 的函数,即两层的能量差。(b)和(d)为朗道能级 $\dfrac{1}{3}$ -FQHE 的库仑带隙,线附近的数字标记的是朗道能级。在(a)和(b)以及(c)和(d)中,同样类型的线对应于同样的朗道能级。(a)和(b)对应的是波谷 K,(c)和(d)对应的是波谷 K'。通过 $\Delta = 150\text{meV}$,$\gamma_1 = 400\text{meV}$,$B = 15\text{T}$ 来表征体系。(a)和(c)中的箭头指示单层石墨烯 $n = 1$ 的朗道能级 $\dfrac{1}{3}$ -FQHE 的带隙

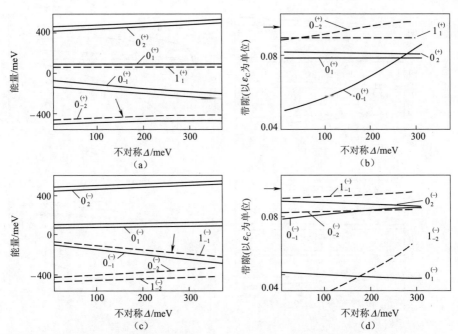

图 8.10 双层石墨烯的朗道能级((a)和(c))作为层内不对称 Δ 的函数。(b)和(d)为相应的朗道能级 $\frac{1}{3}$-FQHE 的库仑带隙,线附近的数字标记的是朗道能级。在(a)和(b)以及(c)和(d)中,同样类型的线对应于同样的朗道能级。(a)和(b)对应的是波谷 K,(c)和(d)对应的是波谷 K'。通过 $U = 200$ meV,$\gamma_1 = 400$ meV,$B = 15$ T 来表征体系。(a)和(c)中的箭头指示最强的朗道能级 $\frac{1}{3}$-FQHE。(b)和(d)中的箭头指示单层石墨烯 $n = 1$ 的朗道能级 $\frac{1}{3}$-FQHE 的带隙

从图 8.9~图 8.11 可以看出,对于体系的所有参数值,在每一个波谷的双层石墨烯具有一个较强的 $\frac{1}{3}$-FQHE 状态的四个朗道能级。这些能级在波谷 K 中表示为 $0_{-2}^{(+)}$、$0_{1}^{(+)}$、$0_{2}^{(+)}$、$1_{1}^{(+)}$,在波谷 K' 中表示为 $0_{-2}^{(-)}$、$0_{-1}^{(-)}$、$0_{2}^{(-)}$、$1_{-1}^{(-)}$。因此,对于一个给定的波谷都有三个 $n=0$ 的朗道能级和一个 $n=1$ 的朗道能级,且都具有稳定的 FQHE 状态。相应的 FQHE 状态带隙通常在单层石墨烯的 $n=0$ 和 $n=1$ 的 $\nu = \frac{1}{3}$-FQHE 状态的带隙之间。单层石墨烯的 $n=1$ 的朗道能级的 $\frac{1}{3}$-FQHE 状态的带隙如图 8.9~图 8.11 中箭头所示。在朗道能级 $0_{-2}^{(+)}$ 上,不对称较大时(图 8.10),FQHE 状态比单层石墨烯相应的状态更稳定。

朗道能级 $0_{-1}^{(+)}$ 显示了相互作用性质与体系参数具有较高的相关性,即随着

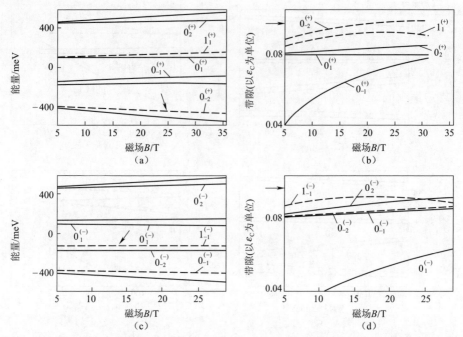

图 8.11 双层石墨烯的朗道能级((a),(c))作为磁场的函数。(b)和(d)为相应的朗道能级 $\frac{1}{3}$-FQHE 的库仑带隙,线附近的数字标记的是朗道能级。在(a)和(b)以及(c)和(d)中,同样类型的线对应于同样的朗道能级。(a)和(b)对应的是波谷 K,(c)和(d)对应的是波谷 K'。通过 $\Delta = 150\text{meV}, U = 200\text{meV}, \gamma_1 = 400\text{meV}$ 来表征体系。(a)和(c)中的箭头指示最强的朗道能级 $\frac{1}{3}$-FQHE。(b)和(d)中的箭头指示单层石墨烯 $n = 1$ 的朗道能级 $\frac{1}{3}$-FQHE 的带隙

偏压或内层不对称的增加,FQHE 状态的带隙以及其相应的稳定性也大大增加。对于固定的双层石墨烯的填充因子,这种类型的行为可能导致独特的实验结果,例如,从偏压较小时的非 FQHE 状态到偏压较大时的 FQHE 状态的转变。

图 8.9~图 8.11 中的实心黑线对应 FQHE 的不稳定状态的朗道能级。应当指出的是,有和没有 FQHE,在朗道能级之间没有明显的边界,即两个朗道能级之间存在一个朗道能级没有 FQHE(图 8.9)。如果将 FQHE 作为双层石墨烯填充因子的函数来研究,而体系的其他参数固定时,该性质可通过实验观察到。这意味着,如果在双层石墨烯的填充因子变化时研究每个朗道能级的 $\frac{1}{3}$-FQHE 状态,应该能够观察到从 FQHE 到非 FQHE 状态并且返回到 FQHE 状态的转变。需要强调的是,这种独特的现象以前从来没有在常规二维体系中观察到。

图 8.9~图 8.11 所示为典型的大的层间跳跃积分,即 $\gamma_1 \approx 400\text{meV}$ 的结果。

在 γ_1 值较小时,由于朗道能级体系的反交叉作为体系参数的函数,即偏压的函数,双层石墨烯显示出额外的性质。这种反交叉在相同的朗道能级[86]内产生了 FQHE—无 FQHE—FQHE 的转变。对于不同的三个层间跳跃积分,此行为如图 8.12 所示。实验得到双层石墨烯的层间跳跃积分的实际值约为 400meV。不同朗道能级的反交叉和耦合在 γ_1 值较小时更明显。当双层石墨烯的填充因子保持固定,而偏压变化时,通过实验可以观察到反交叉。

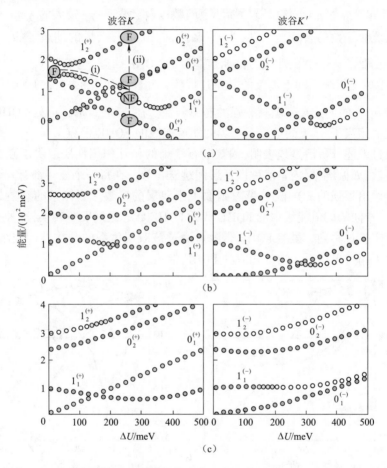

图 8.12　几个最低导带的朗道能级作为偏电势 U 的函数,磁场为 15T 时不同的层间耦合值:(a) $\gamma_1 = 30$meV;(b) $\gamma_1 = 150$meV;(c) $\gamma_1 = 300$meV。层内不对称 Δ 为 0。线附近的数字标记的是朗道能级。左列和右列分布为波谷 K 和波谷 K'。这些朗道能级的 FQHE 分别为蓝色实心点和绿色实心点。绿色实心点所对应的朗道能级的 FQHE 状态与单层石墨烯或非相对论普通体系的 FQHE 相同。红色实心点代表朗道能级具有弱的 FQHE。空心点处的朗道能级则没有 FQHE。在(a)中,常数门电极和变化的偏压下(i)标记的虚线说明有 FQHE(记为"F")和无 FQHE(记为"NF")状态之间的过渡

对于小的层间隧道积分和一个小的偏压，一些双层石墨烯的朗道能级表现出具有明显最大值的强的非单调性的 FQHE 带隙，此性质如图 8.13 所示，其中 FQHE 带隙表示为层间耦合 γ_1 和两个偏压 U 的函数。层间耦合可通过实验改变，例如，通过施加倾斜磁场，其中磁场的平行分量会影响层间耦合[81]。对于小的电压，朗道能级 $0_1^{(-)}$ 具有式(8.33)所示形式的波函数。随层内隧道积分的变化，波函数式(8.33)发生从 γ_1 较小的 $n=0$ 非相对论朗道函数到 $\gamma_1 = 2^{\frac{1}{2}}\hbar v_F/\ell_0$ 的 $n=1$ 单层石墨烯朗道函数以及到最后 γ_1 较大的 $n=1$ 非相对论朗道能级函数的转变。因此，当 γ_1 较小时，双层石墨烯的朗道能级 $0_1^{(-)}$ 的 FQHE 带隙等于 $n=0$ 的非相对论朗道能级的 FQHE 带隙，也等于 $\gamma_1 = 2^{\frac{1}{2}}\hbar v_F/\ell_0$ 的 $n=1$ 单层石墨烯朗道能级的 FQHE 带隙。此性质如图 8.13(a)所示，其中朗道能级 $0_1^{(-)}$ 的 FQHE 带隙具有强的非单调性。在 $\gamma_1 = 2^{\frac{1}{2}}\hbar v_F/\ell_0$ 处 FQHE 带隙的最大值相当于 $n=1$ 的单层石墨烯的朗道能级的 FQHE 带隙。

通过上述分析清楚地表明，偏双层石墨烯的相互作用性质取决于磁场和体系的参数，如偏压、层内不对称以及层间跳跃积分。在每一个波谷都有几个朗道能级显示出很强的 FQHE，其带隙则取决于双层的参数。当体系的参数如偏压改变时，相同的朗道能级内的 FQHE 和无 FQHE 状态之间发生转换，这种关系可以通过实验观察到。虽然 FQHE 带隙可通过该双层体系的参数进行控制，但带隙通常不超过单层石墨烯的相应的 FQHE 带隙。

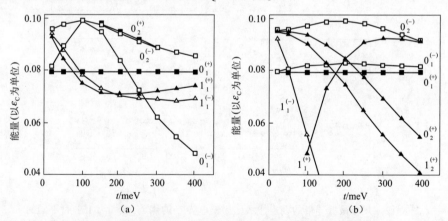

图 8.13 不同朗道能级的 FQHE 带隙。线附近的数字标记的是朗道能级。(a) $U=10$ meV，(b) $U=300$ meV。所有体系在磁场为 15T 时都是自旋极化的。层内不对称 Δ 为零[86]

8.3.5 旋转双层石墨烯的电子相互作用

外延石墨烯[87] 在 SiC 衬底的碳面上热生长制备或者通过化学气相沉积(CVD)生长[88]的多层膜，表现出令人十分吃惊的类似于单层石墨烯的行为[89],这些体系具有一个高的旋转未校准量[90]。乱层、双层石墨烯的理论研究表明[91-94],在这种情况下,层间耦合被抑制,体系大致可以看作是两个石墨烯的解耦层,扫描隧道谱和朗道能级光谱测量的结果也证实了这种理论[95]。同时由于中间层转移积分的调制性质[93],这些体系表现出相当丰富的低能量物理学性质,这在很大程度上取决于相称堆垛层错[94]的性质。在本节中,我们将讨论的问题是:电子-电子相互作用如何在旋转的双层石墨烯中体现出来。

在一个错向双层石墨烯中,一个石墨烯层以角度 θ 相对于另一个层转动。我们假设旋转轴穿过这两个层中的子晶格 A 的原子(图 8.14)。一般情况下,轴可以穿过双层的任何点,有一种特殊类型的旋转,称为相称旋转,它是通过两层的原子不仅在旋转轴而且在其他一些点上重合这一条件来确定的。对应的相称堆垛层错的角度由下式确定: $\cos\theta = (3q^2 - p^2)/(3q^2 + p^2)$,其中 $q > p > 0$ 且为整数[93]。

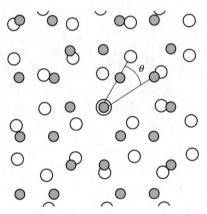

图 8.14 旋转度为 θ 的错向双层石墨烯在真实空间的示意图。旋转轴通过这两层中亚晶格 A 的原子。实心圆和空心圆为不同层中的原子位置

相对于亚晶格交换,由对称性区分有偶数或奇数两种类型的相称旋转[94]。这两层的偶数相称堆垛层错 A 和 B 的亚晶格位点在某些点重合,而对于奇数层错只有 A 亚晶格位点在旋转轴线和其他一些点上重合。AA 或伯纳尔,这些常规的堆叠方向的角度遵循以下原则:AA—堆叠的角度 $\theta = 0$,对应偶数堆叠方向,伯纳尔堆叠的角度 $\theta = 60°$,为奇数堆叠取向。

偶数和奇数层错也可以用这两个层的倒晶格的性质来描述[94]。石墨烯层的倒晶格由 K 和 K' 系列的点组成:$K + G_{m,k}$,$K' + G_{m,k}$,其中 $G_{m,k} = m G_1 + k G_2$,m 和 k 为整数,$G_1 = (2\pi/a)\left(1, \dfrac{1}{\sqrt{3}}\right)$,$G_2 = (2\pi/a)\left(0, \dfrac{2}{\sqrt{3}}\right)$ 是原始的倒易晶格矢量,且 $K = (2\pi/a)\left(\dfrac{1}{3}, \dfrac{1}{\sqrt{3}}\right)$,$K' = (2\pi/a)\left(\dfrac{2}{3}, 0\right)$,这两组点对应石墨烯的两

个波谷。对倒易点阵而言,在真实空间的旋转角度 θ 相对于在倒易空间内相对原点(0,0)的旋转角度 θ。对于偶数的相称堆垛层错,这两个层的倒晶格的 K 点重合[94],即 $K+G_{m,k}=K(\theta)+G_{m',k'}(\theta)$,而对于奇数堆垛层错 K 和 K' 点重合,即 $K+G_{m,k}=K'(\theta)+G_{m',k'}(\theta)$ [94],这里 k、m、k'、m' 都是整数。

由于在相称角度下旋转双层石墨烯的周期性调制、有效层间耦合 γ_{eff},由波矢量 $K+G_{m,k}$ 的层间电势函数的傅里叶转换确定。那么在相称条件下的旋转双层的有效的低能量哈密顿算符由下式给出[94]:

$$\mathcal{H}_{\text{even}} = \begin{pmatrix} 0 & v_F\pi_- & \gamma_\theta e^{i\phi/2} & 0 \\ v_F\pi_+ & 0 & 0 & \gamma_\theta e^{-i\phi/2} \\ \gamma_\theta^+ e^{i\phi/2} & 0 & 0 & v_F\pi_- \\ 0 & \gamma_\theta^+ e^{i\phi/2} & v_F\pi_+ & 0 \end{pmatrix} \quad (8.36)$$

$$\mathcal{H}_{\text{odd}} = \begin{pmatrix} 0 & v_F\pi_- & 0 & 0 \\ v_F\pi_+ & 0 & \gamma_\theta & 0 \\ 0 & \gamma_\theta^+ & 0 & v_F\pi_- \\ 0 & 0 & v_F\pi_+ & 0 \end{pmatrix} \quad (8.37)$$

哈密顿算符(式(8.36))和式(8.37)是普通双层石墨烯的哈密顿算符式(8.20)和式(8.21)的泛化。$\gamma_\theta=\gamma_{\text{eff}}e^{i\theta}$ 和相位角 ϕ 由层间电势来确定。

对于奇数旋转双层和所有的旋转角度而言,哈密顿算符(8.37)与伯纳尔堆叠的双层石墨烯的哈密顿算符(8.21)是完全相同的。唯一不同的是层间耦合的大小。对于伯纳尔堆叠的层间耦合 γ_1 约为 400meV,而旋转双层的耦合则小了一个数量级,γ_1 约为 10meV。因此,对于电子-电子相互作用和 FQHE 性质的影响,奇数旋转双层的行为类似于伯纳尔堆叠的双层石墨烯,所以前一节的结果也同样适用于奇数旋转双层。

偶数旋转双层的哈密顿算符类似于 AA 堆叠的双层石墨烯,且偶数旋转双层的哈密顿算符的相互作用性质与 AA 堆叠的双层石墨烯也完全相同。哈密顿算符式(8.36)的附加相影响波函数的组分相,其影响可以在磁-光学实验[96]中观察到,但赝电势不依赖于这些相,而是与层间耦合相对应,偶数旋转双层的赝电势与单个的石墨烯层的赝电势相同,因此,考虑到 FQHE,偶数旋转双层可以看作两个任何扭转角的解耦石墨烯层。

8.4 三层石墨烯中的分数量子霍尔效应

三层石墨烯由三个耦合的石墨烯层组成,其具有非常独特的电子能谱。由于最近邻的层间耦合,伯纳尔堆叠的三层石墨烯的能谱为解耦单层石墨烯和双层石墨烯能谱的有效组成。因此,我们可以通过三层石墨烯体系研究单个体系内的无质量的和大质量的能谱。在强垂直磁场下,三层石墨烯的朗道能谱变成单层和双层石墨烯朗道能级的组合,该组合表明朗道能级作为磁场的函数的许多交叉,在交叉点的朗道能级高度简并。当较高阶的层间耦合项都考虑在内的时候,简并得到了提高,从而导致三层石墨烯具有丰富性质的量子霍尔效应[97-98]。

FQHE 也有望在三层石墨烯上实现新特性[99]。下文中,我们在最近邻层间耦合的三层石墨烯上探索 FQHE 的性质。三层石墨烯主要有两种堆叠方式:ABA(伯纳尔)堆叠和 ABC 堆叠,如图 8.15 所示。

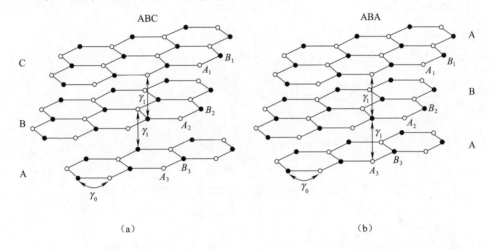

图 8.15 三个单层的石墨烯耦合组成三层石墨烯的两种不同堆叠方法的原理示意图:(a)ABC 堆叠;(b)ABA 堆叠。每个石墨烯层由两个不等组 A 和 B 组成。层内和层间的跳跃积分分别为 γ_0 和 γ_1

由于最近邻层间的近似耦合,三层石墨烯的哈密顿算符可以通过层内隧道积分 γ_0 以及层间隧道积分 γ_1 这两个参数来表征。垂直磁场下的 ABA 堆叠的三层石墨烯的单个波谷,例如 K 的哈密顿算符遵循以下形式[97,100]:

$$\mathcal{H}^{(ABA)} = \begin{pmatrix} 0 & v_F\pi_- & 0 & 0 & 0 & 0 \\ v_F\pi_+ & 0 & \gamma_1 & 0 & 0 & 0 \\ 0 & \gamma_1 & 0 & v_F\pi_- & 0 & \gamma_1 \\ 0 & 0 & v_F\pi_+ & 0 & 0 & 0 \\ 0 & 0 & 0 & 0 & 0 & v_F\pi_- \\ 0 & 0 & \gamma_1 & 0 & v_F\pi_+ & 0 \end{pmatrix} \quad (8.38)$$

ABC 堆叠的三层石墨烯的单个波谷,例如 K 的哈密顿遵循以下形式:

$$\mathcal{H}^{(ABC)} = \begin{pmatrix} 0 & v_F\pi_- & 0 & 0 & 0 & 0 \\ v_F\pi_+ & 0 & \gamma_1 & 0 & 0 & 0 \\ 0 & \gamma_1 & 0 & v_F\pi_- & 0 & 0 \\ 0 & 0 & v_F\pi_+ & 0 & \gamma_1 & 0 \\ 0 & 0 & 0 & \gamma_1 & 0 & v_F\pi_- \\ 0 & 0 & 0 & 0 & v_F\pi_+ & 0 \end{pmatrix} \qquad (8.39)$$

三层石墨烯的朗道能级可以从哈密顿矩阵(8.38)或矩阵(8.39)中得到。相应波函数由整数 n 参数化,并且可以通过 ABA 堆叠的非相对论朗道能级波函数表示为

$$\psi^{(ABA)} = \begin{pmatrix} C_1\phi_{n-1,m} \\ C_2\phi_{n,m} \\ C_3\phi_{n,m} \\ C_4\phi_{n+1,m} \\ C_5\phi_{n-1,m} \\ C_6\phi_{n,m} \end{pmatrix} \qquad (8.40)$$

ABC 堆叠的非相对论朗道能级的波函数表示为

$$\psi^{(ABC)} = \begin{pmatrix} C_1\phi_{n-1,m} \\ C_2\phi_{n,m} \\ C_3\phi_{n,m} \\ C_4\phi_{n+1,m} \\ C_5\phi_{n+1,m} \\ C_6\phi_{n+2,m} \end{pmatrix} \qquad (8.41)$$

因此,三层石墨烯的朗道波函数是 $n, n-1$ 和 $n+1$ 的 ABA 堆叠的非相对论的朗道函数的叠加,以及 $n, n-1, n+1$ 和 $n+2$ 的 ABC 堆叠的非相对论的朗道函数的叠加。通过已知的波函数,ABA 堆叠的霍尔丹赝电势的相应形成因子可以通过下面的公式计算:

$$\begin{aligned} F_n^{(ABA)}(q) = & (|C_1|^2 + |C_5|^2)L_{n-1}\left(\frac{q^2}{2}\right) + \\ & (|C_2|^2 + |C_3|^2 + |C_6|^2) \\ & L_n\left(\frac{q^2}{2}\right) + |C_4|^2 L_{n+1}\left(\frac{q^2}{2}\right) \end{aligned} \qquad (8.42)$$

ABC 堆叠的霍尔丹赝电势的相应形成因子可以通过下面的公式计算:

$$F_n^{(\mathrm{ABC})}(q) = |C_1|^2 L_{n-1}\left(\frac{q^2}{2}\right) + (|C_2|^2 + |C_3|^2) L_n\left(\frac{q^2}{2}\right) +$$

$$(|C_4|^2 + |C_5|^2) L_{n+1}\left(\frac{q^2}{2}\right) + |C_6|^2 L_{n+2}\left(\frac{q^2}{2}\right) \quad (8.43)$$

从哈密顿矩阵(8.38)和矩阵(8.39)得知的朗道能级谱具有以下性质：

ABA 堆叠 ABA 堆叠具有独特的特性,它与单个石墨烯层和双层石墨烯体系的组合的特性是完全相同的。可以由哈密顿矩阵(8.38)直接得出这些特性。因此,三层石墨烯的朗道能级是由单层石墨烯的朗道能级和双层石墨烯的朗道能级组成。最邻近层间的耦合可以近似地认为哈密顿矩阵(8.38)中这些朗道能级是解耦合的,因此在本体系中的 FQHE 应该与单层石墨烯和双层石墨烯的 FQHE 是相同的。

ABC 堆叠 对于每个 $n \geq 0$,能量具有如下六个朗道能级[100]:

$$\varepsilon_n^{(1)} = \pm\sqrt{2\sqrt{\eta}\cos\left(\frac{\eta}{3}\right) - \frac{\delta_1}{3}} \quad (8.44)$$

$$\varepsilon_n^{(2)} = \pm\sqrt{2\sqrt{\eta}\cos\left(\frac{\eta + 4\pi}{3}\right) - \frac{\delta_1}{3}} \quad (8.45)$$

$$\varepsilon_n^{(3)} = \pm\sqrt{2\sqrt{\eta}\cos\left(\frac{\eta + 2\pi}{3}\right) - \frac{\delta_1}{3}} \quad (8.46)$$

其中

$$\cos\eta = \frac{-\dfrac{\delta_1^3}{27} + \dfrac{\gamma_1\gamma_2}{6} - \dfrac{\gamma_3}{2}}{\left(\dfrac{\delta_1^2}{9} - \dfrac{\delta_2}{3}\right)^{3/2}} \quad (8.47)$$

且

$$\delta_1 = -2\gamma_1^2 - 3(1+n)\varepsilon_B^2 \quad (8.48)$$

$$\delta_2 = \gamma_1^4 + 2(1+n)\gamma_1^2\varepsilon_B^2 + (2+6n+3n^2)\varepsilon_B^4 \quad (8.49)$$

$$\delta_3 = -n(n+1)(n+2)\varepsilon_B^6 \quad (8.50)$$

在 $n = -1$ 时,有三个朗道能级,一个朗道能级具有零能量 $\varepsilon = 0$,其波函数 $\psi^{(\mathrm{ABC})} \propto (0,0,0,-\varepsilon_B\phi_{0,m},0,\gamma_1\phi_{1,m})$,其他两个能级具有的能量为 $\varepsilon = \pm\sqrt{\varepsilon_B^2 + \gamma_1^2}$,其波函数 $\psi^{(\mathrm{ABC})} \propto (0,0,0,\gamma_1\phi_{0,m},\varepsilon\phi_{0,m},\varepsilon_B\phi_{1,m})$。

在 $n = -2$ 时,只有一个能量为 $\varepsilon = 0$ 的朗道能级,波函数 $\psi^{(\mathrm{ABC})} \propto (0,0,0,0,0,\phi_{0,m})$,此朗道能级是完全等同于 $n = 0$ 的非相对论朗道能级。因此,FQHE 在此朗道能级应该与 $n = 0$ 的非相对论朗道能级一样具有完全相同的强度。

已知三层石墨烯的朗道能级的波函数,我们可以评估形成因子和相应的赝电势。有了这些赝电势我们可以再分析三层石墨烯中的 FQHE 的性质。

图 8.16 为填充因子 $\nu = \frac{1}{3}$ 的示意图,三层石墨烯的最低朗道能级如图 8.16 所示,其中红色和蓝色线条对应于具有强 FQHE 的朗道能级,该 FQHE 的强度通过激发带隙表征。

对于 ABA 堆叠,三层石墨烯可视为单层和双层石墨烯的解耦体系。蓝色和红色线条分别对应于单层石墨烯和双层石墨烯的强 FQHE 的朗道能级。$0.09\varepsilon_C$ 的最强 FQHE 可以在 $n = 1$ 的单石墨烯层(图 8.16(a))中观察到。在零能量时,双层石墨烯和单层石墨烯的朗道能级是兼并的,并且具有相同强度的 FQHE。

对于 ABC 堆叠(图 8.16(b))的三层石墨烯不能被分解成更简单的体系,其类似于 ABA 堆叠的三层石墨烯,有一个具有最强 FQHE(带隙 $0.09\varepsilon_C$)的朗道能级,它的带隙接近于 $n = 1$ 的单层石墨烯的 FQHE 带隙。零能量的朗道能级与单层石墨烯的 $n = 0$ 的朗道能级和 $n = 0$ 的非相对论的朗道能级是相同的。虽然有几个朗道能级表现出强的 FQHE,但 ABC 堆叠的 FQHE 强度不超过单层石墨烯的 FQHE 强度。

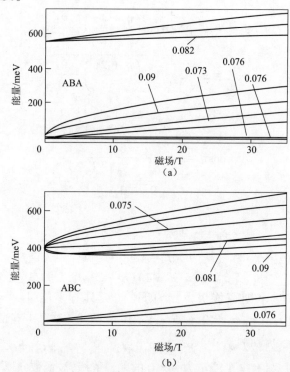

图 8.16 以 ABA 堆叠(a)和 ABC 堆叠(b)的三层石墨烯的最低朗道能量谱图作为磁场的函数。红线和蓝线对应于具有强 FQHE 的朗道能级。线附近的数字为相应朗道能级 $\nu = \frac{1}{3}$ FQHE 带隙的值(以 $\varepsilon_C = e^2/\varepsilon l_0$ 为单位)。图(a)中蓝线和红线分别对应于单层和双层石墨烯的朗道能级

8.5 相互作用的狄拉克费米子的一些独特性质

在本节中,我们讨论相互作用的狄拉克费米子的一些其他奇异性质。包括石墨烯的普法夫(Pfaffians)以及拓扑绝缘体的 FQHE。

8.5.1 凝聚态中的普法夫

在实验中观察到的绝大多数的分数量子霍尔态发生在合理的填充因子 $\nu = p/q$ 下,其中 q 是一个奇数[3,7]。此外,还没有任何实验可以表明,FQHE 会在 $\nu = \frac{1}{2}$ 处发生。有人还认为,在第 $n+1$ 的最低朗道能级(LLL)的 FQHE 状态应该与 $\nu = \frac{1}{2}$ 的最低朗道能级的 FQHE 状态类似,因为较低 n 的朗道能级可以完全被填充。因此,1987 年[101-102]在 $\nu = \frac{5}{2}$ 的传统二维电子气中发现 FQHF 是一件令人惊讶的事,但对于这些状态的性质仍然难以给出令人信服的正确解释[103]。该状态被认为具有相当大的激发带隙(Δ 约为 0.6K)和一个完美的平台。劳克林波函数公式(8.1)不适合这种状态,因为在 $\nu = \frac{1}{2}$ 时,该状态代表玻色子的体系。为了解释相应的不可压缩态的来源,提出了由普法夫[104-107](或反普法夫[108-109])函数来描述 $\nu = \frac{5}{2}$ 的基态。在此描述中,基本带电的激发态有一个电荷 $e^* = e/4$,并且遵循"非阿贝尔"统计[110-111]。最近已经通过实验观察到了这些独特的带电的激发态[112-113]。有趣的是,这些准粒子带有马约拉纳(Majoraua)费米子[114-116]的性质,已经在偶数分母 FQHE 的普法夫描述上引起了大量的兴趣。

填充因子 $\nu = \frac{5}{2} = 2 + \frac{1}{2}$ 对应于一个完全占据 $n=0$ 的两个自旋朗道能级和半填充的 $n=1$ 的朗道能级,因此普法夫状态被认为是 $\nu = \frac{5}{2}$ 的不可压缩态,是半填充的 $n=1$ 的朗道能级的基态。它是通过在 $\nu = \frac{1}{2}$ 的劳克林状态公式(8.1)上运算普法夫因子得到:

$$\psi_{\text{Pf}} = \text{Pf}\left(\frac{1}{z_i - z_j}\right) \prod_{i<j} (z_i - z_j)^2 \exp\left(-\sum_i \frac{z_i^2}{4\ell_B^2}\right) \quad (8.51)$$

其中,一般的电子位置用复杂变量 $z = x - iy$ 的形式来描述,普法夫因子被定义为

任何 $N\times N$ 的非对称矩阵 M_{ij}[104-107]：

$$\text{Pf}M_{ij} = \frac{1}{2^{\frac{N}{2}}(N/2)!} \sum_{\sigma \in S_N} \text{sgn}(\sigma) \prod_{l=1}^{N/2} M_{\sigma(2l-1)\sigma(2l)} \qquad (8.52)$$

其中，S_N 为 N 组对象的排列。因此，普法夫因子对于 $\nu = \frac{1}{2}$ 的劳克林状态提供了必要的反对称性。

该普法夫状态在给定填充因子 $\nu = \frac{1}{2}$ 的半填充的朗道能级上实现，且仅适用于特殊相互作用的电势。普法夫正是一个半填充电子体系的零能量基态，只有当所有的三个粒子相互接近时[106-107]特殊的三粒子相互作用是非零的。在通量量子 $2S$ 的球面几何中，意味着只有当三粒子的总角动量为 $3S-3$ 时，该三粒子的相互作用电势是非零的，通过下面的相互作用哈密顿算符进行描述：

$$\mathcal{H}_{\text{int}} = \frac{e^2}{\kappa \ell_0} \sum_{i<j<k} P_{ijk}(3S-3) \qquad (8.53)$$

式中：$P_{ijk}(L)$ 为三粒子到总角动量 L 状态的投影操作符。

对于两个真实粒子相互作用，$\nu = \frac{1}{2}$ 的普法夫状态不是一个确切的本征态。通过改变两个粒子的相互作用函数，即霍尔丹赝电势，可以实现99%，即接近基态的普法夫状态。

文献[117]中传统非相对论体系的普法夫(摩尔-里德)状态可以通过改变三体相互作用电势(式(8.53))到库仑两体相互作用的电势，在等熵条件下连接到 $n=1$ 的朗道能级的 $\nu = \frac{1}{2}$ 库仑基态。然而，在 $n=0$ 的朗道能级中没有对 $\nu = \frac{1}{2}$ 库仑基态的连接。等熵条件连接表明其是通过改变相互作用电势，使得体系总保持在具有有限集体激发带隙的不可压缩态。这个结果说明，对于库仑相互作用，$n=1$ 的非相对论朗道能级的 $\nu = \frac{1}{2}$ 状态与普法夫状态的拓扑相位相同，但从 $n=0$ 的朗道能级体系到普法夫状态没有任何连接。$n=1$ 的朗道能级的 $\nu = \frac{1}{2}$ 体系基态的纯库仑相互作用与普法夫函数的重叠为80%左右。这一重叠可以通过改变电子-电子电势强度增加，例如通过增加二维层的厚度[118]。

普法夫状态通常在球面几何中进行数值研究[106-107,119]。对于 N 个电子的体系，可以得到普法夫基态的球面尺寸与填充因子 $\nu = \frac{1}{2}$ 在热力学极限条件下一致，可以由条件 $2S = 2N-3$ 确定。对于这样的体系和式(8.53)形成的相互作用电势,普法夫是零能量和有限激发带隙的确切基态。对于双粒子的相互作用,相互作用电势可以通过霍尔丹赝电势式(8.2)来表征,对普法夫状态的近似实际 $\nu = \frac{1}{2}$ 基态对最低的赝电势 V_1、V_3 和 V_5 非常敏感。

8.5.2 石墨烯中的普法夫

单层和双层石墨烯中相互作用电势与非相对论的二维系统不同的是,它可以改变 $\nu = \frac{1}{2}$ 状态的性质,使其接近石墨烯中普法夫状态。对一个尺寸有限的具有多达14个电子的单层石墨烯体系的球面几何进行数值分析后表明,不可压缩的 $\nu = \frac{1}{2}$ 普法夫状态在单层石墨烯中是不太可能被发现的[120]。对于所有的单层石墨烯的朗道能级,$\nu = \frac{1}{2}$ 体系的基态与普法夫函数的重叠若小于0.5,相应的集体激发态带隙也小。

有趣的是,在双层石墨烯中存在一个非常不同的情况。双层石墨烯的 $\nu = \frac{1}{2}$ 的普法夫状态的稳定性与非相对论体系相比大大地提高了。这里的不可压缩态的稳定性是通过集体激发带隙的值决定的,与基态和普法夫状态的重叠相关。在双层石墨烯中有一个"特殊"的朗道能级(对于每个波谷),它由式(8.33)描述,并在波谷 K 中表示为 $0_1^{(+)}$(或在波谷 K' 中表示为 $0_1^{(-)}$)。通过对球面几何中的数值研究表明,只有在这个特殊的朗道能级中,基态与普法夫状态重叠且激发带隙是大的[120]。在所有其他的双层朗道能级中,却发现 $\nu = \frac{1}{2}$ 基态与普法夫状态的重叠是小的(<0.6),所以这些状态不能由普法夫进行说明。

在零偏压下,这个特殊的朗道能级具有零能量,并且与式(8.32)的能级简并。除了这种偶然简并性,每个能级还具有双重波谷简并,这使得零能量状态四重简并。在一个有限的偏压下,这个简并完全升高了,双层石墨烯的特殊朗道能级可以分离。在图8.17中,几个双层朗道能级在一个小的偏压($U=50$meV)和零波谷内不对称($\Delta = 0$)处显示出来。特别的是,朗道能级 $0_1^{(+)}$ 和 $0_1^{(-)}$ 对应于两个不同的波谷,由点划线表示。这两个能级的相互作用电势和多粒子性质是相同的。

从式(8.35)可以得出,朗道能级 $0_1^{(+)}$(或 $0_1^{(-)}$)的形成因子为 F_n,我们可以得到以下的一般属性:在一个小磁场下,$\gamma_1 \gg \varepsilon_B$,形成因子与非相对论的 $n=1$ 的朗道能级的形成因子是相同的。因此,在这种限制下,我们认为,由普法夫对 $\nu = \frac{1}{2}$ 的状态进行描述,它具有与普法夫状态相同的拓扑相位。通过增大磁

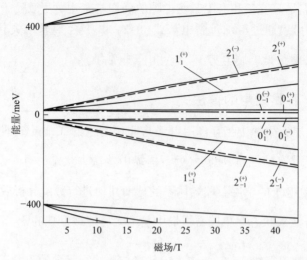

图 8.17 在 $U=50\text{meV}$,$\Delta=0$,$t=400\text{meV}$ 时双层石墨烯的几个最低朗道能级。两条点划线表示不同波谷,可以观察到具有 $\nu=\frac{1}{2}$ 普法夫状态的"特殊"朗道能级;两条虚线表示处于低磁场 $B\to 0$ 的朗道能级,变得与非相对论的二维体系的 $n=1$ 的朗道能级相同

场,我们可以改变 γ_1 和 ε_B 之间的关系,从而改变体系的相互作用和 $\nu=\frac{1}{2}$ 状态的性质。最后,在一个非常大的磁场下,$\gamma_1 \ll \varepsilon_B$,形成因子与 $n=0$ 的非相对论体系中的形成因子相同,而没有 $\nu=\frac{1}{2}$ 的普法夫状态。在中间磁场有两种可能性:① $\nu=\frac{1}{2}$ 状态的激发态带隙以及与普法夫状态的叠加是单调递减并最终消失,②该体系显示了对最大的稳定性的非单调性依赖,即在中间磁场有最大带隙。计算结果表明,第二种情况在双层石墨烯中确实发生了(见图 8.18 和下面的讨论)。

在图 8.18 中,$\nu=\frac{1}{2}$ 状态的参数在中间磁场中可以表示出来,这里显示出了基态与普法夫状态的重叠和相应的激发态带隙。这些结果清楚地表明,随着磁场的增加,体系的特性发生非单调性的改变,当 $\gamma_1=400\text{meV}$,磁场约为 10T 时,与普法夫状态的重叠达到最大。相应的激发态带隙在这一点也达到最大。在无量纲单位中最大值达到 $\gamma_1/\varepsilon_B \approx 4.89$。因此如图 8.18 所示,对于较小的 γ_1,$\gamma_1=300\text{meV}$,最大值是在较小的磁场中得到的。与普法夫状态的重叠的最大点约为 0.92,这是非相对论体系(约为 0.75,这是在图 8.18 中零磁场限制下的值)的一个重大改进。

第8章 石墨烯中的分数量子霍尔效应

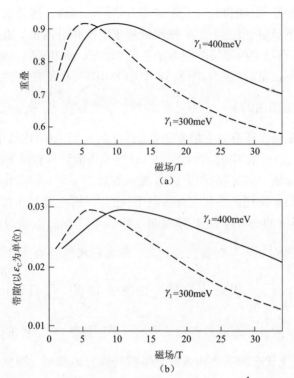

图 8.18 （a）具有普法夫函数的准多粒子基态的重叠；（b）$\nu=\dfrac{1}{2}$ 状态的集体激发带隙。条件为 $N=14, 2S=25, U=0$ 以及 $\Delta=0$，实线和虚线分别对应于 $\gamma_1=400\mathrm{meV}$ 和 $\gamma_1=300\mathrm{meV}$。

图 8.17 的虚线部分表示"特殊"朗道能级的 $\nu=\dfrac{1}{2}$ 体系

在图 8.18 中，磁场是在等焓条件下，通过改变特殊朗道能级 $0_{-1}^{(+)}$ 的 $n=1$ 的非相对论的体系所得到的双层体系相互作用的哈密顿参数。由于保持非零和大的带隙，所以这些变化是等焓的。因此我们的结论是，特殊的双层朗道能级的 $\nu=\dfrac{1}{2}$ 状态与 $n=1$ 的非相对论朗道能级的 $\nu=\dfrac{1}{2}$ 状态和相应的普法夫状态具有相同的拓扑相位。同时在双层石墨烯（$B\approx 10\mathrm{T}$）中的普法夫状态和激发态带隙的重叠比在非相对论体系中的更大。因此，双层石墨烯提供了更稳定的普法夫状态。

在一个大磁场、特殊的朗道能级 $0_{-1}^{(+)}$ 中，双层体系变得接近于 $n=0$ 的非相对论朗道能级，与普法夫状态的重叠变小，激发态带隙变小，且 $\nu=\dfrac{1}{2}$ 的状态最终成为可压缩态。磁场的相关性在调查双层石墨烯的单个朗道能级中的 $\nu=\dfrac{1}{2}$

普法夫状态的稳定、出现和消失上带来了有趣的可能性。虽然普法夫状态仅在大磁场时变得不稳定,但这个性质强烈依赖于跳跃积分的值。在跳跃积分较小时,使普法夫状态稳定的磁场范围缩小。例如,在 $t=300\text{meV}$, $B \approx 40\text{T}$ 的普法夫状态被认为是不稳定的(注意:图 8.18 中的 FQHE 带隙随磁场的增大而减小),偏压在宽的 U 范围内的 $\nu=\frac{1}{2}$ 状态的性质相关性较弱[120]。

在双层石墨烯中还有另一组朗道能级,由图 8.17 中的虚线表示,在波谷 K 中表示为 $2_1^{(+)}$,波谷 K' 中表示为 $2_{-1}^{(-)}$。这些朗道能级具有以下性质:在一个有限的偏压和小磁场下,相应的朗道能级波函数通过 $n=1$ 的非相对论朗道波函数 $(0, \phi_{1,m}, 0, 0)$ 来描述。因此在此限制下,相互作用电势与非相对论体系中的 $n=1$ 的朗道能级的相互作用电势相同。然后可以在低磁场的双层朗道能级 $2_1^{(+)}$($2_{-1}^{(-)}$)上得到 $\nu=\frac{1}{2}$ 的普法夫状态。随着磁场的增加,相互作用电势发生改变,会影响 $\nu=\frac{1}{2}$ 状态的性质。在图 8.19 中,我们提出了朗道能级 $2_1^{(+)}$($2_{-1}^{(-)}$)的 $\nu=\frac{1}{2}$ 状态的参数与磁场的关系。显然,在这种情况下,随着磁场的增加,与普法夫状态的重叠和激发态带隙被强烈地抑制。因此在双层石墨烯朗道能级上不能得到 $\nu=\frac{1}{2}$ 时的普法夫状态。

$\nu=\frac{1}{2}$ 基态和其邻近的普法夫状态的稳定性也可以用相对的角动量 m 上的霍尔丹赝电势 V_m 进行分析。$\nu=\frac{1}{2}$ 的普法夫状态受以下赝电势的参数影响:V_1/V_5 和 V_3/V_5 [117],这些参数取决于磁场的强度。通过改变磁场,我们引入赝电势从一组到另一组的等焓转变,这种转变在 (V_1/V_5)-(V_3/V_5) 平面内显示为一条线(图 8.20)。该线连接了 $B=0$ 的起始点到对应于一个大磁场为 $B=\infty$ 的终点。如图 8.20 所示,通过文献[117]确定了 3 个区域:① $\nu=\frac{1}{2}$ 基态与普法夫函数最大重叠与最大激发态带隙的区域,以及相应的最稳定的 $\nu=\frac{1}{2}$ 普法夫状态;②由不太稳定的普法夫状态包围的区域;③可压缩状态,即零激发态带隙区域。

图 8.20(a)中的深色实线对应的是"特殊"双层朗道能级 $0_{-1}^{(+)}$($0_1^{(-)}$)(图 8.17)。在此朗道能级的 $\nu=\frac{1}{2}$ 双层石墨烯体系中的始点和终点分别与非相对论二维体系中的 $n=1$ 和 $n=0$ 朗道能级相同。相对于中间磁场,线经过的区

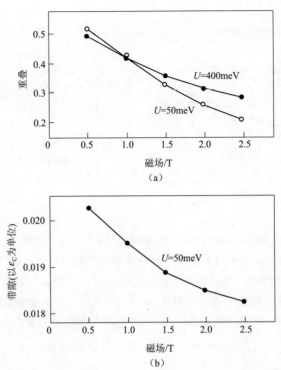

图 8.19 （a）具有普法夫函数的准多粒子基态的重叠；(b) $\nu = \frac{1}{2}$ 状态的集体激发带隙。条件为 $N = 14, 2S = 25, \gamma_1 = 0$ 以及 $\Delta = 0$，以及 $U=50\text{meV}$ 和 $U=400\text{meV}$。朗道能级的 $\nu=\frac{1}{2}$ 体系在能级 $2_1^{(+)}(2_{-1}^{(-)})$ 上的结果如图 8.17 的虚线部分

域为最稳定的普法夫状态区域。因此，当磁场增加时，"特殊"朗道能级中的 $\nu = \frac{1}{2}$ 双层石墨烯体系从 $\nu = \frac{5}{2}$ 非相对论状态（在 B 值很小时）转变成更稳定的不可压缩态且具有大的重叠和带隙，最后转变成可压缩态（在一个大磁场下）。这种现象与图 8.18 所示的结果一致。这里大的激发态带隙是在一个有限的磁场中得到的。对于跳跃积分 $t=400\text{meV}$，在 $B \approx 100\text{T}$ 时发生 $\nu = \frac{1}{2}$ 状态从不可压缩态转变为可压缩态。图 8.20(b) 为双层朗道能级 $0_{-1}^{(+)}$ 的参数 V_1/V_5 和 V_3/V_5 与磁场的关系。在图 8.20(a) 中，这些关系曲线为深色实线。虚线区域显示了稳定的 $\nu = \frac{1}{2}$ 基态具有较大的激发态带隙，并与普法夫状态具有大的重叠区域。这个区域可以在一个有限的磁场（$B \approx 10\text{T}$）下实现，这与图 8.18 的结果是一致的。

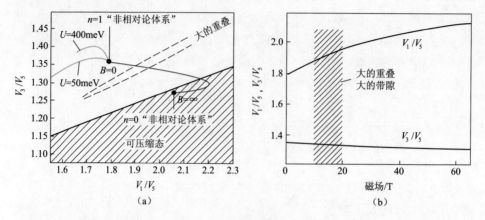

图 8.20 (a)深色实线表示为"特殊"双层朗道能级 $0_1^{(-)}$ 和 $0_{-1}^{(+)}$ 在 (V_1/V_5)-(V_3/V_5) 平面内随磁场的不同电子间相互作用的赝电势而变化的轨迹。对应的朗道能级在图 8.17 中标记为点划线。浅色实线描述的是朗道能级 $2_{-1}^{(-)}$ 和 $2_1^{(+)}$ 的相互作用电势的轨迹,在图 8.17 中标记为虚线,轨迹的始点($B=0$)对应的是 $n=1$ 的朗道能级的非相对论体系,而轨迹的终点($B=\infty$)对应的是 $n=0$ 的朗道能级的非相对论体系。阴影区域为可压缩的 $\nu=\frac{1}{2}$ 状态,空白区域对应不可压缩的 $\nu=\frac{1}{2}$ 状态(文献[117])。在 $B\approx100T$、跳跃积分为 $\gamma_1=400\mathrm{meV}$ 时出现可压缩态和不可压缩态的边界交叉。虚线为普法夫状态的重叠区域(文献[117])。(b)"特殊"双层朗道能级 $0_1^{(-)}$ 和 $0_{-1}^{(+)}$ 的两个角动量的赝电势之比随磁场的函数变化。阴影区域对应遵循普法夫函数的基态具有一个大的重叠和一个大的激发态带隙

图 8.20 中的浅色实线对应于朗道能级 $2_1^{(+)}(2_{-1}^{(-)})$(图 8.17)。图中结果清楚地表明,随着磁场的增加以及所有的 U 值和 Δ 值,$\nu=\frac{1}{2}$ 体系具有较小的激发态带隙,变得不稳定,这与图 8.19 所示的结果一致。

因此,实际上不可压缩态的 $\nu=\frac{1}{2}$ 普法夫状态是可以在双层石墨烯的一个朗道能级上得到的。这个状态的性质强烈依赖于磁场的强度。随着磁场的增加,这个特殊朗道能级的石墨烯体系可以发生从不可压缩态到可压缩态的转变。在一个有限的磁场下,双层石墨烯的普法夫状态具有较大的激发态带隙,并且与其对应的非相对论的二维电子体系相比也更加稳定。

8.5.3 拓扑绝缘体表面相互作用的狄拉克费米子

在单层石墨烯中观察到的相对色散关系,也能在拓扑保护的表面状态的特

殊绝缘体上观察到[121-122]。拓扑绝缘体的这些状态与线性(相对的)的色散关系是无带隙的,且与石墨烯的能谱类似。因此,拓扑绝缘体的表面状态性质也被认为类似于石墨烯的性质。拓扑绝缘体已通过实验在 $Bi_{1-x}Sb_x$ 和 Bi_2Se_3 材料中实现,这些材料在表面含有一个单一的狄拉克锥[123-124]。

在外部磁场下,拓扑绝缘体的朗道能级表面的性质类似于石墨烯的朗道能级表面的性质[125-126]。虽然表面状态的低能量动力学类似于石墨烯,但是这两个系统之间却具有重要的区别。石墨烯的电子态是严格的二维状态,且固定在单个石墨烯平面内,而拓扑绝缘体的表面状态在生长方向上具有有限宽度。拓扑绝缘体的表面状态的有限宽度改变了电子-电子的相互作用电势,继而改变了 FQHE 状态的性质。在传统(非相对论)的电子体系中,2D 层宽度的增加导致了 FQHE 带隙减小,从而降低了相应的不可压缩状态的稳定性。因此,我们认为,在拓扑绝缘体中的 FQHE 带隙比石墨烯中的 FQHE 带隙小。

为了分析拓扑绝缘体(TI)表面状态的 FQHE 性质,我们先从文献[127-128]中引入的低能量的有效哈密顿算符开始。哈密顿算符的大小为 4×4 的矩阵形式:

$$\mathcal{H}_{TI} = \begin{pmatrix} \varepsilon(\boldsymbol{p}) + M(\boldsymbol{p}) & (A_1/\hbar)p_z & 0 & (A_2/\hbar)p_- \\ (A_1/\hbar)p_z & \varepsilon(\boldsymbol{p}) - M(\boldsymbol{p}) & (A_2/\hbar)p_- & 0 \\ 0 & (A_2/\hbar)p_+ & \varepsilon(\boldsymbol{p}) + M(\boldsymbol{p}) & -(A_1/\hbar)p_z \\ (A_2/\hbar)p_+ & 0 & -(A_1/\hbar)p_z & \varepsilon(\boldsymbol{p}) - M(\boldsymbol{p}) \end{pmatrix}$$

(8.54)

其中,$\varepsilon(\boldsymbol{p}) = C_1 + \left(\frac{D_1}{\hbar^2}\right)p_z^2 + \left(\frac{D_2}{\hbar^2}\right)(p_x^2 + p_y^2)$,$M(\boldsymbol{p}) = M_0 - \left(\frac{B_1}{\hbar}\right)p_z^2 - \left(\frac{B_2}{\hbar^2}\right)(p_x^2 + p_y^2)$。对于 Bi_2Se_3 拓扑绝缘体,其材料常数为 $A_1 = 2.2\text{eV}\cdot\text{Å}$,$A_2 = 4.1\text{eV}\cdot\text{Å}$,$B_1 = 2.2\text{eV}\cdot\text{Å}^2$,$B_2 = 56.6\text{eV}\cdot\text{Å}^2$,$C_1 = -0.0068\text{eV}$,$D_1 = 1.3\text{eV}\cdot\text{Å}^{②}$,$D_2 = 19.6\text{eV}\cdot\text{Å}^2$,$M_0 = 0.28\text{eV}$。拓扑绝缘体膜具有一个有限厚度 L_z,其中该轴线 z 是三重旋转对称的 Bi_2Se_3 的三角轴线。我们假设该膜的两个表面 $z=0$ 和 $z=L_z$ 对应于哈密顿算符式(8.54)的四分量波函数可以确定 Bi 和 Se 原子位置($B_{i\uparrow}$,$S_{E\uparrow}$,$B_{i\downarrow}$,$S_{e\downarrow}$)波函数的振幅,其中箭头表示电子的自旋方向。

沿 z 方向引入外部磁场,会导致在 x-y 平面的电子运动的朗道量子化。相应的包括表面和本体的朗道能级,可以通过广义动量[129]替换动量的 x 和 y 分量,并引入塞曼能量 $\Delta_z = \frac{1}{2}g_s\mu_B B$ 的哈密顿矩阵,其中 $g_s \approx 8$ 是表面状态的有效因子 $g^{[128,130]}$,μ_B 为玻尔磁子。朗道能级通过整数指数 n 与相应波函数表征,当 $n > 0$ 时,有

$$\boldsymbol{\psi}_n^{(\text{TI})} = \begin{pmatrix} \chi_n^{(1)}(z)\phi_{|n|-1,m} \\ \chi_n^{(2)}(z)\phi_{|n|-1,m} \\ i\chi_n^{(3)}(z)\phi_{|n|,m} \\ i\chi_n^{(4)}(z)\phi_{|n|,m} \end{pmatrix} \tag{8.55}$$

当 $n=0$ 时,有

$$\boldsymbol{\psi}_n^{(\text{TI})} = \begin{pmatrix} 0 \\ 0 \\ i\chi_n^{(3)}(z)\phi_{|n|,m} \\ i\chi_n^{(4)}(z)\phi_{|n|,m} \end{pmatrix} \tag{8.56}$$

其中,$\chi_n^{(i)}(z)$ 满足以下特征方程:

$$\varepsilon\chi_n^{(1)}(z) = (\varepsilon_{z,n} + M_{z,n} + \Delta_z)\chi_n^{(1)}(z) + iA_1\frac{d\chi_n^{(2)}(z)}{dz} - \frac{\sqrt{2(n+1)}}{\ell_0}A_2\chi_n^{(4)}(z) \tag{8.57}$$

$$\varepsilon\chi_n^{(2)}(z) = (\varepsilon_{z,n} - M_{z,n} + \Delta_z)\chi_n^{(2)}(z) + iA_1\frac{d\chi_n^{(1)}(z)}{dz} - \frac{\sqrt{2(n+1)}}{\ell_0}A_2\chi_n^{(3)}(z) \tag{8.58}$$

$$\varepsilon\chi_n^{(3)}(z) = (\varepsilon_{z,n+1} + M_{z,n+1} - \Delta_z)\chi_n^{(3)}(z) - iA_1\frac{d\chi_n^{(4)}(z)}{dz} - \frac{\sqrt{2(n+1)}}{\ell_0}A_2\chi_n^{(2)} \tag{8.59}$$

$$\varepsilon\chi_n^{(4)}(z) = (\varepsilon_{z,n+1} - M_{z,n+1} - \Delta_z)\chi_n^{(4)}(z) + iA_1\frac{d\chi_n^{(3)}(z)}{dz} - \frac{\sqrt{2(n+1)}}{\ell_0}A_2\chi_n^{(1)} \tag{8.60}$$

其中,$\varepsilon_{z,n} = C_1 + D_2\frac{2n+1}{\ell_0^2} - D_1\frac{d^2}{d_z^2}$,$M_{z,n} = M_0 - B_2\frac{2n+1}{\ell_0^2} - B_1\frac{d^2}{d_z^2}$。方程(8.57)~方程(8.60)的求解决定了朗道能级能量光谱和相应的波函数。我们对表面朗道能级更感兴趣。这些朗道能级从本体朗道能级通过有限能隙分离,且表面朗道能级的波函数固定在拓扑绝缘体表面附近。假设波函数χ_n在一个相当于悬浮的 TI 膜的两个表面满足开放边界条件(零值),而基底是否考虑在内则通过边界条件的改变来确定。

由于拓扑绝缘体薄膜有两个表面,所以会出现两组表面朗道能级。对于厚的膜,两个表面的朗道能级之间的分隔较大且具有 n 相同的能级简并。表面朗道能级的波函数具有有限宽度,因此对于厚度小的膜,Bi_2Se_3 膜的两个表面的波函数会重叠,这会导致朗道能级间的耦合,且两个表面朗道能级的简并提高。图 8.21(a)所示为厚度 $L_z = 30$Å 的 Bi_2Se_3 拓扑绝缘体膜的 $n=0$ 和 $n=1$ 的最低

能量表面朗道能级。对于膜的两个表面的每个 n 值都有两个朗道能级。朗道能级的简并提高是由于有限膜厚度和有限朗道能级间的耦合。这种耦合由于相应波函数的重叠较大,所以在厚度小的膜上更加明显。图 8.21(b)所示为 4 个膜厚度的波函数。对于小的 L_z,在整个拓扑绝缘体膜内的两个表面状态的波函数具有大的重叠且值较大,这导致朗道能级间强的耦合。对于大的 L_z,表面朗道能级被固定在薄膜的两个表面上,从而产生朗道能级间弱的耦合。强朗道能级间耦合就使表面朗道能级简并提高且改变相应的波函数。最重要的是,这种耦合如何影响 n 和 $n-1$ 非相对论朗道能级函数 $\phi_{|n|,m}$ 和 $\phi_{|n|-1,m}$(式(8.55))到表面状态的朗道能级波函数的分布。对于 $n=0$ 的表面朗道能级这并不重要,因为只有 $n=0$ 的非相对论朗道能级函数可以带入式(8.56),而对于 $n=1$ 的表面状态,$n=1$ 和 $n-1=0$ 的非相对论朗道能级函数决定了拓扑绝缘体状态的性质。为了表明朗道能级的间耦合对图 8.21 中所示的波函数的影响,则有电子密度

$$\rho_1^{(n_0=1)}(z) = |\chi_{n=1}^{(3)}(z)|^2 + |\chi_{n=1}^{(4)}(z)|^2 \tag{8.61}$$

$$\rho_1^{(n_0=0)}(z) = |\chi_{n=1}^{(1)}(z)|^2 + |\chi_{n=1}^{(2)}(z)|^2 \tag{8.62}$$

它们决定了 $n_0=1$ 和 $n_0=0$ 的非相对论朗道能级函数到相应的表面朗道能级的分布。两个 $n=1$ 的表面朗道能级的结果如图 8.21(b)所示,这两个朗道能级由于朗道能级间的耦合而耦合。图 8.22 清楚地表明 $n_0=0$ 的非相对论朗道能级函数 $\phi_{n_0=0,m}$ 对 $n=1$ 的表面朗道能级的其中一个朗道能级具有很大的贡献,而 $n_0=1$ 的非相对论朗道能级函数 $\phi_{n_0=1,m}$ 也对 $n=1$ 的表面朗道能级的另一个朗道能级具有很大的贡献。

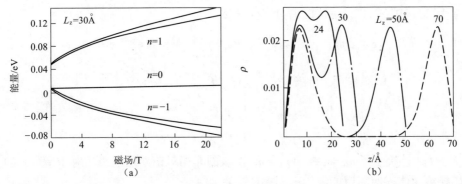

图 8.21 (a)厚度为 $L_z=30\text{Å}$ 的 TI 膜的最低表面朗道能级。对于每个 n 值,TI 膜都有两个朗道能级属于膜的两个表面。(b)在不同厚度 L_z 的 Bi_2Se_3 膜和 $n=1$ 的朗道能级中,沿 z 轴方向的电子密度。线附近的数字为 L_z 的值。磁场为 15T

由于已知朗道能级的波函数公式(8.55)、式(8.56),霍尔丹赝电势公式(8.2),可以很容易地通过下面的表达式计算。当 $n=0$ 时,有

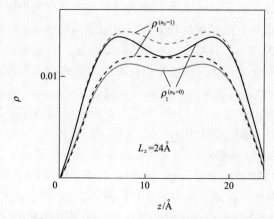

图 8.22 厚度为 $L_z = 24\text{Å}$ 的膜,两个 $n = 1$ 的朗道能级的电子密度分别为 $\rho_1^{(n_0=1)}(z)$ 和 $\rho_1^{(n_0=0)}(z)$。深色(实线和虚线)和浅色(实线和虚线)对应于两个 $n = 1$ 的朗道能级。密度 $\rho_1^{(n_0=1)}(z)$ 和 $\rho_1^{(n_0=0)}(z)$ 分别为 $n = 1$ 和 $n = 0$ 的非相对论朗道函数的占用率

$$V_m^{(n=0)} = \int_0^\infty \frac{\mathrm{d}q}{2\pi} q V(q) F_{1,1}(q) L_n^2\left(\frac{q^2}{2}\right) L_m(q^2) \mathrm{e}^{-q^2} \tag{8.63}$$

当 $n > 0$ 时,有

$$V_m^{(n)} = \int_0^\infty \frac{\mathrm{d}q}{2\pi} q V(q) \frac{1}{4}\left[F_{1,1}(q) L_n^2\left(\frac{q^2}{2}\right) + 2F_{1,2}(q) L_n\left(\frac{q^2}{2}\right) L_{n-1}(q^2/2) + F_{2,2}(q) L_{n-1}^2\left(\frac{q^2}{2}\right)\right] L_m(q^2) \mathrm{e}^{-q^2} \tag{8.64}$$

其中,形成因子 $F_{i,j}(q)$ 可以通过下式计算:

$$F_{1,1}(q) = \int \mathrm{d}z_1 z_2 \rho_n^{(n_0=n)}(z_1) \rho_n^{(n_0=n)}(z_2) \mathrm{e}^{-|z_1-z_2|q}$$

$$F_{1,2}(q) = \int \mathrm{d}z_1 \mathrm{d}z_2 \rho_n^{(n_0=n)}(z_1) \rho_n^{(n_0=n-1)}(z_2) \mathrm{e}^{-|z_1-z_2|q}$$

$$F_{2,2}(q) = \int \mathrm{d}z_1 \mathrm{d}z_2 \rho_n^{(n_0=n-1)}(z_1) \rho_n^{(n_0=n-1)}(z_2) \mathrm{e}^{-|z_1-z_2|q}$$

其中,$\rho_n^{(n_0=n)}(z) = |\chi_n^{(3)}(z)|^2 + |\chi_n^{(4)}(z)|^2$,$\rho_n^{(n_0=n-1)}(z) = |\chi_n^{(1)}(z)|^2 + |\chi_n^{(2)}(z)|^2$ 决定了 $n_0 = n$ 级和 $n_0 = n - 1$ 级的非相对论朗道能级相对于指数 n 的拓扑绝缘体表面朗道能级的占用率。

表面朗道能级的混合对赝电势有很大的影响,只有在厚度小的膜以及 $n = 1$ 的朗道能级上可见(参见式(8.63)和式(8.64))。而对于不可压缩态的稳定性(即 FQHE 状态的带隙)则取决于赝电势随着相对角动量 m 的增加而下降的速度。图 8.23 中,两个最接近的奇数赝电势之比 V_1/V_3 和 V_3/V_5 为该膜 $n = 0$ 和 $n = 1$ 的表面朗道能级厚度的函数。$n = 0$ 的朗道能级的赝电势之比随厚度 L_z 单调递减,此单调性表明 $n = 0$ 的表面朗道能级与两个表面状态的混合无关,减

少是由于在 z 方向的表面波函数宽度的增加(图 8.21(b))。两个 $n=1$ 的表面朗道能级的单调性与 L_z 的相关性不同。厚度小的朗道能级间耦合较大时,导致赝电势之比对 L_z 具有强的非单调的相关性。对于一个 $n=1$ 的朗道能级,其赝电势之比有明显的最大值。对于一个厚度大的拓扑绝缘体膜,朗道能级间耦合较弱,且赝电势随 L_z 单调递减,这类似于 $n=0$ 的朗道能级,这种减小是由于 z 方向上表面波函数宽度的增加。对于一个厚度大的拓扑绝缘体膜,前两个赝电势之比 V_3/V_1 对所有的朗道能级都是相同的。这一现象表明,对于大的 L_z($L_z >$ 50Å),$n=0$ 和 $n=1$ 的朗道能级的 FQHE 的带隙几乎相同。

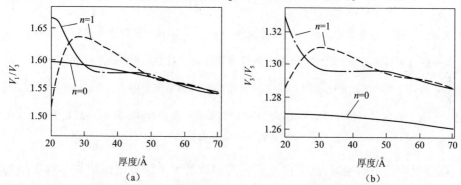

图 8.23 Bi_2Se_3 拓扑绝缘体在两个奇数相对角动量下的表面朗道能级的赝电势之比(a) V_1/V_3 和(b) V_3/V_5 作为拓扑绝缘体膜厚度的函数。对应的是拓扑绝缘体的 $n=0$ 和两个 $n=1$ 的表面朗道能级的赝电势之比

已知赝电势,用球面几何对 $\nu=\dfrac{1}{3}$ 和 $\nu=\dfrac{2}{5}$ 的 FQHE 状态的能谱作为薄膜厚度的函数进行了数值评价。相应的能量带隙随膜厚度的变化如图 8.24(a) 和 (b) 所示[131]。与 L_z 相关的能隙非常类似于相应朗道能级能隙的赝电势之比与 L_z 的相关性(图 8.23)。对于小的厚度,非单调的 $n=1$ 朗道能级是由于朗道间的混合,而对于大的厚度,由于表面波函数的宽度在 z 方向增加,FQHE 带隙随厚度单调递减。$n=1$ 和 $n=0$ 的朗道能级的 FQHE 带隙与厚度大的膜的带隙几乎相同。

通过实验改变外部磁场的强度,从而来研究其与给定的膜厚度体系的参数对 FQHE 带隙的影响。图 8.25 所示为厚度小($L_z=25$Å)和厚度大($L_z=50$Å)的两个膜的 $\nu=\dfrac{1}{3}$ 的 FQHE 带隙与磁场的关系,结果如图 8.24 和图 8.25 所示为磁场和膜厚度的实际值。在朗道能级间的混合内,TI 膜的性质由一个无量纲参数即无量纲膜厚度决定,表示为磁长度的单位。随着磁场的增加磁长度减小,并且无量纲膜厚度增加。然后,在没有任何朗道能级间的混合时,我们认为其随

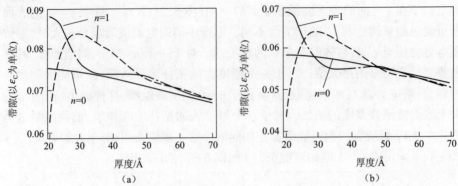

图 8.24 （a）拓扑绝缘体膜的不同朗道能级的 $\nu = \dfrac{1}{3}$ FQHE 带隙作为膜厚度的函数,在 $N = 9$ 的电子和通量量子数 $2S = 24$ 的有限尺寸的体系下对 FQHE 带隙进行数值计算。（b）拓扑绝缘体膜的不同朗道能级的 $\nu = \dfrac{2}{5}$ FQHE 带隙作为膜厚度的函数,在 $N = 10$ 的电子和通量量子数 $2S = 21$ 的有限尺寸的体系下对 FQHE 带隙进行数值计算。磁场为15T,能量以库仑能量 $\varepsilon_C = e^2/\varepsilon \ell_0$ 为单位

磁场激发带隙单调递减,这是由于表面波函数的无量纲宽度的增加。对于小的厚度25Å,约为 Bi_2Se_3 的两个五元组层的厚度(图 8.25(a)),其朗道间的耦合较强。结果表明,一个 $n = 1$ 的朗道能级的 FQHE 带隙随磁场 B 单调递增,而另一个 $n = 1$ 的朗道能级的 FQHE 带隙随磁场 B 单调递减。实验观察到的 FQHE 带隙随磁场单调递增,是朗道能级间强耦合的直接体现。

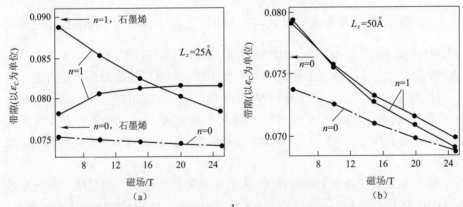

图 8.25 拓扑绝缘体膜的不同朗道能级 $\nu = \dfrac{1}{3}$ 的 FQHE 带隙作为磁场的函数:两个 $n = 1$ 的朗道能级(实线)和两个 $n = 0$ 的朗道能级(点划线)。(a)图的膜厚度为 $L_z = 25$Å,(b)图的膜厚度为 $L_z = 50$Å。箭头为石墨烯 $n = 0$ 和 $n = 1$ 的朗道能级的 FQHE 带隙。FQHE 带隙在 $N = 9$ 的电子和通量量子数 $2S = 24$ 的有限尺寸的体系下进行数值计算。能量以库仑能量 $\varepsilon_C = e^2/\varepsilon \ell_0$ 为单位

对于大的膜厚度 50Å，即 Bi_2Se_3 的五元组层的厚度（图 8.25(b)），朗道能级间耦合较弱，所有朗道能级的 FQHE 带隙随磁场单调递减。这是由于表面朗道能级波函数的无量纲宽度的增加。对于 $n=0$ 的朗道能级，不受朗道能级耦合的影响而随磁场 B 单调递减，可以在厚度不一的膜上观察到。图 8.25 还说明一个事实，即一个拓扑绝缘体的 FQHE 带隙远小于最大的 FQHE 带隙，该最大带隙被认为是在石墨烯 $n=1$ 的朗道能级上。

FQHE 确实可以在拓扑绝缘体表面的朗道能级中观察到。FQHE 的强度可通过激发态带隙值来表征，其与膜厚度的相关性很高。对于一个厚度小的拓扑绝缘体膜，朗道能级间耦合和朗道能级的混合都很强，导致在 $n=1$ 的朗道能级上呈非单调的关系并伴随膜厚度具有一个明显的最大的 FQHE 带隙。对于一个厚度大的膜，朗道能级间耦合很小，FQHE 带隙随厚度单调递减，这是由于表面朗道能级宽度的增加。朗道能级间耦合对 $n=0$ 的表面态的影响是非常微弱的。其结果是 $n=0$ 的朗道能级的 FQHE 带隙随所有的厚度值 L_z 单调递减。在一般情况下，对于拓扑绝缘体膜的有限厚度，$n=1$ 的朗道能级的 FQHE 带隙最大，类似于单层石墨烯的情况。对于一个足够大的薄膜厚度，$L_z > 50Å$，在 $n=0$ 和 $n=1$ 的朗道能级的 FQHE 状态的带隙具有可比性（图 8.24）。类似于石墨烯的情况，通过对这些理论预测进行实验观察，[54,69,77]，将会是对这个独特状态的理解的一个重要的进步。从 1 个五元组层（10Å）至 15 个五元组层（150Å）很宽范围内，可控生长 Bi_2Se_3 纳米薄膜的可能性已经在文献 [132] 中被证实。这使研究不同厚度的 Bi_2Se_3 薄膜的 FQHE 成为令人兴奋的可能。

8.6 本章小结

本章我们简要地回顾了单层和双层石墨烯在电子相互作用下展现出的丰富的量子霍尔效应的物理学机制。单层石墨烯的无质量狄拉克费米子的行为和双层石墨烯的大量手征费米子的行为都与传统两维电子系统的电子动力学明显不同。在双层石墨烯中，我们详细地讨论了从分数量子霍尔状态到可压缩态，并且在相同的朗道能级、在给定的电子密度下，通过简单地调整带隙返回到 FQHE 状态这一转变的可能。同样地，我们提出了在双层石墨烯的朗道能级中发生 FQHE—无 FQHE—FQHE 转变的这一可能性。在双层石墨烯中，这些可控驱动转变是独一无二的，这在常规二维电子体系中则不存在。大量的实验观测提供了在双层石墨烯中很难看到的不可压缩态和可压缩态的性质。同时，本章也简要讨论了在三层石墨烯中的不可压缩态，以及认为会出现在双层石墨烯中的新奇的状态，如 $\nu = \dfrac{5}{2}$ 的不可压缩普法夫状态。最后，本章简要说明了拓扑绝缘体表面的狄拉克费米子 FQHE 状态性质。

致谢

这项研究得到了加拿大政府加拿大研究主席计划的支持。在此感谢 Peter Maksym 仔细审读本章内容,并提供有价值的意见,使内容得到了提升。

参 考 文 献

[1] K. von Klitzing, G. Dorda, M. Pepper, Phys. Rev. Lett. **45**, 494(1980).

[2] K. von Klitzing, Rev. Mod. Phys. **58**, 519(1986).

[3] H. L. Störmer, Physica B**177**, 401(1992).

[4] H. L. Störmer, Rev. Mod. Phys. **71**, 875(1999).

[5] R. B. Laughlin, Phys. Rev. Lett. **50**, 1395(1983).

[6] R. B. Laughlin, Rev. Mod. Phys. **71**, 863(1999).

[7] T. Chakraborty, P. Pietiläinen, *The Quantum Hall Effects*, 2nd edn. (Springer, New York, 1995).

[8] S. M. Girvin, in The *Quantum Hall Effects: Poincarè Seminar 2004*, ed. by B. Ducot, B. Duplantier, V. Pasquier, E. Rivasseau (Birkhäuser, Basel, 2005), p. 133.

[9] R. B. Laughlin, *A Different Universe* (Basic Books, New York, 2005).

[10] S. Das Sarma, A. Pinczuk (eds.), *Perspectives in Quantum Hall Effects* (Wiley, New York, 1997).

[11] B. I. Halperin, Helv. Phys. Acta **56**, 75(1983).

[12] V. S. Khrapai, A. A. Shashkin, M. G. Trokina, V. T. Dolgopolov, V. Pellegrini, F. Beltram, G. Biasiol, L. Sorba, Phys. Rev. Lett. **100**, 196805(2008).

[13] B. I. Halperin, Phys. Rev. Lett. **52**, 1583(1984).

[14] T. Chakraborty, K. von Klitzing, Phys. Can. **67**(3), 161(2011). arXiv:1102.5250.

[15] F. D. M. Haldane, in *The Quantum Hall Effect*, ed. by R. E. Prange, S. M. Girvin (Springer, New York, 1987), p. 303.

[16] F. D. M. Haldane, E. H. Rezayi, Phys. Rev. Lett. **54**, 237(1985).

[17] J. K. Jain, Phys. Rev. Lett. **63**, 199(1989).

[18] J. K. Jain, Phys. Rev. B **40**, 8079(1989).

[19] O. Heinonen (ed.), *Composite Fermions* (World Scientific, Singapore, 1998).

[20] B. I. Halperin, in *Perspectives in Quantum Hall Effects*, ed. by S. Das Sarma, A. Pinczuk (Wiley, New York, 1997).

[21] B. I. Halperin, Physica E **20**, 71(2003).

[22] R. L. Willett, Adv. Phys. **46**, 447(1997).

[23] K. S. Novoselov, Rev. Mod. Phys. **83**, 837(2011).

[24] A. K. Geim, Rev. Mod. Phys. **83**, 851(2011).

[25] A. K. Geim, K. S. Novoselov, Nat. Mater. **6**, 183(2007).

[26] T. Ando, A. B. Fowler, F. Stern, Rev. Mod. Phys. **54**, 437(1982).

[27] P. R. Wallace, Phys. Rev. **71**, 622(1947).

[28] T. Ando, Physica E **40**, 213(2007).

[29] K. S. Novoselov, Z. Jiang, Y. Zhang, S. V. Morozov, H. L. Stormer, U. Zeitler, J. C. Maan, G. S. Boebinger,

P. Kim, A. K. Geim, Science **315**, 1379(2007).

[30] D. S. L. Abergel, V. Apalkov, J. Berashevich, K. Ziegler, T. Chakraborty, Adv. Phys. **59**, 261(2010).

[31] C. Beenakker, Rev. Mod. Phys. **80**, 1337(2008).

[32] V. P. Gusynin, V. A. Miransky, S. G. Sharapov, I. A. Shovkovy, Low Temp. Phys. **34**, 778(2008).

[33] V. P. Gusynin, S. G. Sharapov, J. P. Carbotte, Int. J. Mod. Phys. B **21**, 4611(2007).

[34] A. H. Castro Neto, F. Guinea, N. M. R. Peres, K. S. Novoselov, A. K. Geim, Rev. Mod. Phys. **81**, 109 (2009).

[35] N. M. R. Peres, J. Phys. Condens. Matter **21**, 323201(2009).

[36] L. M. Malard, M. A. Pimenta, G. Dresselhaus, M. S. Dresselhaus, Phys. Rep. **473**, 51(2009).

[37] A. K. Geim, Science **324**, 1530(2009).

[38] N. J. M. Horing, Philos. Trans. R. Soc. Lond. A **368**, 5525(2010).

[39] Y. H. Wu, T. Yu, Z. X. Shen, J. Appl. Phys. **108**, 071301(2010).

[40] M. Orlita, M. Potemski, Semicond. Sci. Technol. **25**, 063001(2010).

[41] C. Soldano, A. Mahmood, E. Dujardin, Carbon **48**, 2127(2010).

[42] W. Choi, I. Lahiri, R. Seelaboyina, Y. S. Kang, Crit. Rev. Solid State Mater. Sci. **35**, 52(2010).

[43] C. N. R. Rao, A. K. Sood, R. Voggu, K. S. Subrahmanyam, J. Phys. Chem. Lett. **1**, 572(2010).

[44] Y. Zhu, S. Murali, W. Cai, X. Li, J. W. Suk, J. R. Potts, R. S. Ruoff, Adv. Mater. **22**, 3906(2010).

[45] M. J. Allen, V. C. Tung, R. B. Kaner, Chem. Rev. **110**, 132(2010).

[46] N. M. R. Peres, Rev. Mod. Phys. **82**, 2673(2010).

[47] S. Das Sarma, S. Adam, E. H. Hwang, E. Rossi, Rev. Mod. Phys. **83**, 407(2011).

[48] A. V. Rozhkov, G. Giavaras, Y. P. Bliokh, V. Freilikher, F. Nori, Phys. Rep. **503**, 77(2011).

[49] C. L. Kane, E. J. Mele, Phys. Rev. Lett. **95**, 226801(2005).

[50] X. F. Wang, T. Chakraborty, Phys. Rev. B **75**, 033408(2007).

[51] N. A. Sinitsyn et al., Phys. Rev. Lett. **97**, 106804(2006).

[52] L. D. Landau, E. M. Lifshitz, *Quantum Mechanics*, *Non-relativistic Theory*, 3rd edn. (Pergamon Press, New York, 1977).

[53] A. J. M. Giesbers, U. Zeitler, M. I. Katsnelson, L. A. Ponomarenko, T. M. Mohiuddin, J. C. Maan, Phys. Rev. Lett. **99**, 206803(2007).

[54] V. M. Apalkov, T. Chakraborty, Phys. Rev. Lett. **97**, 126801(2006).

[55] M. O. Goerbig, R. Moessner, B. Ducot, Phys. Rev. B **74**, 161407(R)(2006).

[56] V. Apalkov, X. F. Wang, T. Chakraborty, Int. J. Mod. Phys. B **21**, 1165(2007).

[57] F. D. M. Haldane, Phys. Rev. Lett. **51**, 605(1983).

[58] G. Fano, F. Ortolani, E. Colombo, Phys. Rev. B **34**, 2670(1986).

[59] M. Greiter, Phys. Rev. B **83**, 115129(2011).

[60] C. Toke, P. E. Lammert, V. H. Crespi, J. K. Jain, Phys. Rev. B **74**, 235417(2006).

[61] N. Shibata, K. Nomura, J. Phys. Soc. Jpn. **78**, 104708(2009).

[62] Z. Papic, M. O. Goerbig, N. Regnault, Phys. Rev. Lett. **105**, 176802(2010).

[63] C. Toke, J. K. Jain, Phys. Rev. B **75**, 245440(2007).

[64] K. S. Novoselov, A. K. Geim, S. V. Morozov, D. Jiang, M. I. Katsnelson, I. V. Grigorieva, S. V. Dubonos, A. A. Firsov, Nature **438**, 197(2005).

[65] Y. Zhang, Y.-W. Tan, H. L. Stormer, P. Kim, Nature **438**, 201(2005).

[66] K. I. Bolotin, K. J. Sikes, Z. Jiang, G. Fudenberg, J. Hone, P. Kim, H. L. Störmer, Solid State Commun. **146**, 351(2008).

[67] X. Du, I. Skachko, A. Barker, E. Andrei, Nat. Nanotechnol. **3**, 491(2008).

[68] X. Du, I. Skachko, F. Duerr, A. Luican, E. Y. Andrei, Nature **462**, 192(2009).

[69] D. A. Abanin, I. Skachko, X. Du, E. Y. Andrei, L. S. Levitov, Phys. Rev. B **81**, 115410(2010).

[70] K. I. Bolotin, F. Ghahari, M. D. Shulman, H. L. Störmer, P. Kim, Nature **462**, 196(2009).

[71] I. Skachko, X. Du, F. Duerr, A. Luican, D. A. Abanin, L. S. Levitov, E. Y. Andrei, Philos. Trans. R. Soc. Lond. A **368**, 5403(2010).

[72] H. Wang, D. N. Sheng, L. Sheng, F. D. M. Haldane, Phys. Rev. Lett. **100**, 116802(2008).

[73] G. S. Boebinger, A. M. Chang, H. L. Störmer, D. C. Tsui, Phys. Rev. Lett. **55**, 1606(1985).

[74] G. Ebert, K. von Klitzing, J. C. Maan, G. Remenyi, C. Probst, G. Weimann, W. Schlapp, J. Phys. C, Solid State Phys. **17**, L775(1984).

[75] D. C. Tsui, H. L. Störmer, J. C. M. Hwang, J. S. Brooks, M. J. Naughton, Phys. Rev. B **28**, 2274(R)(1983).

[76] E. V. Kurganova, A. J. M. Giesbers, R. V. Gorbachev, A. K. Geim, K. S. Novoselov, J. C. Maan, U. Zeitler, Solid State Commun. **150**, 2209(2010).

[77] F. Ghahari, Y. Zhao, P. Cadden-Zimansky, K. Bolotin, P. Kim, Phys. Rev. Lett. **106**, 046801(2011).

[78] C. R. Dean, A. F. Young, P. Cadden-Zimansky, L. Wang, R. Hen, K. Watanabe, T. Taniguchi, P. Kim, J. Hone, K. L. Shepard, Nat. Phys. 7, 693(2011).

[79] W. Bao, Z. Zhao, G. Liu, P. Kratz, L. Jing, J. Velasco Jr., D. Smirnov, C. N. Lau, Phys. Rev. Lett. **105**, 246601(2010).

[80] E. McCann, V. I. Fal'ko, Phys. Rev. Lett. **96**, 086805(2006).

[81] T. Chakraborty, V. M. Apalkov, Solid State Commun. (2013).

[82] E. McCann, Phys. Rev. B **74**, 161403(2006).

[83] E. V. Castro, K. S. Novoselov, S. V. Morozov, N. M. R. Peres, J. M. B. Lopes dos santos, J. Nilsson, F. Guinea, A. K. Geim, A. H. Castro Neto, Phys. Rev. Lett. **99**, 216802(2007).

[84] M. Mucha-Kruczynski, D. S. L. Abergel, E. McCann, V. I. Fal'ko, J. Phys. Condens. Matter **21**, 344206(2009).

[85] J. M. Pereira Jr., F. M. Peeters, P. Vasilopoulos, Phys. Rev. B **76**, 115419(2007).

[86] V. M. Apalkov, T. Chakraborty, Phys. Rev. Lett. **105**, 036801(2010).

[87] C. Berger, J. Veuillen, L. Magaud, P. Mallet, V. Olevano, M. Orlita, P. Plochoka, C. Faugeras, G. Martinez, M. Potemski, C. Naud, L. P. Levy, D. Mayou, Int. J. Nanotechnol. **7**, 383(2010).

[88] A. Reina, X. Jia, J. Ho, D. Nezich, H. Son, V. Bulovic, M. S. Dresselhaus, J. Kong, Nano Lett. **9**, 30(2009).

[89] D. L. Miller, K. D. Kubista, G. M. Rutter, M. Ruan, W. A. de Heer, P. N. First, J. A. Stroscio, Science **324**, 924(2009).

[90] J. Hass, F. Varchon, J. E. Millan-Otoya, M. Sprinkle, N. Sharma, W. A. de Heer, C. Berger, P. N. First, L. Magaud, E. H. Conrad, Phys. Rev. Lett. **100**, 125504(2008).

[91] S. Latil, L. Henrard, Phys. Rev. Lett. **97**, 036803(2006).

[92] S. Shallcross, S. Sharma, O. A. Pankratov, Phys. Rev. Lett. **101**, 056803(2008).

[93] J. M. B. Lopes dos Santos, N. M. R. Peres, A. H. Castro Neto, Phys. Rev. Lett. **99**, 256802(2007).

[94] E. J. Mele, Phys. Rev. B **81**, 161405(2010).

[95] A. Luican, G. Li, A. Reina, J. Kong, R. R. Nair, K. S. Novoselov, A. K. Geim, E. Y. Andrei, Phys. Rev. Lett. **106**, 126802(2011).

[96] V. M. Apalkov, T. Chakraborty, Phys. Rev. B **84**, 033408(2011).

[97] T. Taychatanapat, K. Watanabe, T. Tanigushi, P. Jarillo-Herrero, Nat. Phys. **7**, 621(2011).

[98] A. Kumar, W. Escoffier, J. M. Poumirol, C. Faugeras, D. P. Arovas, M. M. Fogler, F. Guinea, S. Roche,

M. Goiran, B. Raquet, Phys. Rev. Lett. **107**, 126806(2011).

[99] V. M. Apalkov, T. Chakraborty, Phys. Rev. B **86**, 035401(2012).

[100] S. Yuan, R. Roldan, M. I. Katsnelson, Phys. Rev. B **84**, 125455(2011).

[101] J. P. Eisenstein, in *Perspectives in Quantum Hall Effects*, ed. by S. Das Sarma, A. Pinczuk (Wiley-Interscience, New York, 1996), p. 37.

[102] R. Willett, J. P. Eisenstein, H. L. Störmer, D. C. Tsui, A. C. Gossard, J. E. English, Phys. Rev. Lett. **59**, 1776(1987).

[103] C. Zhang, T. Knuuttila, Y. Dai, R. R. Du, L. N. Pfeiffer, K. W. West, Phys. Rev. Lett. **104**, 166801(2010).

[104] N. Read, Physica B **298**, 121(2001).

[105] G. Moore, N. Read, Nucl. Phys. B **360**, 362(1991).

[106] M. Greiter, X. -G. Wen, F. Wilczek, Phys. Rev. Lett. **66**, 3205(1991).

[107] M. Greiter, X. -G. Wen, F. Wilczek, Nucl. Phys. B **374**, 567(1992).

[108] M. Levin, B. I. Halperin, B. Rosenow, Phys. Rev. Lett. **99**, 236806(2007).

[109] S. S. Lee, S. Ryu, C. Nayak, M. P. A. Fisher, Phys. Rev. Lett. **99**, 236807(2007).

[110] A. Stern, B. I. Halperin, Phys. Rev. Lett. **96**, 016802(2006).

[111] A. Stern, Ann. Phys. **323**, 204(2008).

[112] M. Dolev, M. Heiblum, V. Umansky, A. Stern, D. Mahalu, Nature **452**, 829(2008).

[113] V. Venkatchalam, A. Yacoby, L. Pfeiffer, K. West, Nature **469**, 185(2011).

[114] N. Read, D. Green, Phys. Rev. B **61**, 10267(2000).

[115] D. A. Ivanov, Phys. Rev. Lett. **86**, 268(2001).

[116] R. F. Service, Science **332**, 193(2011).

[117] M. Storni, R. H. Morf, S. Das Sarma, Phys. Rev. Lett. **104**, 076803(2010).

[118] M. R. Peterson, Th. Jolicoeur, S. Das Sarma, Phys. Rev. Lett. **101**, 016807(2008).

[119] N. Read, E. Rezayi, Phys. Rev. B **54**, 16864(1996).

[120] V. Apalkov, T. Chakraborty, Phys. Rev. Lett. **107**, 186803(2011).

[121] M. Z. Hasan, C. L. Kane, Rev. Mod. Phys. **82**, 3045(2010).

[122] X. -L. Qi, S. -C. Zhang, Phys. Today **63**, 33(2010).

[123] D. Hsieh, D. Qian, L. Wray, Y. Xia, Y. S. Hor, R. J. Cava, M. Z. Hasan, Nature(London) **452**, 970(2008).

[124] Y. Xia, D. Qian, D. Hsieh, L. Wray, A. Pal, H. Lin, A. Bansil, D. Grauer, Y. S. Hor, R. J. Cava, M. Z. Hasan, Nat. Phys. **5**, 398(2009).

[125] T. Hanaguri, K. Igarashi, M. Kawamura, H. Takagi, T. Sasagawa, Phys. Rev. B 081305(R)(2010).

[126] P. Cheng, C. Song, T. Zhang, Y. Zhang, Y. Wang, J. -F. Jia, J. Wang, Y. Wang, B. -F. Zu, X. Chen, X. Ma, K. He, L. Wang, Z. Fang, X. Xie, X. -L. Qi, C. -X. Liu, S. -C. Zhang, Q. -K. Xue, Phys. Rev. Lett. **105**, 076801(2010).

[127] H. Zhang, C. -X. Liu, X. -L. Qi, X. Dai, Z. Fang, S. -C. Zhang, Nat. Phys. **5**, 438(2009).

[128] C. -X. Liu, X. -L. Qi, H. J. Zhang, X. Dai, Z. Fang, S. -C. Zhang, Phys. Rev. B **82**, 045122(2010).

[129] Z. Yang, J. H. Han, Phys. Rev. B **83**, 045415(2011).

[130] Z. Wang, Z. -G. Fu, S. -X. Wang, P. Zhang, Phys. Rev. B **82**, 085429(2010).

[131] V. Apalkov, T. Chakraborty, Phys. Rev. Lett. **107**, 186801(2011).

[132] G. Zhang, H. Qin, J. Teng, J. Guo, Q. Guo, X. Dai, Z. Fang, K. Wu, Appl. Phys. Lett. **95**, 053114(2009).

第9章

石墨烯量子霍尔机制中的对称性破裂：交互和无序之间的竞争

Yafis Barlas, A. H. MacDonald, Kentaro Namura

摘要 石墨烯是一种有着蜂窝结构晶格和类狄拉克低能量激发的二维碳纳米材料。在忽略塞曼效应的情况下，石墨烯的朗道能级是四重简并的，这里解释了最近实验中观测到的量子霍尔电导值之间 $4e^2/h$ 的分离。在本章，基于单层和双层石墨烯系统中的破裂的对称性状态的电荷能隙，将在 e^2/h 的中间整数值附近获得交互作用导致的量子霍尔效应出现的评判标准。

9.1 引 言

在现代物理学中，以自发对称性破坏为特征的相变引起了人们广泛的兴趣，并且在高能物理学、凝聚态物理学、统计物理学领域占据重要地位。由于哈密顿对称性的破坏使得粒子相互作用的能量总是处于最小状态，这便使得自发对称性破坏很常见。结晶便是最简单的例子，结晶时原子核通过破坏平移对称而避免互相靠近。类似地，由于在费米统计系统中，许多互相作用的粒子都有一个自

Y. Barlas
美国加利福尼亚州河滨加州大学河滨分校物理学和天文学系，92521。

A. H. MacDonald
美国得克萨斯州奥斯汀德州大学奥斯汀分校物理系，78712。

K. Nomura（通信作者）
日本仙台东北大学金属材料研究所，980-8577。
e-mail: nomura@imr.tohoku.ac.jp

第9章 石墨烯量子霍尔机制中的对称性破裂:交互和无序之间的竞争

旋自由度,它们通常通过调整自旋方向来降低能量。对称性破坏的相态支持了软的 Goldstone 集体模式和非凡拓扑的有序参数纹理,如扭结、漩涡和尖刺纹理[1],这种支持依赖于原始和残余对称性以及空间维度的数目。

量子霍尔系统[2]中有许多状态,其中自旋对称性是自发性破坏的。在强磁场中,当单朗道能级或者一系列简并的朗道能级被部分占用时,动能就会骤降。在这些情况下,电子与电子之间的交互作用就会起着关键作用,对称性破坏的状态极其常见。鉴于哈里特-福克(Hartree-Fock)均场理论提供了一个很好的出发点,填充因子是整数的情形有着很强的顺序以使其能很容易地被描述。例如在砷化镓(GaAs)中,因为塞曼耦合通常比库伦耦合弱,这使得磁场中电子的哈密顿常量在自旋空间中有着接近 SU(2) 的对称性。对称性在奇整数填充因子(ν)处易被破坏:$\nu = N_e / N_\phi$,其中 N_e 是电子数目,N_ϕ 是单朗道能级的简并度,这种现象称为量子霍尔铁磁性。由于交换增强自旋能隙的存在,其中该能隙的存在会引发准粒子能隙,因而电子的相互作用会导致自发的电子自旋极化以及整数量子霍尔效应的出现。这些自旋极化基态的中性和带电激子就是自旋波和称为斯格明子(Skyrmions)的拓扑自旋结构[2]。

另一个实现多组分量子霍尔系统的例子就是在双量子阱结构中,其中任一层自由度(赝自旋)是朗道能级简并度的两倍。由于层内和层间的库仑作用是不同的,因而双层系统不显示 SU(2) 对称性,而显示的是与存在于两层间的电荷的交互有关的 U(1) 对称性(假设没有层间隧道效应)。奇数填充的足够小的层空间的基态可被看作是赝自旋层在 $\hat{x} - \hat{y}$ 平面自发排序的易平面自旋铁磁体。在奇数填充处,这种基态也支持着能量不散逸的逆流的超导电流,这种电流的传输特性与超流体或超导体的传输特性均不同[3]。与对称性破坏的 U(1) 相关的带电漩涡激子就是半斯格明子,正如称作梅伦子(merons)的物体。

石墨烯是最近发现的一种有着蜂窝晶格结构的二维碳纳米材料[6]。石墨烯最有趣的一面就是它的低能激子可被精确地描述为二维无质量的狄拉克费米子。狄拉克费米子很多的不寻常的性质在石墨烯中均有体现,尤其是与众不同的整数量子霍尔平台序列。在石墨烯中,除了真实自旋自由度外,还有在线性能量色散的第一布里渊区的两个等同点,因此有四重简并的狄拉克能带。在双层石墨烯中,伴随着四重自旋谷简并度,还有在电中性石墨片中半充满的 $N=0$ 的朗道能级的额外耦合。这个额外简并的发生是由于有着相同轨道特征的两个朗道能级(正如非相对论电子气中的 $n=0$ 和 $n=1$ 的朗道能级)在电中性(狄拉克)点附近出现。当这个额外的简并度也被计算在内的话,$N=0$ 的朗道能级就是八重简并。在强磁场中,库仑相互作用导致在近似简并的朗道能级内的对称破坏,这些能级会导致带电激子(即量子霍尔效应)产生能隙并产生新的物理现象。本章主要研究微观物理学,它控制着这些相互作用引发的量子霍尔态的出现并决定着其特性。

本章的框架组成如下:9.2节介绍了在磁场和/或无序场中狄拉克哈密顿算符的单粒子态的物理特性。9.3节介绍了用以描述真实自旋和赝自旋(谷自旋)的对称性破坏行为的量子霍尔铁磁性。其中,还描述了交互作用和无序之间的竞争。在9.4节中,基于对称性破坏行为,讨论了中性石墨烯($\nu = 0$的情形)及几种基态和相关的传输特性。9.5节讨论了双层石墨烯中的对称性破坏,其中,在朗道能级指数为零的能级处,双层石墨烯额外的简并度会导致量子霍尔铁磁性的出现。在9.6节中,我们将量子霍尔铁磁性的概念推广到了分数填充因子的情形中。最后在9.7节中,我们总结了石墨烯中量子霍尔效应的特征。由于篇幅所限,不能在本章中全面、系统地综述所有主题。因此,建议读者从其他两篇综述[4-5]中全面获取有关这个主题的知识。

9.2 无质量狄拉克费米子的量子霍尔效应

9.2.1 朗道能级和量子化的霍尔电导

描述石墨烯的低能量特性的单粒子 $k \cdot p$ 哈密顿算符就是二维狄拉克哈密顿算符[6]:

$$\mathcal{H} = v_F(p_x + eA_x)\sigma_x + v(p_y + eA_y)\tau_z\sigma_y = \begin{pmatrix} \mathcal{H}_K & 0 \\ 0 & \mathcal{H}_{K'} \end{pmatrix} \quad (9.1)$$

式中:$\mathcal{H}_K = v_F\boldsymbol{\sigma} \cdot (-i\hbar\nabla + e\boldsymbol{A})$,$\mathcal{H}_{K'}$ 为 $\mathcal{H}_K$ 的转置矩阵;v_F 为在狄拉克点的费米速度;$\boldsymbol{\sigma}$ 为泡利矩阵;τ 为亚点阵和谷自由度。

在有限的磁场中,$\boldsymbol{B} = \nabla \times \boldsymbol{A} = (0,0,B)$,$\mathcal{H}_K$ 的谱包含了简并度为 $4N_\phi = 4SB/\Phi_0$($\Phi_0 = hc/e$ 是电子磁通总量,S 是横截面积)的朗道能级和特征值[6]:

$$E_n = \text{sgn}(N)\hbar\omega_0\sqrt{|N|} \quad (9.2)$$

其中,N 为整数。

朗道能级的简并度中的 $4 = 2\times 2$ 的因子包含了自旋和谷简并度。能量和长度标尺关系为 $\omega_0 = \sqrt{2}v_F/\ell_B$,其中 $\ell_B = \sqrt{\hbar/eB}$。填充因子 $\nu > 0$ 是载流子个数与 N_ϕ 的比值。载流子个数是根据系统中电子的数目和中性系统(包含了满价带和空导带)中载流子的数目差来计算的。

在石墨烯中,对于整数量子霍尔效应电导平台值的量子化准则为[6-12]:

$$\sigma_{xy} = \left(N + \frac{1}{2}\right)\frac{4e^2}{h} \quad (9.3)$$

从真实的朗道能级结构狄拉克公式出发,这个量化准则可以简单地理解为:对于中性的石墨烯层而言,由于没有电子和空穴电流,费米能级位于 $N=0$ 的朗道能级的中间,而 $\sigma_{xy} = 0$。从整数量子霍尔文献中可以得知,当单朗道能级或者一系列简并的朗道能级接近半满的时候,零温度的霍尔电导值会在两个平台之间突然跃迁。对于石墨烯 $N=0$ 的朗道能级而言,其霍尔电导值可从 $\sigma_{xy} = -2e^2/h$ 平台跃迁 $4e^2/h$ 到 $\sigma_{xy} = 2e^2/h$ 平台。

实际情况中,只有当无序度足够弱时,才可以观测到量子霍尔效应。例如当朗道能级的间距大于杂质诱导的朗道能级的宽度时,就可以观测到量子霍尔效应。当杂质密度增加时,在能够达到的温度范围内霍尔电导值的量子化就会变得较弱。图 9.1(a)所示为不同朗道能级宽度的典型量子化行为,其中霍尔电导值是根据 Kubo 公式[13]计算得到的。下面将讨论在典型石墨烯样品中观测到的杂质效应。

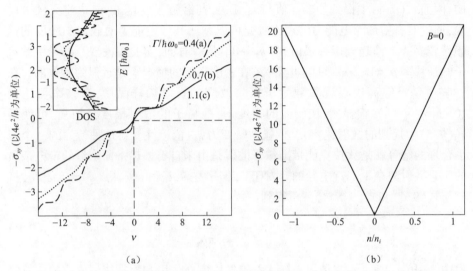

图 9.1 (a)用 Kubo 公式计算的石墨烯中狄拉克费米子的霍尔电导值与几个无序诱导的宽度为 Γ 的朗道能级的填充因子 ν 之间的关系。插图为无序状态下的态密度[13]。(b)零磁场轴向电导的玻尔兹曼理论值与屏蔽下的 n/n_i 的关系,其中 n 是载流子密度,而 n_i 是带电杂质的密度

9.2.2 零场迁移和带电杂质

讨论石墨烯样品中的杂质效应时,应从零磁场中的玻尔兹曼输运理论出发。当运用到石墨烯的四重简并的布洛赫(Bloch)能带时,会有[14]:

$$\sigma_{xx}^{B=0} = \frac{e^2 \tau v_F^2 \mathcal{D}(E_F)}{2} = \frac{e^2}{h} \frac{2E_F \tau}{\hbar} \quad (9.4)$$

式中:τ^{-1} 为散射率;$\mathcal{D}(E_F)$ 为费米能级 E_F 的态密度。

当用碰撞积分的黄金准则来评价玻尔兹曼输运理论时,石墨烯的载流子散射率由下式给出:

$$\frac{1}{\tau} = \frac{n_i k_F}{2\pi \hbar^2 v} \int_0^{2\pi} d\theta \, |U_{\text{dis}}(q)|^2 (1-\cos\theta) \frac{1+\cos\theta}{2} \quad (9.5)$$

式中: θ 为散射角; k_F 为费米波矢量; $U_{dis}(q)$ 为散射势垒; n_i 为杂质密度; $q = 2k_F\sin(\theta/2)$ 为在圆形的二维费米面上的散射波矢量。

式(9.5)假定了散射势垒在点阵常数范围内缓慢变化,使得散射事件保证了谷指数以及散射势垒与亚点阵反自旋是无关的。式(9.5)中依赖于 θ 的最后的因子并非是标准的,这是由在石墨烯的蜂窝点阵晶胞两侧的布洛赫能带波函数的相对态的波矢依赖性导致的。式(9.5)中 k_F 反应的是对费米面准粒子的弹性散射的最终态密度的密度依赖性。对于短程散射粒子($U(q)$ 不依赖于 q)而言,式(9.5)中积分与 k_F 无关。对于二维狄拉克能带而言,$\mathcal{D}(E_F)$ 与 k_F 是成正比的,因而式(9.4)中提到的电导值与 k_F 无关,与载流子密度 $n \propto k_F^2$ 也无关。的确,通过对石墨烯导电能力的理论研究可以预测其导电能力对载流子密度的依赖性较弱[15],而趋近于有限值,即 $k_F \to 0$。另一方面,实验中发现石墨烯中载流子的迁移率 $\mu = \sigma_{xx}/ne$,而非电导率,在密度很低的情况下是近似为常数的。在一些质量足够高以表现整数量子霍尔效应的石墨烯样品中,迁移率可达约 $10^4 \text{cm}^2/(\text{V}\cdot\text{s})$。很显然,在较低的密度下,准粒子的散射幅度会加强,可使得式(9.5)中提到的散射速率 k_F^{+1} 依赖性转变为 k_F^{-1} 依赖性。对这种行为的一个似乎合理的解释就是狄拉克能带准粒子散射是由来自石墨烯平面附近的带电杂质的库仑散射势垒 $V_C(q)$ 主导的。对于二维石墨烯,$U_{dis}(q) = V_C(q) = 2\pi e^2/q$,将其与式(9.4)和式(9.5)合并可得到:

$$\sigma_{xx} = \frac{e^2}{h}\frac{n}{n_i}\frac{2}{\pi\alpha_g^2} \quad (9.6)$$

式中: $\alpha_g = \dfrac{e^2}{\varepsilon\hbar v} \approx 1 \sim 3$ 是用来描述石墨烯中库仑作用和能带能量比值的有效精细结构常数。

在石墨烯平面的费米波长范围内式(9.6)中的 n_i 可以看作是在基底上的库仑散射粒子的密度。更远的散射子由在库仑作用的二维傅里叶变换中出现的因子 $\exp(-qd)$ 所抑制。由式(9.4)和式(9.6)可以发现迁移率:

$$\mu \equiv \frac{\sigma_{xx}}{ne} \approx \frac{1}{\alpha_g^2}\frac{155}{n_i} \quad (\text{cm}^2/(\text{V}\cdot\text{s})) \quad (9.7)$$

在库仑电荷与电荷或者电荷与杂质相互作用的系统中,屏蔽效应通常在其中起关键作用,它可以使长程作用变为短程的。在静态近似中,石墨烯中的屏蔽无序势垒为

$$U_{sc}(q) = \frac{2\pi e^2}{q + 2\pi e^2 \Pi(q)} \quad (9.8)$$

式中: $\Pi(q)$ 为石墨烯狄拉克能带的极化函数。

由于 $\Pi(q)$ 的范围很像 k_F,因此屏蔽并不会改变石墨烯导电性的密度依赖性。屏蔽对迁移率的影响可以用托马斯-费米近似来估计。用 $\Pi(q = 0) =$

第9章 石墨烯量子霍尔机制中的对称性破裂:交互和无序之间的竞争

$\mathcal{D}(E_F)$ 来替换 $\Pi(q)$。当耦合常数 $\alpha_g \gg 1$,$U_{sc}(q) \approx (\hbar v \pi)/2k_F$ 以及

$$\sigma_{xx} = \frac{e^2}{h} \frac{n}{n_i} \frac{32}{\pi} \qquad (9.9)$$

可得到迁移率的值为

$$\mu \approx \frac{2500}{n_i} \quad (\text{cm}^2/(\text{V} \cdot \text{s})) \qquad (9.10)$$

其中,n_i 以 10^{12}cm^{-2} 为单位,该值比未屏蔽的值大 $16\alpha_g^2$ 倍[14]。注意到式(9.9)中没有 α_g,由于其有效值可被非广泛的基底介质屏蔽其影响,这使得可以更容易估计迁移率。式(9.9)的纠正对于 $\alpha_g < 1$ 是很重要的[16]。在这些表达式中,我们可从所测量的迁移率中抽取出散射粒子的密度值 n_i。图 9.1(b)说明了由玻尔兹曼理论计算的在 $\alpha_g = 1$ 处的横向电导值[14,16]。

9.2.3 磁场中屏蔽杂质的自洽处理

尽管在没有磁场的情况下用微扰的玻恩近似估计能带寿命和输运特性是很成功的,但是在 $B \neq 0$ 处是无效的。问题就在于朗道能级的简并,这会使态密度出现黄金准则的偏离。可用自洽玻恩近似来部分地解决这个问题[17],其中由散射速率测定来决定最后态的有限寿命。自洽玻恩近似对于解释在没有磁场的情况下在中性载流子处(狄拉克)的有限态密度也是有帮助的。当自洽玻恩近似应用于朗道能级时,忽略朗道能级间的混合并对屏蔽采取静态近似,就可由以下公式[17]得到每个朗道能级的宽度值 Γ:

$$\frac{\Gamma^2}{4} = n_s \int \frac{\mathrm{d}^2 q}{(2\pi)^2} \left| \frac{2\pi e^2}{q + 2\pi e^2 \Pi(q)} \right|^2 \exp(-q^2 \ell_B^2/2) [F(q)]^2 \qquad (9.11)$$

散射过程的积分形成了 Γ^2 而不是 Γ,因为随 Γ^{-1} 变化的无序度强烈地影响着终态密度。应该注意到,当 $q \to 0$,甚至是 $N=0$ 时,极化函数值 $\Pi(q)$ 是有限的,因为在磁场载流子中性点处态密度会得到加强。如果忽略屏蔽效应,Γ^2 会发生偏离,因此其作用很关键。

现在需要使朗道能级形成因子 $F(q)$ 具体化。如果将库仑相互作用看作在蜂窝格点指数中是对角的,那么它将遵循形成因子:

$N=0$ 时为

$$F(q) \equiv 1 \qquad (9.12)$$

$N \neq 0$ 时[14,18-20]为

$$F(q) = \frac{1}{2}[L_{|N|}(q^2 \ell_B^2/2) + L_{|N|-1}(q^2 \ell_B^2/2)] \qquad (9.13)$$

如果磁场足够强,以至于可以忽略不同朗道能级间的耦合,那么常态静态极化函数 $\Pi(q)$ 可由以下式近似给出:

$$\Pi(q) \approx \frac{4\exp(-q^2\ell_B^2/2)}{2\pi\ell_B^2} \frac{2}{\pi\Gamma}\sqrt{1-\left(\frac{\mu_0}{\Gamma}\right)^2} \qquad (9.14)$$

式(9.14)中的常数4是由于自旋×谷简并,而 $\exp(-q^2\ell_B^2/2)$ 项解释了朗道能级波函数的轨道特性。由于当朗道能级宽度 Γ 较小时,极化函数较大(屏蔽效应越强),因此必须用自洽来解释式(9.11)。

9.3 自旋对称和谷对称的自发性破坏

9.3.1 交互作用

磁场中石墨烯的相对能量范围为

(1) $n=0$ 和 $n=\pm1$ 的朗道能级间的分离: $\hbar\omega_0 \equiv \sqrt{2}\hbar v_F/\ell_B \approx 400\sqrt{B}(K)$;

(2) 塞曼耦合: $\Delta_z \equiv g\mu_B|B| \approx 1.3B(K)$;

(3) 库仑能量: $e^2/\varepsilon\ell_B \approx 100\sqrt{B}(K)$。

当忽略较弱的塞曼耦合项时,石墨烯的朗道能级是四重简并的。这种简并可以直接解释量子化准则式(9.3)中提到的霍尔电导中步幅的大小。尽管库仑作用在连续的模式下是自旋和谷简并的,但是通过破坏对称性,其朗道能级就会分裂。实验研究表明,量子霍尔效应已经证明了是由于库仑作用导致能隙在所有的整数填充因子处出现,尤其是在 $\nu=0,\pm1,\pm4$ 处[21-22],即在这些位置处,电子与电子的相互作用起着本质作用[14,18-24]。由最近的实验观察到,在悬浮石墨烯中,$\nu=\pm3$ 处可观测到更加明显的平台。

目前,已经对可能的对称性破坏的基态有了一系列的理论解释,同时对于额外能隙和相关的量子霍尔效应的起源提出了两个主导的理论方案。电子与电子的相互作用在载流子中性点处可导致电荷密度波(CDW)或自旋密度波(SDW)[27-35]。在这些态处,A亚点阵和B亚点阵自旋密度占据特定自旋方向是不等同的,这种不平衡性在电荷密度波中是自旋独立的,而在自旋密度波中的反向自旋是自旋依赖性的。基于准粒子和凝聚物之间的相互作用,这些对称性破坏的态有一个质量项,该项和加在准粒子狄拉克方程中的亚点阵赝自旋算符 σ_z 是成正比的。如果假设[27-30]这是能够发生的唯一一种对称性破坏行为,同时忽略塞曼耦合的话,那么唯一的填充因子就是 $\nu=0$,在该填充因子处由额外作用引起的量子霍尔效应会发生。第二种方案则通常在假设朗道能级混合可以忽略的情况下被认为是量子霍尔铁磁性[2]。在这种情况下[14,18-20,36],当一组实际上简并的朗道能级填满时,能隙很可能在中间整数填充因子处,因为整个系统能够打开一个能隙,并通过使与简并有关的额外自由度有序化来降低其能量,如自旋、谷、层间的简并可被看作是赝自旋。

尽管这些情形并不是完全正交的,然而根据它们确实可以得出不同的预测,尤其是对 $N \neq 0$ 处的朗道能级中能隙的出现的预测。从微观角度来说,用哈里特–福克均场理论可以很好地描述量子霍尔铁磁性。库仑交互作用有利于整数填充因子下实自旋和/或谷自旋的自发极化,达到泡利不相容原理所允许的最大程度。哈里特–福克近似中的多体基态波函数为

$$|\psi^{\nu_n}\rangle = \prod_{\alpha=1}^{\nu_N} \prod_{m=1}^{N_\phi} c_{m,\alpha}^\dagger |0\rangle \quad (9.15)$$

式中:α 为四组分自旋–赝自旋指数;$\nu_N(=1,2$ 或 $3)$ 是从第 n 级朗道能级的底部测量的填充因子;m 为朗道能级中所有的轨道状态。

由哈里特–福克理论中的一个基本计算可得出由库仑作用导致的能隙大小的表达式:

$$E_{\text{exc}} = \int \frac{d^2 q}{(2\pi)^2} \frac{2\pi e^2}{\varepsilon|q| + 2\pi e^2 \Pi(q)} [F_n(q)]^2 \exp(-|q|^2 \ell_B^2/2) \quad (9.16)$$

在没有屏蔽时,$\Pi(q) = 0$。在 $N = 0$ 的朗道能级中,则

$$E_{\text{exc}} = \sqrt{\pi/2}(e^2/\varepsilon \ell_B) \approx 120\sqrt{B} \quad (K) \quad (9.17)$$

对于 $N = 1$ 的朗道能级,则有 $E_{\text{exc}} = \dfrac{11}{16}\sqrt{\pi/2}(e^2/\varepsilon \ell_B)$。

9.3.2 相图:无序与交换

真实材料总是有无序度的,这种无序度可以在有限宽度 Γ 内提高它们朗道能级的简并度。有两种可能性在互相竞争着:一是通过破坏赝自旋对称性来降低电子–电子互相作用能量的可能性;二是通过最大化最具有吸引力的无序势垒的样品区域中的电子密度来降低无序势垒作用能的可能性。下面讨论一种标准,该标准是为了判断在无序样品中的互相作用导致的量子霍尔效应的出现[14]。在一个弱的磁场中,随着场强而加强的库仑作用的范围很弱而且起着次要的作用。如图 9.2(a)所示,4 个(接近地)简并的朗道能级被平均的占有。只有当互换能比无序势垒更重要时,强磁场中的无序态才不稳定。这种对称性破坏过渡态发生在临界的磁场 B^* 处,正如熟知的 Stoner 准则,该磁场在朗道能级的宽度范围内,同时交换能在尺度上是相近的。在文献[14]中,为了建立一个相图,朗道能级的宽度和交换能是自洽地计算的。对于一个给定的无序势垒模型,如图 9.2(b)所示,通过施加基于均场理论的类 Stoner 准则,自发对称性破坏点可与石墨烯的零场迁移率相关联。迁移率可以很方便地由实验获得。削弱交互作用的形成因子 $F(q)$ 中的差异性是产生 $N = 1$ 的朗道能级中较弱的有序态的原因。这种趋势可以作用到更高(N 值更大)的朗道能级。

这些理论估计是不确定的,因为它们是基于均场理论且不能应用于所有样品的一个特定模型。由于不论什么占据主导的无序源,都会产生类似于库仑无

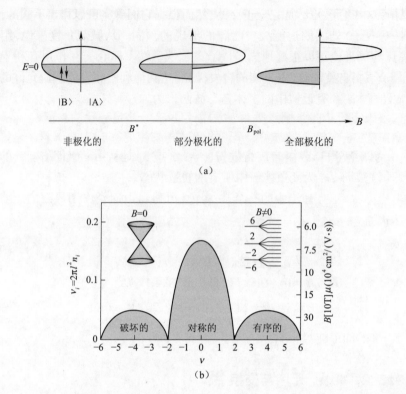

图9.2 (a)交互作用强度超过了朗道能级的无序宽化时,无序宽化的朗道能带的分裂。在 $B=B^*$ 处,两个朗道能带通过自发的亚点阵对称性破坏而开始分裂。当忽略朗道能级的混合时,亚点阵对称性破坏和谷对称性破坏是相当的。在 $B \geqslant B_{pol}$ 处,亚点阵赝自旋可以被完全极化。大于 B_{pol} 时,费米能级的态密度消失,同时静态屏蔽近似中的交换能 E_{ex} 不会被屏蔽。(b)在石墨烯的 $N=0$ 和 $N=1$ 的朗道能级中,$SU(4)$ 量子霍尔铁磁性的相图。对于带电散射子引起的无序,有序区域可用 ν_i(库仑散射子的密度与满朗道能级的密度的比值)的一个最大值来表达。ν_i 与 $B=0$ 处的样品迁移率和外磁场强度的乘积是成反比的。整数填充因子附近的量级需要在右边垂直轴上标明这个乘积的最小值

序模型的电导对密度的依赖性,那么用迁移率-场乘积表达的相边界的估计值可能接近通用的理论似乎是合理的。尽管在无序的条件下,斯托纳(Stoner)准则可以应用于所有的填充因子,并提供了相互作用主导的和无序主导的物理之间交叉的合理评价,我们注意到,简单的量子霍尔铁磁态只有在总填充因子是整数时才出现。期待在中间整数因子处会出现交互作用驱使的能隙,这将是样品质量足以看到交互作用主导物理的第一个信号。对于非常弱的无序度而言,分数量子霍尔效应的物理学在非整数因子处将会变得相互关联。

在此,将图9.2的理论结果与报道的石墨烯中的量子霍尔铁磁性的第一个

第9章 石墨烯量子霍尔机制中的对称性破裂：交互和无序之间的竞争

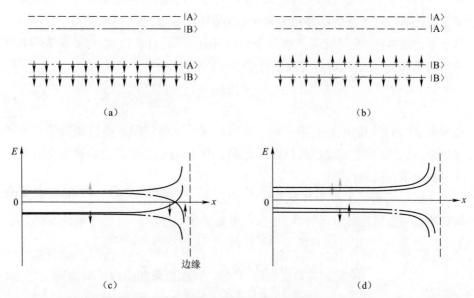

图9.3 （a）真实自旋极化的 $\nu=0$ 的石墨烯量子霍尔态，其中 A 亚点阵和 B 亚点阵（赝自旋）均被占有。(b)电荷密度波态，其中赝自旋是通过只占据 B 亚点阵而极化的。自旋密度波是相似的，除了反向自旋，其赝自旋极化是相反的。(c)态(a)的能谱。(d)态(b)的能谱

实验结果[21]进行比较。所用样品[21]的迁移率 $\mu=5\times10^4\,\text{cm}^2/(\text{V}\cdot\text{s})$。图9.2 表明，迁移率和 $\nu=\pm1$ 时在 17T 处的对称性破坏，与实验[21]是一致的。$\nu=\pm4$ 时，在约 30T 处四重简并 $N=\pm1$ 的朗道能级的中间观测到的量子霍尔平台，与图9.3中预测的临界磁场为 40T 的情形也是一致的。在迁移率 $\mu\approx2\times10^5\,\text{cm}^2/(\text{V}\cdot\text{s})$[25-26]的悬浮石墨烯中可以观测到 $\nu=\pm3$ 态，这也与上述结果相吻合。

9.4 $\nu=0$ 处的场致绝缘体

9.4.1 场致耗散态和绝缘态

到目前为止，我们忽略了塞曼能和其他对称性破坏的扰动，因为与有竞争力的无序和相互作用能规模相比，它们更弱，因而对于量子霍尔铁磁现象是否发生几乎是没有什么影响的。然而，当量子霍尔铁磁性确实发生时，由于库仑作用的远程部分与自旋和谷赝自旋的自由度是不相关的，对称性破坏交互作用则起着较大的作用。考虑到 $\nu=0$ 的塞曼分裂，它遵循着 $\nu=0$ 处的连续模式基态应该是大多数自旋 $N=0$ 的状态被占据，而少数自旋 $N=0$ 的状态则是空的一种模式，也就是在此状态下，大多数自旋态的 $\nu=1$ 和少数自旋态的 $\nu=-1$ 遵循这一规

律。这种极化自旋态可以支持边缘态的逆向传播,相反,电荷密度波态和自旋密度波态都有等同于零的部分填充因子,而没有边缘态,图9.3解释了这种差异。基于早前的数据,人们就用于提高金属电导性[23]的自旋过滤边缘态模式来描述石墨烯在$v=0$处的输运特性进行了争论:

$$G = \frac{2e^2}{h} \tag{9.18}$$

正如文献[35]所指出,在点阵模式中很容易被捕获的谷间交换更加支持自旋密度波态,而非电荷密度波态或自旋极化态。因此,仅仅依靠理论数据来决定基态的特性是很有挑战性的。

文献[24]报道了基于基态是自旋极化的理论,得出了从自旋过滤边缘态图像观测到的金属耗散输运特性。然而,更高质量的样品和更强磁场的实验揭示了轴向电阻R_{xx}在接近临界场B_c时同样会快速增长[21,25,37-39]。

电阻可用 Kosterlitz-Thouless(KT)公式[37-38]来拟合:

$$R_{xx} \approx e^{a/\sqrt{B-B_c}} \tag{9.19}$$

众所周知,KT转变是发生在二维XY模式中的相变,其中二维模式中涡旋-反涡旋对是在边界与非边界之间变化的。有趣的是,临界场B_c倾向于随着样品质量的增加而降低。对于$B<B_c$,其低温下的电阻饱和值远大于量子化的电阻。另一方面,对于$B>B_c$,观察到的较强的绝缘行为也意味着可能有其他情形在起作用。

9.4.2 $v=0$处可能的对称性破坏

文献[37-38]中的实验观察到的背离电阻很难用来解释真实自旋中的现象,因为这些相态总是倾向于提高金属电导性为$2e^2/h$[23-24]的反向传播的自旋过滤边缘态。因为磁体杂质可定位反向传输边缘态[40],故通过引发自旋翻转背散射可以试着去理解观察到的绝缘行为。然而,这种现象并不能解释实验所观察到的,即临界场B_c和样品质量之间有关联。在CDW情景中[27-30],很难用来解释KT型的电阻背离行为以及临界场以下的高电阻金属态[37-38]。

KT相变发生在用一个XY模式表达的二维系统中,该模式描述了$U(1)$对称性的破坏[41]。通过释放拓扑激子对(如旋涡),有序相在KT相变时被破坏。基于KT行为和高电阻的金属态,研究人员提出了$v=0$处的简并分裂是由于赝自旋在T_x-T_y平面内(XY赝自旋铁磁体)的自发有序行为这一可替代的情景[43]。这引发了与$B(K)$和$A(K')$相关的$N=0$的朗道能级间的自发杂化,而且可用基态波函数表示:

$$|\psi\rangle = \prod_{m,s=\uparrow\downarrow} \frac{1}{\sqrt{2}}[c^\dagger_{Kms} + e^{i\phi} c^\dagger_{K'ms}]|0\rangle \tag{9.20}$$

式中：$c_{\tau m s}^{\dagger}$ 为第 m 级 $N=0$ 的朗道轨道中电子的生成算符，当 $\tau = K, K'$ 时，真实自旋为 $s = \uparrow, \downarrow$。

通过具体化 ϕ 的值，可破坏 $U(1)$ 的对称性。由于 B 和 A 的混合，这种有序度也破坏了点阵的平移对称性，同时也代表了某种（凯库勒有序）键密度波，如图 9.4(a) 所示[31-34,42]。这种杂化基元的相态 ϕ 是代表着 T_x-T_y 平面中的一个方向的 $U(1)$ 相态角度，$\boldsymbol{T} = (\cos\phi, \sin\phi, 0)$，而且与密度波自由度的倾斜度有关。低能带电激子是涡漩和反涡漩子（图 9.4(b)），且依赖于相态角度 ϕ。它们的束缚-非束缚转变可由磁场或者无序引发。

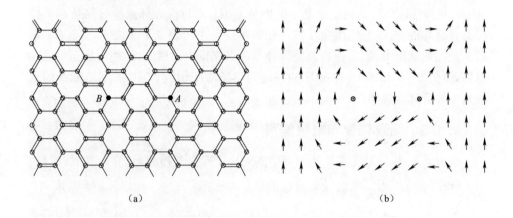

图 9.4 （a）凯库勒（Kekule）键密度波有序，其中实心圆表示两种缺陷。红色、绿色和蓝色表示可能的凯库勒模式。A 处和 B 处的缺陷是带电的，它们支持中间能带电子态。（b）对应于图（a）中的键，有序图案的 $U(1)$ 相 $\phi = \arctan(T_y/T_x)$

现在来更详细地描述破坏 $SU(4)$ 对称性的哈密顿算符部分。整个哈密顿算符表达如下：

$$H_{SB} = \int d^2 r \left[-\frac{1}{2}\Delta_z S_z - U_0 |\boldsymbol{S}|^2 - U_z T_z^2 - U_\perp (T_x^2 + T_y^2) \right] \quad (9.21)$$

式中：$\boldsymbol{S}$ 为真实自旋操作符；H_{SB} 中的第一项表示塞曼能，其中 $\Delta_z \equiv g\mu_B B \approx 1.3 B(K)$。库仑作用的短程部分是 $SU(4)$ 对称的，而且有着一种用 U_z 和 $U_\perp$ 标明的赝自旋依赖性。这些参数是根据现场和最近邻相互作用估计的，而且比 E_C^{ex} 小一个大小约为 $\alpha \ell_B$ 的因子[18-19]，其中 α 为点阵常数。虽然 U_0 有利于真实自旋的极化，但 U_z 则有利于 CDW 相（$T_z \neq 0$）[18-19,36]。

此外，$U_\perp$ 项可来自电子-光子相互作用，例如，来自于 K 点处的平面内光学模式[31-33,42-44]。文献[30]讨论了外平面的扭曲，该扭曲可导致 U_z 的形成，但是其效果则远弱于石墨烯内平面模式的效果。表 9.1 总结了 $SU(4)$ 对称性破坏的模式。

表9.1 SU(4)对称性破坏项以及对称性破坏的模式和能量范围[43]

对称性破坏项	残余对称性((自旋)×(谷))	能量范围
Δ_z	No×SU(2)	$1.3[K] \times B[T]$ [22]
U_0	SU(2)×SU(2)	$1.0[K] \times B[T]$ [19]
U_z	SU(2)×Z_2(CDW)	$0.5[K] \times B[T]$ [19]
$U_\perp$	SU(2)×U(1)(Kekule)	$2.0[K] \times B[T]$ [31-33]

注:这个模式并不能解释静电能,且与自旋密度波态相比,该静电能对电荷密度波态更加有利[35]。

由于库仑作用,SU(4)对称部分远强于对称性破坏部分 H_{SB},因此前者对SU(4)对称性破坏行为设定了基本的能量范围。对称性破坏选择的仅是SU(4)对称性破坏的方式:它们决定了有序相的本质。由于表9.1中的 U_0、U_z、$U_\perp$ 都有相同的能量范围,因而很难预测哪种顺序首先发生。然而,这些考虑至少意味着由式(9.20)给出的U(1)破坏的谷内共存态对于引起 $N=0$ 的朗道能级的衰减是一种合理的选择。

9.4.3 场致转变和电阻偏离

当 $B \gg B_c$ 和与温度有关的能量范围远小于库仑交换能但仍然有限的时候,U(1)相波动可以用下面的经典能量函数来表达:

$$E_{XY} = \frac{\rho_s}{2} \int d^2x \, (\nabla \phi)^2 \tag{9.22}$$

元素激子是图9.4所示的涡旋和反涡旋。涡旋-反涡旋对的非束缚引发了从赝自旋 XY 准长程有序相到 B_c 处无序相的 KT 转变。

涡旋和反涡旋是带电的[2,43-44],而且它们有助于电输运。它们带电的原因可从点阵角度来理解,如图9.4(a)所示,Kekule 有序中的缺陷可以看作是与邻近无关的 A 或 B 亚点阵,因此支持了中带态(零能量模式)。若在这种位置处存在电子,则凯库勒(Kekule)涡旋或反涡旋带正电;反之,则带负电。赝自旋一直沿着涡旋核心处的 $T_z = +1(-1)$,而在反涡旋处则是沿着 $T_z = -1(+1)$。在连续模式中,涡旋激子产生的电荷和电流由下式给出[2]:

$$\delta \rho(x) = \frac{T_z}{4\pi} \nabla \times \nabla \phi \tag{9.23}$$

因此,在杂质势垒 $V_{imp}(x)$ 的存在下,能量损失可以由下式给出:

$$E_{imp} = \int d^2x \, V_{imp}(x) \delta\rho(x) = -\int d^2x \, \rho_s a(x) \cdot \nabla \phi(x) \tag{9.24}$$

其中,引入了随机矢量势垒 $a(x) = \frac{1}{4\pi\rho_s} \hat{z} \times \nabla V_{imp}(x)$。因此,如上所述,电荷杂质等于依靠相转变的一个位置,即

第9章 石墨烯量子霍尔机制中的对称性破裂：交互和无序之间的竞争

$$E_{randomXY} = \frac{\rho_s}{2}\int d^2x \, [\nabla\phi - \boldsymbol{a}(\boldsymbol{x})]^2 \tag{9.25}$$

式(9.25)描述了随机引发的 KT 转变[41]。

在 KT 无序相中($B^* < B < B_c$)涡旋是自由的，它们的扩散可引起电导率的提高，$\sigma \propto n_{vtx}\mu_{vtx}$，其中 n_{vtx} 是涡旋密度，μ_{vtx} 是其迁移率。这种涡旋的导电机理由聚乙炔[45]中带电缺陷(主要层)协调的孤立子电导的二维类比。在 KT 无序相中，$n_{vtx} \approx 1/\xi^2$，其中，ξ 为 KT 关联长度[41]，由于 $\xi \propto e^{a/\sqrt{B_c-B}}$，从而引起了 KT 偏离电阻的升高。这个论断与 Halperin 和 Nelson 在 KT 转变之上分析薄膜超导体的电导行为的结论是十分符合的[46]。确实，我们的处境对于他们来说是双重的。文献[46]中 Cooper 电子对电流，对涡旋产生了玛格纳斯力，并通过有限的涡旋迁移率引起了垂直于本身的涡旋电流。由于涡旋电流通过约瑟夫关系引起了反向电场(也即电压降)，这会引发有限的电阻升高。在所讲的例子中，涡旋是带电的，并且是外电场引起的涡旋(电荷)电流，因而电场起着文献[46]中电荷(Cooper 电子对)电流的作用，同时电荷(涡旋)电流起着文献[46]中电场的作用。其中，文献[46]中的电导应该转变为示例中的电阻 ρ，文献[46]中 $\sigma \sim \xi^2$ 代表着示例中的 $\rho \sim \xi^2$。

自洽的哈里特-福克(Hartree-Fock)研究[43]总结出对称性破坏发生在：

$$B^* \approx \frac{100}{\mu} \tag{9.26}$$

作为样品迁移率 μ 的函数，同时临界场由下式给出：

$$B_c \approx \frac{400}{\mu} \tag{9.27}$$

式中，B 以 T 为单位，μ 以 $10^3 cm^2/(V \cdot s)$ 为单位。这与 SiO_2 上高迁移率($\mu \approx 2\times10^4 \sim 3\times10^4 cm^2/(V \cdot s)$, $B_c \approx 10 \sim 20T$[37-38])样品的实验结果相一致。而且悬浮石墨烯样品的迁移率比 SiO_2 上样品的迁移率高十倍，表明 $B_c \approx 2T$[25]也与上面的预测也相一致。这也需要进一步的实验来明确确定这就是场致绝缘体的正切微观图像。

上面讨论的自发谷间相干与双层 $\nu=1$ 的量子霍尔效应[2-3]中的层间相干非常相似。然而，还是存在几个重要的区别：①双层 QH 系统中的参数 d/ℓ_B (d 为层间距，ℓ_B 为磁长)被 a/ℓ_B 替换，其中 a 为点阵间距。对于目前的系统，$a/\ell_B \ll 1$，该机制在双层系统中还未实现过；②石墨烯中的谷内一致态是自旋单子而非自旋极化的(从这点来说，$\nu=1$ 双层 QH 系统与石墨烯中的 $\nu=\pm1$ QH 效应相似，而非 $\nu=0$)。尽管超电流不能在石墨烯中的谷内一致态中直接测量，但是上面所证实的两个事实也许会使得观察 Kosterlitz-Thouless 物理变得更容易。

9.5 双层石墨烯中的量子霍尔铁磁性

9.5.1 双层石墨烯

双层石墨烯的 $N \neq 0$ 的朗道能级有与单层石墨烯相同的自旋×谷的四重简并度,可以用近似 SU(4) 不变哈密顿算符来表达。对应于由相互作用引起的平台的基态可用式(9.15)中的可变波函数表达。总的来说,与这些状态有关的物理量应该与单层石墨烯中的较高朗道能级的相同,这两者有着相同数目的集体模式和斯格明子。不过,双层石墨烯的轨道结构会有一些重要的定量差异,这是由于双层石墨烯的带电载流子的手征特质,导致电子–电子相互作用的空间结构被修饰了。双层石墨烯最有趣的方面是在 $\nu=-4$ 和 $\nu=4$ 量子霍尔平台[47]间形成了相互作用驱使的态相关部分,其中的许多状态在石墨烯或其他半导体量子霍尔系统找不到与之等同的物理态。

在此部分中,集中研究了八重简并的双层石墨烯 $N=0$ 的朗道能级里富集的量子霍尔铁磁性[48]。双层石墨烯中 $N=0$ 的朗道能级有额外的赝自旋,其对应于 $N=0$ 和 $N=1$ 的轨道自由度,即下面所指的朗道能级自由度。这种赝自旋自由度的有序和波动对于双层石墨烯来说是唯一的,并可导致不寻常的集体模式[47]、异常激发凝聚[49]和轨道有序[50]。与双层石墨烯物理学相关的这些新方法将是下面研究的重点。

双层石墨烯的朗道能级八重简并最早[51]在双层石墨烯量子霍尔实验中就表现得很明显了,这是因为在朗道能级填充因子 $\nu=-4$ 和 $\nu=4$ 为中心的完好平台间发生 $8e^2/h$ 霍尔电导率跃迁。当外加磁场足够强或者无序很弱的情况下,相互作用会驱使量子霍尔效应发生在八重简并的七个中间的整数填充因子处[52-53],一些破碎的对称态的不寻常特征在理论上是可以预见的。如文献[47]曾预测这些量子霍尔铁磁体将会在奇数填充因子处显示不寻常的内朗道能级回旋模式,同时也预测了即使在没有连续对称性破坏的情形下,这些填充因子处的集体模式激子接近无能隙。

当忽略三角翘曲和塞曼耦合时,伯纳尔堆积的非平衡双层石墨烯的低能性质可由带状哈密顿算符给出[48]:

$$\mathcal{H} = \frac{1}{2m}\begin{pmatrix} 0 & \pi^{\dagger 2} \\ \pi^2 & 0 \end{pmatrix} + \lambda \Delta_V \left[\frac{1}{2}\begin{pmatrix} 1 & 0 \\ 0 & 1 \end{pmatrix} - \frac{v^2}{\gamma_1^2}\begin{pmatrix} \pi^{\dagger}\pi & 0 \\ 0 & -\pi\pi^{\dagger} \end{pmatrix} \right] \quad (9.28)$$

其中,层间的外加势垒差 Δ_V 的影响由后两项给出。在式(9.28)中, $\boldsymbol{\pi} = \boldsymbol{p} + \dfrac{e}{c}\boldsymbol{A}$ 为动量, $\pi = \pi_x + i\pi_y$ 为 2×2 矩阵与两个低能位置(在相反层没有临近的顶层和底层)相关的赝自旋自由度, v 为单层狄拉克速率, $\gamma_1 \approx 0.4\text{eV}$ 为层间跳跃幅度,

$m = \gamma_1/2v^2 \approx 0.054 m_e$ 为有效质量。

假定赝自旋$(A, \tilde{B})$代表K，$(\tilde{A}, B)$代表K'，$\mathcal{H}$描述了$K(\lambda = 1)$谷和$K'(\lambda = -1)$谷。

在双层石墨烯中，$n=0$和$n=1$的轨道朗道能级同样是八重简并的一部分。这个特性支持下面所探讨的大部分物理学的观点。中性双层石墨烯的朗道能级是3个$S=1/2$双子对的直接乘积：真实自旋和任意层赝自旋(如在正常双层中)，以及$n=0,1$的轨道朗道能级赝自旋和它们解释新物理现象的自由度。

9.5.2 八重亨德准则

文献[47]研究了八重哈里特-福克哈密顿算符。对于平衡态的双层石墨烯($\Delta_V=0$)的研究结果如图9.5所示，分隔占据态和空态的最大能隙(约$(\pi/8)^{1/2}$，以$e^2/\varepsilon\ell_B$为单位)，主要关注点是在奇数填充因子处部分证实了均场理论的合理性。从填充因子$\nu=-4$开始的整数增长的八重填充遵循着亨德准则：首先最大化自旋极化，其次最大化层极化到其最大的可能性，然后再在前面两个准则允许的范围内再最大化朗道能级的极化。对于平衡态的双层石墨烯，层对称态(S)在层反对称态(AS)前就填满了，以便是通过形成一个层间相关态，而不是通过一层中的电子比其他层多的状态获得层赝自旋极化。首先填满的4个态依次是$(S, n=0, \uparrow)$, $(S, n=1, \uparrow)$, $(AS, n=0, \uparrow)$和$(AS, n=1, \uparrow)$。对于后续的4个向下自旋($\downarrow$)的态也是重复这个顺序。因为与双层石墨烯中的磁体长度相比，层间隔是较小的，所以连续模式交互作用的哈密顿算符近乎是SU(4)恒定。因此，在亨德准则中，自旋优先于层的规律主要反映了塞曼能量。单层石墨烯在弱场中，这种情况是可能发生的，即内谷(因此层间)交换过程能够改变这种优先顺序，如在$\nu=0$处，可导致密度波态而不是自旋极化态。

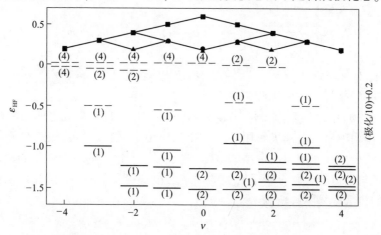

图9.5 填充因子对整数填充因子哈里特-福克理论占据态的依赖性($\Delta_V=0$处双层石墨烯八重的谱线)(占据态(实线)和未占据态(虚线)的能量以$\sqrt{\pi/2}e^2/\varepsilon\ell_B$为单位)

亨德准则意味着朗道能级赝自旋在 $\nu=-4$ 和 $\nu=4$ 之间的所有奇数整数填充因子处是极化的。这种新的赝自旋极化主要属于物理学中的定性物理学,这种情况对于双层情形是独一无二的。层与朗道能级极化之间一个重要的区别就是前者与自发的层间相一致,是相关联的,同时朗道能级占据了两个层;相反,后者的极化是由微观哈密顿算符的朗道能级依赖性所控制的。

八重量子霍尔铁磁体对外加势垒 Δ_V 有着错综复杂的依赖性。这是因为两层太接近了,所以较小的 Δ_V 值就足够改变层极化的特性,使其从 XY 自发一致性形式变为一层在另一层之前就被占据的伊辛(Ising)极化形式。我们发现对于 Δ_V 大于临界值 Δ_V^*,填充层时先填充顶层(对于 $\nu=-3$,在 $B=20(50)$ T 时, $\Delta_V^*=0.082(0.31)$ meV)。正如后面解释的,对于奇数整数填充因子朗道能级的赝自旋极化态而言,这种填充顺序是定性的顺序。

9.5.3 朗道能级赝自旋的集体模式

现在集中研究朗道能级赝自旋的填充因子为奇整数的波动态的情况。假定自旋和层自由度是固定不变的,波动朗道能级自旋子是 $n=0$ 的轨道(即使是它们的回旋轨道中心)和 $n=1$ 的轨道(对于轨道中心是奇数的)的线性结合,因此表现出与它们赝自旋的内平面组分成比例的电偶极。由于偶极-偶极作用是长程的,因此它们在量子霍尔铁磁体(QHF)的长波有效作用量内起着主导作用[54]。有效作用量 $S[\boldsymbol{m}]$ 可由下式给出:

$$S[\boldsymbol{m}] = \int dt \left[\int d^2q \, \mathcal{A} \cdot \partial_t \boldsymbol{m} - E[\boldsymbol{m}] \right] \tag{9.29}$$

其中,第一项由贝里相贡献[54-55],对于自旋子其出现于整数路径形式体系。对于远离 $m_z=1$(满 $n=0$ 极化)的小波动而言,其能量可由下式给出:

$$E[\boldsymbol{m}] = \frac{e^2}{\varepsilon \ell_B} \int d^2q \left[\frac{1}{2|q|} (\boldsymbol{q} \cdot \boldsymbol{m})^2 + \frac{\widetilde{\Delta}_{LL}}{2}(m_x^2 + m_y^2) \right] \tag{9.30}$$

式中: $\widetilde{\Delta}_{LL} = \Delta_{LL}/(e^2/\varepsilon\ell_B)$,其中 Δ_{LL} 为 $n=0$ 和 $n=1$ 的朗道能级轨道之间的单粒子诱导分裂; m_x, m_y 为内平面磁化。

式(9.30)中的质量项 $\widetilde{\Delta}_{LL}$ 来自 $n=0$ 和 $n=1$ 的朗道能级之间的单粒子分裂,相互作用项来自电偶极作用。由于相互作用是具有朗道能级赝自旋依赖性的,所以缺少相互作用对质量项的贡献,这是很令人惊讶的。下面我们会强调这点。由于与朗道能级赝自旋子有关的内平面电偶极子的存在,长波赝自旋波集体模式的色散度是不解析的:

$$\lim_{q \to 0} \hbar\omega \approx [\Delta_{LL}^2 + \Delta_{LL}e^2(q\ell_B)/\varepsilon]^{1/2} \tag{9.31}$$

当交换作用包括在能量函数内时,对于 $\Delta_{LL} \to 0$,式(9.31)与 $q^{3/2}$ 成正比。内平面偶极子也可以解释非寻常的朗道能级间的回旋共振信号。

朗道能级极化态集体模式的能量色散与 $q\ell_B$ 的关系如图 9.6 所示。此集体模式在 $q\ell_B \approx 2.3$ 处有一个旋子最小值，而且正如所预料的，对于 $q \to \infty$，其值接近于哈里特-福克理论能带分裂。奇怪的是，在 $q=0$ 处没有相互作用对能隙的贡献。可以通过检查朗道能级赝自旋空间中的均一态相互作用能量对整个旋转的依赖性来理解没有这种能隙的存在：

$$\frac{2\varepsilon[z]}{N_\phi} = -\frac{e^2}{\varepsilon\ell_B}\sqrt{\frac{\pi}{2}}\left[\,|z_0|^4 + \frac{3}{4}|z_1|^4 + 2|z_0|^2|z_1|^2\,\right] \quad (9.32)$$

式中：$z_0(z_1)$ 为相干态幅度，对应于 $n=0,1$ 的朗道能级赝自旋；方括号中的因子为 $1-|z_1|^4/4$，该值不依赖于 z_1 的二次方。

正如科恩理论所预测的一样，由于没有电子-电子相互作用的贡献，最低朗道能级导致了无能隙模式。因此，在单粒子诱导的朗道能级分裂存在的情况下，朗道能级间模式会获得能隙。文献[47]提出，通过在层与层之间施加外加势差，可以在回旋共振信号中可观测到这种模式。

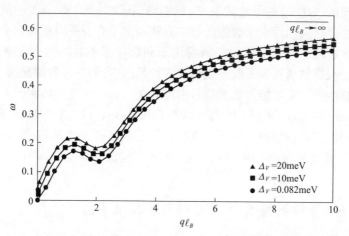

图 9.6　在 20T 的磁场中，不同的外加势差 Δ_V 下，朗道能级赝自旋极化态的集体模式 ω（以相互作用强度 $e^2/\varepsilon\ell_B = 11.2\sqrt{B}$（meV）为单位）随 $q\ell_B$ 的变化曲线
（上端黑色实线表示 $\Delta_B = 0$ 时 $q\ell_B \to \infty$ 的渐近线）

9.5.4　朗道能级赝自旋的失稳、有序和拓扑激子

可以注意到的是，对于 $\nu=-1,3$ 时 $\Delta_{LL}<0$ 而言，没有相互作用对能隙的贡献意味着完全极化的朗道能级赝自旋态是不稳定的。朗道能级赝自旋的存在也对在奇数填充因子 $\nu=-3,1$ 处的激发凝聚态的性质有重要的影响。当层密度不平衡时，这些填充因子处的超流体密度的消失引起了有限温度波动诱导的第一有序各向异性的相转变。这种消失的超流体刚度引起的是二次的而不是预期的线性声子集体模式[54]。近晶态的转变是负朗道能级赝自旋能隙的结果，该能

隙在沿着零超流体刚度的谷中。此外,近晶态的转变还导致了 Brazovskii 型的长波非稳定性[56-57]。

在其他的奇数填充因子 $\nu=-1,3$ 处,由于负的朗道能级能隙的存在[48],单粒子朗道能级分裂与交互作用诱导的朗道能级交换分裂相互竞争,后者倾向于 $n=0$ 的朗道能级极化。这导致了一系列的转变,从层间相干态以及轨道间和层间相干的混合态,到轨道间相干态螺旋的朗道能级赝自旋有序[50]。这种螺旋态是由于贾洛辛斯基-莫里亚(Dzyaloshinskii-Moriya)项的存在,当电势垒破坏了填充因子为 $\nu=-1,3$ 处 QH 铁磁体的反转对称性时,Dzyaloshinskii-Moriya 项就会存在。轨道相干性的存在导致了可由内平面电场操作的内平面电偶极子的有限密度。

另一个与双层石墨烯中对称性破坏的 $N=0$ 八重态相关的有趣的方面是,并未期望在单层石墨烯和半导体 2DEG 中出现新颖有趣的拓扑激子的可能性。有人提出带电量为 $-2e$ 的斯格明子是填充因子为 $\nu=-2,2$ 处的低能带电激子[59]。正如所预期的一样,这些带电量为 $-2e$ 的斯格明子在 $n=0$ 和 $n=1$ 的朗道能级轨道处均有纹理。人们后来用数值计算的方法确定了有着平衡层和非平衡层的纵横交错模式的层间带电量为 $-2e$ 的梅伦子和斯格明子晶体[60]。这些带电 $-2e$ 的物体也会在奇数填充因子处并凝聚在多种晶态中,而在奇数填充因子处,这些赝自旋斯格明子与朗道能级轨道的自由度有关。这些轨道斯格明子展现了不寻常的涡旋和电荷关系,展现了面内电偶极子的结构,它可以看作是有着磁性结构的自旋斯格明子的类似物。这些纹理将会耦合到内平面电场内,同时应该通过扫描隧道显微镜测量晶相中的电子密度来模拟其局部态密度进而证明其合理性[59-60]。

9.5.5 双层石墨烯中 $\nu=0$ 的量子霍尔平台

正如单层石墨烯一样,双层石墨烯中的 $\nu=0$ 态引起了人们的特别关注。在量子霍尔机制中,有序似乎意味着自旋极化或谷极化,或者二者兼有[52-53]。但是,双层石墨烯 $\nu=0$ 的 QH 态与单层石墨烯的不同,因为双层石墨烯的抛物线色散使其在零磁场下容易受到相互作用,引起对称性破缺[61-65]。即使在 $B\rightarrow0$ 时,悬浮双层石墨烯的不可压缩性也可恢复[66-67],其中在电中性处的不可压缩性与自发破坏的反时空对称性或者自发破坏的旋转对称性相一致。破坏的时间反演对称性导致了类似的量子霍尔态,在该态中,一层的电子占据了谷 K 而另一层的电子占据了谷 K' [63]。该态支持了拓扑保护的边缘模式,并将展示较小的电导值。然而,人们通过预测时间反演对称态来对磁性有序进行说明,其中抛物线色散被预测可分裂为两个狄拉克锥,这将会导致电中性点处的态密度降低[64-65]。

一些研究者[61-62,68]认为 $B=0$ 对称性破坏的态有着自旋和谷依赖的亚点阵极化现象。如果这是真的,那么这些态就与有趣的动量空间贝里曲率[69]、反常霍尔以及轨道磁性效应相关联。在这些没有全部层极化的系列状态中,有双层石墨烯中通常称为 LAF 态(层反铁磁体)的 SDW 态[70]、QSH(量子自旋霍尔态)和 QAH(量子类似霍尔态)[68]。这 3 种相态有着量子化的电导值,LAF 态、QSH 态和 QAH 态的值分别为 0,0 和 $\pm 4e^2/h$。在每一项中,与有序有关的能隙可以很容易地演变到填充因子分别为 $\nu = 0, 0, 4$ 的量子霍尔能隙中。在磁场中,QAH 态演变为类似于非作用的 $\nu = 4$ 态的双层相态。磁场中的 QSH 态则演变为填充因子为 $\nu = 0$ 的自旋极化态,在多数与少数自旋子间该态的填充因子差异为 4。LAF 态演变为 $\nu = 0$ 且没有自旋极化的相态。考虑到这些性质,对弱磁场中的量子霍尔效应的研究可为 $B = 0$ 对称性破坏的相态指明道路。例如,如果 QAH 态为 $B = 0$ 的基态[68],那么 $\nu = 4$ 的量子霍尔效应应该坚持为 $B = 0$;相反,如果 LAF 态为 $B = 0$ 的基态,那么应该坚持的是 $\nu = 0$ 的量子霍尔态。大概是由于无序势垒中一些小的差异,导致目前还不能对这些论点提供一致的实验结果。在一些很相似的样品中观测到相当不同的输运性质的可能性意味着双层石墨烯中的各种潜在的有序态在互相竞争着。

9.6 分数填充因子处的量子霍尔铁磁性

前面讨论的整数填充因子处的量子霍尔铁磁性可以看作是分数填充因子的情形[71]。现在引入有效填充因子 ν_N,对于第 N 级朗道能级,其定义为

$$\nu_N = \nu - 4(N - 1/2) \tag{9.33}$$

是从第 n 级朗道能级的底部测量的。为了简化,可以假定真实自旋通过塞曼分裂完全极化从而重点研究二组分系统。(正如 9.4 节中所讨论的,对于 $N = 0$ 的朗道能级我们需要小心)。$\nu_N = 1/m$ 态处的试算波函数可以写为[2,18,20,72-75]

$$\psi = \prod_{i<j}(z_i - z_j)^m \prod_{i<j}(w_i - w_j)^m \prod_{i,j}(z_i - w_j)^m \tag{9.34}$$

式中:$z_i = x_i + \mathrm{i} y_i$ 为在 B 亚点阵中第 i 个电子的位置;w_i 为在 A 亚点阵中第 i 个电子的位置。

来自基态的带电激子可用斯格明子来描述[20]。用数值对角化和密度矩阵再归一化法来估计激发能量 Δ。从有限系统中获得的 $\nu_N = 1/3$ 处的激活能被外推至热动力极限:对于 $N = 0$ 的朗道能级,$\Delta = 0.03(e^2/\varepsilon \ell_B)$;对于 $N = 1$ 的朗道能级,$\Delta = 0.05(e^2/\varepsilon \ell_B)$。有趣的是,$N = 1$ 的朗道能级的能隙比 $N = 0$ 的朗道能级的能隙大。这种能隙的加强来自于投影到 $N = 1$ 朗道能级上的有效库仑作用的独特性质。通过判断在整数和分数填充因子处的电荷能隙的相对大小,可以估计第一分数填充因子要求的迁移率几乎是需要实现量子霍尔铁磁性的迁移率的 5 倍。在大约小于 50T 的磁场中,上面估计的可测量分数相态的迁移率 $\mu \approx 2 \times 10^5 \mathrm{cm}^2/(\mathrm{V} \cdot \mathrm{s})$[14,74-75]。

最近,在悬浮石墨烯和氮化硼基底上的石墨烯中观测到了分数量子霍尔态。据报道,这些样品的迁移率可高达约 $10^5 cm^2/(V·s)$[25-26,76-77]。由于明确了破坏了 SU(4) 对称性的塞曼作用和其他相互作用在能量上远小于库仑作用的长程部分,因此不得不考虑四组分系统中的问题[20,78]。实验表明,石墨烯中的层状结构的确反映了自旋和谷衰减[77]。朗道能级的 SU(4) 特性可能将会为分数量子霍尔效应开启一些令人惊讶的新领域。

9.7 本章小结

由于朗道能级的简并,施加了垂直磁场中的二维电子系统总是在强关联的限制内。为了揭开这些强关联的电子系统的神秘面纱,对如自旋和赝自旋本质自由度的理解是很有必要的。石墨烯有真实自旋和(谷)赝自旋,可引起自发破坏对称性的丰富的物理现象。在忽略点阵影响的情况下,SU(4) 不变的库仑交换作用有利于 SU(4) 赝自旋的自发极化。这种极化可以发生在真实自旋或(谷)赝自旋的自由度中,或者二者的结合。小的 SU(4) 对称性破裂项,如塞曼分裂,在决定基态的特性方面起着本质作用。因为它可以升高朗道能级的简并,实际上,在一定程度上存在着无序,其在决定基态的特性方面也起着重要作用。在许多情形中,哈密顿算符中明确对称性破坏的项与无序势垒有相似的幅度,而且完全接近。由于点阵的影响是微妙的,因此很难估计,这使得很难预测基态有序。例如,在 $v=0$ 处,无序与库仑交换作用相竞争,因此当改变磁场大小时,无序主导的正常相和相互作用主导的有序相之间会发生相转变。在这篇综述中,讨论了一些可能的情景来解释在 $v=0$ 处观测到的场致相变。这需要进一步的实验来验证与这些现象相关的物理情形。倾斜磁场中的测量和能隙对磁场大小的依赖性也许会提供重要的线索。

双层石墨烯有额外的要素表现出各种对称性破坏的相态。其中一个重要且充实的要素就是在实验中可控外加磁场的存在,层与层间的势垒差异可用外加场来调节,其值可大可小。此外,$N=0$ 的朗道能级支持由于自旋和谷简并而已经存在的四重简并的朗道能级轨道的自由度。简单来说,由于与不同半径的回旋轨道相关的量子态(在普通的二维电子气中将会有不同的能量)是简并的,因此朗道能级自由度才会出现。层与轨道朗道能级赝自旋自由度间的微妙的相互作用导致了有不寻常色散关系的新颖集体激子的出现,同时也期望会引起新型的斯格明激子。实验已证明双层石墨烯中的这种相互作用扮演的角色,作为额外的整数量子霍尔平台,已经被几个研究小组观察到了,这些平台是由八重简并的零能量朗道能级中的相互作用诱导的能隙引起的。当朗道能级轨道自由度激活时(如在双层石墨烯中奇整数填充因子处的),朗道能级轨道有序揭示了异乎寻常的量子霍尔状态,这在赝自旋中是自旋和螺旋铁磁体的类似物。但是由于奇整数填充因子处的量子霍尔效应是很弱的且更容易被无序改变，因此它们还没有被广泛地研究。然而当样品的质量变得更好时，这些平台将变得更加稳定，在单独接触双层石墨烯中的传输实验以及光学测量时，很可能会产生更多令人惊讶的现象。

在理论和实验的基础上，研究了单层和双层石墨烯中的分数量子霍尔状态。这些朗道能级的 SU(4) 的特性将会为分数量子霍尔效应开启一个新的前沿领域，这很可能会令人惊喜。到目前为止，在 $N=0$ 的朗道能级中观察到的分数量子霍尔效应很可能是在普通的二维电子气中很重要的劳克林状态的多组分的泛泛之论。这些填充因子处的能隙很可能是由自发破坏的对称性来决定的。因此，理解内在自由度如自旋和赝自旋是很有必要的。朗道能级简并度的差异性必然会影响不可压缩态和无序之间的竞争，这对于解释到目前为止观察到的分数是很重要的。我们期待对石墨烯中的对称性破坏的物理性质的研究，尤其是对双层石墨烯的量子霍尔机制的研究，这将会引起人们愈发浓厚的兴趣。

致谢

以上内容是我们工作成果的汇总，成员有 R. Cote、D. ‐H. Lee、S. Ryu、N. Shibata 和 K. Yang。针对本章内容，与 J. Checkelsky、C. ‐Y. Hou、P. Kim、C. Mudry、A. Young 和 Y. Zhang 进行了无数次富有成效的讨论，在此表示感谢。

参 考 文 献

[1] S. Coleman, *Aspects of Symmetry* (Cambridge University Press, Cambridge, 1988).

[2] S. M. Girvin, A. H. MacDonald, in *Perspectives in Quantum Hall Effects*, ed. by S. Das Sarma, A. Pinczuk (Wiley, New York, 1997).

[3] J. P. Eisenstein, A. H. MacDonald, Nature **432**, 691(2004) and references therein.

[4] M. O. Goerbig, Rev. Mod. Phys. **83**, 1193(2011).

[5] Y. Barlas, K. Yang, A. H. MacDonald, Nanotechnology **23**, 052001(2012).

[6] A. H. Castro Neto, F. Guinea, N. M. R. Peres, K. S. Novoselov, A. K. Geim, Rev. Mod. Phys. **81**, 109(2009).

[7] S. Deser, R. Jackiw, S. Templeton, Ann. Phys. **140**, 372(1982).

[8] A. W. W. Ludwig et al., Phys. Rev. B **50**, 7526(1994).

[9] Y. Zheng, T. Ando, Phys. Rev. B **65**, 245420(2002).

[10] V. P. Gusynin, S. G. Sharapov, Phys. Rev. Lett. **95**, 146801(2005).

[11] K. S. Novoselov, A. K. Geim, S. V. Morozov, D. Jiang, M. I. Katsnelson, I. V. Grigorieva, S. V. Dubonos, A. A. Firsov, Nature **438**, 197(2005).

[12] Y. Zhang, Y. ‐W. Tan, H. L. Stormer, P. Kim, Nature **438**, 201(2005).

[13] K. Nomura, S. Ryu, M. Koshino, C. Mudry, A. Furusaki, Phys. Rev. Lett. **100**, 246806(2008).

[14] K. Nomura, A. H. MacDonald, Phys. Rev. Lett. **96**, 256602(2006).

[15] N. H. Shon, T. Ando, J. Phys. Soc. Jpn. **67**, 2421(1998).

[16] K. Nomura, A. H. MacDonald, Phys. Rev. Lett. **98**, 076602(2007).

[17] T. Ando, Y. Uemura, J. Phys. Soc. Jpn. **37**, 1044(1968).

[18] M. O. Goerbig, R. Moessner, B. Doucot, Phys. Rev. B **74**, 161407(R)(2006).

[19] J. Alicea, M. P. A. Fisher, Phys. Rev. B **74**, 075422(2006).

[20] K. Yang, S. Das Sarma, A. H. MacDonald, Phys. Rev. B **74**, 075423(2006).

[21] Y. Zhang, Z. Jiang, J. P. Small, M. S. Purewal, Y. -W. Tan, M. Fazlollahi, J. D. Chudow, J. A. Jaszczak, H. L. Stormer, P. Kim, Phys. Rev. Lett. **96**, 136806(2006).

[22] Z. Jiang et al., Phys. Rev. Lett. **99**, 106802(2007).

[23] D. A. Abanin, P. A. Lee, L. S. Levitov, Phys. Rev. Lett. **96**, 176803(2006).

[24] D. A. Abanin, K. S. Novoselov, U. Zeitler, P. A. Lee, A. K. Geim, L. S. Levitov, Phys. Rev. Lett. **98**, 196806 (2007).

[25] X. Du, I. Skachko, F. Duerr, A. Luican, E. Y. Andrei, Nature **462**, 192(2009).

[26] K. I. Bolotin, F. Ghahari, M. D. Shulman, H. L. Stormer, P. Kim, Nature **462**, 196(2009).

[27] D. V. Khveshchenko, Phys. Rev. Lett. **87**, 206401(2001).

[28] V. P. Gusynin, V. A. Miransky, S. G. Sharapov, I. A. Shovkovy, Phys. Rev. B **74**, 195429(2006).

[29] I. F. Herbut, Phys. Rev. B **75**, 165411(2007).

[30] J. N. Fuchs, P. Lederer, Phys. Rev. Lett. **98**, 016803(2007).

[31] N. A. Viet, H. Ajiki, T. Ando, J. Phys. Soc. Jpn. **63**, 3036(1994).

[32] H. Ajiki, T. Ando, J. Phys. Soc. Jpn. **64**, 260(1995).

[33] H. Ajiki, T. Ando, J. Phys. Soc. Jpn. **65**, 2976(1996).

[34] Y. Hatsugai, T. Fukui, H. Aoki, Physica E **40**, 1530(2008).

[35] J. Jung, A. H. MacDonald, Phys. Rev. B **80**, 235417(2009).

[36] L. Sheng, D. N. Sheng, F. D. M. Haldane, L. Balents, Phys. Rev. Lett. **99**, 196802(2007).

[37] J. G. Checkelsky, L. Li, N. P. Ong, Phys. Rev. Lett. **100**, 206801(2008).

[38] J. G. Checkelsky, L. Li, N. P. Ong, Phys. Rev. B **79**, 115434(2009).

[39] L. Zhang, Y. Zhang, M. Khodas, T. Valla, I. A. Zaliznyak, Phys. Rev. Lett. **105**, 046804(2010).

[40] E. Shimshoni, H. A. Fertig, G. V. Pai, Phys. Rev. Lett. **102**, 206408(2009).

[41] D. Nelson, in *Phase Transitions and Critical Phenomena*, vol. 7, ed. by C. Domb, J. L. Lebowitz(Academic Press, London, 1983).

[42] A. Sedeki, L. G. Caron, C. Bourbonnais, Phys. Rev. B **62**, 6975(2000).

[43] K. Nomura, S. Ryu, D. -H. Lee, Phys. Rev. Lett. **103**, 216801(2009).

[44] C. -Y. Hou, C. Chamon, C. Mudry, Phys. Rev. B **81**, 075427(2010).

[45] A. J. Heeger, S. Kivelson, J. R. Schrieffer, W. -P. Su, Rev. Mod. Phys. **60**, 781(1988).

[46] B. I. Halperin, D. R. Nelson, J. Low Temp. Phys. **36**, 599(1979).

[47] Y. Barlas, R. Cote, K. Nomura, A. H. MacDonald, Phys. Rev. Lett. **101**, 097601(2008).

[48] E. McCann, V. I. Falko, Phys. Rev. Lett. **96**, 086805(2006).

[49] Y. Barlas, R. Cote, J. Lambert, A. H. MacDonald, Phys. Rev. Lett. **104**, 096802(2010).

[50] R. Cote, J. Lambert, Y. Barlas, A. H. MacDonald, Phys. Rev. B **82**, 035445(2010).

[51] K. S. Novoselov, E. McCann, S. V. Morozov, V. I. Fal'ko, M. I. Katsnelson, U. Zeitler, D. Jiang, F. Schedin, A. K. Geim, Nat. Phys. **2**, 177(2006).

[52] B. E. Feldman, J. Martin, A. Yacoby, Nat. Phys. **5**, 889(2010).

[53] Y. Zhao, P. Cadden-Zimansky, Z. Jiang, P. Kim, Phys. Rev. Lett. **104**, 066801(2010).

[54] K. Moon, H. Mori, K. Yang, S. M. Girvin, A. H. MacDonald, L. Zheng, D. Yoshioka, S. -C. Zhang, Phys. Rev. B **51**, 5138(1995).

[55] A. Auerbach, *Interacting Electrons and Quantum Magnetism* (Springer, New York, 1994).

[56] S. A. Brazovskii, Sov. Phys. JETP **41**, 85(1975).

[57] P. C. Hohenberg, J. B. Swift, Phys. Rev. E **52**, 1828(1995).

[58] K. Shizuya, Phys. Rev. B **79**, 165402(2009).

[59] D. A. Abanin, S. A. Parameswaran, S. L. Sondhi, Phys. Rev. Lett. **103**, 076802(2009).

[60] R. Cote, W. Luo, B. Petrov, Y. Barlas, A. H. MacDonald, Phys. Rev. B **82**, 245307(2010).

[61] H. Min, G. Borghi, M. Polini, A. H. MacDonald, Phys. Rev. B **77**, 041407(2008).

[62] F. Zhang, H. Min, M. Polini, A. H. MacDonald, Phys. Rev. B **81**, 041402(2010).

[63] R. Nandkishore, L. Levitov, Phys. Rev. Lett. **104**, 156803(2010).

[64] O. Vafek, K. Yang, Phys. Rev. B **81**, 041401(2010).

[65] Y. Lemonik, I. L. Aleiner, C. Toke, V. I. Falko, Phys. Rev. B **82**, 201408(2010).

[66] R. T. Weitz, M. T. Allen, B. E. Feldman, J. Martin, A. Yacoby, Science **330**, 812(2010).

[67] J. Velasco Jr. , L. Jing, W. Bao, Y. Lee, P. Kratz, V. Aji, M. Bockrath, C. N. Lau, C. Varma, R. Stillwell, D. Smirnov, F. Zhang, J. Jung, A. H. MacDonald, Nat. Nanotechnol. **7**, 156(2012).

[68] R. Nandkishore, L. Levitov, Phys. Rev. B **82**, 115124(2010).

[69] W. -K. Tse, Z. Qiao, Y. Yao, A. H. MacDonald, Q. Niu, Phys. Rev. B **83**, 155447(2010).

[70] F. Zhang, J. Jung, G. A. Fiete, Q. Niu, A. H. MacDonald, Phys. Rev. Lett. **106**, 156801(2011).

[71] T. Chakraborty, P. Pietilainen, *The Quantum Hall Effects*, 2nd edn. (Springer, Berlin, 1995).

[72] V. M. Apalkov, T. Chakraborty, Phys. Rev. Lett. **97**, 126801(2006).

[73] C. Toke, P. E. Lammert, V. H. Crespi, J. K. Jain, Phys. Rev. B **74**, 235417(2006).

[74] N. Shibata, K. Nomura, Phys. Rev. B **77**, 235426(2008).

[75] N. Shibata, K. Nomura, J. Phys. Soc. Jpn. **78**, 104708(2009).

[76] F. Ghahari, Y. Zhao, P. Cadden-Zimansky, K. Bolotin, P. Kim, Phys. Rev. Lett. **106**, 046801(2011).

[77] C. R. Dean, A. F. Young, P. Cadden - Zimansky, L. Wang, H. Ren, K. Watanabe, T. Taniguchi, P. Kim, J. Hone, K. L. Shepard, Nat. Phys. **7**, 693(2011).

[78] M. O. Goerbig, N. Regnault, Phys. Rev. B **75**, 241405(2007).

第 10 章

单层和双层石墨烯中的弱局域化和自旋-轨道耦合

Edward McCann, Vladimir I. Fal'ko

摘要 本章论述了单层和双层石墨烯中低能电子的有效哈密顿算符,并考虑到了静态无序和自旋-轨道耦合。综述了单层和双层石墨烯中弱定域化的不同机制,它们源于点阵、谷自由度和自旋自由度之间的相互作用,以及不同类型对称性破坏散射的相对强度。在极低的温度下,弱定域化对自旋-轨道耦合的存在及其特性可能比较敏感,同时也得到了相应的低场抗磁性的公式。如果伯契科夫-拉什巴(Bychkov-Rashba)自旋-轨道耦合存在的话,它倾向于诱发单层和双层石墨烯中的弱反定域化,正如半导体和金属中的一样,但是,如果本征的自旋耦合盛行的话,那么它将会压制弱定域化。

10.1 引 言

在传统的金属和半导体中,反定域化通常表明存在着强自旋-轨道耦合(SO)[1]。在石墨烯中,有两种自旋-轨道耦合。第一种是系统的恒定量,是由凯恩(Kane)和米勒(Mele)[2-11]在量子自旋霍尔绝缘体的研究中引出的;第二种是需要石墨烯平面的反对称性破坏的伯契科夫-拉什巴项[2-4,12-13]。后者倾向于引起反定域化,如在传统系统中[1,14-16],而前者则倾向于压制弱定域化,类似退相干时间的饱和。

本章论述了单层和双层石墨烯中电子的紧束缚模式,同时论述了低能哈密顿算符是怎样分别支持对应贝里相 π 和 2π 的手征准粒子的。本章综述了它们

Edward McCann, Vladimir I. Fal'ko(通信作者)
英国兰开斯特大学物理系,LA1 4YB。
e-mail:v.falko@lancaster.ac.uk

中的无序模式,计算了弱局域化对电导率的修正[17-22],解释了低磁场中抗磁信号是如何表征点阵和谷自由度对无序的相互作用的。然后,研究了单层和双层石墨烯中内在的凯恩-米勒(KM)和伯契科夫-拉什巴(BR)项对弱定域化的影响时且把自旋-轨道耦合考虑在内,同时也获得了对应于低场抗磁性的公式。

图 10.1 总结了单层石墨烯中弱定域化的本质[1,17]。单层和双层石墨烯中的弱定域化(WL)和弱反定域化(WAL)有着不同的行为机制,是由谷间对称性破坏的 τ_*^{-1} 和谷内散射的 τ_i^{-1} 描述的特征释放速率有关的非弹性相的速率 τ_φ^{-1} 决定的[18-30]。在很低的温度下,当退相速率比与伯契科夫-拉什巴(BR)或凯恩-米勒(KM)自旋-轨道耦合相关的散射速率小时,弱反定域化或被压制的弱定域化将会分别出现[14-16]。

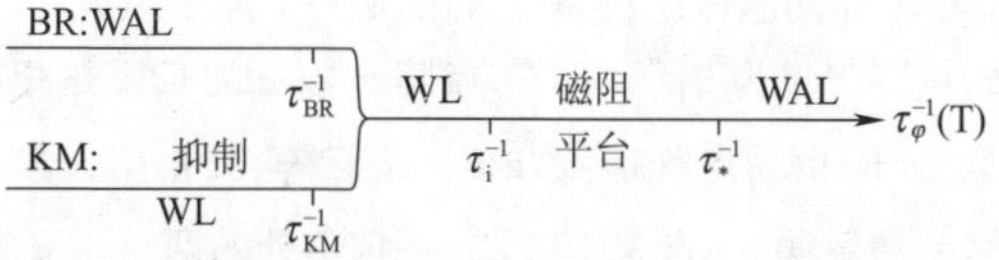

图 10.1 单层和双层石墨烯中的弱定域化(WL)和弱反定域化(WAL)行为机制,是由谷间对称性破坏的 τ_*^{-1} 和谷内散射的 τ_i^{-1} 描述的特征释放速率有关的非弹性相的速率 τ_φ^{-1} 所决定的。左侧表达了当退相速率比与伯契科夫-拉什巴(BR)或凯恩-米勒(KM)自旋-轨道耦合相关的散射速率小时的预期行为

10.2 单层石墨烯的低能哈密顿算符

10.2.1 单层石墨烯的无质量类狄拉克准粒子

如图 10.2(a)所示,单层石墨烯的晶体结构是以 A 和 B 两个原子组成的晶胞为基础的六方布拉格点阵。初始点阵矢量为 $\boldsymbol{a}_1 = (a/2, \sqrt{3}a/2)$ 和 $\boldsymbol{a}_2 = (a/2, -\sqrt{3}a/2)$,其中,$a$ 为点阵常数,$|\boldsymbol{a}_1| = |\boldsymbol{a}_2| = a$。倒易点阵是六方布拉格点阵,如图 10.2(b)所示,其初始点阵矢量为 $\boldsymbol{b}_1 = (2\pi/a, 2\pi/\sqrt{3}a)$ 和 $\boldsymbol{b}_2 = (2\pi/a, -2\pi/\sqrt{3}a)$,其第一布里渊区是六边形的(图 10.2(b)中带阴影的六边形)。靠近布里渊区两个不平等角落处的费米能级命名为 K 点或谷,如图 10.2(b)中标明的 K_+ 和 K_-,其波矢量为 $\boldsymbol{K}_\xi = \xi(4\pi/(3a), 0)$,其中 $\xi = \pm 1$ 是谷指数。

在石墨烯中,电子轨道是 sp^2 杂化的[31]。意味着 $2s$ 轨道和两个 $2p$ 轨道,$(2p_x, 2p_y)$ 杂化,形成了每个原子之间的 σ 键和 3 个最邻近的原子(图 10.2(a)中实线)。剩下的 $2p_z$ 轨道垂直于石墨烯平面,并且与临近原子的 $2p_z$ 轨道结合形成了 π 轨道。紧束缚模考虑到每个原子的 1 个 $2p_z$ 轨道,是对费米能级临近态的精确描述[31]。

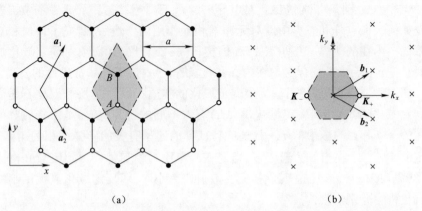

图 10.2 （a）单层石墨烯的晶体结构是以 A 和 B 两个原子组成的晶胞为基础的六方布拉格点阵。初始点阵矢量为 a_1 和 a_2，与点阵常数 a 的长度是相同的，阴影所示的菱形是个经典晶胞。（b）倒易点阵是六方布拉格点阵，其初始矢量为 b_1 和 b_2。阴影所示的六边形是第一布里渊区，点 K_+ 和 K_- 是角落处的两个不平等点，命名为 K 点

紧束缚模式包含了每个晶胞中的两个原子轨道 ϕ_A 和 ϕ_B。假定平移不变，这个模式是基于两个 Bloch 函数的，对于亚点阵 A 和 B 的每一个为

$$\Phi_j(\boldsymbol{k},\boldsymbol{r}) = \frac{1}{\sqrt{N}} \sum_{i=1}^{N} e^{i\boldsymbol{k}\cdot\boldsymbol{R}_{j,i}} \phi_j(\boldsymbol{r}-\boldsymbol{R}_{j,i}) \qquad (10.1)$$

其中,$j=A$ 或 B，对 N 个不同单元晶胞的指数 $i=1,\cdots,N$ 求总和，$\boldsymbol{R}_{j,i}$ 为在第 i 个单元晶胞中第 j 个轨道的位置。电子波函数 $\psi_l(\boldsymbol{k},\boldsymbol{r})$ 是布洛赫函数的线性重叠，$\psi_l(\boldsymbol{k},\boldsymbol{r}) = \sum_{j=1}^{n} c_{lj}(\boldsymbol{k}) \Phi_j(\boldsymbol{k},\boldsymbol{r})$，其中 c_{lj} 为系数。由 R. Saito、M. S. Dresselhaus 和 G. Dresselhaus 编著的一书[31]中详细描述了紧束缚模式，导出了能量本征方程 $\boldsymbol{H}\boldsymbol{\psi}_l = \varepsilon_l \boldsymbol{\psi}_l$（$l=1,2$），其中哈密顿算符 $\boldsymbol{H}$ 为转移整数矩阵，其矩阵元素由 $H_{ij} = \langle \Phi_i | \mathcal{H} | \Phi_j \rangle$ 给出，$\boldsymbol{\psi}_l = (c_{lA}, c_{lB})^T$ 为列向量。

也许可以用布洛赫函数来决定矩阵元素 $H_{ij} = \langle \Phi_i | \mathcal{H} | \Phi_j \rangle$ 的形式（式（10.1））。由于 A 和 B 原子的化学性质是相同的，则对角元素也可以认为是相同的，它们可以设置为零，且没有 $H_{AA} = H_{BB} = 0$ 一般性的损失。非对角元素 $H_{AB} = \langle \Phi_A | \mathcal{H} | \Phi_B \rangle$ 描述了临近原子间的跳跃。假定最邻近原子的作用是主导的，$H_{AB} = H_{BA}^* = -\gamma_0 f(\boldsymbol{k})$（参数 $\gamma_0 = -\langle \phi_A(\boldsymbol{r}-\boldsymbol{R}_{A,i}) | \mathcal{H} | \phi_B(\boldsymbol{r}-\boldsymbol{R}_{B,l}) \rangle$）表达了临近原子之间的耦合强度，这导致了

$$\hat{H}_1^{(0)} = -\gamma_0 \begin{pmatrix} 0 & f(\boldsymbol{k}) \\ f^*(\boldsymbol{k}) & 0 \end{pmatrix} \qquad (10.2)$$

此处，函数 $f(\boldsymbol{k}) = \sum_{l=1}^{3} \exp(i\boldsymbol{k}\cdot\boldsymbol{\delta}_l)$，其中原子 B_l 相对于原子 A_i 的位置矢量表示

为 $\boldsymbol{\delta}_l = \boldsymbol{R}_{B,l} - \boldsymbol{R}_{A,i}$，考虑到了从 1 个原子跳跃到它最临近的 3 个原子位置处积累的态因子。对于 A 原子周围的 3 个 B 原子，如图 10.2(a) 所示，错位矢量为 $\boldsymbol{\delta}_1 = (0, a/\sqrt{3})$，$\boldsymbol{\delta}_2 = (a/2, -a/2\sqrt{3})$，$\boldsymbol{\delta}_3 = (-a/2, -a/2\sqrt{3})$，则 $f(\boldsymbol{k}) = \exp(\mathrm{i}k_y a/\sqrt{3}) + 2\exp(-\mathrm{i}k_y a/2\sqrt{3})\cos(k_x a/2)$。

在布里渊区的两个非平衡角落，即熟知的谷，命名为 $\boldsymbol{K}_{+/-}$，如图 10.2(b) 所示，波矢量为 $\boldsymbol{K}_\xi = \xi(4\pi/(3a), 0)$，其中 $\xi = \pm 1$。在这些点处，$f(\boldsymbol{K}_\xi) = 0$。引入一个从 $\boldsymbol{K}_\xi$ 点中心测量得到的小动量 $\boldsymbol{p} = \hbar\boldsymbol{k} - \hbar\boldsymbol{K}_\xi$，以便 $f(\boldsymbol{k}) \approx -\sqrt{3}a(\xi p_x - \mathrm{i}p_y)/2\hbar + a^2(\xi p_x + \mathrm{i}p_y)^2/8\hbar^2$ 在谷 $\boldsymbol{K}_\xi$ 附近是有效的扩张值，即对于 $pa/\hbar \ll 1$，其中 $p = |\boldsymbol{p}| = (p_x^2 + p_y^2)^{1/2}$。那么，每个谷附近的哈密顿算符可以写为[32]

$$\hat{\boldsymbol{H}}_1^{(0)} \approx v \begin{pmatrix} 0 & \xi p_x - \mathrm{i}p_y \\ \xi p_x + \mathrm{i}p_y & 0 \end{pmatrix} - \mu \begin{pmatrix} 0 & (\xi p_x + \mathrm{i}p_y)^2 \\ (\xi p_x - \mathrm{i}p_y)^2 & 0 \end{pmatrix}$$

(10.3)

式中：速度 $v = \sqrt{3}a\gamma_0/(2\hbar)$；参数 $\mu = \gamma_0 a^2/(8\hbar^2)$。

式(10.3)中的第一项描述了线性色散为 $\varepsilon = \pm vp$ 的无质量类狄拉克手征准粒子，以及与亚点阵 A 和 B 上电子波函数的相对幅度相关的赝自旋自由度，并由列向量 $\boldsymbol{\psi}_l = (c_{lA}, c_{lB})^{\mathrm{T}}$ 的元素决定。式(10.3)中的第二项是动量的二次方，它描述了谷中心附近的费米圈的弱"三角翘曲"[32]，并引入了准粒子手征特征的摄动，随着远离谷中心，这些准粒子的数目倾向于增加。

式(10.3)是亚点阵 A 和 B 空间的简化写法，下面将会描述谷和自旋结构。同时考虑了 8 组分的布洛赫函数的空间 [$\varPhi_{K_+,A,\uparrow}, \varPhi_{K_+,B,\uparrow}, \varPhi_{K_-,B,\uparrow}, \varPhi_{K_-,A,\uparrow}$, $\varPhi_{K_+,A,\downarrow}, \varPhi_{K_+,B,\downarrow}, \varPhi_{K_-,B,\downarrow}, \varPhi_{K_-,A,\downarrow}$]，该布洛赫函数包括两个谷 K_+ 和 K_-，两个亚点阵 A 和 B 以及两个自旋组分 $\uparrow$ 和 $\downarrow$。那么哈密顿算符可以用 $K_\pm$ 谷空间中的泡利矩阵 $\varPi_{x,y,z}, \varPi_0 \equiv \hat{I}$，作用于 A 和 B 亚点阵空间中的 $\sigma_{x,y,z}, \sigma_0 \equiv \hat{I}$，以及作用于自旋空间 $\uparrow$ 和 $\downarrow$ 的 $S_{x,y,z}, S_0 \equiv \hat{I}$ 的直接乘积来表达：

$$\hat{\boldsymbol{H}}_1^{(0)} \approx v\varPi_z S_0 \boldsymbol{\sigma} \cdot \boldsymbol{p} - \mu \varPi_0 S_0 [\sigma_x(p_x^2 - p_y^2) - 2\sigma_y p_x p_y] \quad (10.4)$$

S_0 的存在意味着这个哈密顿算符是自旋简并的。

10.2.2 单层石墨烯中的无序模式

为了研究石墨烯中静态无序的普适模式，确定了在 K 点处满足对称性要求的电子哈密顿量中的各项指数[20-21,33]。分析包括时间反转 $t \to -t$，对比亚点阵和谷矩阵 $\sigma_i, \varPi_j$ 并不是理想的，因为其中一些是 $t \to -t$ 对称的，而另一些是 $t \to -t$ 反对称的。

不用 $\sigma_i, \varPi_j$，而用 4×4 哈密顿矩阵的两列[20-21]来描述亚点阵"电荷自旋"

$\vec{\Sigma} = (\Sigma_x, \Sigma_y, \Sigma_z)$（且 $[\Sigma_{s_1}, \Sigma_{s_2}] = 2i\varepsilon^{s_1 s_2 s_3}\Sigma_{s_3}$）以及谷赝自旋 $\vec{\Lambda} = (\Lambda_x, \Lambda_y, \Lambda_z)$（且 $[\Lambda_{l_1}, \Lambda_{l_2}] = 2i\varepsilon^{l_1 l_2 l_3}\Lambda_{l_3}$），定义为

$$\Sigma_x = \Pi_z \otimes \sigma_x, \quad \Sigma_y = \Pi_z \otimes \sigma_y, \quad \Sigma_z = \Pi_0 \otimes \sigma_z \tag{10.5}$$

$$\Lambda_x = \Pi_x \otimes \sigma_z, \quad \Lambda_y = \Pi_y \otimes \sigma_z, \quad \Lambda_z = \Pi_z \otimes \sigma_0 \tag{10.6}$$

与 σ_i, Π_j 相比，这些矩阵有这样的有利条件，即操作算子 Σ 和 Λ 随着时间的反转而改变符号。因此，所有的 $\Sigma_a \Lambda_l$ 对于 $t \rightarrow -t$ 是恒定的，因而也可以作为非磁静态无序的一种现象描述的基础[20-21]。

表 10.1 总结了 Σ_a 和 Λ_l 项，$t \rightarrow -t$ 反对称，以及 $\Sigma_a \Lambda_l$ 的乘积，$t \rightarrow -t$ 恒定性，形成了石墨烯点群的不能简化的代表项。事实上，正如 Basko[33] 所呈现的，描述两个谷时，考虑到与石墨烯的 C_{6v} 点群相组合（表 10.1 中用 t 表示）的平面群 C''_{6v} 是很适合的。因此，谷内矩阵 Λ_x 和 Λ_y 出现在融合初始转变的不能简化的代表项 E'_1、E'_2、G' 中。

表 10.1 平面点群 C''_{6v} 的最简化表示项（Irr. Rep.）和特征[33]。A_1、A_2、B_1、B_2、E_1、E_2 是二维石墨烯 C_{6v} 点群的一部分，其中包括由运算符 E、C_6、C_3、C_2、σ_d、σ_v 标记的序列，代表项 E'_1、E'_2、G' 包含了原始的转变，以 t 为指示符，标记为 t、tC_3、$t\sigma_d$ 的序列。最后一列给出了 4×4 矩阵的空间中不能简化的亚空间的（基于 Σ 和 Λ 矩阵）基元

Irr. Rep	E	C_6	C_3	C_2	σ_d	σ_v	t	tC_3	$t\sigma_d$	Σ_a, Λ_l
A_1	1	1	1	1	1	1	1	1	1	$\hat{I}$
A_2	1	1	1	1	-1	-1	1	1	-1	Σ_z
B_1	1	-1	1	-1	1	-1	1	1	1	Λ_z
B_2	1	-1	1	-1	-1	1	1	1	-1	$\Sigma_z \Lambda_z$
E_1	2	1	-1	-2	0	0	2	-1	0	$\begin{pmatrix}\Sigma_x\\\Sigma_y\end{pmatrix}$
E_2	2	-1	-1	2	0	0	2	-1	0	$\begin{pmatrix}\Lambda_z\Sigma_x\\\Lambda_z\Sigma_y\end{pmatrix}$
E'_1	2	0	2	0	2	0	-1	-1	-1	$\begin{pmatrix}\Lambda_x\Sigma_z\\\Lambda_y\Sigma_z\end{pmatrix}$
E'_2	2	0	2	0	-2	0	-1	-1	1	$\begin{pmatrix}\Lambda_x\\\Lambda_y\end{pmatrix}$
G'	4	0	-2	0	0	0	-2	1	0	$\begin{pmatrix}\Lambda_x\Sigma_x\\\Lambda_x\Sigma_y\\\Lambda_y\Sigma_x\\\Lambda_y\Sigma_y\end{pmatrix}$

利用矩阵 Σ_a 和 Λ_l，弱无序的单层石墨烯中的哈密顿算符可以写为

$$\hat{H}_1 = v\boldsymbol{\Sigma} \cdot \boldsymbol{p} + \hat{h}_{1\omega} + \hat{U} \tag{10.7}$$

$$\hat{h}_{1\omega} = -\mu \Lambda_z [\Sigma_x(p_x^2 - p_y^2) - 2\Sigma_y p_x p_y] \tag{10.8}$$

$$\hat{U} = \hat{I}u(\boldsymbol{r}) + \sum_{a,l=x,y,z} \Sigma_a \Lambda_l u_{a,l}(\boldsymbol{r}) \tag{10.9}$$

其中包含了纯哈密顿算符(式(10.3)和(式(10.4))。相 $\hat{U}$ 合并了可能的非磁静态无序项，其中对角线部分 $\hat{I}u(\boldsymbol{r})$ 描述了没有破坏谷和亚点阵对称性的远程电荷的影响。谷间项包含了描述亚点阵 A 和 B 的不同位置能量的 $u_{z,z}(\boldsymbol{r})$，以及引起了 A 和 B 跳跃的、波动的 $u_{x,z}(\boldsymbol{r})$ 和 $u_{y,z}(\boldsymbol{r})$，剩余的项 $u_{a,x}(\boldsymbol{r})$ 和 $u_{a,y}(\boldsymbol{r})$，其中 $a=x,y,z$，形成了谷内散射。

10.2.3 单层石墨烯中的自旋-轨道耦合

对于石墨烯中 K 点附近的电子而言，存在着两个不同的自旋-轨道项。第一个为内在的项，即 $\hat{h}_{\mathrm{KM}} = a_{\mathrm{KM}} \Pi_0 \sigma_z S_z$，点群转变的恒定操作，正如凯恩和米勒[2]在量子自旋霍尔绝缘体的研究中所讨论的一样。第二个项为伯契科夫-拉什巴[2-4,12-13]项，其要求石墨烯平面内的镜面对称性是破坏的，$\hat{h}_{\mathrm{BR}} = a_{\mathrm{BR}} \times \Pi_z(\sigma_x S_y - \sigma_y S_x)$。利用矩阵 Σ_a 和 Λ_l，自旋-轨道项可写为

$$\hat{h}_{\mathrm{KM}} = a_{\mathrm{KM}} \Sigma_z S_z \tag{10.10}$$

$$\hat{h}_{\mathrm{BR}} = a_{\mathrm{BR}}(\Sigma_x S_y - \Sigma_y S_x) \tag{10.11}$$

10.3 单层石墨烯中的弱局域化与反局域化

为了描述石墨烯中自旋轨道耦合对弱局域化的影响，将之前忽略自旋轨道耦合的计算进行了归纳，并给出了更详细的解释。假定类狄拉克哈密顿算符 $v\boldsymbol{\Sigma} \cdot \boldsymbol{p}$ 主导着电子行为，同时也假定对角线无序，式(10.9)中的 $\hat{I}u(\boldsymbol{r})$ 决定着弹性散射速率，$\tau^{-1} \approx \tau_0^{-1} = \pi\gamma u^2/\hbar$，其中 $\gamma = p_F/(2\pi\hbar^2 v)$ 是每个自旋和谷的态密度。利用 $p_F v\tau \gg \hbar$ 处无序系统的标准的图解技术[1,17]，石墨烯中的无序平均的单粒子格林函数可以写为

$$G^{\mathrm{R/A}}(\boldsymbol{p},\varepsilon) = \frac{\varepsilon_{\mathrm{R/A}} + v\boldsymbol{\Sigma} \cdot \boldsymbol{p}}{\varepsilon_{\mathrm{R/A}}^2 - v^2 p^2}, \quad \varepsilon_{\mathrm{R/A}} = \varepsilon \pm \frac{i\hbar}{2\tau_0} \tag{10.12}$$

与狄拉克哈密顿算符相对应的电流操作符是不依赖动量的，$\hat{v} = v\boldsymbol{\Sigma}$。这意味着在德鲁德(Drude)电导率中的电流顶点 $\tilde{v}_j,(j=x,y)$ 可以通过顶点修正 $\tilde{\boldsymbol{v}} = 2\hat{\boldsymbol{v}} = 2v\boldsymbol{\Sigma}$ 重新归一化。那么，德鲁德电导率为

$$\sigma = \frac{e^2}{\pi\hbar}\int \frac{\mathrm{d}^2 p}{(2\pi)^2}\mathrm{Tr}\{\tilde{v}_j\, G^{R/A}(\boldsymbol{p},\varepsilon)\, \hat{\boldsymbol{v}}_j\, G^{R/A}(\boldsymbol{p},\varepsilon)\} \qquad (10.13)$$

其与 $\sigma = 4e^2\gamma D$ 是相等的,其中扩散系数 $D = v^2\tau_{\mathrm{tr}}/2$,传输时间是散射时间的两倍,即 $\tau_{\mathrm{tr}} = 2\tau_0$ [18]。

弱定域化关联可以写为被称为共同操作子传播的平均无序的双粒子关联函数的形式[1,17],它们是自旋、亚点阵和谷空间的单组分和三组分。因此,需考虑到 64 个共同操作子。然而,对于对角线无序 $\hat{I}u(\boldsymbol{r})$,亚点阵同位旋-三组分模式都需要有 τ_0^{-1} 量级的松弛能隙,它们可能会被忽略[20-21]。然而,亚点阵同位旋单组分模式是无能隙的。因此,接下来只考虑亚点阵同位旋单组分共同操作子 C_s^l,其中指数 l 指的是赝自旋(与描述谷自由度的矩阵 Λ 相关),而指数 s 指的是自旋(与矩阵 S 相关)。

若仅考虑无能隙的同位旋-单组分模式,那么对电导率的弱局域化修正可以写为与 16 个包含了自旋与赝自旋单组分和三组分的共同操作子相关的求积形式:

$$\delta\sigma = \frac{e^2 D}{\pi\hbar}\int \frac{\mathrm{d}^2 q}{(2\pi)^2}\sum_{s,l=0,x,y,z} c_s\, c_l\, C_s^l \qquad (10.14)$$

式中:因子 $c_0 = 1$,$c_x = c_y = c_z = -1$,此处考虑了单组分和三组分的共同操作子(自旋和赝自旋都有)会出现相反的符号的情况。

在哈密顿算符式(10.7)中,考虑了对称性破坏的扰动 $\hat{h}_{1\omega}$(式(10.8)),$\hat{h}_{\mathrm{KM}}$(式(10.10))和 $\hat{h}_{\mathrm{BR}}$(式(10.11)),以及对称性破坏的无序项 $u_{a,l}(\boldsymbol{r})$(式(10.9))。它们把弛豫能隙 $\varGamma_s^l$ 贡献给另外的无能隙的共同操作子 C_s^l,尽管由于时间反演的对称性,C_0^0 模式仍然是无能隙的。但是在有限的非弹性退相干速率 τ_φ^{-1} 和外加磁场 $\boldsymbol{B} = \mathrm{rot}\,\boldsymbol{A}$ 的条件下,每一个共同操作子[1,17]由下式给出:

$$\left[D\left(\mathrm{i}\nabla + \frac{2e\boldsymbol{A}}{c\hbar}\right)^2 + \varGamma_s^l + \tau_\varphi^{-1} - \mathrm{i}\omega\right]C_s^l(\boldsymbol{r},\boldsymbol{r}') = \delta(\boldsymbol{r}-\boldsymbol{r}') \qquad (10.15)$$

那么,具有温度依赖性的零磁场修正系数 $\delta\rho(0)$(这里 $\delta\rho(0)/\rho^2 \equiv -\delta\sigma$)与石墨烯面电阻的关系可写为

$$\delta\rho(0) = -\frac{e^2\rho^2}{2\pi h}\sum_{s,l=0,x,y,z} c_s c_l \ln\left(\frac{\tau^{-1}}{\tau_\varphi^{-1} + \varGamma_s^l}\right) \qquad (10.16)$$

磁阻 $\Delta\rho(B) = \rho(B) - \rho(0)$ 由下式给出:

$$\Delta\rho(B) = \frac{e^2\rho^2}{2\pi h}\sum_{s,l=0,x,y,z} c_s c_l F\left(\frac{B}{B_\varphi + B_s^l}\right) \qquad (10.17)$$

其中

$$F(z) = \ln z + \psi\left(\frac{1}{2} + \frac{1}{z}\right) \qquad (10.18)$$

$$B_\varphi = \frac{\hbar c}{4De}\tau_\varphi^{-1}, \quad B_s^l = \frac{\hbar c}{4De}\Gamma_{0;s}^l \tag{10.19}$$

式中，ψ 为双 γ 函数。

假定式(10.9)中的无序的不同类型是不相关的，即 $\langle u_{a,l}(r)u_{a'l'}(r')\rangle = u_{a,l}^2 \delta_{aa'}\delta_{ll'}\delta(r-r')$，那么散射速率为 $\tau_{a,l}^{-1} = \pi\gamma u_{a,l}^2/\hbar$。假设 $x-y$ 平面内的无序是各向异性的，那么 $\tau_{a,x}^{-1} = \tau_{a,y}^{-1} = \tau_{a,\perp}^{-1}$，$\tau_{x,l}^{-1} = \tau_{y,l}^{-1} = \tau_{\perp,l}^{-1}$，根据文献[20]，将它们合并在谷间散射速率 τ_z^{-1} 内以及谷内散射速率 τ_i^{-1} 内：

$$\tau_z^{-1} = 4\tau_{\perp,z}^{-1} + 2\tau_{z,z}^{-1}, \quad \tau_i^{-1} = 4\tau_{\perp,\perp}^{-1} + 2\tau_{z,\perp}^{-1} \tag{10.20}$$

式(10.7)中哈密顿算符中的三角变形项 $\hat{h}_{1\omega}$ 产生了谷间共同操作子的弛豫 C_s^x 和 C_s^y，并由速率[20]表示为

$$\tau_\omega^{-1} = 2\tau_0 (\varepsilon^2\mu/\hbar v^2)^2 \tag{10.21}$$

尽管由于三角变形在两个谷中有相反的效应，因此，这种弛豫并不影响谷内模式 C_s^0 和 C_s^z。

忽略了自旋轨道项 $\hat{h}_{KM}$ 和 $\hat{h}_{BR}$（式(10.10)和式(10.11)），谷间共同操作子的总弛豫速率可写为 $\tau_*^{-1} = \tau_\omega^{-1} + \tau_z^{-1} + \tau_i^{-1}$ [20]，且有

$$\Gamma_s^0 = 0, \quad \Gamma_s^x = \Gamma_s^y = \tau_*^{-1}, \quad \Gamma_s^z = 2\tau_i^{-1}$$

这使得对面电阻的温度依赖性的零磁场修正可以写为

$$\delta\rho(0) = \frac{e^2\rho^2}{\pi h}\left[\ln\left(\frac{\tau^{-1}}{\tau_\varphi^{-1}}\right) - 2\ln\left(\frac{\tau^{-1}}{\tau_\varphi^{-1}+\tau_*^{-1}}\right) - \ln\left(\frac{\tau^{-1}}{\tau_\varphi^{-1}+2\tau_i^{-1}}\right)\right] \tag{10.22}$$

同时，磁阻也可以由下式给出：

$$\Delta\rho(B) = -\frac{e^2\rho^2}{\pi h}\left[F\left(\frac{B}{B_\varphi}\right) - 2F\left(\frac{B}{B_\varphi+B_*}\right) - F\left(\frac{B}{B_\varphi+2B_i}\right)\right] \tag{10.23}$$

自旋轨道项 $\hat{h}_{KM}$ 和 $\hat{h}_{BR}$（式(10.10)和式(10.11)）分别引起了弛豫速率 τ_{KM}^{-1} 和 τ_{BR}^{-1} 的增加，并分别有着不同的参数依赖性：

$$\tau_{KM}^{-1} = \tau_0^{-1}\left(\frac{\alpha_{KM}}{\varepsilon_F}\right)^2, \quad \tau_{BR}^{-1} = \frac{2\tau_0\alpha_{BR}^2}{\hbar^2} \tag{10.24}$$

伯契科夫-拉什巴项 $\hat{h}_{BR}$（式(10.11)）与其他材料中的伯契科夫-拉什巴自旋轨道相互作用的表现方式是相似的，通过 D'yakonov-Perel 机理[34]形成了自旋弛豫，其对应的弛豫速率 τ_{BR}^{-1} 与弹性散射速率 τ_0^{-1} 是成反比的[34-35]。然而，本征项 $\hat{h}_{KM}$（式(10.10)）则通过 Elliott-Yafet 机制[36-37]引起了弛豫，其对应的弛豫速率 τ_{KM}^{-1} 与弹性散射速率 τ_0^{-1} 是成正比的。自旋轨道项对共同操作子 C_s^l 的弛豫速率的贡献为

$$\Gamma_0^l = 0, \quad \Gamma_x^l = \Gamma_y^l = \tau_{BR}^{-1} + \tau_{KM}^{-1}, \quad \Gamma_z^l = 2\tau_{BR}^{-1} \tag{10.25}$$

与哈密顿算符(式(10.9))的自旋依赖性的对称性破坏项相结合，则有

$$\Gamma_0^0 = 0$$
$$\Gamma_0^x = \Gamma_0^y = \tau_*^{-1}$$
$$\Gamma_0^z = 2\tau_i^{-1}$$
$$\Gamma_x^0 = \Gamma_y^0 = \tau_{BR}^{-1} + \tau_{KM}^{-1}$$
$$\Gamma_x^x = \Gamma_x^y = \Gamma_y^x = \Gamma_y^y = \tau_*^{-1} + \tau_{BR}^{-1} + \tau_{KM}^{-1}$$
$$\Gamma_x^z = \Gamma_y^z = 2\tau_i^{-1} + \tau_{BR}^{-1} + \tau_{KM}^{-1}$$
$$\Gamma_z^0 = 2\tau_{BR}^{-1}$$
$$\Gamma_z^x = \Gamma_z^y = \tau_*^{-1} + 2\tau_{BR}^{-1}$$
$$\Gamma_z^z = 2\tau_i^{-1} + 2\tau_{BR}^{-1}$$

与式(10.16)和式(10.17)相结合,这些结果分别决定了对零磁场阻抗和磁阻的弱定域化修正。

磁阻由下面公式明确地给出：

$$\Delta\rho(B) = \frac{e^2\rho^2}{2\pi h}\Big[F\Big(\frac{B}{B_\varphi}\Big) - 2F\Big(\frac{B}{B_\varphi + B_*}\Big) - F\Big(\frac{B}{B_\varphi + 2B_i}\Big) -$$
$$2F\Big(\frac{B}{B_\varphi + B_{BR} + B_{KM}}\Big) + 4F\Big(\frac{B}{B_\varphi + B_* + B_{BR} + B_{KM}}\Big) +$$
$$2F\Big(\frac{B}{B_\varphi + 2B_i + B_{BR} + B_{KM}}\Big) - F\Big(\frac{B}{B_\varphi + 2B_{BR}}\Big) +$$
$$2F\Big(\frac{B}{B_\varphi + B_* + 2B_{BR}}\Big) + F\Big(\frac{B}{B_\varphi + 2B_i + 2B_{BR}}\Big)\Big] \quad (10.26)$$

式中：$B_{\varphi,i,*,BR,KM} = (\hbar c/4De)\tau_{\varphi,i,*,BR,KM}^{-1}$。

图10.3(a)描述了本征的自旋轨道耦合(式(10.10))的不同强度的低磁场磁阻(式(10.26)),忽略了伯契科夫-拉什巴项(式(10.11))。弛豫长度与弛豫次数是相关的,即 $L_{\varphi,i,*,BR,KM} = (D\tau_{\varphi,i,*,BR,KM})^{1/2}$。当忽略自旋轨道耦合时(例如,对 $L_{KM} = 100\mu m$ 的曲线),石墨烯显示出了负磁阻,这表明是弱定域化的,但值得注意的是,在较大磁场 B 处曲线会发生向上反转,这是由于单层石墨烯中的准粒子的手征倾向于反定域化[25]。本征项 $\hat{h}_{KM}$ (式(10.10))倾向于压制弱定域化[14-15]。将其考虑进去,但是在忽略拉什巴项 $\hat{h}_{BR}$ (式(10.11))的情况下,哈密顿算符(式(10.7))会分裂为自旋"向上"和"向下"的两部分。虽然石墨烯的时间反演对称性没有被自旋轨道耦合破坏,但是每一个自旋组分的哈密顿算符却破坏了有效的时间反演对称性。$s=0$ 和 $s=z$ 的共同操作子组分(C_0^l 和 C_z^l)的贡献确实消失了。那么,本征自旋轨道耦合项的影响可以被合并于非弹性退相速率的修正定义中,即公式 $\tau_\varphi^{-1} \Rightarrow \tau_\varphi^{-1} + \tau_{KM}^{-1}$ 是通过忽略自旋轨道耦合得到的,正如式(10.22)和式(10.23)所示。当结合的有效退相速率 $\tau_\varphi^{-1} + \tau_{KM}^{-1}$ 与对称性破坏的速率 τ_i^{-1} 和 τ_*^{-1} 相比相对较大时,就可以观察到手征准粒子的

弱反向局域化,如图10.3(a)所示。

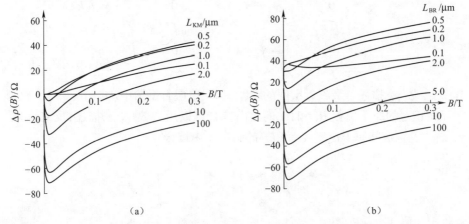

图 10.3 (a)忽略了伯契科夫-拉什巴项(式(10.11))的本征自旋轨道耦合(式(10.10))的不同强度的单层石墨烯中的低磁场磁阻。右侧给出了自旋轨道弛豫长度 L_{KM} 的值。(b)忽略了本征项(式(10.10))的伯契科夫-拉什巴自旋轨道耦合(式(10.11))的不同强度的低磁场磁阻。右侧给出了伯契科夫-拉什巴弛豫长度 L_{BR} 的值。其他参数值为 $\rho=1000\Omega, L_{\varphi}=10\mu m$, $L_i=500nm, L_*=200nm$,本图是根据式(10.26)画出的

图 10.3(b)描述了伯契科夫-拉什巴自旋轨道耦合(式(10.11))的不同强度的低磁场磁阻(式(10.26)),忽略了本征项(式(10.11))得到的。伯契科夫-拉什巴项 $\hat{h}_{BM}$(式(10.11))倾向于把弱定域化推向反向弱定域化[14-16],正如在传统的材料中一样[1]。考虑到类狄拉克哈密顿算符 $v\boldsymbol{\Sigma}\cdot\boldsymbol{p}$,伯契科夫-拉什巴项会迫使电子自旋位于石墨烯平面内,垂直于电子动量 $\boldsymbol{p}$。沿着一个闭合轨道的电子的传播将会伴随着与自旋旋转相关的额外的相变,从而引起了反定域化行为。

10.4 双层石墨烯的低能哈密顿算符

10.4.1 双层石墨烯中大量的手征准粒子

双层石墨烯[38-40]包含两层耦合的单层石墨烯,其中原子位置不同,底层为 A_1 和 B_1,顶层为 A_2 和 B_2,如图10.4所示。在伯纳尔堆积的双层石墨烯中,这些原子位置的一半,如 B_1 和 A_2,在另一层上(该层的上面或者下面)有对应部分,相反,在其他位置上,如在 A_1 和 B_2 位置处,则没有对应的等同部分。

将单层石墨烯的紧束缚的哈密顿算符(式(10.2))进行归纳,并考虑到 A_1、B_2、B_1、A_2 位置处均有一个 $2p_z$ 轨道,可引出双层石墨烯的有效哈密顿

算符[39,41-44]：

$$\hat{H}_2^{(0)} = \begin{pmatrix} 0 & \gamma_3 f^*(\boldsymbol{k}) & 0 & -\gamma_0 f(\boldsymbol{k}) \\ \gamma_3 f(\boldsymbol{k}) & 0 & -\gamma_0 f^*(\boldsymbol{k}) & 0 \\ 0 & -\gamma_0 f(\boldsymbol{k}) & 0 & \gamma_1 \\ -\gamma_0 f^*(\boldsymbol{k}) & 0 & \gamma_1 & 0 \end{pmatrix}$$

其中，参数 γ_0 描述了最临近层间的跳跃，如在单层石墨烯中（式(10.2)）。轨道间互相正对的原子位置 B_1 和 A_2 的层内耦合可以用参数 γ_1 来描述，反之，参数 γ_3 描述了轨道间原子位置 A_1 和 B_2 的斜向层内耦合。

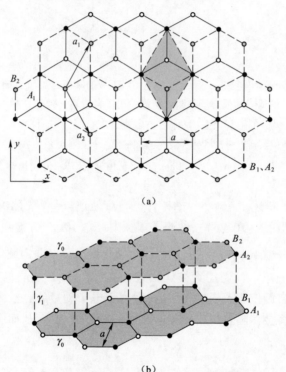

(a)

(b)

图 10.4 (a)双层石墨烯晶体结构的平面图，包含了两个耦合的单层石墨烯，通过底层每个晶胞的两个原子用 A_1（白色圆圈）和 B_1（黑色圆圈）表示，上层的每个晶胞的两个原子用 A_2（黑色圆圈）和 B_2（灰色圆圈）表示。原子位置 B_1 和 A_2（黑色圆圈）是上下正对的。初始点阵矢量 a_1 和 a_2 与点阵常数 a 的长度相等，阴影菱形部分是一个典型的晶胞。(b)侧面图，显示了 B_1 和 A_2 位置的层间耦合 γ_0 和层内耦合 γ_1

原子位置 B_1 和 A_2 的层内耦合 γ_1 对低能量处的电子能带结构有着重要的影响：B_1 和 A_2 的 p_z 轨道能够形成导致两个能带从零能量分离的二聚体态，而 A_1 和 B_2 的 p_z 轨道能在费米能级附近形成近似为抛物线色散的两个能带。这两个低能能带也许可以用描述了包含了 B_2 和 A_1 位置处轨道的两个组分的有效哈密顿算符来表达,它是通过用 Schrieffer–Wolff 转变[45]消除掉由 B_1 和 A_2 位置部分描述的分离能带的贡献而获得的。那么,这两个低能带[39]可用有效哈密顿算符来表达:

$$\hat{H}_2^{(0)} \approx \hat{h}_2 + \hat{h}_{2w} \tag{10.27}$$

$$\hat{h}_2 = -\frac{1}{2m} \Pi_0 S_0 [\sigma_x(p_x^2 - p_y^2) - 2\sigma_y p_x p_y] \tag{10.28}$$

$$\hat{h}_{2w} = v_3 \Pi_z S_0 \boldsymbol{\sigma} \cdot \boldsymbol{p} \tag{10.29}$$

该哈密顿算符在八组分布洛赫函数 $\boldsymbol{\Phi}$ 的空间内运行,其中 $\boldsymbol{\Phi} = [\phi_{K_+,B_2,\uparrow}, \phi_{K_+,A_1,\uparrow}, \phi_{K_-,A_1,\uparrow}, \phi_{K_-,B_2,\uparrow}, \phi_{K_+,B_2,\downarrow}, \phi_{K_+,A_1,\downarrow}, \phi_{K_-,A_1,\downarrow}, \phi_{K_-,B_2,\downarrow}]$,而且布洛赫函数包括两个谷 K_+/K_-,两个亚点阵 B_2 和 A_1,以及两个自旋组分 $\uparrow$ 和 $\downarrow$。像单层石墨烯一样,双层石墨烯哈密顿算符可以用它们的直接乘积来表达,它们有作用在 $K_\pm$ 谷空间中的泡利矩阵 $\Pi_{x,y,z}$, $\Pi_0 \equiv \hat{I}$,作用在亚点阵 B_2 和 A_1 中的 $\sigma_{x,y,z}$, $\sigma_0 \equiv \hat{I}$,以及作用在自旋空间 $\uparrow$ 和 $\downarrow$ 的 $S_{x,y,z}$, $S_0 \equiv \hat{I}$。

哈密顿算符(式(10.28))中的第一项描述了有二次方色散 $\varepsilon = \pm p^2/2m$ ($p = |\boldsymbol{p}|$)的大量手征准粒子,以及与贝里相 2π 相关的手征[39]。质量 $m = \gamma_1/2v^2$ 与 B_1-A_2 层内耦合 γ_1 和单层费米速度 v 相关。第二项 $\hat{h}_{2w}$ 在动量空间中是线性的,并且描述了三角变形[32,39]。有效速度 $v_3 = (\sqrt{3}/2)a\gamma_3/\hbar$ 与原子位置 A_1 和 B_2 处的 p_z 轨道间的斜向层内耦合 γ_3 关联。

10.4.2 双层石墨烯中的无序模式

采用 $\boldsymbol{\Sigma}_i$ 和 $\boldsymbol{\Lambda}_i$ 矩阵(式(10.5)和式(10.6))来描述处于低能状态、在两个点阵位置 B_2 和 A_1 及两个谷 K_+ 和 K_- 的空间的双层石墨烯。正如在单层石墨烯中一样,所有的矩阵 $\boldsymbol{\Sigma}$ 和 $\boldsymbol{\Lambda}$ 都会随着时间反演而改变符号,因此 $\boldsymbol{\Sigma}_a \boldsymbol{\Lambda}_l$ 对 $t \to -t$ 是恒定不变的,同时也可以作为对非磁静态无序的现象描述的基础。因此,双层石墨烯中的非磁无序的哈密顿算符也许可以写为如单层石墨烯中一样的方程(式(10.9))。

10.4.3 双层石墨烯中的自旋轨道耦合

对于谷中心附近的两个低能能带而言,双层石墨烯中 SO 耦合形式类似于单层石墨烯,有两个不同的项。第一项就是本征的 SO 耦合 $\hat{h}_{KM} = \alpha_{KM} \Pi_0 \sigma_z S_z$ [2,8-11],第二项为伯契科夫-拉什巴项 $\hat{h}_{BR} = \alpha_{BR} \Pi_z (\sigma_x S_y - \sigma_y S_x)$ [2-4,8,12-13]。用矩阵 $\boldsymbol{\Sigma}_i$ 和 $\boldsymbol{\Lambda}_i$ (式(10.5)和式(10.6))来描述 B_2-A_1 亚点阵"同位旋"和 K_+、K_- 谷"赝自旋",那么低能状态下的弱无序的双层石墨烯中的哈密顿算符可写为

$$\hat{H}_2 = \hat{h}_2 + \hat{h}_{2w} + \hat{h}_{KM} + \hat{h}_{BR} + \hat{U} \qquad (10.30)$$

$$\hat{h}_2 = -\frac{1}{2m} \Lambda_z [\Sigma_x(p_x^2 - p_y^2) - 2\Sigma_y p_x p_y] \qquad (10.31)$$

$$\hat{h}_{2w} = v_3 \boldsymbol{\Sigma} \cdot \boldsymbol{p} \qquad (10.32)$$

式中：$\hat{U}$、$\hat{h}_{KM}$ 和 $\hat{h}_{BR}$ 与单层石墨烯(式(10.9)、式(10.10)、式(10.11))有相同的形式，但参数值不同。

10.5 双层石墨烯中的弱局域化

假定哈密顿算符中的手征项(双层石墨烯中 $\hat{h}_2$ 项(式(10.31)))控制着电子行为，同时也假定式(10.9)中的对角线无序 $\hat{I}u(\boldsymbol{r})$ 主导着弹性散射速率，$\tau^{-1} \approx \tau_0^{-1} = \pi\gamma u^2/\hbar$，其中 $\gamma = m/(2\pi\hbar^2)$ 是每个自旋和每个谷的态密度。用 $p_F v \tau \gg \hbar$ 处的无序系统的标准图解技术[1,17]，可以将双层石墨烯中无序平均的单粒子格林函数写为

$$G^{R/A}(\boldsymbol{p},\varepsilon) = \frac{\varepsilon_{R/A} - (\Lambda_z/2m)[\Sigma_x(p_x^2 - p_y^2) - 2\Sigma_y p_x p_y]}{\varepsilon_{R/A}^2 - (p^2/2m)^2}$$

式中：$\varepsilon_{R/A} = \varepsilon \pm i\hbar/(2\tau_0)$。

与单层石墨烯的一个明显的区别是，与手征哈密顿算符对应的电流操作是依赖动量的[21,46]：

$$\hat{\boldsymbol{v}} = -\frac{\Lambda_z}{m}[(\Sigma_x p_x - \Sigma_y p_y)\hat{\boldsymbol{i}} - (\Sigma_y p_x - \Sigma_x p_y)\hat{\boldsymbol{j}}]$$

这意味着进入德鲁德电导率的电流顶点并没有用顶点修正进行重新归一化，因此德鲁德电导率相当于 $\sigma = 4e^2\gamma D$ (扩散系数为 $D = v_F^2 \tau_0/2$)，以及传输时间相当于散射时间 τ_0。费米速度 $v_F = p_F/m$ 也是依赖于动量的，而不像单层石墨烯中的费米速度 v。

弱局域化修正可以用共同操作子 $C_{a;s}^l$ 描述，其中指数 a 指的是同位旋(与描述亚点阵自由度的矩阵 $\boldsymbol{\Sigma}$ 相关)，l 指的是赝自旋(与描述谷自由度的矩阵 $\boldsymbol{\Lambda}$ 相关)，s 指的是自旋(与矩阵 $\boldsymbol{S}$ 相关)。对于对角线无序 $\hat{I}u(\boldsymbol{r})$，无能隙模式与谷内和点阵同位旋-单体的 $C_{0;s}^0$ 和 $C_{0;s}^z$ 相结合，或者是与谷间和点阵同位旋-三联体的 $C_{z;s}^x$ 和 $C_{z;s}^y$ 相结合[21-22]。剩下的模式有：弛豫能隙的 $C_{x;s}^l$ 和 $C_{y;s}^l$，对所有的谷指数 $l=0,x,y,z$，有弛豫能隙 $\Gamma_{x;s}^l = \Gamma_{y;s}^l = \frac{1}{2}\tau_0^{-1}$，以及相当于 τ_0^{-1} 能隙的模式 $C_{0;s}^x$、$C_{0;s}^y$、$C_{0;s}^z$ 和 $C_{z;s}^z$。

若只考虑无能隙模式，双层石墨烯电导率的弱局域化修正可以写为16个共

同操作子的求和：

$$\delta\sigma = \frac{e^2 D}{\pi\hbar}\int\frac{d^2q}{(2\pi)^2}\sum_s c_s [C^0_{0;s} + C^x_{z;s} + C^y_{z;s} - C^z_{0;s}]$$

式中：因子 $c_0 = 1$，$c_x = c_y = c_z = -1$，考虑到自旋单体和三联体共同操作子有着相反的符号。

考虑到哈密顿算符(式(10.30))中的对称性破坏的扰动 $\hat{h}_{2w}$、$\hat{h}_{KM}$ 和 $\hat{h}_{BR}$，以及对称性破坏的无序项 $u_{a,l}(r)$，它们可以给别的无能隙的共同操作子 $C^l_{a;s}$ 贡献松弛能隙 $\Gamma^l_{a;s}$。尽管，由于时间反演对称性的存在，$C^0_{0;0}$ 模式仍然是无带隙的。在有限的非弹性退相干速率 τ^{-1}_φ 和外加磁场 $B = \text{rot } A$ 存在的情况下，每一个共同操作子有相同的形式，正如在单层石墨烯中的一样(式(10.15))，它也可以给予电导率的弱定域化修正一个类似的贡献。双层石墨烯面电阻的零场温度依赖性修正可以写为

$$\delta\rho(0) = -\frac{e^2\rho^2}{2\pi h}\sum_s c_s \left[\ln\left(\frac{\tau^{-1}}{\tau^{-1}_\varphi + \Gamma^0_{0;s}}\right) + \ln\left(\frac{\tau^{-1}}{\tau^{-1}_\varphi + \Gamma^x_{z;s}}\right) + \ln\left(\frac{\tau^{-1}}{\tau^{-1}_\varphi + \Gamma^y_{z;s}}\right) - \ln\left(\frac{\tau^{-1}}{\tau^{-1}_\varphi + \Gamma^z_{0;s}}\right)\right] \quad (10.33)$$

并且磁阻可以由下式给出：

$$\Delta\rho(B) = \frac{e^2\rho^2}{2\pi h}\sum_s c_s \left[F\left(\frac{B}{B_\varphi + B^0_{0;s}}\right) + F\left(\frac{B}{B_\varphi + B^x_{z;s}}\right) + F\left(\frac{B}{B_\varphi + B^y_{z;s}}\right) - F\left(\frac{B}{B_\varphi + B^z_{0;s}}\right)\right] \quad (10.34)$$

其中

$$F(z) = \ln z + \psi\left(\frac{1}{2} + \frac{1}{z}\right) \quad (10.35)$$

$$B_\varphi = \frac{\hbar c}{4De}\tau^{-1}_\varphi, \quad B^l_{0;s} = \frac{\hbar c}{4De}\Gamma^l_{0;s} \quad (10.36)$$

ψ 为双 γ 函数。

假定不同种形式的无序是不相关的，$\langle u_{a,l}(r) u_{a',l'}(r')\rangle = u^2_{a,l}\delta_{aa'}\delta_{ll'}\delta(r - r')$，那么散射速率则为 $\tau^{-1}_{a,l} = \pi\gamma u^2_{a,l}/\hbar$。若假定 x-y 平面内的无序是各向异性的，那么 $\tau^{-1}_{a,x} = \tau^{-1}_{a,y} = \tau^{-1}_{a,\perp}$，$\tau^{-1}_{x,l} = \tau^{-1}_{y,l} = \tau^{-1}_{\perp,l}$，依据文献[20,22]，将它们与谷间散射速率 τ^{-1}_z 与谷内散射速率 τ^{-1}_i 结合有

$$\tau^{-1}_z = 2\tau^{-1}_{z,z}, \quad \tau^{-1}_i = 4\tau^{-1}_{\perp,\perp} + 2\tau^{-1}_{z,\perp} \quad (10.37)$$

哈密顿算符(式(10.30))中的三角扭曲项 $\hat{h}_{2w}$ 产生了谷间共同操作子 s 的松弛 $C^x_{0;s}$ 和 $C^y_{0;s}$，正如文献[22]中所表述的速率：

$$\tau^{-1}_w = 2\tau_0 (v_3 p_F/\hbar)^2 \quad (10.38)$$

尽管，由于两个谷中的三角形扭曲有着负面的影响，这种松弛并不会影响谷内模

式 $C_{0;s}^0$ 和 $C_{0;s}^z$。

在式(10.30)中缺少自旋轨道项 $\hat{h}_{\mathrm{KM}}$ 和 $\hat{h}_{\mathrm{BR}}$ 的情况下,谷间共同操作子的总弛豫速率可以写为 $\tau_*^{-1} = \tau_w^{-1} + \tau_z^{-1} + \tau_i^{-1}$ [22],且有

$$\Gamma_{0;s}^0 = 0, \quad \Gamma_{z;s}^x = \Gamma_{z;s}^y = \tau_*^{-1}, \quad \Gamma_{0;s}^z = 2\tau_i^{-1}$$

同时磁阻[22]可以由下式给出:

$$\Delta\rho(B) = -\frac{e^2\rho^2}{\pi h}\left[F\left(\frac{B}{B_\varphi}\right) + 2F\left(\frac{B}{B_\varphi + B_*}\right) - F\left(\frac{B}{B_\varphi + 2B_i}\right)\right] \quad (10.39)$$

在缺少谷内散射的情况下,由 τ_*^{-1} 表示的谷间的对称性破坏可以压制弱局域化效应,但是在谷内散射 τ_i^{-1} 存在的情况下,倾向于它的恢复。这个预测和实验观察是一致的[47-48]。

自旋轨道项 $\hat{h}_{\mathrm{KM}}$ 和 $\hat{h}_{\mathrm{BR}}$ 可分别引起弛豫速率 τ_{KM}^{-1} 和 τ_{BR}^{-1},正如在单层石墨烯中的一样(式(10.24))。当自旋轨道项存在时,双层共同操作子 $C_{0;s}^l$ 的松弛可以用下面速率的结合来描述:

$$\Gamma_{0;0}^0 = 0$$

$$\Gamma_{z;0}^x = \Gamma_{z;0}^y = \tau_*^{-1} + 2\tau_{\mathrm{BR}}^{-1}$$

$$\Gamma_{0;0}^z = 2\tau_i^{-1}$$

$$\Gamma_{0;x}^0 = \Gamma_{0;y}^0 = \tau_{\mathrm{BR}}^{-1} + \tau_{\mathrm{KM}}^{-1}$$

$$\Gamma_{z;x}^x = \Gamma_{z;x}^y = \Gamma_{z;y}^x = \Gamma_{z;y}^y = \tau_*^{-1} + \tau_{\mathrm{BR}}^{-1} + \tau_{\mathrm{KM}}^{-1}$$

$$\Gamma_{0;x}^z = \Gamma_{0;y}^z = 2\tau_i^{-1} + \tau_{\mathrm{BR}}^{-1} + \tau_{\mathrm{KM}}^{-1}$$

$$\Gamma_{0;z}^0 = 2\tau_{\mathrm{BR}}^{-1}$$

$$\Gamma_{z;z}^x = \Gamma_{z;z}^y = \tau_*^{-1}$$

$$\Gamma_{0;z}^z = 2\tau_i^{-1} + 2\tau_{\mathrm{BR}}^{-1}$$

上述与式(10.33)和式(10.34)结合后,分别决定着对零场电阻和磁阻的弱局域化修正,简化起见,后者可由下式给出:

$$\Delta\rho(B) = \frac{e^2\rho^2}{2\pi h}\left[F\left(\frac{B}{B_\varphi}\right) + 2F\left(\frac{B}{B_\varphi + B_* + 2B_{\mathrm{BR}}}\right) - F\left(\frac{B}{B_\varphi + 2B_i}\right) - \right.$$

$$2F\left(\frac{B}{B_\varphi + B_{\mathrm{BR}} + B_{\mathrm{KM}}}\right) - 4F\left(\frac{B}{B_\varphi + B_* + B_{\mathrm{BR}} + B_{\mathrm{KM}}}\right) +$$

$$2F\left(\frac{B}{B_\varphi + 2B_i + B_{\mathrm{BR}} + B_{\mathrm{KM}}}\right) - F\left(\frac{B}{B_\varphi + 2B_{\mathrm{BR}}}\right) -$$

$$\left. 2F\left(\frac{B}{B_\varphi + B_*}\right) + F\left(\frac{B}{B_\varphi + 2B_i + 2B_{\mathrm{BR}}}\right)\right] \quad (10.40)$$

图 10.5(a)所示为双层石墨烯的本征自旋轨道耦合 $\hat{h}_{\mathrm{KM}}$ 在不同强度下的低

磁场磁阻(式(10.40)),忽略了伯契科夫-拉什巴项 $\hat{h}_{BR}$。本征项 $\hat{h}_{KM}$ 倾向于压制弱定域化。正如在单层石墨烯中的一样,在伯契科夫-拉什巴项 $\hat{h}_{BR}$ 被忽略的情况下,本征自旋轨道项的影响可引入到非弹性散射退相速率的修正定义中,即公式 $\tau_\varphi^{-1} \Rightarrow \tau_\varphi^{-1} + \tau_{KM}^{-1}$,这是忽略了自旋轨道耦合得到的,如式(10.39)。然而,与单层石墨烯中不一样的是,如图10.5(a)所示,在双层石墨烯中,手征准粒子可产生弱定域化,即使当结合的有效退相速率 $\tau_\varphi^{-1} + \tau_{KM}^{-1}$ 相对较大时,也没有形成弱反定域化的交叉。

图10.5(b)所示为伯契科夫-拉什巴自旋轨道耦合 $\hat{h}_{BR}$ 的不同强度下的低磁场磁阻(式(10.40)),忽略了本征项 $\hat{h}_{KM}$。就如同在传统材料[1]和单层石墨烯中的一样,伯契科夫-拉什巴项 $\hat{h}_{BR}$ 倾向于引发弱定域化而非反定域化。

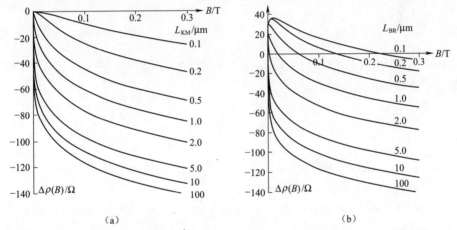

(a) (b)

图10.5 (a)本征自旋轨道耦合 $\hat{h}_{KM}$ 的不同强度下的双层石墨烯的低磁场磁阻,忽略了拉什巴项 $\hat{h}_{BR}$。右侧给出了自旋轨道弛豫长度 L_{KM} 的值。(b)伯契科夫-拉什巴自旋轨道耦合 $\hat{h}_{BR}$ 不同强度下的低磁场磁阻,忽略了本征项 $\hat{h}_{KM}$。右侧给出了伯契科夫-拉什巴弛豫长度 L_{BR} 的值。其他参数值有 $\rho=1000\Omega, L_\varphi=10\mu m, L_i=500nm, L_*=200nm$,本图根据式(10.40)画出

10.6 本章小结

对经典电导率的弱定域化修正起源于传输了较长扩散距离的电子的干扰,因此,它是探测对称性破坏和散射的很有效的方法[14-27,29-30]。图10.1总结了单层和双层石墨烯中的起源于石墨烯中的点阵、谷和自旋自由度的交互作用的

弱定域化和弱反定域化行为的机理。在缺少对称性破坏的情形下，$\tau_\varphi \ll \tau_*$, τ_i，单层和双层石墨烯中电子的手征将分别以弱定域化和弱反定域化的形式出现。然而，在经典的石墨烯样品中，包含了三角形扭曲、随机结合的无序（由于石墨烯片的弯曲）和错位/反错位对的对称性破坏的起源倾向于压制弱定域化（在 $\tau_* \ll \tau_\varphi \ll \tau_i$ 的范围内），因此，仅仅在较强的谷内散射（$\tau_i \ll \tau_\varphi$）存在的情况下，才可以观察到弱定域化行为。

在很低的温度下，石墨烯中的弱定域化也许对自旋轨道耦合的存在和本质性质很敏感，但如果自旋轨道耦合是伯契科夫-拉什巴（BR）型的，即 $\tau_{BR} \ll \tau_\varphi$ 时，则会导致单层和双层石墨烯中的弱反定域化（同在半导体和金属中的一样[1]）。这与本征自旋轨道耦合存在的情形很容易区分，一旦 $\tau_{KM} \ll \tau_\varphi$，将会导致被压制的弱定域化。

致谢

该项目由 JST-EPSRC 日本-英国联合项目基金 EP/H025804/1，EU STREP 概念石墨烯和皇家协会资助。

参 考 文 献

[1] S. Hikami, A. I. Larkin, Y. Nagaoka, Prog. Theor. Phys. **63**, 707(1980).

[2] C. L. Kane, E. J. Mele, Phys. Rev. Lett. **95**, 226801(2005).

[3] H. Min, J. E. Hill, N. A. Sinitsyn, B. R. Sahu, L. Kleinman, A. H. MacDonald, Phys. Rev. B **74**, 165310 (2006).

[4] D. Huertas-Hernando, F. Guinea, A. Brataas, Phys. Rev. B **74**, 155426(2006).

[5] Y. Yao, F. Ye, X. -L. Qi, S. -C. Zhang, Z. Fang, Phys. Rev. B **75**, 041401(R)(2007).

[6] J. C. Boettger, S. B. Trickey, Phys. Rev. B **75**, 121402(R)(2007).

[7] M. Gmitra, S. Konschuh, C. Ertler, C. Ambrosch-Draxl, J. Fabian, Phys. Rev. B **80**, 235431(2009).

[8] R. van Gelderen, C. Morais Smith, Phys. Rev. B **81**, 125435(2010).

[9] F. Guinea, New J. Phys. **12**, 083063(2010).

[10] H. -W. Liu, X. C. Xie, Q. -f. Sun, arXiv: 1004.0881.

[11] E. McCann, M. Koshino, Phys. Rev. B **81**, 241409(R)(2010).

[12] Y. A. Bychkov, E. I. Aharonov-Casher, J. Phys. C **17**, 6039(1984).

[13] E. I. Rashba, Phys. Rev. B **79**, 161409(2009).

[14] K. -I. Imura, Y. Kuramoto, K. Nomura, Phys. Rev. B **80**, 085119(2009).

[15] K. -I. Imura, Y. Kuramoto, K. Nomura, Europhys. Lett. **89**, 17009(2010).

[16] E. McCann, V. I. Fal'ko, Phys. Rev. Lett. **108**, 166606(2012).

[17] B. L. Altshuler, D. Khmelnitski, A. I. Larkin, P. A. Lee, Phys. Rev. B **22**, 5142(1980).

[18] H. Suzuura, T. Ando, Phys. Rev. Lett. **89**, 266603(2002).

[19] A. F. Morpurgo, F. Guinea, Phys. Rev. Lett. **97**, 196804(2006).

[20] E. McCann, K. Kechedzhi, V. I. Fal'ko, H. Suzuura, T. Ando, B. L. Altshuler, Phys. Rev. Lett. **97**, 146805(2006).

[21] K. Kechedzhi, E. McCann, V. I. Fal'ko, H. Suzuura, T. Ando, B. L. Altshuler, Eur. Phys. J. Spec. Top. **148**, 39(2007).

[22] K. Kechedzhi, V. I. Fal'ko, E. McCann, B. L. Altshuler, Phys. Rev. Lett. **98**, 176806(2007).

[23] S. V. Morozov, K. S. Novoselov, M. I. Katsnelson, F. Schedin, L. A. Ponomarenko, D. Jiang, A. K. Geim, Phys. Rev. Lett. **97**, 016801(2006).

[24] H. B. Heersche, P. Jarillo-Herrero, J. B. Oostinga, L. M. K. Vandersypen, A. F. Morpurgo, Nature **446**, 56(2007).

[25] X. Wu, X. Li, Z. Song, C. Berger, W. A. de Heer, Phys. Rev. Lett. **98**, 136801(2007).

[26] F. V. Tikhonenko, D. W. Horsell, R. V. Gorbachev, A. K. Savchenko, Phys. Rev. Lett. **100**, 056802(2008).

[27] D.-K. Ki, D. Jeong, J.-H. Choi, H.-J. Lee, K.-S. Park, Phys. Rev. B **78**, 125409(2008).

[28] F. V. Tikhonenko, A. A. Kozikov, A. K. Savchenko, R. V. Gorbachev, Phys. Rev. Lett. **103**, 226801(2009).

[29] A. A. Kozikov, D. W. Horsell, E. McCann, V. I. Fal'ko, Phys. Rev. B **86**, 045436(2012).

[30] S. Lara-Avila, A. Tzalenchuk, S. Kubatkin, R. Yakimova, T. J. B. M. Janssen, K. Cedergren, T. Bergsten, V. Fal'ko, Phys. Rev. Lett. **107**, 166602(2011).

[31] R. Saito, M. S. Dresselhaus, G. Dresselhaus, *Physical Properties of Carbon Nanotubes* (Imperial College Press, London, 1998).

[32] T. Ando, T. Nakanishi, R. Saito, J. Phys. Soc. Jpn. **67**, 2857(1998).

[33] D. M. Basko, Phys. Rev. B **78**, 125418(2008).

[34] M. I. D'yakonov, V. I. Perel, Sov. Phys. JETP **33**, 1053(1971).

[35] D. Huertas-Hernando, F. Guinea, A. Brataas, Eur. Phys. J. Spec. Top. **148**, 177(2007).

[36] R. J. Elliott, Phys. Rev. **96**, 266(1954).

[37] Y. Yafet, in *Solid State Physics*, vol. 14, ed. by F. Seitz, D. Turnbull (Academic, New York, 1963).

[38] K. S. Novoselov, E. McCann, S. V. Morozov, V. I. Fal'ko, M. I. Katsnelson, U. Zeitler, D. Jiang, F. Schedin, A. K. Geim, Nat. Phys. **2**, 177(2006).

[39] E. McCann, V. I. Fal'ko, Phys. Rev. Lett. **96**, 086805(2006).

[40] T. Ohta, A. Bostwick, T. Seyller, K. Horn, E. Rotenberg, Science **313**, 951(2006).

[41] F. Guinea, A. H. Castro Neto, N. M. R. Peres, Phys. Rev. B **73**, 245426(2006).

[42] B. Partoens, F. M. Peeters, Phys. Rev. B **74**, 075404(2006).

[43] M. Mucha-Kruczy'nski, O. Tsyplyatyev, A. Grishin, E. McCann, V. I. Fal'ko, A. Bostwick, E. Rotenberg, Phys. Rev. B **77**, 195403(2008).

[44] J. Nilsson, A. H. Castro Neto, F. Guinea, N. M. R. Peres, Phys. Rev. B **78**, 045405(2008).

[45] J. R. Schrieffer, P. A. Wolff, Phys. Rev. **149**, 491(1966).

[46] M. Koshino, T. Ando, Phys. Rev. B **73**, 245403(2006).

[47] R. V. Gorbachev, F. V. Tikhonenko, A. S. Mayorov, D. W. Horsell, A. K. Savchenko, Phys. Rev. Lett. **98**, 176805(2007).

[48] Z.-M. Liao, B.-H. Han, H.-C. Wu, D.-P. Yu, Appl. Phys. Lett. **97**, 163110(2010).

内 容 简 介

本书共 10 章,分为实验和理论两部分。在实验部分,首先介绍了石墨烯中贝里相位的实验表现形式,利用扫描隧道显微镜和光谱学探索了石墨烯中的狄拉克费米子,然后介绍了块体内外石墨烯的电子及声子传输、石墨烯基系统的光学磁光-光谱以及石墨烯的紧束缚,可以使读者从实验现象和实验结果中对石墨烯的物理性能有较为全面的认识。在理论部分,介绍了单层及多层石墨烯的轨道抗磁性、输运性质、光学性质等,对石墨烯的拓扑性质、手征对称性、量子霍尔效应及其对称性破裂、弱局域化和自旋-轨道耦合等内容进行了详细论述。同时,本书对石墨烯中各物理量的哈密顿算符相关公式进行了推导,将理论结果与实验结果进行了对比、印证。

本书对于从事碳纳米材料、石墨烯研究的专业技术人员、各类高校和研究机构的科研工作者具有重要的参考价值。

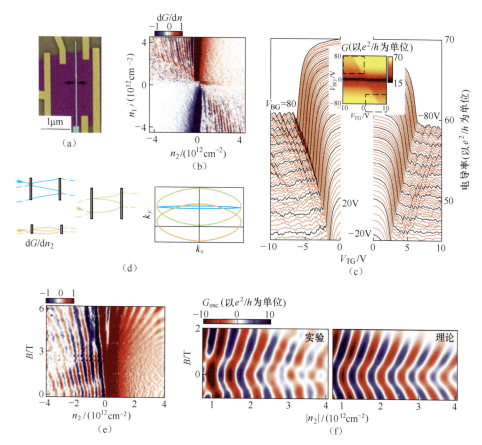

图1.6 （a）一个典型的石墨烯异质结器件的扫描电子显微镜图像。电极、石墨烯及顶部栅极分别是由黄色、紫色和蓝绿色表示。（b）装置的差分跨导图和密度 n_2 及 n_1 的函数关系，分别与局部栅极区域（LGR）及 LGR 外部相关，即石墨烯引线（GL）区域。在 p-n 结存在的条件下出现的干涉条纹，表示了法布里-珀罗腔；（c）插图：该装置中的背栅和顶栅电压（V_{BG}-V_{TG}）面的电导图，主图显示了插图中虚线所示的区域中彩图的切割区域，展示了在 V_{BG} 一定时 V_{TG} 与电导的关系。这些轨迹由 V_{BG} 每隔1V 分开，从80V 开始每到5V 的整数倍时采用黑色的线条表示。（d）在真实及动量空间中量子振荡导致的轨迹示意图。随着 B 的增大，在低磁场下（蓝色）占主导的模式变为负反射振幅的相转移模式，这是由于含有 $k_y=0$ 附近的不重要的贝里相位（橘色）。起始的有限 k_y 模式在临界磁场 B_c 处并没有相转移，在高于 B_c 时会出现非平凡的贝里相位位移 π（绿色）。但是由于准直，这些有限的 k_y 模式不再对振荡导电有贡献。（e）磁场及密度依赖于跨导 dG/dn_2，在 $n_1>0$ 时的关系是确定的。注意，FP 振荡的低场振荡特性仅仅发生在 $n_2<0$ 时，此处 p-n-p 结已形成。（f）低磁场下在 $V_{BG}=50V$ 时电导的振荡部分。G_{osc} 是由在密度与性能匹配的磁场（左）的一个大范围内的实验数据导出来的，这个磁场与包括了克莱因隧穿效应（右）的相转移理论预测的行为相匹配[29]

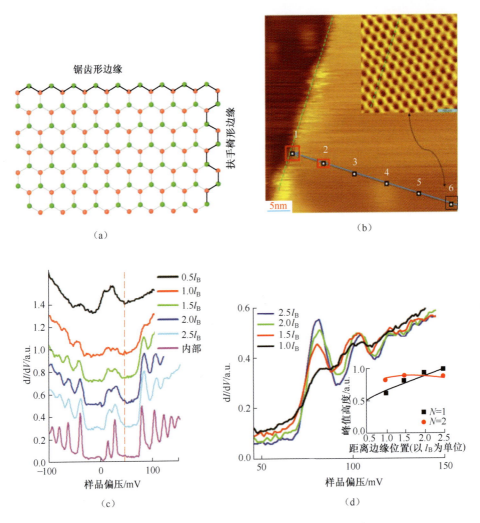

图 2.14 （a）石墨烯中锯齿形和扶手椅形两种晶向的简图；（b）在石墨基底上的非耦合石墨烯片的形貌图，在其边缘和标示位置处进行了隧道能谱测量，插图是图示区域的原子级分辨率的图像；（c）从图（b）中距离边缘不同位置处得到的 STS 以及内部的 STS；（d）不断靠近边缘时的朗道能级强度的变化，插图中的各数据点是对于 $N=1, 2$ 的峰值高度，曲线是理论拟合得到的[89]

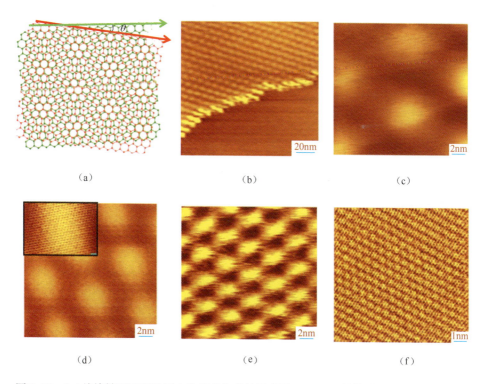

图 2.15　(a) 从旋转双层石墨烯中出现莫尔斑的示意图;(b) STM 形貌图显示出了莫尔斑以及在 HOPG 中的边界;(c)~(f) 对应角度分别为 1.16°、1.79°、3.5° 和 21° 时的莫尔斑的 STM 图像[53,119],图 (c)~(e) 中的标尺为 2nm,图 (f) 中的标尺为 1nm

箭头指出的石墨烯层充当了平行结构中的二维电阻:
$R_1, R_2, \cdots, R_i$

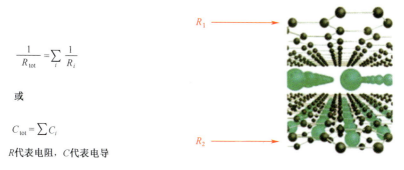

$$\frac{1}{R_{\text{tot}}} = \sum_i \frac{1}{R_i}$$

或

$$C_{\text{tot}} = \sum C_i$$

R 代表电阻,C 代表电导

图 3.8　石墨烯的导电层(小黑球)及插入电绝缘层(大绿球)的示意图。石墨烯层被认为是平行导电层,正如其二维电阻计算值所示(左)

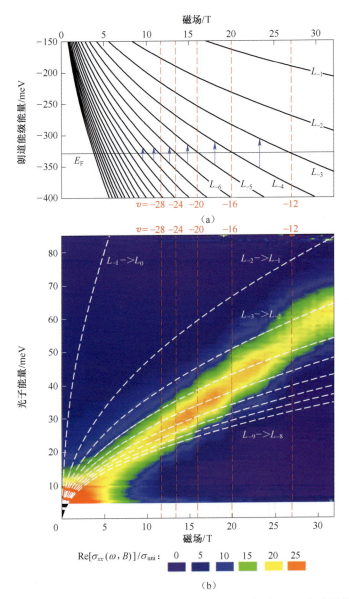

图 4.1 （a）量子体系的回旋共振跃迁的朗道能级扇形图示意图。（b）实验测得的纵向光学电导率 $\sigma_{xx}(\omega, B)$ 实部的彩色图。虚线表示石墨烯中相邻（空穴）朗道能级之间的跃迁 $L_{-m} \to L_{-m+1}$。（a）、（b）为费米速度 $v_F = 0.99 \times 10^6$ m/s 时绘出的理论曲线（引自文献[35]）

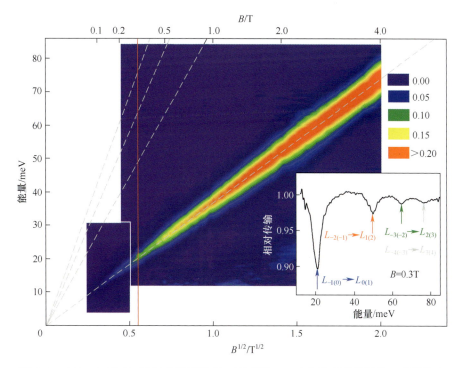

图4.3 在 $T=2.0K$ 时,远红外线透射率 T(绘制为 $-\ln T$)作为磁场的函数。虚线代表 $v_F=1.02\times10^6 m/s$ 时的理论跃迁,插图为 $B=0.3T$ 时的透射光谱(美国物理学会版权所有(2008))

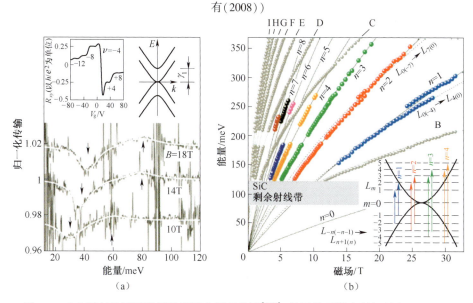

图4.7 (a)剥离双层石墨烯的回旋共振吸收图[103](美国物理学会版权所有(2008));
(b)多层外延石墨烯跃迁扇形图,插图中的指数 n 表示 AB 堆叠的双层石墨烯中夹杂物的跃迁[104](美国物理学会版权所有(2011))

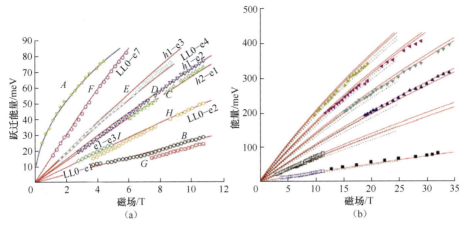

图 4.8 （a）最小传输能量值（符号）作为磁场的函数,实线是通过参考文献[124]中的有效双参数模型得到的结果；（b）在高能量/磁场范围下及参考文献[112]中得到的结果,实线与（a）中一样[124]（美国物理学会版权所有（2009））

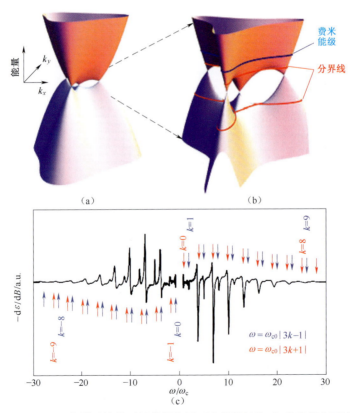

图 4.10 （a）,（b）K 点附近块状石墨的低能量面内能带结构,红色实线为两个分界面, 蓝色实线代表费米能级；（c）在 $\hbar\omega = 1.171$ meV 的微波激发能量下,作为 ω/ω_c 的函数时所测得的磁吸收能量对磁场的导数[130]（美国物理学会版权所有（2012））

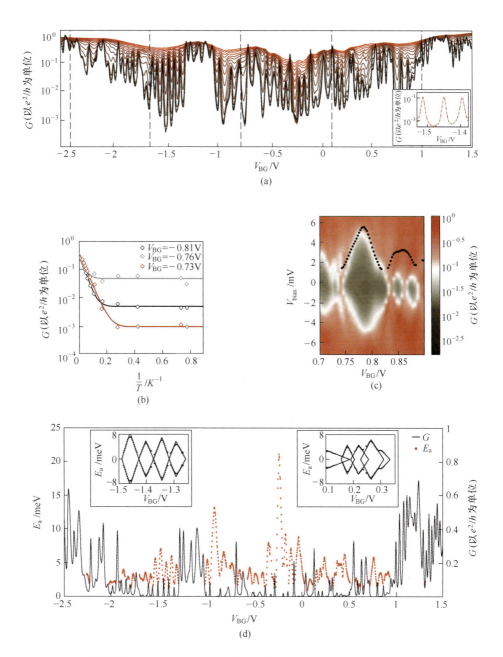

图 5.9 (a)电导率-背栅电压(G-V_{BG})的函数关系曲线图(其中 1.25K≤T≤45K,从黑色到红色实线),插图是在 T=1.25K 时费米函数的导数的卷积得到的三个不同的电导率谐振和不同宽度的洛伦兹分布。(b)在背栅电压中的三个电导率 G 和温度 1/T 的关系曲线(离散的点为测试数据,实线是根据式(5.1)给出的阿列纽斯型法则拟合的曲线)。(c)叠加在图 5.6(b)上的有限偏置测试中放大图的活化能 E_a。(d)在传导间隙内活化能 E_a(红色虚线)和电导(黑色实线)对背栅电压的依赖性,插图是对于背栅电压的两个特征区域,从 E_a 中构建的库仑钻石形态

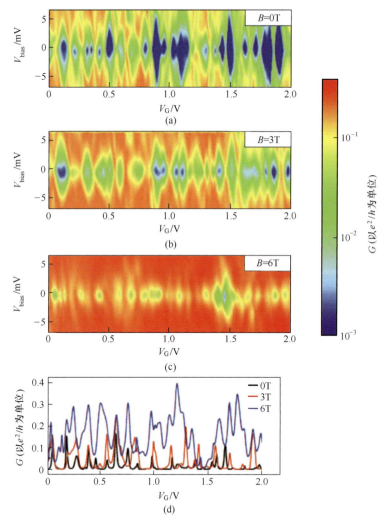

图 5.10 （a）~（c）作为零源-漏极偏压和栅压函数的微分电导测试，其中 $B=0T$，3T，6T，图（c）中显示了随着磁场的增强，被抑制电导的菱形区域会发生演变的过程；（d）分别施加 0T、3T、6T 的磁场时，在零源-漏极偏压下电导率 G 对栅压的微分（这个器件宽 37nm、长 200nm，测试温度为 1.6K）[37]

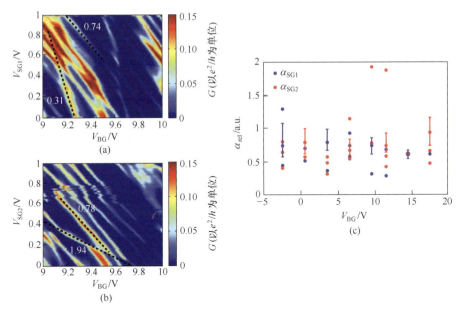

图5.11 传输间隙内电导率 G 对应于侧栅电压(a) V_{SG1} 和(b) V_{SG2} 的函数(背栅电压为 $9V \leq V_{BG} \leq 10V$,黑线表示库仑阻塞共振的演变,并且用相应的相对杠杆臂进行标记);(c)从类似于(a)和(b)的图中得到的在不同背栅条件下传输间隙内的相对杠杆臂 α(示例性误差棒由不精确拟合引起)

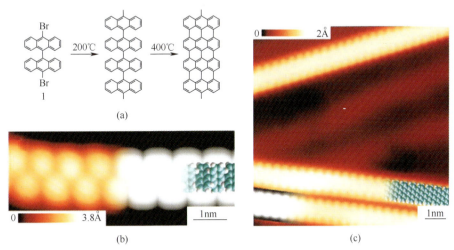

图5.14 (a)从前驱体1到直链的 $N=7$ 石墨烯纳米带的反应流程图;(b)在200℃经过表面辅助C—C耦合后的扫描隧道显微镜(STM)图像,在最终的脱氢环化步骤前,显示出一个聚蒽链(左侧,温度 $T=5K$,电压 $V=1.9V$,电流 $I=0.08nA$),带有部分覆盖的聚合物模型(蓝色:碳,白色:氢)的STM图像(右侧)的DFT基模拟;(c)带有部分覆盖分子模型(蓝色)的纳米带的高分辨STM图像($T=5K,V=-0.1V,I=0.2nA$)。在底部,左侧是一个 $N=7$ 的纳米带的DFT基STM模拟,显示为一个灰度图[57]

彩9

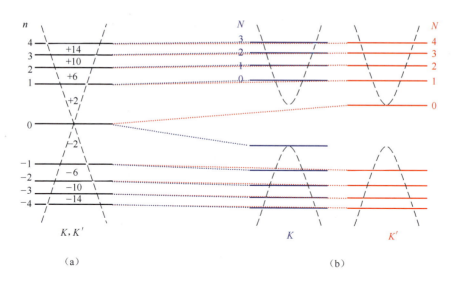

图 6.3 石墨烯中朗道能级结构在(a)Δ=0 和(b)Δ>0 时的电势不对称性。水平虚线所连接的是在极限 Δ→0 时对应的能级水平。(a)中层间的数字表示量子化霍尔电导率,以 $-e^2/h$ 为单位

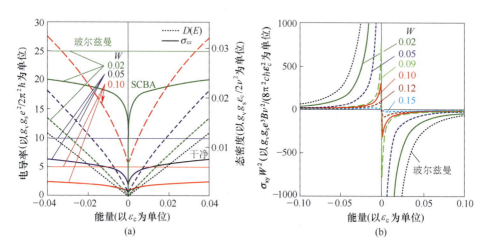

图 6.5 (a)无磁场时态密度(虚线)和电导率(实线)的举例,对于短程散射体在自洽玻恩近似(SCBA)中的计算结果。细的水平线是玻尔兹曼电导率[9]。(b)以短程散射体计算的霍尔电导率作为自洽玻恩近似计算的费米能量的函数关系的举例[74]

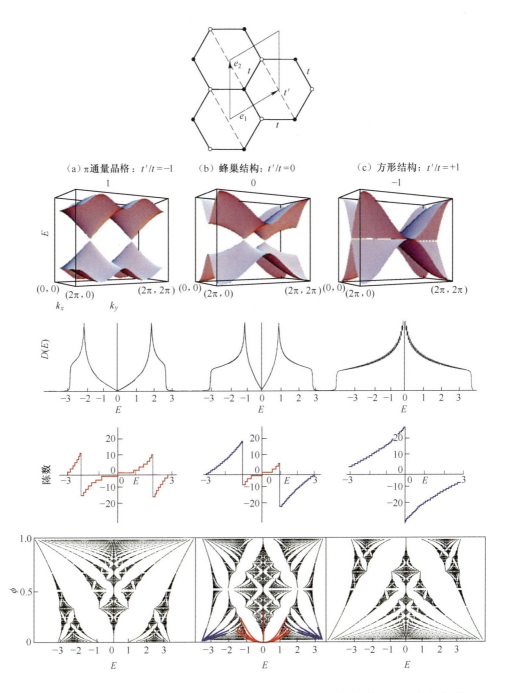

图7.8 蜂窝状晶格(顶部插图)具有额外的转移 t'(虚线)、能量色散(第一列)、态密度(第二列)、陈数(第三列,红线表明石墨烯的 QHE)和霍夫施塔特(Hofstadter)图,即磁通 ϕ 随能量谱的分布图(第四列),其中(a)$t'/t=-1$(π通量晶格),(b)$t'/t=0$(蜂窝结构),(c)$t'/t=1$(方形结构)[8]。对于蜂窝霍夫施塔特图,还显示了类狄拉克朗道扇形($\propto \sqrt{B}$)和类2DEG($\propto B$)的分布

彩11

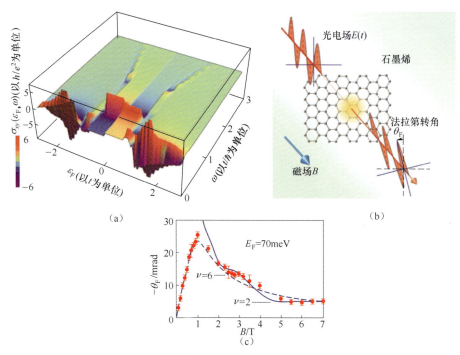

图 7.14 （a）根据随机跳跃的 $\sqrt{\langle\delta t^2\rangle} = 0.1t$ 的蜂窝紧束缚模型计算了具有手征对称性的光霍尔电导率 $\sigma_{xy}(\varepsilon_F,\omega)$ 与费米能 ε_F 和频率 ω 的关系[34,88]。（b）石墨烯的磁光法拉第旋转原理示意图。（c）光子能量为 4meV（1THz）时法拉第旋转磁场依赖性的实验结果[93]。虚线是通过采用德鲁德（Drude）模型计算得到的，实线是由 Kubo 公式用精确对角化法得到的理论计算结果

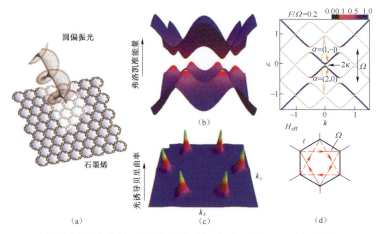

图 7.15 （a）在圆偏振激光中的石墨烯和零磁场中光诱导量子霍尔效应出现的示意图。（b）在 K 和 K' 点动态地打开了一个能隙的弗洛凯准能谱。（c）相关的光诱导的陈数密度。（d）上：$k_y=0$ 和 $F/\Omega=0.2$ 时的弗洛凯准能量（黑色曲线）随 k_x 的变化曲线（颜色编码表示 $m=0$ 分量的权重，箭头代表主要的二阶过程）；下：来自二阶过程的有效模型，它相当于霍尔丹（Haldane）模式（图 7.9）[94-95]

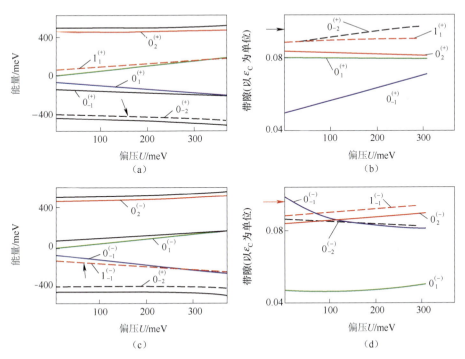

图 8.9 双层石墨烯的朗道能级((a),(c))作为偏压 U 的函数,即两层的能量差。(b)和(d)为朗道能级 $\frac{1}{3}$-FQHE 的库仑带隙,线附近的数字标记的是朗道能级。在(a)和(b)以及(c)和(d)中,同样类型的线对应于同样的朗道能级。(a)和(b)对应的是波谷 K,(c)和(d)对应的是波谷 K'。通过 $\Delta = 150\text{meV}, \gamma_1 = 400\text{meV}, B = 15\text{T}$ 来表征体系。(a)和(c)中的箭头指示单层石墨烯 $n=1$ 的朗道能级 $\frac{1}{3}$-FQHE 的带隙

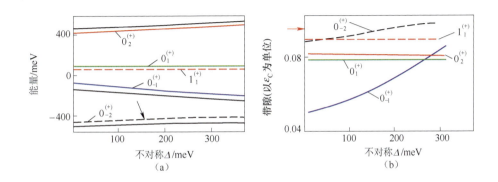

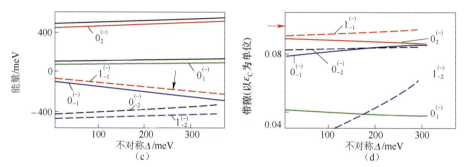

图 8.10 双层石墨烯的朗道能级((a)和(c))作为层内不对称 Δ 的函数。(b)和(d)为相应的朗道能级 $\frac{1}{3}$-FQHE 的库仑带隙,线附近的数字标记的是朗道能级。在(a)和(b)以及(c)和(d)中,同样类型的线对应于同样的朗道能级。(a)和(b)对应的是波谷 K,(c)和(d)对应的是波谷 K'。通过 $U = 200\,\text{meV}$,$\gamma_1 = 400\,\text{meV}$,$B = 15\,\text{T}$ 来表征体系。(a)和(c)中的箭头指示最强的朗道能级 $\frac{1}{3}$-FQHE。(b)和(d)中的箭头指示单层石墨烯 $n = 1$ 的朗道能级 $\frac{1}{3}$-FQHE 的带隙

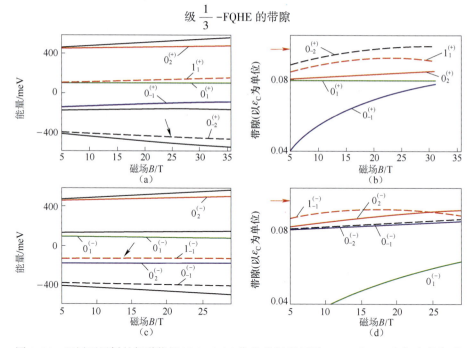

图 8.11 双层石墨烯的朗道能级((a),(c))作为磁场的函数。(b)和(d)为相应的朗道能级 $\frac{1}{3}$-FQHE 的库仑带隙,线附近的数字标记的是朗道能级。在(a)和(b)以及(c)和(d)中,同样类型的线对应于同样的朗道能级。(a)和(b)对应的是波谷 K,(c)和(d)对应的是波谷 K'。通过 $\Delta = 150\,\text{meV}$,$U = 200\,\text{meV}$,$\gamma_1 = 400\,\text{meV}$ 来表征体系。(a)和(c)中的箭头指示最强的朗道能级 $\frac{1}{3}$-FQHE。(b)和(d)中的箭头指示单层石墨烯 $n = 1$ 的朗道能级 $\frac{1}{3}$-FQHE 的带隙

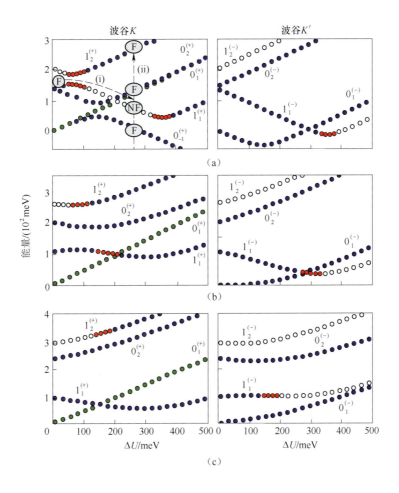

图 8.12 几个最低导带的朗道能级作为偏电势 U 的函数,磁场为 15T 时不同的层间耦合值:(a) $\gamma_1 = 30\text{meV}$;(b) $\gamma_1 = 150\text{meV}$;(c) $\gamma_1 = 300\text{meV}$。层内不对称 Δ 为 0。线附近的数字标记的是朗道能级。左列和右列分布为波谷 K 和波谷 K'。这些朗道能级的 FQHE 分别为蓝色实心点和绿色实心点。绿色实心点所对应的朗道能级的 FQHE 状态与单层石墨烯或非相对论普通体系的 FQHE 相同。红色实心点代表朗道能级具有弱的 FQHE。空心点处的朗道能级则没有 FQHE。在(a)中,常数门电极和变化的偏压下(i)标记的虚线说明有 FQHE(记为"F")和无 FQHE(记为"NF")状态之间的过渡

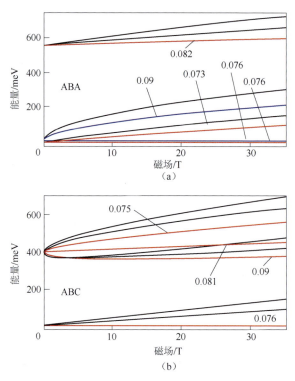

图 8.16 以 ABA 堆叠(a)和 ABC 堆叠(b)的三层石墨烯的最低朗道能量谱图作为磁场的函数。红线和蓝线对应于具有强 FQHE 的朗道能级。线附近的数字为相应朗道能级 $\nu = \frac{1}{3}$ FQHE 带隙的值(以 $\varepsilon_C = e^2/\varepsilon\ell_0$ 为单位)。图(a)中蓝线和红线分别对应于单层和双层石墨烯的朗道能级

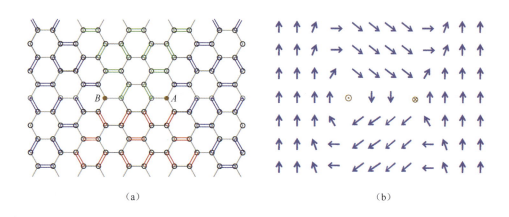

图 9.4 (a)凯库勒(Kekule)键密度波有序,其中实心圆表示两种缺陷。红色、绿色和蓝色表示可能的凯库勒模式。A 处和 B 处的缺陷是带电的,它们支持中间能带电子态。(b)对应于图(a)中的键,有序图案的 $U(1)$ 相 $\phi = \arctan(T_y/T_x)$